Einbandgestaltung: Sven Rauert

Bildnachweis: Bundesarchiv/Militärarchiv (BA) (37), Daimler-Benz (1), Doyle, Hilary L. (17), ECPA (5), Fleischer, W. (1), Icken (2), Jargitz, (1), Jentz, Tom (1), Krauss-Maffei (5), Maybach (1), Münch, Karl-Heinz (15), National Archives (52), Oswald, W. (1), Sarrazin Sarrazin, K. (5), Spielberger, W.J. (77), Thomas (1), Tornau (3), Torina (1), Wegmann (4), Wasmuth (39). Alle Bilder im Kapitel Sturmgeschütz III nach 1945 via Alexander Lüdeke.

Die von Hilary L. Doyle gefertigten Skizzen im Maßstab 1:24 wurden grundsätzlich verkleinert und dem Maßstab 1:35 angenähert.

ISBN: 978-3-613-04419-7

1. Auflage 2021

Sie finden uns im Internet unter www.motorbuch-verlag.de

Redaktionelle Bearbeitung: Alexander Lüdeke
Lektorat: Joachim Köster
Reproduktionen: Gold Rose Publishing Ltd., 70188 Stuttgart
Druck und Bindung: Conzella, 85609 Aschheim-Dornach
Printed in Germany

Inhaltsverzeichnis

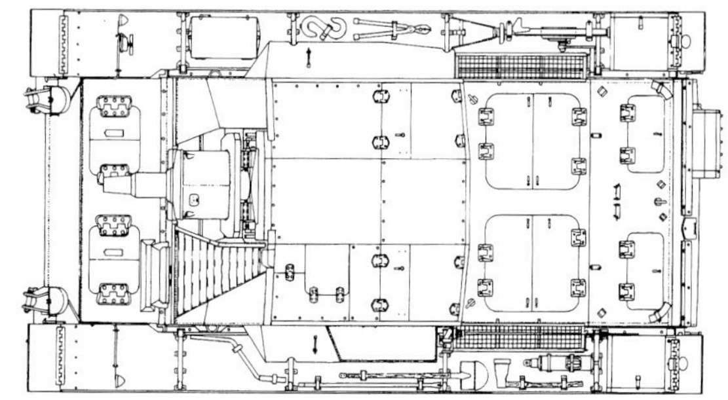

Sturmgeschütz, Ausf. A – Seite 22 ff

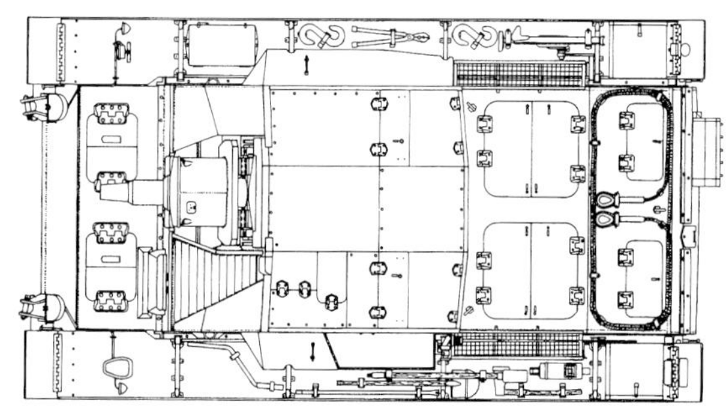

Sturmgeschütz, Ausf. B – Seite 35 ff

Sturmgeschütz, Ausf. C – Seite 43 ff

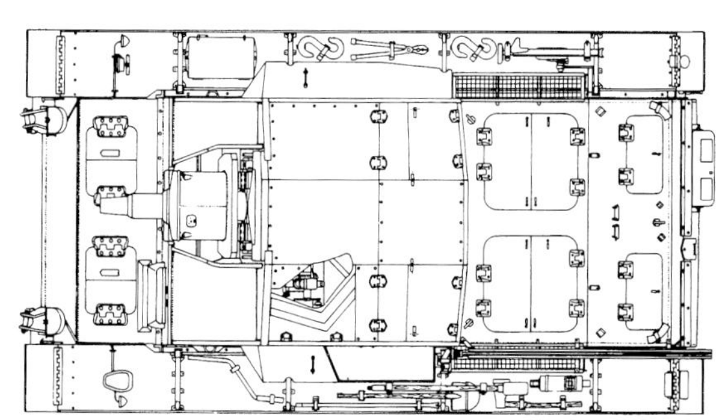

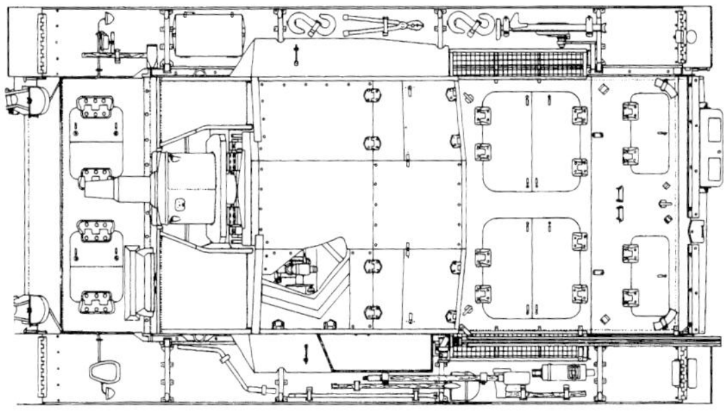

Sturmgeschütz, Ausf. D –
Seite 46 ff

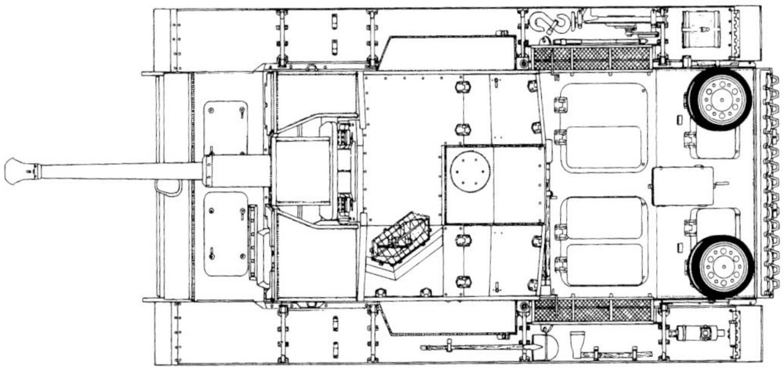

Sturmgeschütz, Ausf. F/8 –
Seite 75 ff

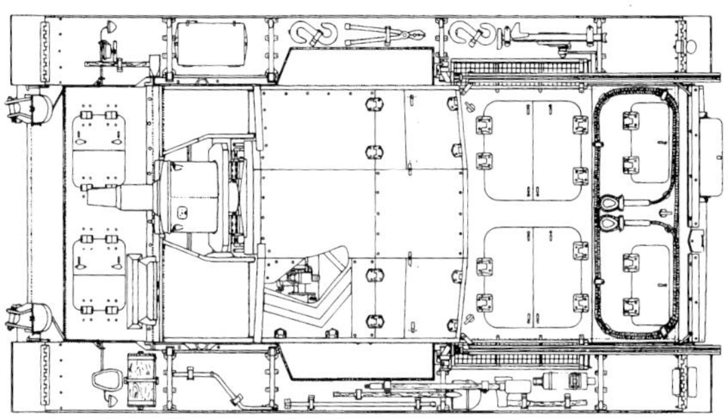

Sturmgeschütz, Ausf. E –
Seite 51 ff

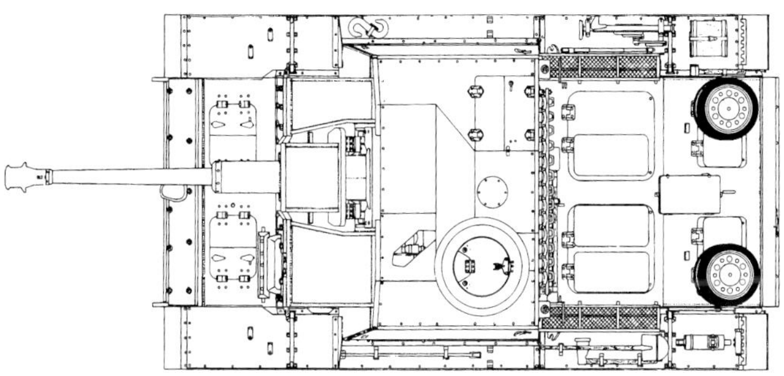

Sturmgeschütz, Ausf. G –
Seite 82 ff

Sturmgeschütz, Ausf. F –
Seite 66 ff

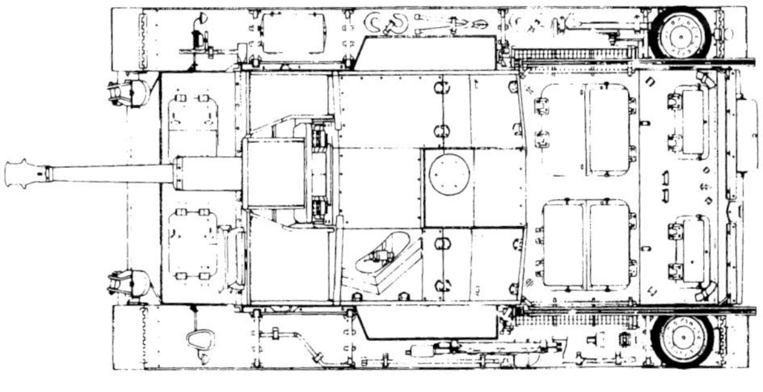

Sturmgeschütz, Ausf. G (Panzer III-Fahrgestell) –
Seite 96 ff

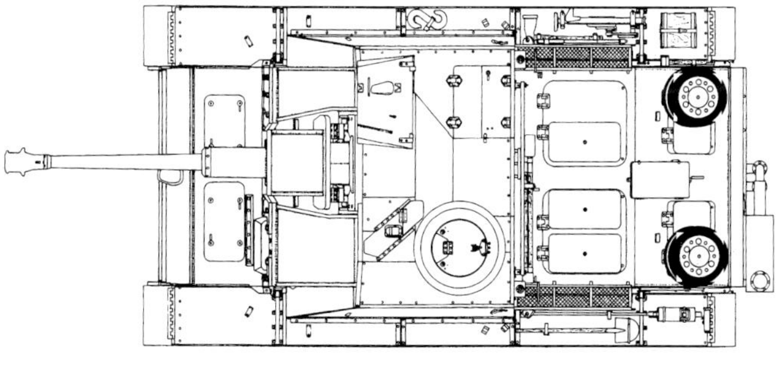

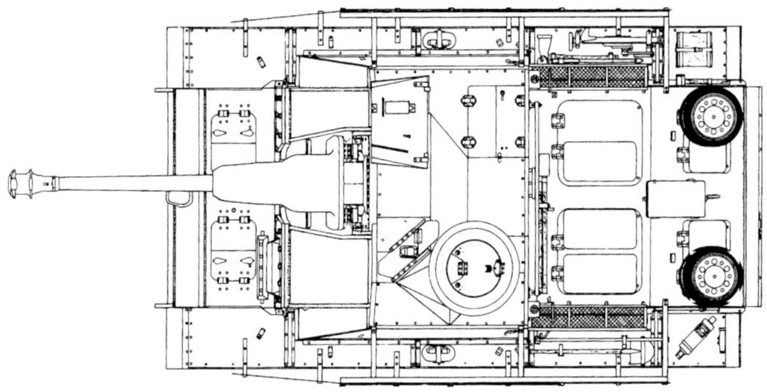

Sturmgeschütz, Ausf. G (ab 1944) –
Seite 104 ff

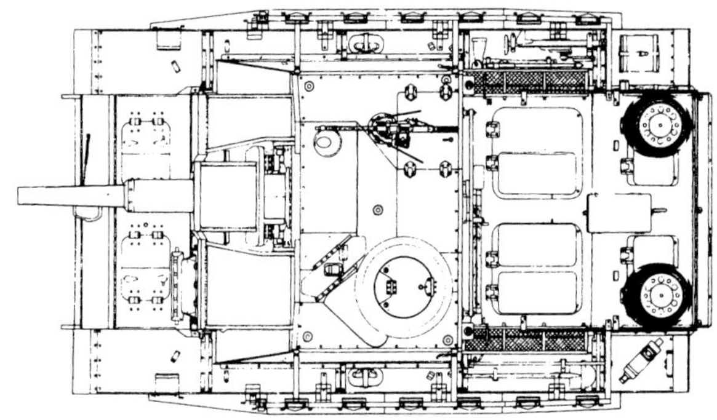

Sturmhaubitze, Ausf. G –
Seite 124 ff

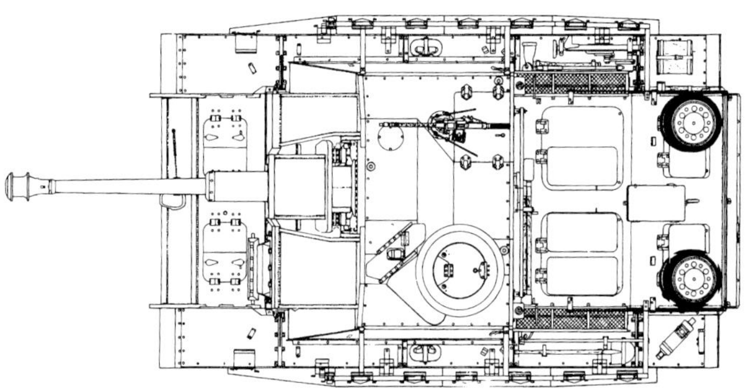

Sturmgeschütz, Ausf. G –
Seite 109 ff

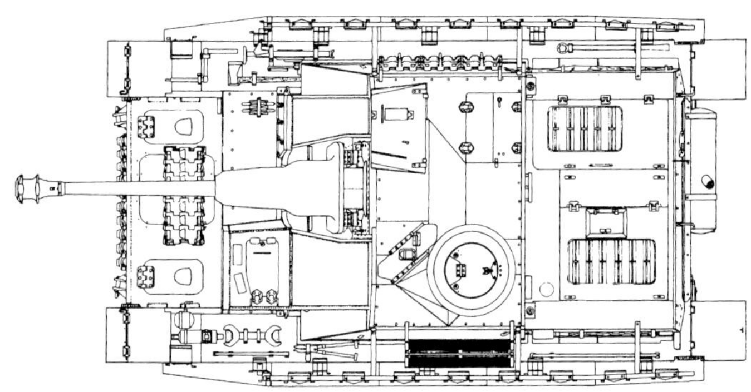

Sturmgeschütz IV –
Seite 133 ff

Sturmgeschütz, Ausf. G (Abschlußausführung) –
Seite 113 ff

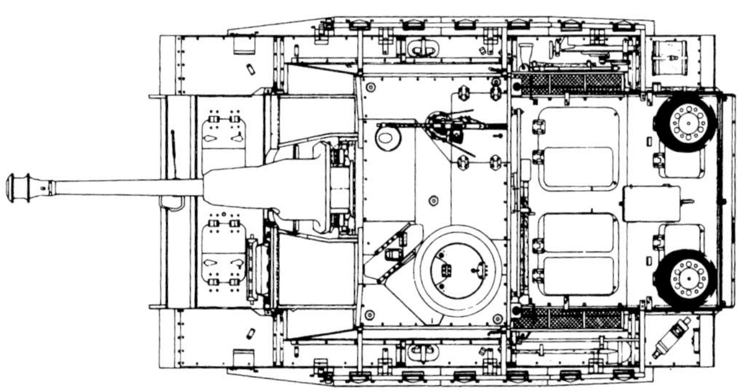

Sturmgeschütz IV (Abschlußausführung) –
Seite 142 ff

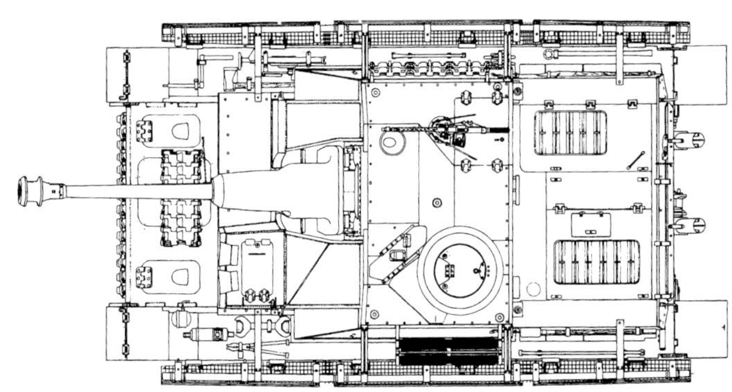

Vorwort

Die von der Deutschen Wehrmacht verwendete Fülle von Begriffen, wie gepanzerte Selbstfahrlafette, Panzerjäger-Selbstfahrlafette, Panzerjäger, Jagdpanzer, Sturmpanzer, Sturmgeschütz, Sturmhaubitze und andere, sorgen heute noch dafür, daß der interessierte Leser bei seiner Definition der wirklichen Aufgabe dieser Fahrzeuge verunsichert wird und sich außerstande sieht, sie einer bestimmten Waffengattung klar zuzuordnen.

Komplizierend ist in diesem Zusammenhang die Tatsache, daß selbst hohe Militärs den genauen Einsatzzweck ihrer Waffensysteme und ihre Möglichkeiten nicht klar einzuordnen wußten und dadurch Fehlentscheidungen und vermeidbare Verluste an wertvollem Personal und Gerät an der Tagesordnung waren. Hinzu kam noch, daß die Panzertruppe ihre ursprünglich operativ festgelegte Kampfweise auf die Bekämpfung der weitaus überlegenen alliierten Angriffstruppen umstellen mußte und dadurch die traditionelle Trennung zwischen Kampfpanzer und Panzerabwehrfahrzeug immer mehr verwischt wurde.

Letztlich diente jedes Fahrzeug mit panzerbrechender Waffe, ohne Rücksicht auf seine Einsatzfähigkeit, der Panzerbekämpfung.

Hauptaufgabe des vorliegenden Buches ist daher die Herausstellung einer Spezialwaffe: der Sturmartillerie und ihrer unter der Geheimbezeichnung »s Pak« entwickelten Waffe: dem Sturmgeschütz. Keine andere Armee der Welt verfügte zu diesem Zeitpunkt über ein ähnliches Waffensystem.

Der Tradition der Buchreihe **Militärfahrzeuge** entsprechend, liegt das Hauptgewicht dieses Bandes wiederum auf der technischen Entwicklung und Fertigung dieser Waffe. Er soll Grundlage und Ergänzung sein für die zahlreichen Veröffentlichungen über den Einsatz und die Erfolge der Sturmgeschütze auf fast allen Kriegsschauplätzen des Zweiten Weltkrieges.

Sturmgeschütz-Einheiten waren Bestandteil der Artillerie des Deutschen Heeres. Es gab keine Kompanien sondern Batterien. Der Kommandant hieß Geschützführer, Richt- und Ladekanonier ergänzten zusammen mit dem Fahrer die Besatzung. Ihre Uniformen, im Schnitt die der Panzerbesatzungen, waren grau, nicht schwarz.

Die Waffenfarbe war das Rot der Artillerie.

Für die hart kämpfende Infanterie waren Sturmgeschütze oftmals der letzte Retter in der Not gegen einen übermächtigen Panzerfeind.

Der Band 13 der Buchreihe repräsentiert sich als typisches Beispiel jahrelanger Teamarbeit. Während bei mir die Verantwortung für den Inhalt blieb, sorgte **Tom Jentz** in akribischer Weise für die Erfassung der Details. Produktionszahlen, Fahrgestellnummern und Änderungen, wann eingeführt, sind seine Stärke.

Hilary Doyle hingegen besticht immer wieder durch sein Bestehen auf Exaktheit der zeichnerischen Wiedergabe.

Die Herren **Michel Aubry, Kurt Sarrazin, Hans Ström und Karl-Heinz Münch** verdienen Dank für die Überlassung wertvoller Unterlagen.

So wurde dem Sturmgeschütz, welches es in der Deutschen Bundeswehr nicht mehr gibt, ein literarisches Denkmal gesetzt, welches es wirklich verdient hat.

Anregungen und Ergänzungen unserer Leser werden dankbar entgegengenommen.

Walter J. Spielberger

Einführung

Die im Auftrag des Reichswehrministeriums 1927 begonnene Entwicklung von Selbstfahrlafetten sah auch den Aufbau einer 7,7-cm-Kanone auf einem handelsüblichen Vollkettenschlepper vor. Fahrzeug und Bewaffnung waren teilweise durch Panzer geschützt. Damit wurde der Gedanke der Infanterie-Begleitgeschütze aus dem Ersten Weltkrieg wieder aufgegriffen. Die handelsüblichen Fahrzeuge wurden durch heeresübliche Entwicklungen ergänzt. Diese Versuche wurden jedoch 1932 vorübergehend eingestellt, da andere Vorhaben der Heeresmotorisierung dringender erschienen.

Der spätere Generalfeldmarschall von Manstein schlug 1935 in einer Denkschrift an den Chef des Generalstabes und den Oberbefehlshaber des Heeres vor, den Gedanken der Infanterie-Begleitbatterien des Ersten Weltkrieges wieder aufzunehmen. Ihm schwebte dabei die Lösung in Form einer gepanzerten Selbstfahrlafette zur unmittelbaren Unterstützung der Infanterie vor. Er prägte den Begriff **Sturmartillerie.** Sein Vorschlag ging dahin, jeder Infanterie-Division eine Abteilung mit 3 Batterien zu je 6 Geschützen zuzuteilen. Der Vorschlag fand nicht ohne anfänglichen Widerspruch der verschiedensten Stellen des OKH schließlich die Billigung des Generalstabchefs und des Oberbefehlshabers des Heeres, Generaloberst von Fritsch.

Die Philosophie, die diesem Vorschlag zugrunde lag, wurde mit Schreiben H. Mot. 890/36 g.Kdos vom 8. Juni 1936 dem Chef des Generalstabes dargestellt.

Abt.Nr. 890/36 g.Kdos.

An den
Herrn Chef des Generalstabes.

Nachdem der Gedanke der Schaffung einer gepanzerten Sturmartillerie die grundsätzliche Billigung des Herrn Chefs des Generalstabes gefunden hat, erscheint es notwendig, neben der technischen Entwicklung des entsprechenden Geschützes schon jetzt die Gewinnung der taktischen Unterlagen für die Verwendung der Sturmartillerie einzuleiten. Es wird sonst der Fall eintreten, daß wir die neue Waffe haben, ohne sofort mit ihr umgehen zu können.

Es ist festzustellen, daß z. Zt. nicht nur bei uns, sondern auch in anderen Staaten die Gedankengänge über die Verwendung der Kampfwagenwaffe und der Sturmartillerie nicht klar geschieden werden, daß vielmehr beides immer durcheinander geworfen wird. So wird einerseits verlangt, daß die Kampfwagen unter voller Ausnutzung ihrer Geschwindigkeit die feindliche Infanteriezone zu durchbrechen haben, um an den Lebensnerv des Gegners, eine Artillerie und seine höheren Stäbe, wie auch an die feindlichen Reserven heranzukommen. Andererseits fordert man, daß die Fühlung mit der Infanterie nicht verloren gehen dürfe, da sonst der Erfolg des ganzen Kampfwagenangriffs in Frage gestellt sei. Die Kampfwagenwaffe neigt der Ansicht zu, daß die Infanterie die Fühlung zu halten habe, was ein dauerndes Laufen des Infanteristen, also eine Unmöglichkeit bedeutet. Die Infanterie will wenigstens eine Welle der Kampfwagen in ihrem Bereich behalten, was den Verzicht auf die Geschwindigkeit der Kampfwagen und damit ihren wesentlichsten Schutz gegen feindliche Artillerie Wirkung zur Folge hätte.

Demgegenüber ist festzustellen, daß die Kampfwagenwaffe und Sturmartillerie, mögen sie technisch einander auch weitgehend ähneln, taktisch gesehen vollkommen verschiedene Waffen sein müssen. Niemand ist in früherer Zeit auf den Gedanken verfallen, der attackierenden Kavallerie Infanterie unmittelbar anzuhängen. Ebensowenig hat man von einem Reiter verlangt, daß er im Schritt zusammen mit der Infanterie angriff. Es ist also klarzustellen:

I. Die Panzerverbände sind gemischte Verbände aller Waffen, der Zusammensetzung ihnen das selbständige Kämpfen, die Lösung eigener Gefechtsaufträge ermöglicht. Wenn auch die Kampfwagenwaffe ihnen das Gepräge gibt, so verfügen sie daneben doch zur Unterstützung der Kampfwagen im Angriff über eigene mot. Artillerie, zur Ausnutzung des Erfolges über motorisierte Infanterie, ferner über die erforderlichen technischen Truppen.
Panzerverbände werden mit selbständigem Gefechtsauftrag zu entscheidenden Stößen, möglichst gegen Flanke und Rücken des Gegners oder wenigstens auf einem freien Flügel, angesetzt. Es kann ihnen auch die Aufgabe eines überraschenden Durchbruchs durch eine feindliche

Front aufgetragen werden. In jedem Fall aber werden sie selbständig anzugreifen, ihre Aufgabe mit eigenen Mitteln zu lösen haben. Sobald man versucht, sie mit anderen Verbänden zu koppeln, büßen sie den Wert ihrer Eigenart ein.

Die Verwendungsmöglichkeit von Panzerverbänden wird jedoch, wie in früherer Zeit die der großen Kavallerie-Körper, durch das Gelände erheblich eingeschränkt sein. Wie bei diesem schließen Waldzonen, Gebirge, Flußläufe, Sümpfe die Verwendung aus oder schränken sie doch entscheidend ein.

Auch gegen eine wohl vorbereitete Front des Gegners werden sie zu einem durchschlagenden Erfolg kaum kommen. Dagegen wird ihre Wirkung ausschlaggebend sein, wenn sie den Feind an einer empfindlichen Stelle fassen, ihn überraschen, ehe er gefechtsbereit ist, oder wenn sie auf einen bereits erschütterten Gegner stoßen. Zur vollsten Ausnutzung ihrer Wirkungsmöglichkeit werden sie im Rahmen einer schnellen Armee (schnelle Div., Pz.=Div., Inf. Div.(mot.) kommen.

II. Panzer-Brigaden, also reine Kampfwagen-Brigaden, die man besser so bezeichnen würde, sind Waffen des Angriffsschwerpunktes. Sie sollten, über den normalen Fortgang eines Angriffs hinaus, einen schnellen örtlichen Erfolg im Rahmen einer Armee oder eines Korps erzwingen. Sie werden für diesen Zweck mit der im Schwerpunkt angreifenden Infanterie-Divisionen zu koppeln sein, im Gegensatz zu Panzerverbänden also nicht selbständig operieren.

III. Die Sturmartillerie (gleichgültig, ob sie die Form des Kampfwagens trägt oder aus gepanzerten, motorisierten Geschützen besteht) ist dagegen eine Hilfswaffe der normalen Infanterie-Divisionen. Ihre Verwendung im Angriff entspricht der Begleitbatterien des letzten Krieges, also der Elite der leichten Artillerie. Um sie zugleich für andere Aufgaben, insbesondere in der Verteidigung, nutzbar machen zu können, ist die Forderung gestellt, daß auch eine Verwendung als Teil der Divisions-Artillerie, also die Möglichkeit des indirekten Schießens, wenigstens bis zu den Hauptkampfentfernungen (etwa 7 km) gegeben ist. Schließlich wird sie ein vorzügliches Mittel offensiver Kampfwagen-Abwehr sein und hierin vielleicht die Divisions-Tankabwehr-Abteilung ersetzen können.

Die Sturmartillerie kämpft als Begleitartillerie im Rahmen der Infanterie. Sie attackiert nicht wie der Kampfwagen, sie bricht nicht durch, sondern sie trägt den Angriff der Infanterie dadurch vorwärts, daß sie im direkten Schuß die gefährlichsten Ziele schnell beseitigt. Sie kämpft nicht, wie der Kampfwagenverband in großen Massen, sondern sie wird in der Regel zugweise verwandt werden.

Der Zug oder auch das einzelne Geschütz tritt überraschend auf, um ebenso schnell wieder zu verschwinden, ehe es das Ziel der feindlichen Artillerie werden kann.

Panzer und Motor ermöglichen der Sturmartillerie das Kämpfen im Gefechtsraum der Infanterie, d.h. also das unmittelbare Zusammenwirken im richtigen Augenblick gegen die entscheidenden Ziele, das der Masse der weiter rückwärts stehenden Artillerie versagt ist.

Das Geschütz muß befähigt sein, mit wenigen Schuß feindliche M.G. außer Gefecht zu setzen. Außerdem muß es in der Lage sein, feindliche Kampfwagen zu erledigen, denen es zwar in seiner Panzerung unterlegen, in seinen Sicht- und Schußmöglichkeiten aber überlegen ist.

Jede Infanterie Division wird über mindestens 1 Abt. Sturm-Artillerie zu 3 Batterien zu 6 Geschützen verfügen müssen. Es ist zu erwägen, dafür entweder eine normale leichte Artl.Abt. oder die Div.Pz.Abw.Abt. wegfallen zu lassen.

Aus Vorstehendem ergibt sich, daß die Sturmartillerie taktisch nicht im Bereich der Kampfwagentruppe, sondern nur in der normalen Infanterie-Division ausgebildet werden kann. Eine reinliche Trennung der beiden Waffen ist notwenig, wenn nicht beide nach falschen taktischen Grundsätzen arbeiten sollen.

Die Sturmartillerie wird artilleristisch im Verbande der Artillerie auszubildenden sein, sie wird ihre Aufgaben als Begleitbatterie im Rahmen der Infanterie zu erlernen haben.

Um für Letzteres zunächst die taktischen Grundlagen zu gewinnen, wird beantragt beim Lehr Inf.Btl. eine behelfsmäßige Batterie der Sturmartillerie zu Versuchszwecken aufzustellen und zwar, um keine Zeit zu verlieren, zunächst auf dem Kommandowege. Als erstes dürfte genügen, wenn die Batterie aus 6 Geschützen besteht, die durch Fahrgestelle der leichten Kampfwagen mit behelfsmäßig eingebautem Holzgeschütz dargestellt werden, da es zunächst ja nur darauf ankommt, die Taktik dieser Sturmartillerie zu entwickeln.

gez. von Manstein

Die 8. (techn.) Abteilung des Generalstabes des Heeres unter Leitung des damaligen Oberst i. G. Model wurde beauftragt, entsprechende Entwicklungsforderungen für das Heereswaffenamt auszuarbeiten und die Entwicklung voranzutreiben. Verantwortlich für diese Aufgabe war der erste Referent der 8. Abteilung, der damalige Hauptmann Hans Röttiger.

Der offizielle Auftrag über »Begleitartillerie unter Panzer für Infanterie und Panzerabwehr« erging vom AHA (Insp. 4) mit Schreiben 449/36 gKdos vom 15. Juni 1936 an das Heereswaffenamt.

Dieser Auftrag leitete die Entwicklung der Sturmgeschütze mit der 7,5-cm-Kanone und einem gepanzerten Aufbau auf dem in Entwicklung stehenden **Zugführerwagen (ZW)**-Fahrgestell ein. Wegen begrenzter Haushaltsmittel und anderen technischen Schwierigkeiten wurden nur 5 0-Serienfahrgestelle bis Ende 1939 fertiggestellt. Die ersten Serienfahrzeuge verließen die Fabrik nicht vor Januar 1940.

Der Generalstab entschied, daß die Sturmartillerie-Abteilungen als Heeresartillerie aufgestellt werden. 1936 hatte das Artillerie-Lehr-Regiment in Jüterbog den Auftrag erhalten, nach den Richtlinien der In. IV (Inspektion der Artillerie beim OKH) Einsatz- und Verwendungsmöglichkeiten für ein gepanzertes Sturmgeschütz auszuarbeiten.

Am 15. Dezember 1936 berichtete der Generalstab des Heeres, daß die ersten Erprobungen mit der Pak (Sfl) vielversprechend verlaufen wären. Gleichzeitig sollte über die geforderten Kampfunterstützungsfahrzeuge gesprochen werden:

a) Gepanzertes Beobachtungsfahrzeug

b) Gepanzertes Munitionsfahrzeug.

Im Herbst 1937 erfolgte die Aufstellung einer Versuchsbatterie der 7./ALR (mot). Im Frühjahr 1938 wurden mit zwei vorhandenen Panzerfahrgestellen mit behelfsmäßig montierten Geschützen die ersten praktischen Übungen im Gelände durchgeführt.

Ende 1938, Anfang 1939 erfolgten die ersten Verbandsübungen mit dem Infanterie-Lehr-Regiment in Döberitz.

Anfangs 1940 hatten Vorführungen mit Sturmgeschützen stattgefunden. Die erste Sturmgeschütz-Batterie (Nr. 640) war am 1. 11. 1939 durch 10./A.L.R. Jüterbog aufgestellt, der rasch drei weitere Batterien (Nr. 659, 660 und 665) folgten. Diese vier Batterien fuhren ihre ersten Einsätze im Frankreich-Feldzug 1940. Drei weitere selbständige Batterien wurden noch 1940 aufgestellt, darunter eine für die Waffen-SS. (Leibstandarte), bevor die Sturmartillerie anfing Abteilungen aufzustellen, die aus drei Batterien mit je 6 Sturmgeschützen bestanden. Ende 1940, Anfang 1941 vergrößerte sich die Sturmartillerie beachtlich. Bis zu Beginn des Rußland-Feldzuges am 22. Juni 1941 standen insgesamt 11 Abteilungen und 9 Batterien (einschließlich Waffen-SS) zur Verfügung. Ab 1944 wurden die Sturmgeschütz-Abteilungen in Sturmgeschütz-Brigaden umbenannt, um sie von den Sturmgeschütz-Einheiten zu unterscheiden, die den Panzerjäger-Einheiten der Infanterie-, Jäger-, Grenadier- und Gebirgsdivisonen zugeteilt waren. Insgesamt waren bis zum Ende des Zweiten Weltkrieges mehr als 75 Sturmartillerie-Batterien, Abteilungen und Brigaden aufgestellt worden, die auf allen Kriegsschauplätzen eingesetzt wurden.

Am Anfang erfolgte die Entwicklung des Sturmgeschützes unter der Tarnbezeichnung **s Pak.** Am 7. Februar 1940 änderte das Heereswaffenamt die Bezeichnung des Gerätes von s Pak in **7,5-cm-Kanone (Pz. Sfl.).**

Es war erst am 28. März 1940, daß die offizielle Bezeichnung umgeändert wurde in die jetzt sehr bekannte **Sturmgeschütz.** Dieser Name war eine Verkürzung der offiziellen Heereswaffenamt-Bezeichnung **Gepanzerte Selbstfahrlafette für Sturmgeschütz 7,5-cm-Kanone (Sd. Kfz. 142).** Andere Bezeichnungen, die während oder nach dem Krieg bekannt wurden, waren entweder inoffizielle Bezeichnungen oder Abkürzungen der offiziellen Bezeichnung. Nach der Einführung des Sturmgeschützes auf Panzerkampfwagen IV-Fahrgestell, wurde die Gerätebezeichnung erneut geändert, um zwischen den folgenden Ausführungen zu unterscheiden:

- **Sturmgeschütz III für 7,5-cm-Sturmkanone 40 (L/48) (Sd. Kfz. 142/1)**
- **Sturmgeschütz III für 10,5-cm-Sturmhaubitze 42 (Sd. Kfz. 142/2) und**
- **Sturmgeschütz IV für 7,5-cm-Sturmkanone 40 (L/48)**

Entwicklungen der Reichswehr

Der Gedanke, die bespannten Infanterie-Begleitgeschütze zu motorisieren, zu panzern und geländefähig zu machen, wurde bereits früh von der Reichswehr aufgegriffen, obwohl aufgrund der damaligen politischen und haushaltsmäßigen Voraussetzungen die Entwicklung und Fertigung solcher Fahrzeuge fast unmöglich war.
Erst 1923 wurde von der Interalliierten Kontrollkommission der Bau von Vollketten-Traktoren für die deutsche Wirtschaft freigegeben, der bis zu diesem Zeitpunkt unter die Verbote des Versailler Vertrages fiel. 1926/1927 erhielten u. a. die 3. Kompanie der Kraftfahrabteilung 7, die 2. Kompanie der Kraftfahrabteilung 6 sowie weitere Kraftfahrabteilungen Vollketten-Traktoren zur Geländefahrausbildung.

Handelsüblicher W. D-Schlepper mit 50 PS Leistung als Selbstfahrlafette für die 7,7-cm-Feldkanone 96/16.

HANDELSÜBLICHE LÖSUNG

Ein Teil der zugewiesenen Fahrzeuge waren die W. D.*) Raupenschlepper der Deutschen Kraftpflug-Gesellschaft in Berlin, deren Fabrikation in den Händen der Hannoverschen Maschinenbau AG (HANOMAG), Hannover lag. Die schwere Ausführung (Typ Z 50)**) des Kettenschleppers dieser Firma hatte 50 PS Leistung (4-Zylinder, Bohrung/Hub 135 x 155 mm, Hubraum 8876 cm^3) und war für den Betrieb mit Petroleum mit einem Graetzin-Schwerölvergaser ausgerüstet. Die Außenmaße betrugen 4400 x 1900 x 2300 mm, die Kettenbreite lag bei 400 mm, das Eigengewicht bei 6800 kg. Im 3. Gang ergab sich eine Höchstgeschwindigkeit von 6 km/h.

*) W. D. = Wendeler und Dohrn
**) ab Schlepper Nr. 50001

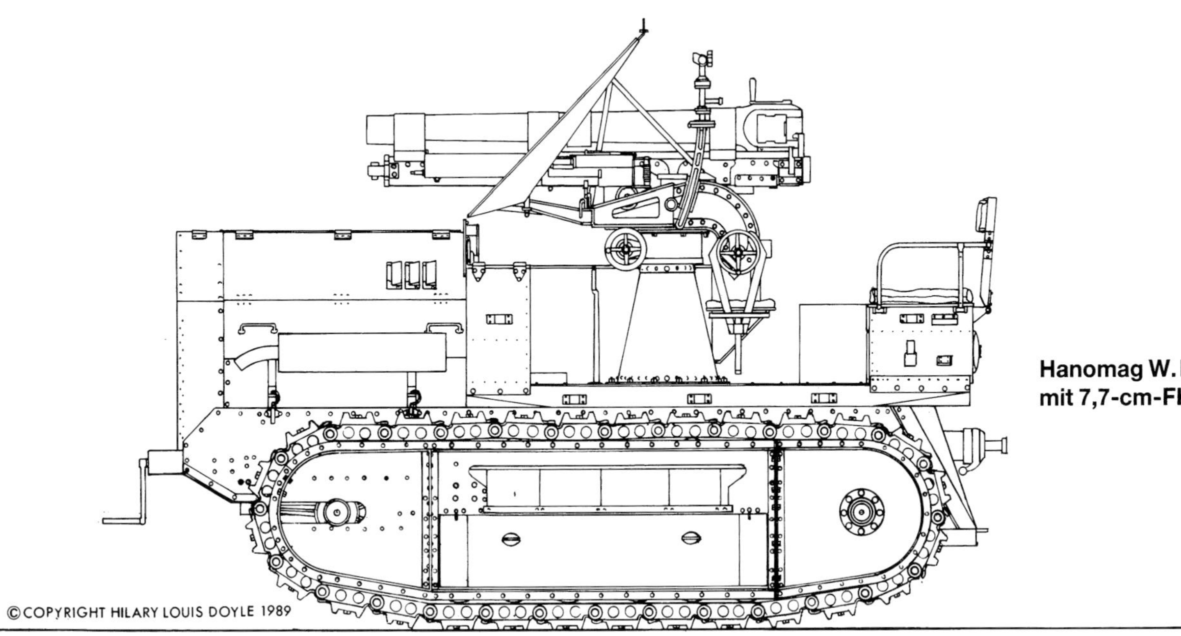

Hanomag W. D.-Schlepper mit 7,7-cm-FK 96/16.

Mit einigen dieser Fahrzeuge begann die Reichswehr 1927 mit Versuchen für eine Verwendung als Selbstfahrlafette. Eine 7,7-cm-Kanone der Firma Rheinmetall-Borsig wurde mit begrenztem Seitenrichtbereich aufgebaut und in den Truppenversuch gegeben. Neben dem Geschütz war ein MG unter Panzerschutz vorgesehen. Die Kanone hatte eine Mündungsgeschwindigkeit von 465 m/s, das Geschoßgewicht betrug 6,85 kg. Auf dem Fahrzeug hatte die Waffe einen Höhenrichtbereich von –7° bis +15°, eine Rundumfeuermöglichkeit wurde angestrebt. Aufgrund der geringen Beweglichkeit der Fahrzeuge auf der Straße und im Gelände wurde von einer weiteren Beschaffung handelsüblicher Schlepper für diese Aufgabe Abstand genommen.

GEFECHTSFELD-UNTERSTÜTZUNGSFAHRZEUGE

Schon 1930 zeigte die deutsche Reichswehr Interesse an geländegängigen Kampffeld-Unterstützungsfahrzeugen zur Versorgung motorisierter Verbände. Unter Verwendung des Maffei Artillerieschleppers **MSZ 210,** von dem eine Kleinserie an die Reichswehr geliefert wurde, ergab sich der Vorschlag für ein Kraftstoff-Kesselfahrzeug mit Anhänger, wobei Zugfahrzeug und Anhänger je 2000 l Kraftstoff mitführen konnten. Der Entwurf vom 5. 4. 1930 wurde nicht verwirklicht, da das Zugfahrzeug mit Hilfsketten-Laufwerk nicht den Forderungen der Truppe entsprach.

HEERESÜBLICHE LÖSUNG

Weitere Versuche, eine Selbstfahrlafette für die leichte 7,5-cm-Feldkanone zu schaffen, wurden ab 1928 von der Friedrich Krupp AG in Essen eingeleitet.
Die leichte Selbstfahrlafette (LSK) stand ab 1930 als Prototyp zur Verfügung und war als Träger für leichte Infanterie-

Maffei-Vorschlag für ein Gefechtsfeld-Unterstützungsfahrzeug.

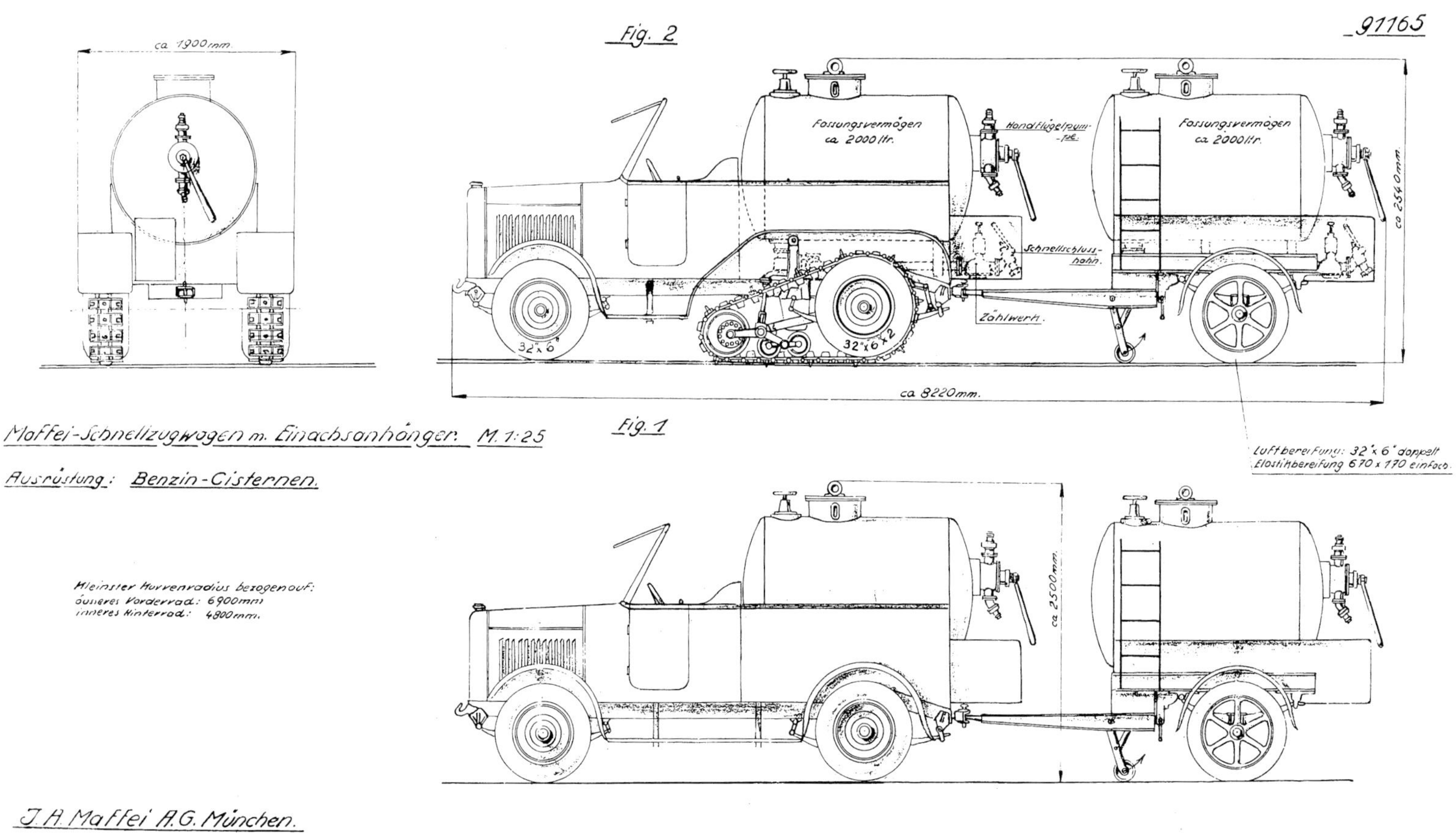

Leichte Selbstfahrlafette Krupp LSK.

Geschütze ausgelegt. Das Fahrzeug war vom November 1930 bis zum November 1931 zwecks Umbau bei Krupp. 1931 wurden damit 379 km, 1932 1007 km und 1933 589 km gefahren. Es war bei diesem Vollkettenfahrzeug ein 100 PS Daimler-Lastwagenmotor eingebaut. Krupp übernahm 1932 den Einbau einer Long-Kupplung. Die Betätigung der Schaltung durch Bowdenzüge hatte zu Anständen geführt. In der Rückwand des Fahrzeuges war durch abschraubbare Deckel eine verschließbare Öffnung anzubringen, die das Wechselgetriebe besser zugänglich machte. Die Öffnung verlangte eine Verlegung des Schlepphakens. Das Kettenlaufwerk hatte je Seite sechs Laufrollen und zwei Stützrollen, der Antrieb lag

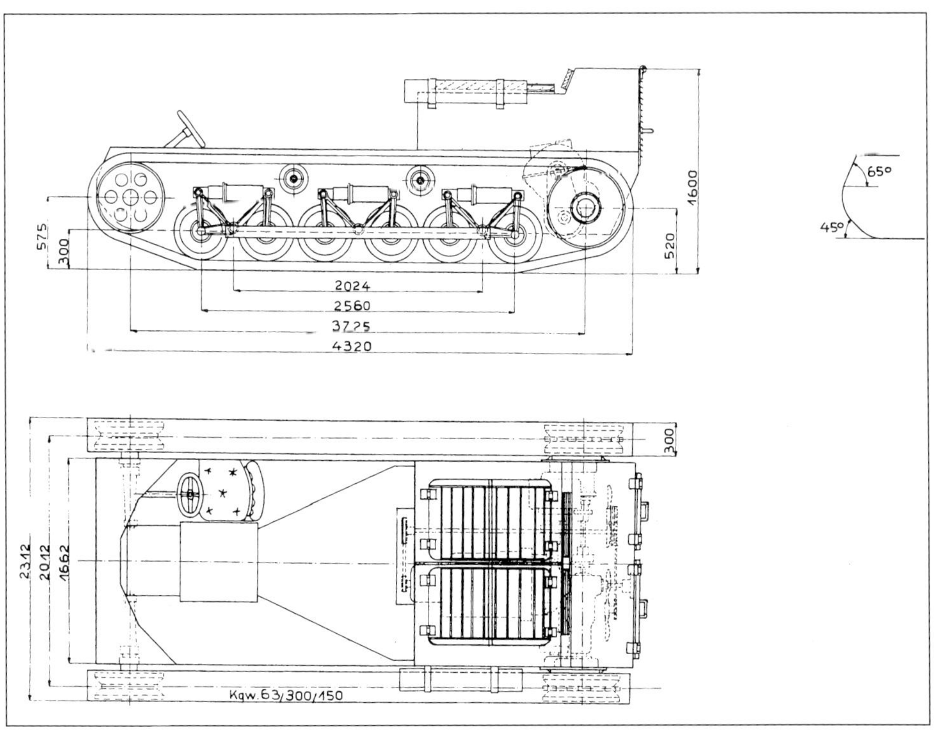

Fahrzeug LSK in Seitenansicht und Draufsicht.

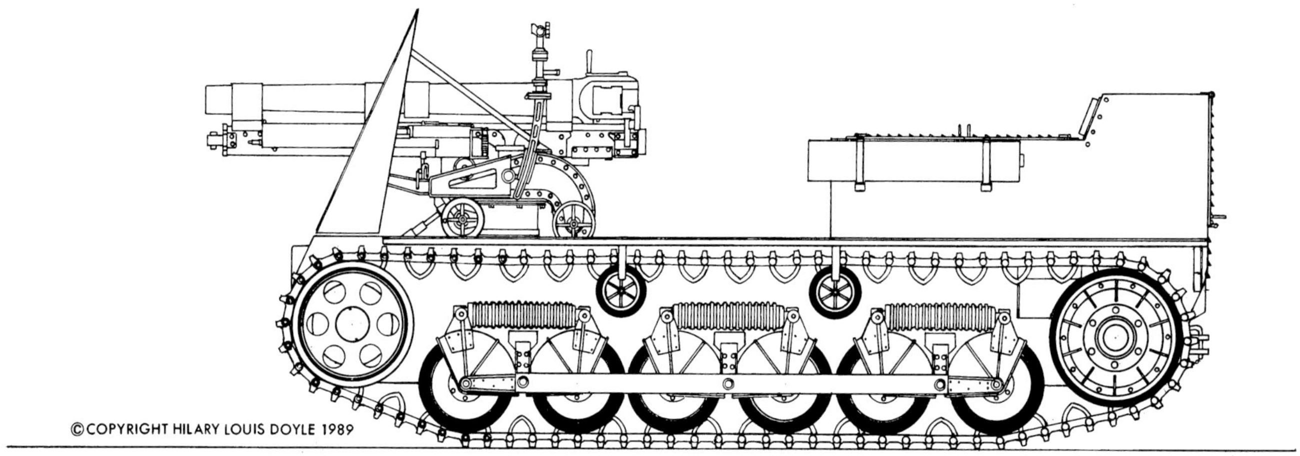

Leichte Selbstfahrlafette Krupp LSK.

hinten. Die Kettenlauflänge betrug 2560 mm. Pro Gleiskette wurden 86 Glieder bei 115 mm Teilung verwendet. Die Versuchsgleiskette für dieses Fahrzeug führte die Bezeichnung Kgs 61/280/89. Das Gesamtgewicht des Fahrzeuges belief sich auf 8910 kg. Es wurde ein Prototyp gefertigt.

R. K.-SCHLEPPER

Parallel zur Entwicklung von schnellaufenden Vollkettenschleppern für die Deutsche Reichswehr lief bei der Firma Maffei in München neben der Entwicklung von Radschleppern mit hinterem Hilfskettenlaufwerk auch der Versuch mit Wechsellaufwerken. Bei Geländebetrieb konnte sich das Fahrzeug auf dem abgesenkten Gleisketten-Laufwerk bewegen, während bei normalem Straßenbetrieb das Fahrzeug mit hochgezogenem Gleisketten-Laufwerk auf vier Rädern rollte. Dies reduzierte den Kettenverschleiß bei Straßenbetrieb und erhöhte gleichzeitig die Geschwindigkeit durch den Räderbetrieb. Der bei Maffei entstandene R. K.-Schlepper (Räder-Ketten-Schlepper) zeigte sich nach Zeichnung ZM 116864 vom 6. Oktober 1930 als Fahrzeug mit normalem Kastenrahmen, bei dem die Vorderachse an zwei Schwenkarmen mit Blattfedern und die von **Henschel** gelieferte Lastkraftwagen-Hinterachse durch Auslegerfedern abgestützt wurden. Zwischen den Achsen mit dem langen Radstand von 4351 mm

Maffei RK-Schlepper mit 7,5-cm-Kw. G. 14.

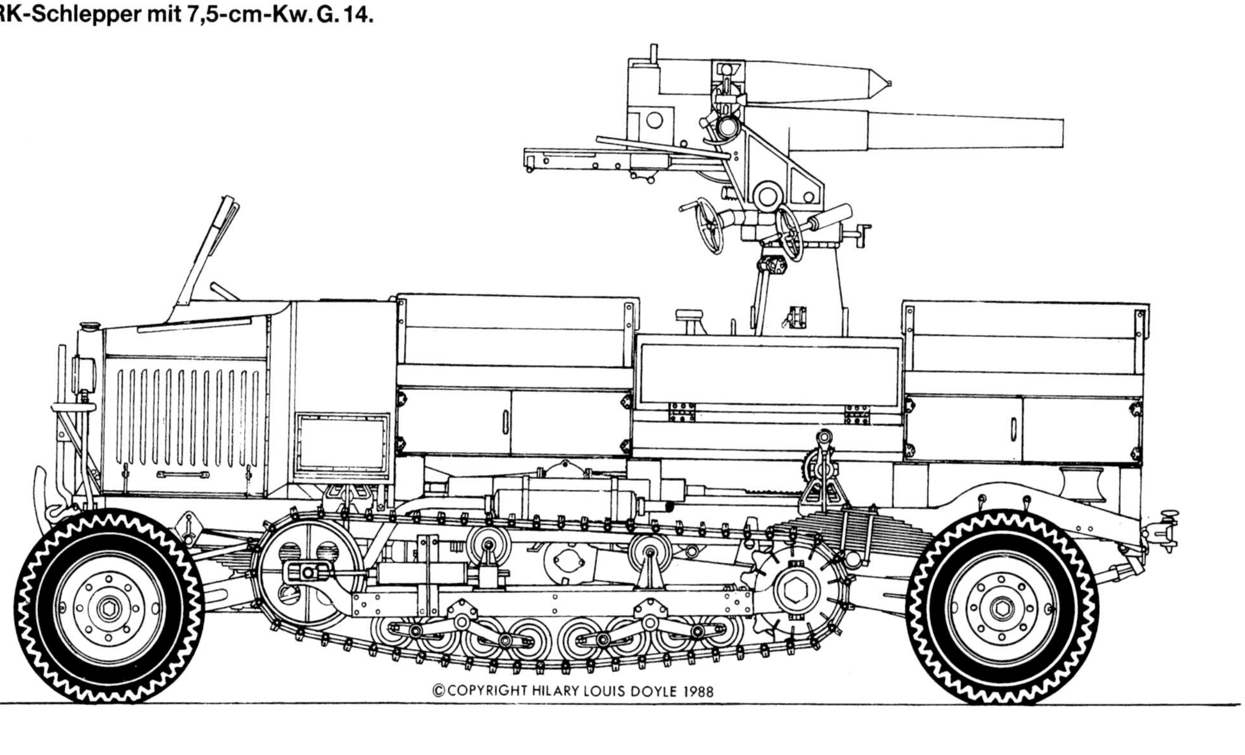

Maffei RK-Schlepper, linke Fahrzeugseite.

Beide Bilder zeigen den RK-Schlepper im Gelände.

Draufsicht auf das RK-Schlepper-Fahrgestell.

war das Gleiskettenlaufwerk angeordnet. Der vorne im Rahmen eingebaute **Magirus** 4-Zylinder Vergaser-Reihenmotor vom Typ V100 hatte 60 PS Leistung und ein Drehmoment von 29,6 mkg bei 1800 min^{-1}. Rechts neben dem Motor befand sich der vorgezogene Fahrerstand. Der Getriebesprung des 4-Gang-Wechselgetriebes betrug 7,1; der Kraftfluß führte über ein Zwischengetriebe entweder zur Hinterachse mit einer Untersetzung von 5,34 oder über Seitenvorgelege mit einer Untersetzung von 3 auf die Kettenantriebsräder des Gleiskettenlaufwerks. Dieses war hinten angetrieben und wurde durch acht paarweise aufgehängte Laufrollen sowie einer Umlaufrolle ergänzt. Zwei Stützrollen führten das rücklaufende Kettentrum. Die Laufrollen waren durch Schraubenfedern abgestützt, die bei 18-mm-Drahtdicke 100 mm Federweg und bei 16-mm-Drahtdicke 128,5 mm Federweg aufwiesen. Das Hubwerk für das Gleisketten-Laufwerk wurde vom Motor aus angetrieben und zwar über ein Rücklaufrad und eine Konuskupplung. Durch die gleiche Übertragung erfolgte der Antrieb der Seilwinde. Sie war am Rahmenende eingebaut, ihre Zugkraft betrug 3000 kg. An der Hubkupplung für das Gleisketten-Laufwerk standen 3,42 PS zur Verfügung, welche das Gleisketten-Laufwerk in einer Hubzeit von 2,25 Minuten um 330 mm hoben oder senkten. Normalerweise war die Hinterachse doppelt bereift. Für diesen Betrieb wurde das Fahrzeug mit Reifen der Größe 34x7 ausgerüstet, die Höchstgeschwindigkeit betrug 57,6 km/h.
Sollte es der Einsatz verlangen, konnte man durch Aufsetzen von zusätzlichen Rädern auf die Triebräder des Gleisketten-Laufwerks ein Sechsradfahrzeug schaffen, wobei Reifen der Größe 32x6 verwendet wurden; die Höchstgeschwindigkeit betrug dann 54,4 km/h.
Das Fahrzeug war als Ersatz für den noch aus dem Ersten Weltkrieg stammenden Kw 19, dem Sd.Kfz 1 der Reichswehr, gedacht. Der offene Sonderaufbau eignete sich zur Aufnahme einer 7,5-cm-Flak (Kw.G.14) auf Sockellafette mit der zugehörigen Bedienung und Munition.
Da jedoch diese Lösung – weder als Rad- noch als Kettenfahrzeug – überzeugen konnte, wurde die Weiterentwicklung eingestellt.

Sturmgeschütz-Geräteentstehungsgang

Der offizielle Auftrag für die Schaffung des Sturmgeschützes erfolgte wie bereits erwähnt am 15. Juni 1936.
Folgende Enwicklungs-Forderungen waren gestellt worden:
- Als Bewaffnung sollte ein Geschütz mit mindestens 7,5-cm-Kaliber zum Einbau gelangen
- der seitliche Schwenkbereich sollte ohne Bewegung des Fahrgestells möglichst mehr als 30° betragen

- eine Erhöhungsmöglichkeit des Rohres war vorzusehen, um dadurch eine Mindestschußweite von 6000 m zu erreichen
- für das Geschütz wurde eine Panzerdurchschlagsleistung aller damals bekannten Panzerdicken auf 500 m Entfernung verlangt
- als Panzerung wurde eine Rundumpanzerung verlangt, mit oben offenem Aufbau ohne Drehturm. Vorne war bei 60° Auftreffwinkel eine 2-cm-sichere Panzerung, seitlich und hinten SmK-sicherer Schutz verlangt
- die Gesamthöhe des Fahrzeuges sollte die eines aufrechtstehenden Menschen nicht überschreiten
- die übrigen Abmessungen ergaben sich aus der Größe des verwendeten Panzerfahrgestelles
- sonstige Auflagen wurden hinsichtlich der Ausstattung mit Munition und Nachrichtengeräten sowie der Besatzungsstärke gemacht.

Langwierige Verhandlungen waren notwendig, um diese Forderung durchzusetzen. So wurde u. a. der oben noch offene Aufbau letztlich doch geschlossen, um im Nahkampf die Besatzung besser zu schützen.

Als Trägerfahrzeug wurde endgültig das Fahrgestell des Panzerkampfwagen III bestimmt. Von diesem Fahrzeug, welches unter der Tarnbezeichnung **Zugführerwagen (ZW)** entwickelt wurde, standen die ersten Prototypen Ende 1935 zur Verfügung. Aufgrund der Erfahrungen und wegen der Dringlichkeit des Projektes wurde die Daimler-Benz AG, Werk 40 (Berlin-Marienfelde), mit der Serienbetreuung dieses Fahrzeuges beauftragt und gleichzeitig für die Fahrgestell-Entwicklung verantwortlich gemacht. So entstand der später genannte **Panzerkampfwagen III (Sd. Kfz. 141).**

Zwischen 1937 und 1939 wurden die folgenden Pz. Kpfwg. III gefertigt:

1. Serie: (Fahrgestell Nr. 60101–60110)
2. Serie: (Fahrgestell Nr. 60201–60225)
3a. Serie: (Fahrgestell Nr. 60301–60315)
3b. Serie: (Fahrgestell Nr. 60316–60340)
4. Serie: (Fahrgestell Nr. 60401–60441 u. 60442–60496)

Aus der zweiten Serie (Typ 2/ZW) kamen die ersten fünf Fahrgestelle (Fahrgestell Nr. Bereich 60201–60225) für die Flußeisen-Aufbauten der neuen Sturmgeschütze.

Genaue monatliche Produktionsunterlagen wurden vom Heereswaffenamt in der Zeit vor Dezember 1938 nicht geführt. Deshalb läßt sich nicht genau bestimmen, wann diese 5 Versuchsfahrzeuge tatsächlich fertiggestellt wurden.*) Jedoch zeigen sich in den noch vorhandenen Unterlagen der Entwicklungsfirmen (Daimler-Benz für Fahrgestell und Aufbau, Krupp für die 7,5-cm-Kanone) Hinweise, daß 3 ZW Serie-Fahrgestelle bereits im Dezember 1937 durch Daimler-Benz fertiggestellt waren und die letzten 2 ZW Serie-Fahrgestelle für Pz. Kpfwg. III ebenfalls gefertigt und am 6. Dezember 1937 beim Panzer-Regiment 1 in Erfurt eingetroffen waren. Es ist daher anzunehmen, daß die 5 ZW-Fahrgestelle für die Versuchsfahrzeuge Ende 1937 fertiggestellt waren. Leider wurden bis

*) Stand der Tankfertigung 30. 9. 1936.

Vorderansicht 0-Serie auf 2/ZW-Fahrgestell. Typisch die runden Wartungsöffnungen am unteren Bugblech.

0-Serienfahrzeug von vorne rechts.

0-Serienfahrzeug beim ALR in Jüterbog, Herbst 1940.

heute keine weiteren Unterlagen gefunden, wann Daimler-Benz die kompletten Fahrzeuge mit Aufbau abgeliefert hat. Vorliegende Unterlagen besagen u. a.:

Panzerkampfwagen III (3,7 cm) – 4 zur Erprobung der Sturmgeschütze mit Holzaufbau im April und Mai 1937.

1 Musterstück als Sturmgeschütz im Juli 1937.

Sie unterschieden sich in erster Linie vom späteren Serien-Fahrgestell durch das Laufwerk:

Dieses bestand auf jeder Fahrzeugseite aus dem Triebrad, den 8 Laufrollen, dem Leitrad und 3 Stützrollen. Um jedes Laufwerk war eine Gleiskette gespannt. Die ungeschmierte Ver-

Sturmgeschütz, 0-Serie.

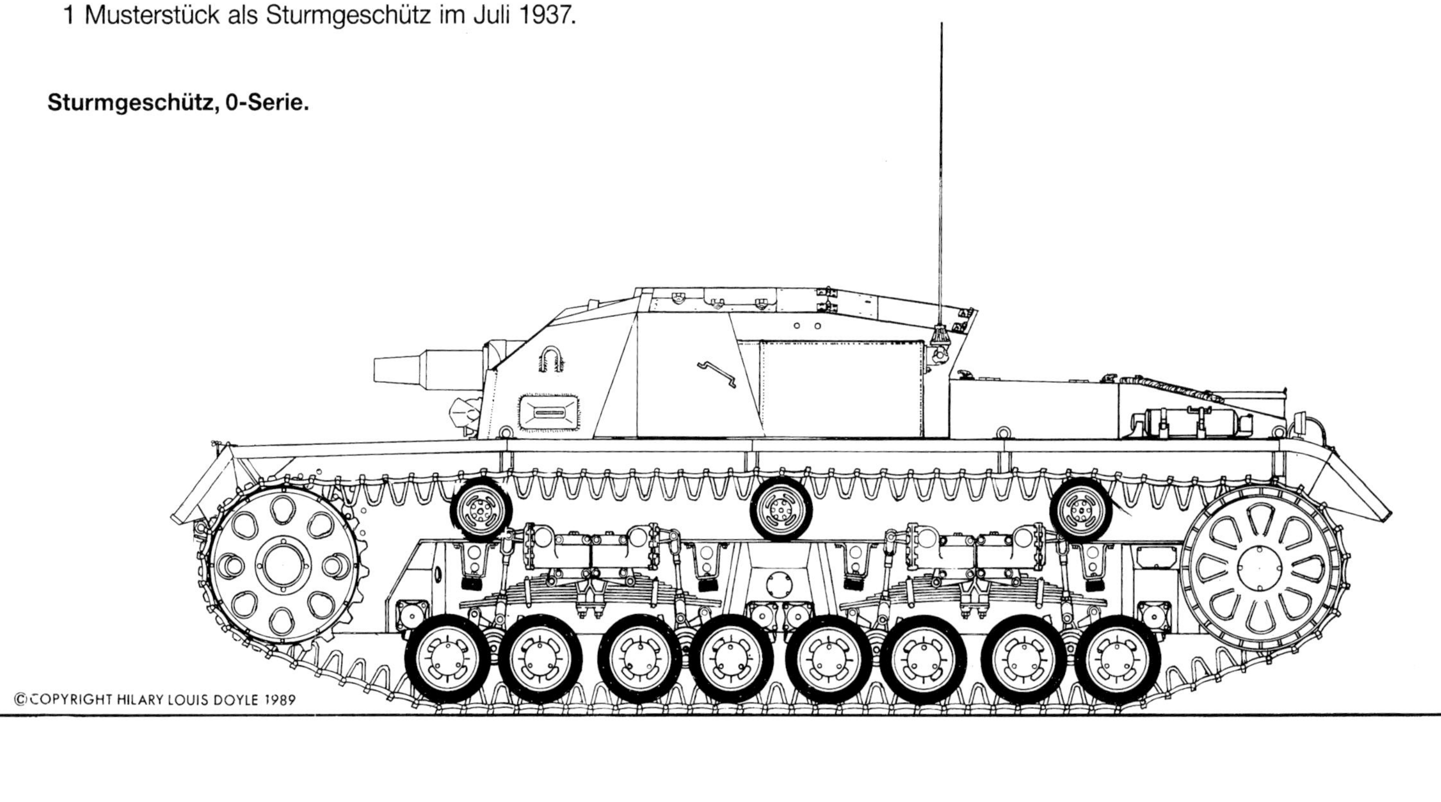

Rückansicht beim Aufmunitionieren beim ALR.

suchs-Kette hatte eine Breite von 360 mm und eine Teilung von 121 mm. Je zwei Laufrollen waren durch einen besonderen Schwingarm an der Seitenwand der Wanne angelenkt. Der Schwingarm trug an einem Ende eine Doppelschwingachse und war an seinem anderen Ende mit seinem Zapfen in einem Kasten der Wanne gelagert. Die Doppelschwingachse war mit einem Zapfen in dem Schwingarm drehbar gelagert und vorne mit zwei Achszapfen zur Aufnahme der Laufräder versehen. Zur Aufnahme der seitlichen Kräfte wurde der Schwingarm nahe der Doppelschwingachse in einer an der Wanne befestigten Gleitbahn geführt. Je zwei Schwingarme stützten sich gegen die Enden einer gemeinsamen Blattfeder, die um einen an der Wanne gelagerten Zapfen schwang. Die Anschläge der Schwingarme wurden nach oben durch Gummipuffer begrenzt. Zum Unterdrücken der Nickschwingungen, durch Unebenheiten der Fahrbahn verursacht, war für jedes Laufrollenpaar ein Stoßdämpfer vorgesehen. Je zwei Stoßdämpfer waren an dem Federkasten befestigt. Der Stoßdämpfer – Bauart Fichtel & Sachs – war ein einseitig wirkender Öldruckdämpfer, seine Dämpfkraft wirkte nur der abwärtsgehenden Laufrolle entgegen.

Der im Heck untergebrachte Maybach HL 108 Antriebsmotor war ein 12-Zylinder-V–60°-Vergasertriebwerk mit zweiteiligem Grauguß-Kurbelgehäuse. Ober- und Unterteil waren miteinander verschraubt, die Scheibenwelle war in den mittig geteilten Lagerstühlen der Zwischenwände gelagert. Diese waren um eine Pleuelbreite versetzt. Das Kurbelgehäuse-Unterteil war als Ölwanne ausgebildet. Die nassen Zylinderbüchsen aus Grauguß waren auswechselbar. Jede Motorseite hatte einen Zylinderkopf, eine Querstromanordnung der Ein- und Auslaßkanäle, sphärische Brennräume mit schräg hängenden Ventilen. Je ein Ein- und Auslaßventil pro Zylinder, von der 7fach im Zylinderkopf gelagerten Nockenwelle über Schwinghebel mit Rolle betätigt. Nennleistung 230 PS bei 2600 min^{-1}.

Eine ausgewuchtete feste Gelenkwelle übertrug das Drehmoment auf die Hauptkupplung. Kupplung, Schaltgetriebe und Kegeltrieb waren zu einem Block zusammengefaßt. Das Schaltgetriebe (ZF SFG 75) war ein 5-Gang-Aphon-Getriebe mit Synchronisiereinrichtung. An das Schaltgetriebe war das Gehäuse für den Kegeltrieb mit einer Untersetzung von 1:1,235 angeflanscht.

Seit September 1939 befanden sich die 5 Versuchs-Sturmgeschütze in Inventur, die allerdings nicht feldverwendungsfähig waren, da die Aufbauten nur in Flußeisen ausgeführt waren. Diese 5 Versuchsfahrzeuge wurden an die Sturmartillerie-Schule in Jüterbog abgegeben, wo sie noch 1941 zur Ausbildung eingesetzt wurden.

Gepanzerter Munitionstransportwagen beim ALR.

Sturmgeschütz: Komponenten des Fahrzeuges

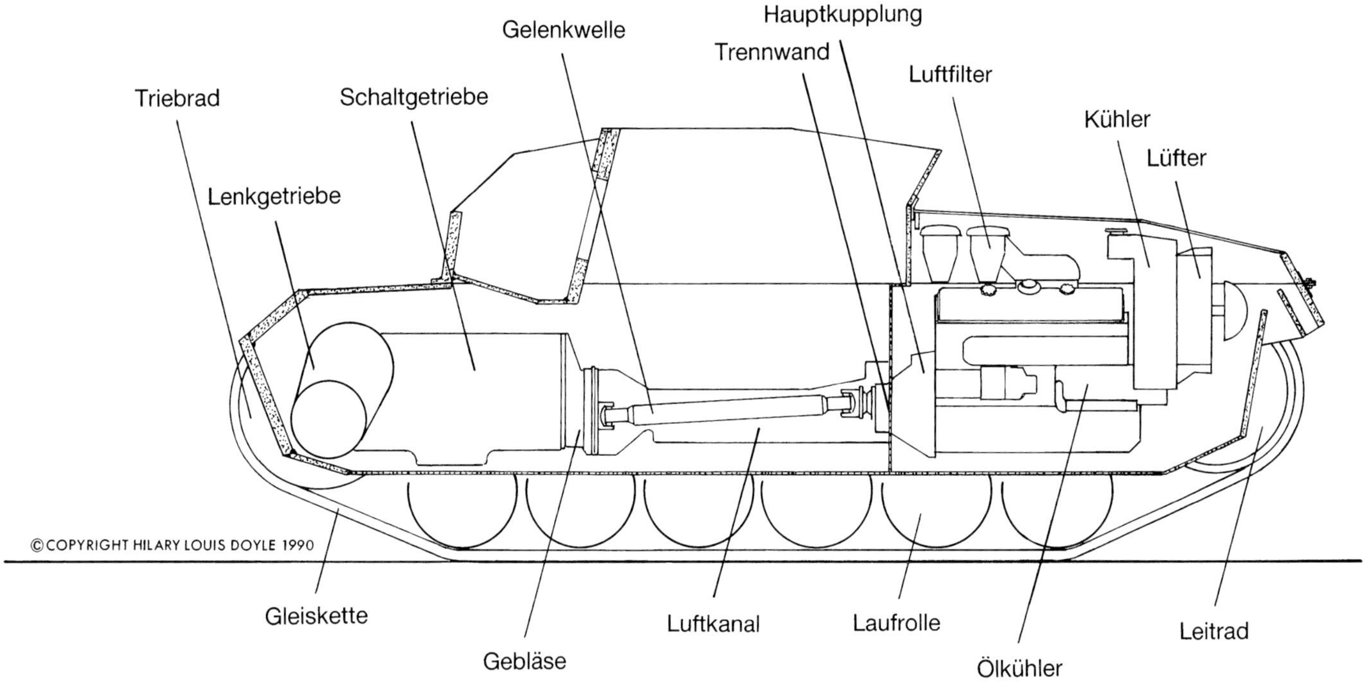

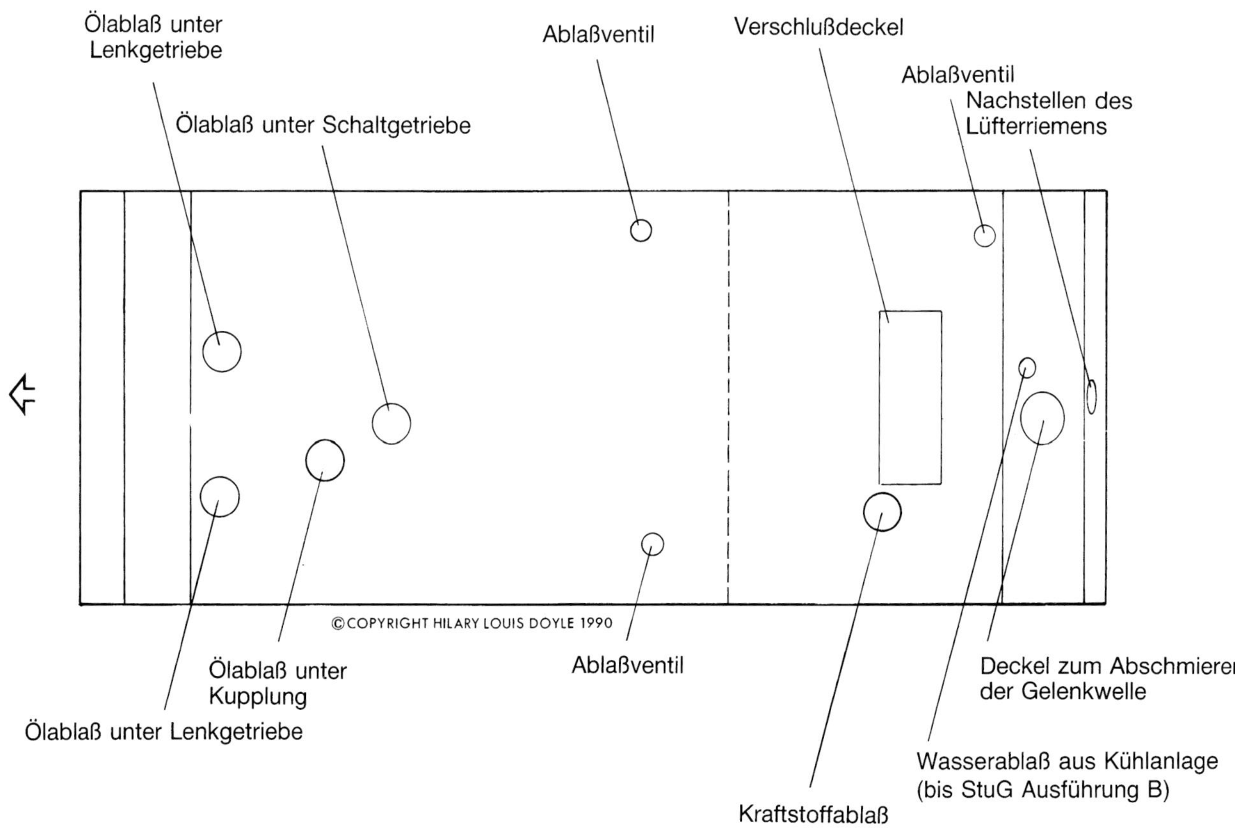

Sturmgeschütz Wannenboden (Ansicht von unten)

Sturmgeschütz, Übersicht.

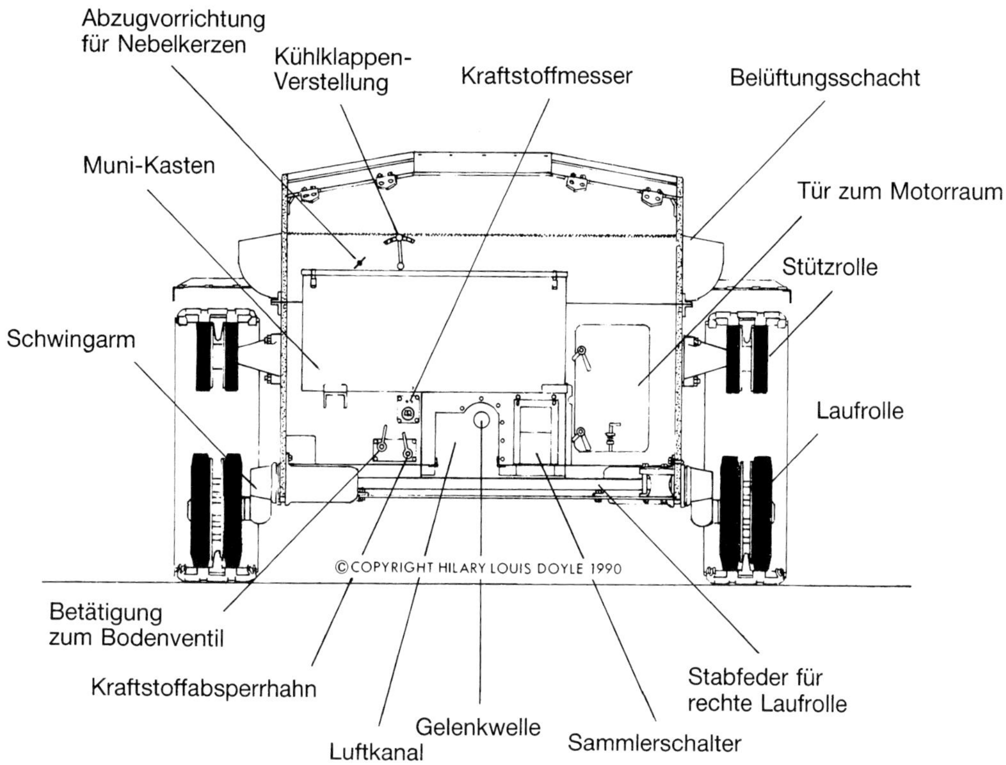

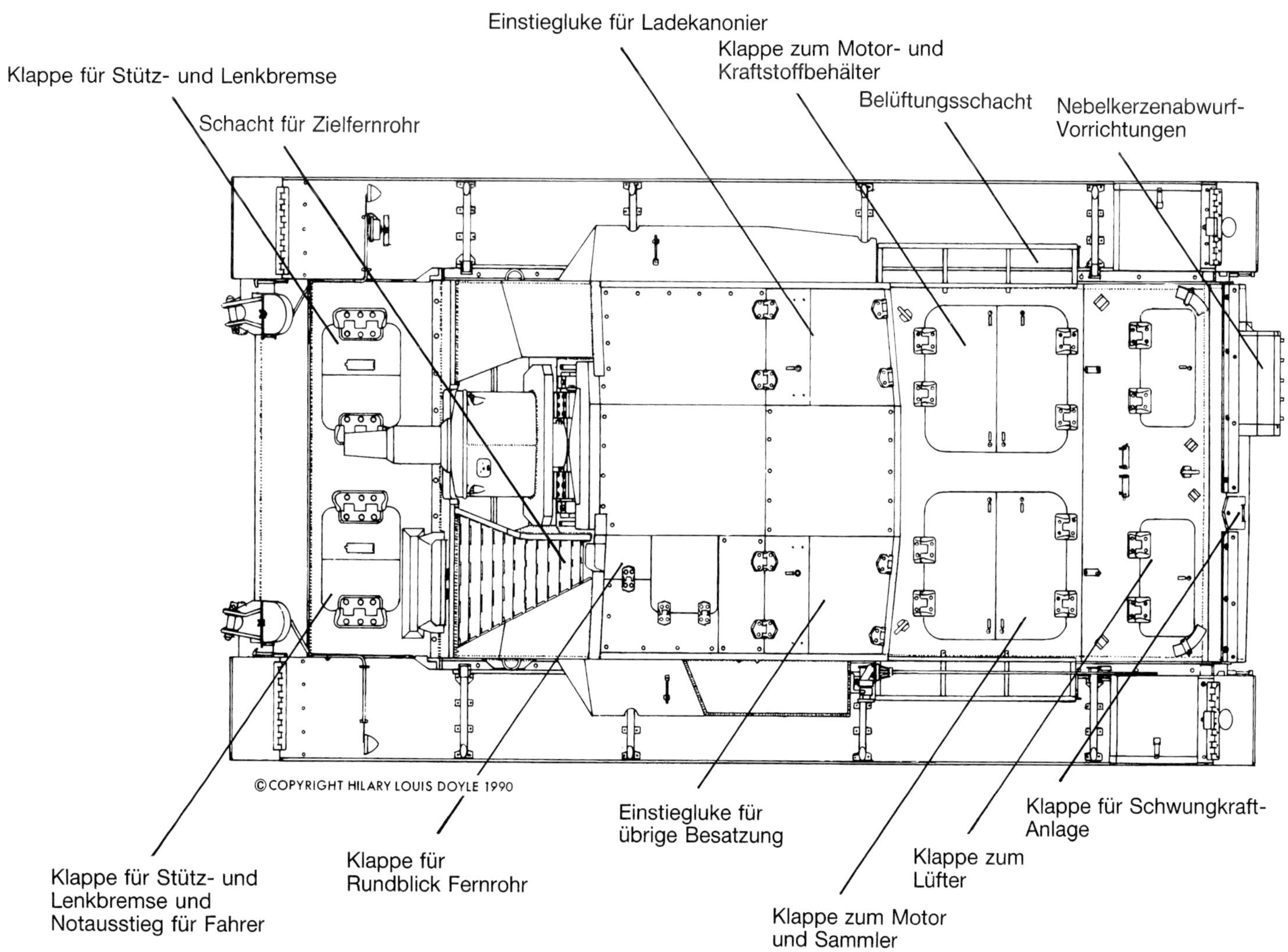

GEPANZERTE SELBSTFAHRLAFETTE FÜR STURMGESCHÜTZ 7,5-cm-KANONE AUSFÜHRUNG A

Das Heereswaffenamt hatte bei Daimler-Benz 30 sPak-Fahrzeuge in Auftrag gegeben, die auf dem von dieser Firma entwickelten 5/ZW-Fahrgestell (auch als ZW 38 bekannt) aufgebaut werden sollten.

Der Fahrgestell-Nummern-Band für die Ausführung A des Sturmgeschützes lief von 90001–90030.

Schon am 30. Mai 1939 hatte die Firma Krupp festgestellt, daß das endgültige sPak-Fahrzeug Laufwerk und Schaltgetriebe des ZW 38 übernehmen sollte. Die Firma wollte an den Fahrversuchen in Berka und Kummersdorf beteiligt werden.

Der Festlegung auf den Typ 5/ZW für das Sturmgeschütz gingen langwierige und zum Teil mit großer Heftigkeit geführte Auseinandersetzungen zwischen den Fahrgestell-Herstellern (hier vor allem Krupp) und dem Heereswaffenamt, WaPrüf 6 (Kniepkamp) voraus.

Während einer Besprechung mit Kniepkamp am 23. Mai 1939 in Berlin kam es zu einer dringenden Rückfrage von General Becker, wie lange noch die Fertigung von Schaltgetrieben für das Fahrzeug ZW vollständig stocke. Kniepkamp gab an, daß die konstruktiven Schwierigkeiten behoben seien. Um die angehaltenen Fahrzeuge fertig zu machen, schlug er vor, die ersten 5 Schaltgetriebe mit Hochtreiber*) in Fahrgestelle einzubauen, diese zu erproben, die Getriebe wieder auszubauen und die Aufbauten aufzusetzen. Anschließend sollten die gleichen Getriebe in 5 weitere Fahrgestelle eingebaut werden usw., Bedenken wegen Mehrarbeit durch wiederholten Ein- und Ausbau wies er zurück.

Im Gegensatz zu den Angaben von Kniepkamp waren WaPrüf 6 und die Firma Daimler-Benz der Ansicht, daß die Getriebe durchaus noch nicht einwandfrei arbeiteten und daß die für das Drehstab-Laufwerk lebenswichtigen Stoßdämpfer noch immer nicht festgelegt seien, da erst im Juli 1939 die neuen Stoßdämpfer von Boge fertig würden.

*) Auch Beschleunigerkupplung genannt. Sie beschleunigt die umlaufenden Teile des Getriebes auf die für die jeweilige Schaltung erforderliche Drehzahl, die auch höher liegen kann als die Höchstdrehzahl des Motors.

Sturmgeschütz, Ausführung A. Linke Fahrzeugseite.

**Sturmgeschütz,
Ausführung A.
Rechte Fahrzeugseite.**

**Sturmgeschütz,
Ausführung A.
Ansicht von links vorne.**

**Sturmgeschütz,
Ausführung A.
Ansicht von links hinten.**

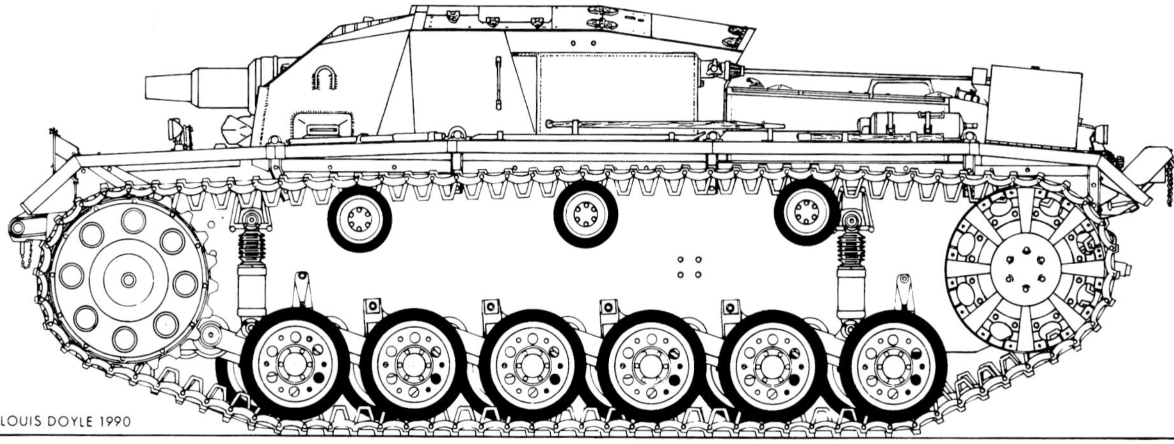

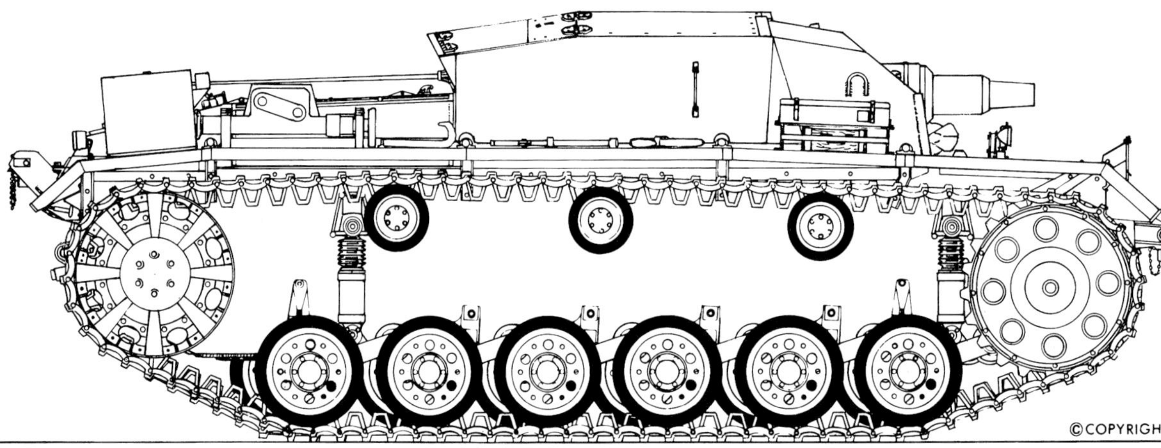

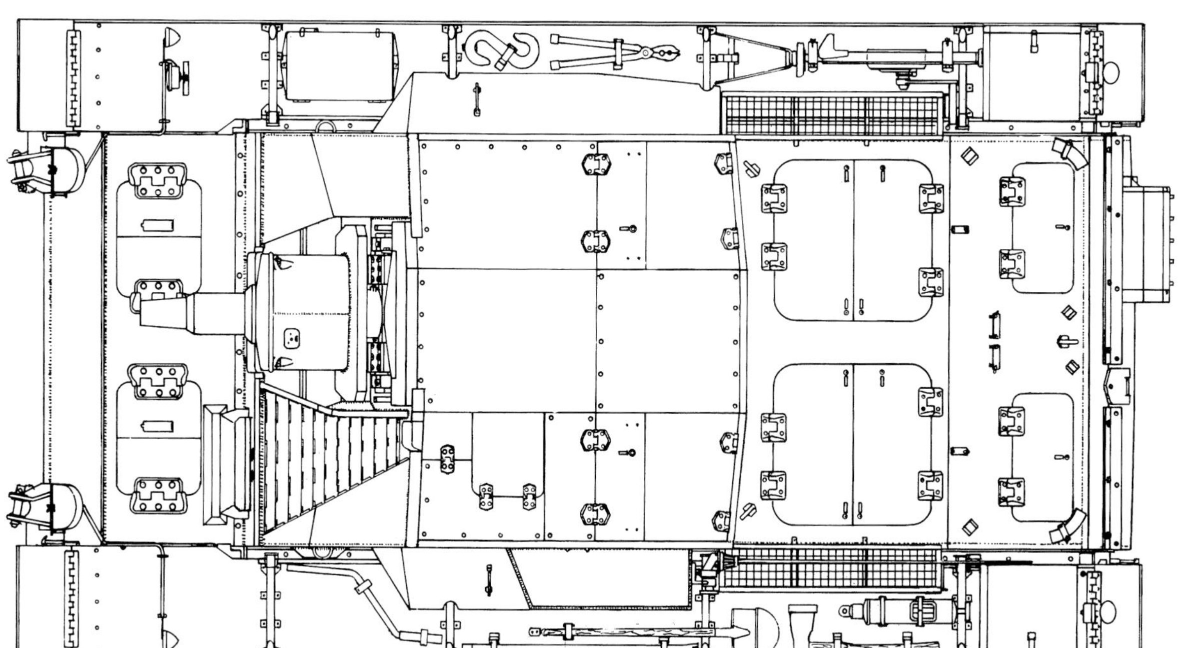

Sturmgeschütz, Ausführung A.

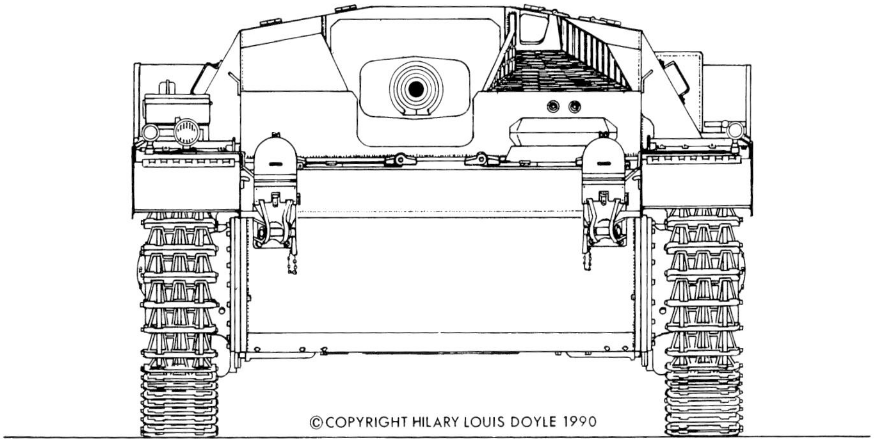

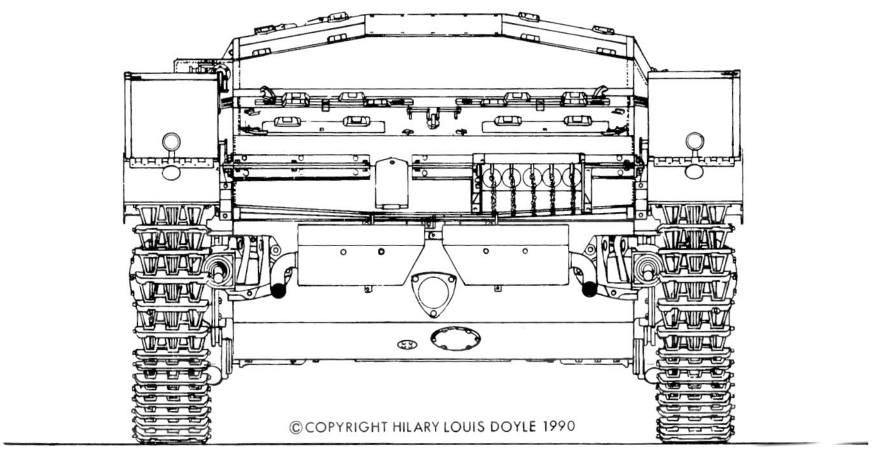

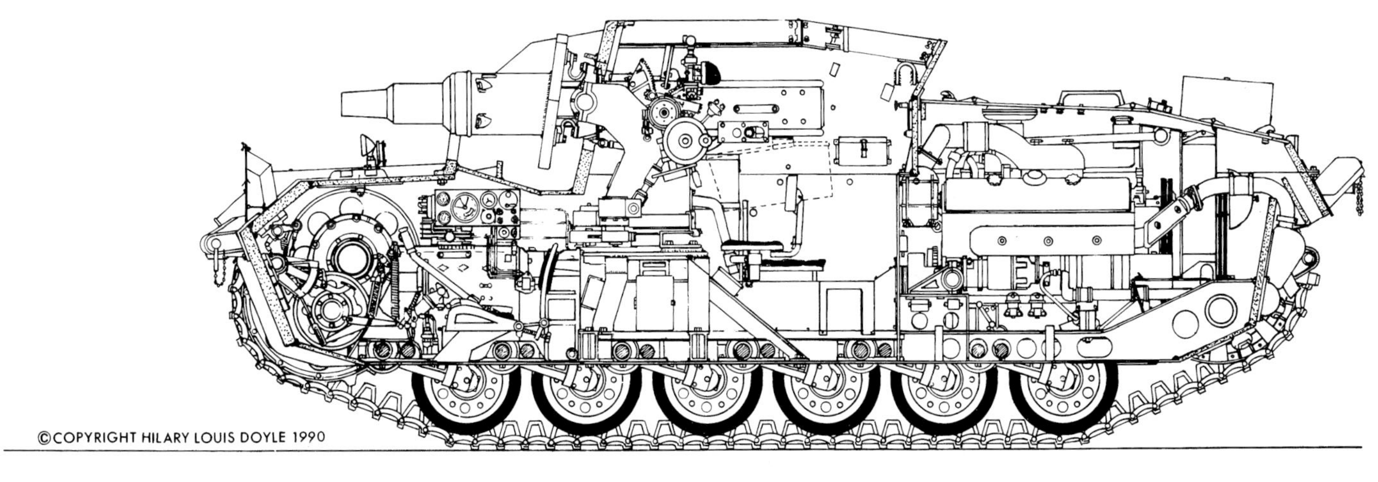

Eine Vortragsnotiz vom 13. Oktober 1939 ergab folgende Sachlage:

Betrifft Panzer-Selbstfahrlafette III (sPak)

1. Entwicklung Pz. Sfl. III (sPak) abgeschlossen, Einführungsantrag läuft.
2. Vorhanden: 5 schußfähige Geräte mit Flußeisen-Aufbauten.
3. Ausstoß 0-Serie von 30 Stück Ende Dezember 1939 bis 1. April 1940. Ausstoß der zweiten Serie von 250 Stück ab April 1940 monatlich 20 Stück, störungsfreie Fertigung vorausgesetzt.
4. Weiterentwicklung der Pz. Sfl. III mit 7,5-cm-Kanone-L/41, V_0 685 m/s. Erstes schußfähiges Versuchsstück mit Blechaufbau im Mai 1940.

Am 12. Dezember 1939 fanden in Kummersdorf Panzerbeschuß-Versuche mit sPak-Komponenten statt. Beschossen wurde eine vollständige, von den Brandenburger Eisenwerken gefertigte sPak-Fahrzeugwanne mit Aufbau und Wiegenpanzer. Der Beschuß erfolgte durch eine 3,7-cm-Pak Rhm (G = 0,695 kg, V_0 = 760 m/s aus 100 m Entfernung.

Die Ergebnisse:

Nach dem ersten Schuß auf Mitte Schild über dem Mantel der Wiegenpanzerung hatte die obere Schweißnaht zwischen Schild und Mantel einen etwa 300 mm langen Riß. Die beiden oberen Befestigungslaschen zwischen Panzer und Wiegenträger (Stauchglieder) wurden etwa 2 mm zusammengedrückt – sonst ohne Merkmale. Anschließend wurden zwei weitere Schüsse auf die rechte obere Schildecke und ein Schuß auf die Wiegenkappe abgefeuert.

Die Wirkung dieser Schüsse war derart, daß die Schweißnähte zwischen Schild und Mantel vollständig gerissen und die Schrauben der rechten oberen Befestigungslasche abgeplatzt waren. Bei einem früher durchgeführten Beschuß einer von Appa III (Krupp) gefertigten Wiegenpanzerung (Auftrag 41/51162) waren die Schweißnähte zwischen Schild und Wiegenpanzer abgeplatzt.

WaPrüf wird Krupp benachrichtigen, ob eine Änderung der Wiegenpanzerung durchgeführt werden soll.

Daimler-Benz war Entwicklungsfirma für den Entwurf, aber auch verantwortlich für den Zusammenbau der ersten Baureihe, Panzer-Selbstfahrlafette III.

Normalerweise übernahm die Montagefirma nur den Zusammenbau angelieferter Komponenten und Aggregate. Diese wurden von sog. Unterlieferanten einbaufähig an die Montagefirma zugeliefert. Die Montage erfolgte entweder in Gruppen- oder Bandbauweise. Zulieferfirmen zu diesem Zeitpunkt für das Sturmgeschütz-Bauprogramm waren die Firmen:

Brandenburger Eisenwerke GmbH

Fertigung der Wannen, Aufbauten und Wiegenpanzerung

Friedrich Krupp AG

Entwicklung der 7,5-cm-Kanone und Lieferung von 14 dieser Waffen

Wittenauer Maschinenfabrik AG

Fertigung der 7,5-cm-Kanone (Lizenzfertigung)

Maybach Motorenbau GmbH

Entwicklung und Fertigung des Motors HL 120 TRM und des Schaltgetriebes SRG 32 8 145

Nordbau

Lizenzfertigung des Motors HL 120

Zahnradfabrik Friedrichshafen

Lizenzfertigung des Schaltgetriebes SRG 32 8 145

Hans Windhoff

Fertigung von Kühlsystemen für Motoren

Leitz

Fertigung von Sfl.-Zielfernrohren

Der Ausfall eines Unterlieferanten konnte maßgeblich die Ausstoßzahlen einer Montagefirma beeinflussen.

Daimler-Benz, Werk 40 (Berlin-Marienfelde), hatte für den Anlauf der sPak-Fertigung folgende Stückzahlen zugeliefert. (Serie 1, Pz. Sfl. III):

1939 Dezember 1, 1940 Januar 4, Februar 11, März 7, April 7. Diese Fertigungsplanung wurde nicht eingehalten, da Daimler-Benz zwar ein Fahrgestell im Dezember 1939 ausgeliefert hatte, jedoch kein komplettes Sturmgeschütz mit Aufbau.

Sturmgeschütz, Ausführung A mit »Großdeutschland«, 1940 im Einsatz in Frankreich.

Anfang Januar 1940 erklärte eine Aktennotiz die Gründe für die Verzögerung in der Auslieferung der Serie 1/7,5-cm-Kanone (Pz. Sfl).

Der ursprünglich für ersten April 1940 festgelegte Auslieferungs-Endtermin für 30 Stück 1./sPak verschiebt sich mit 10 Stück in den Monat April und 4 Stück in den Monat Mai aus nachstehenden Gründen:

1. Durch die Forderung, Instandsetzungsfahrzeuge (Pz. III) in erster Linie fertigzustellen, waren die Maschinen für die Bearbeitung von Einzelteilen derart ausgelastet, daß die Fertigstellung der sPak-Teile verzögert wurde.
2. Die mehrfachen konstruktiven Änderungen (der Aufbau war zunächst zur Ausführung ohne Dach bestimmt; aufgrund taktischer Forderungen wurde das Fahrzeug nachträglich mit einem Dach versehen, später Änderung des Daches auf Wunsch der Truppe für indirektes Schießen, weiter Verschiebung der Seitenwand der Geschützpanzerung aus Beobachtungsgründen) bedingten mehrfache Zeichnungsänderungen, so daß die Panzerfirma sehr spät in den Besitz der endgültigen Zeichnungen gelangte.
3. Für die sPak war das normale ZW-Getriebe mit Beschleuniger vorgesehen. Nach dem ersten Einbau stellte sich heraus, daß eine Änderung am Gehäuse wegen des Geschützsockels erforderlich wurde.
4. Unerwartete Ausfallerscheinungen hinsichtlich der Güte des Panzermaterials bei der Firma Brandenburger Eisenwerke, welche alleiniger Lieferant der Panzerbleche für die sPak ist.
5. Das Heranbringen auswärtiger Teile ist für die Montagefirma Daimler-Benz äußerst schwierig; besonders nachteilig wirkt sich die seit dem Kälteeinbruch bestehende Gütersperre aus. Die Unterlieferanten sind nicht mehr in der Lage, ihre fertigen oder rohen Teilstücke der Montagefirma anzuliefern.

**Sturmgeschütz, Ausführung A.
Einsatz 1940 in Frankreich
bei der Leibstandarte (SS).**

**Sturmgeschütz, Ausführung A.
Der Kugelfang in der Sichtscharte
ist gut zu erkennen.**

Nach geringfügigen Verzögerungen lieferte Daimler-Benz im Werk 40 (Berlin-Marienfelde) die Fahrgestelle und montierte die erste Serie Sturmgeschütz Ausführung A wie folgt:

	Fahrgestell	**Sturmgeschütz**
Dezember 1939	1	0
Januar 1940	4	1
Februar 1940	11	3
März 1940	7	6
April 1940	7	10
Mai 1940	0	10

Gerätebeschreibung

Die Panzerwanne war als Träger des Fahrgestells ausgebildet. In ihr war die Motor- und Getriebeanlage gelagert, der Motor im Heckraum der Wanne. Zu beiden Seiten des Motors waren die Kühler mit den Lüftern und auf der linken Fahrzeugseite, durch eine Trennwand gegen Motorwärme geschützt, ein Kraftstoffbehälter angeordnet.

Eine Zwischenwand trennte den Motor vom Kampfraum. Eine Tür in der Zwischenwand ermöglichte den Zugang zum Motorraum. Die Gelenkwelle führte vom Motor in einem Tunnel durch den Kampfraum in den Bugraum zum Wechselgetriebe. An diesem waren vorne der Kegeltrieb mit den Lenkgetrieben angeflanscht. Von diesen führten links und rechts zwei Gelenkwellen zu den beiden Lenkbremsen und den zwei Seitenvorgelegen. Links neben dem Wechselgetriebe befand sich der Fahrersitz.

Am Heck waren auf verstellbaren Kurbelachsen die Umlenkrollen gelagert. Zwischen den Triebrädern vorne und den Umlenkrollen befanden sich auf jeder Fahrzeugseite 6 durch Drehstäbe abgefederte Laufrollen. Oberhalb der Laufrollen waren auf jeder Seite 3 Stützrollen vorgesehen. Über alle Räder waren die Gleisketten (Typ Kgs 6111/380/120) gespannt, die von den Triebrädern angetrieben und nach oben durch die Kettenabdeckung abgedeckt waren.

Von den zwei geteilten Klappen im oberen Bugblech konnte eine als Notausstieg für den Fahrer verwendet werden.

Der Motor, ein Maybach HL 120 TR Vergasermotor, war eine Weiterentwicklung des bereits in den Prototypen verwendeten HL 108. Durch Vergrößerung der Bohrung von 100 auf 105 mm wurde der Gesamthubraum von 10,8 auf 12 l angehoben. Die rollengelagerte Scheibenwelle, 7fach gelagert, hatte ein 8. Lager als Radiaxlager. Die gleitgelagerten Pleuel waren nebeneinander angeordnet – Alsi-Kolben. Die Nennleistung betrug 300 PS bei 3000 min^{-1}. Die Bezeichnung HL 120 TR ergibt sich aus *H*och*l*eistungsmotor, ca. *12* dm^3 Hubvolumen und *Tr*ockensumpfschmierung.

Die Auslegung des Laufwerks für den Typ 5/ZW (ZW 38) mit Drehstabfederung.

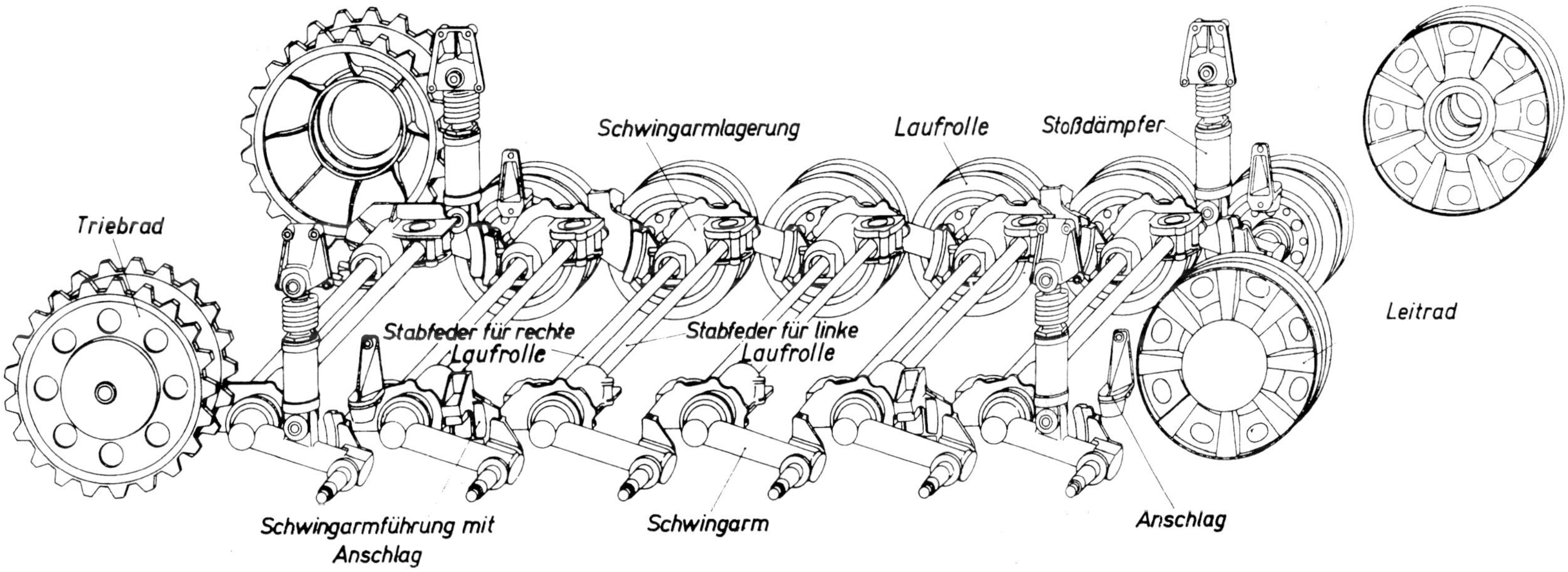

Die Schwingarmanordnung der Laufrollen.

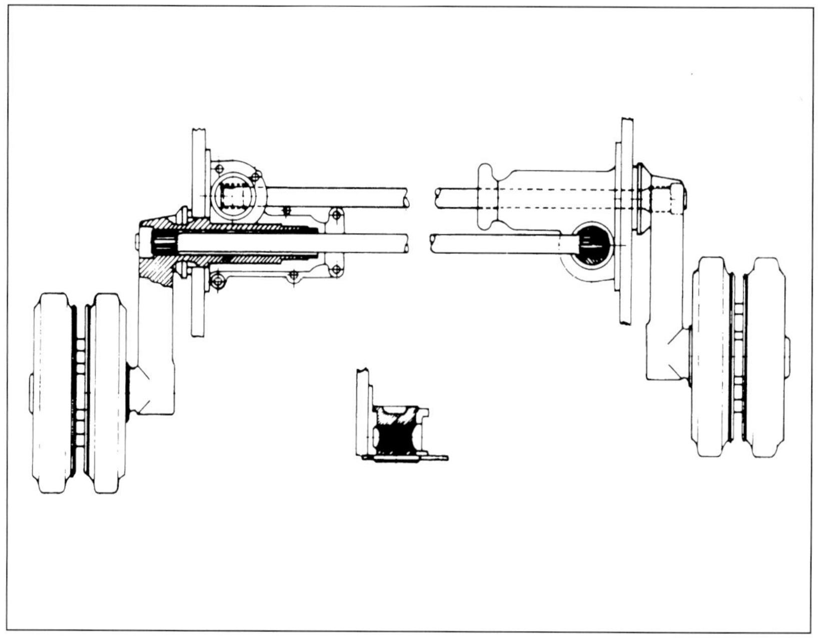

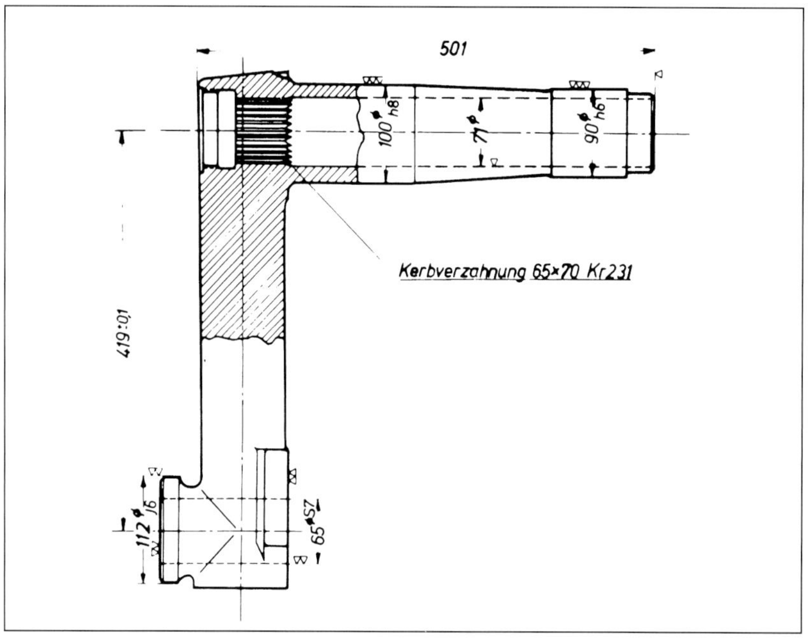

Abmessungen des Schwingarmes.

Schwingarmlager.

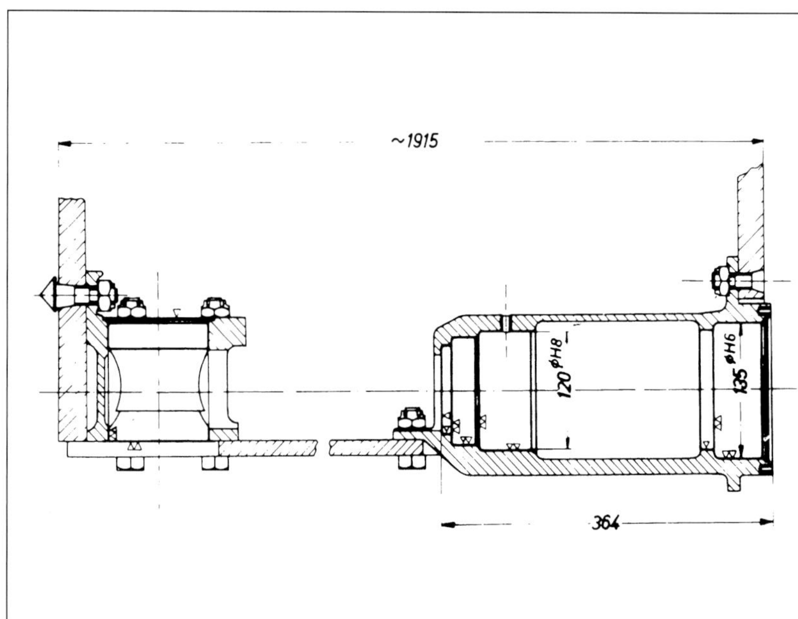

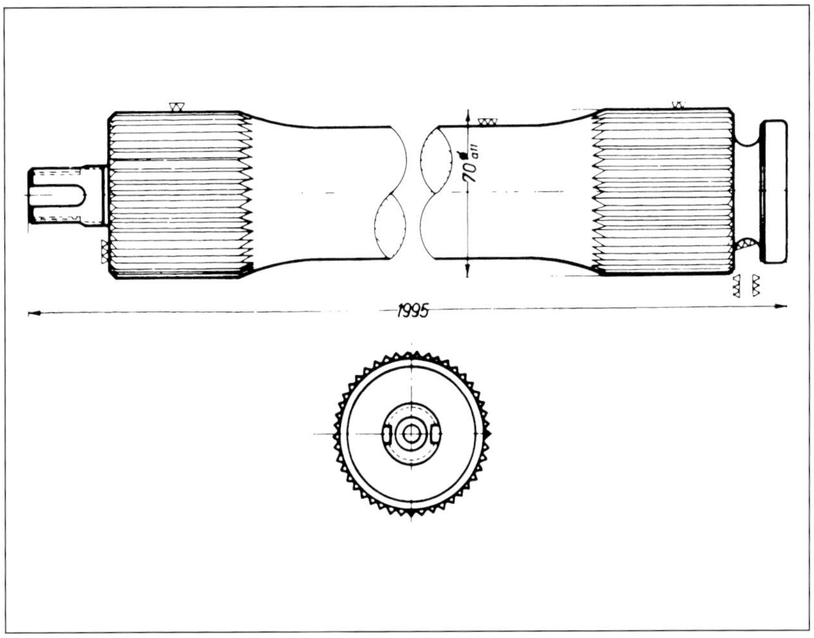

Einzelheiten des Drehstabes.

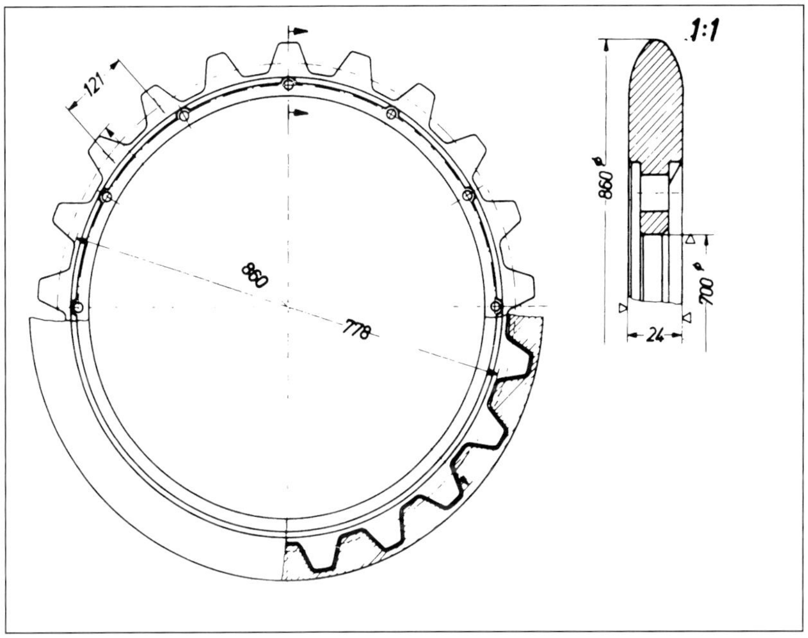

Kettenantriebsrad mit Zahnkranz.

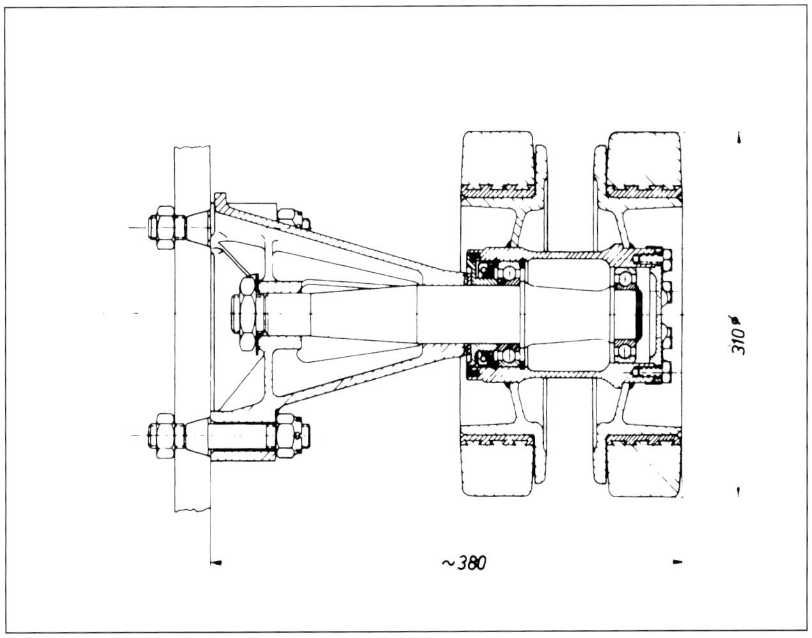

Anordnung der Stützrolle.

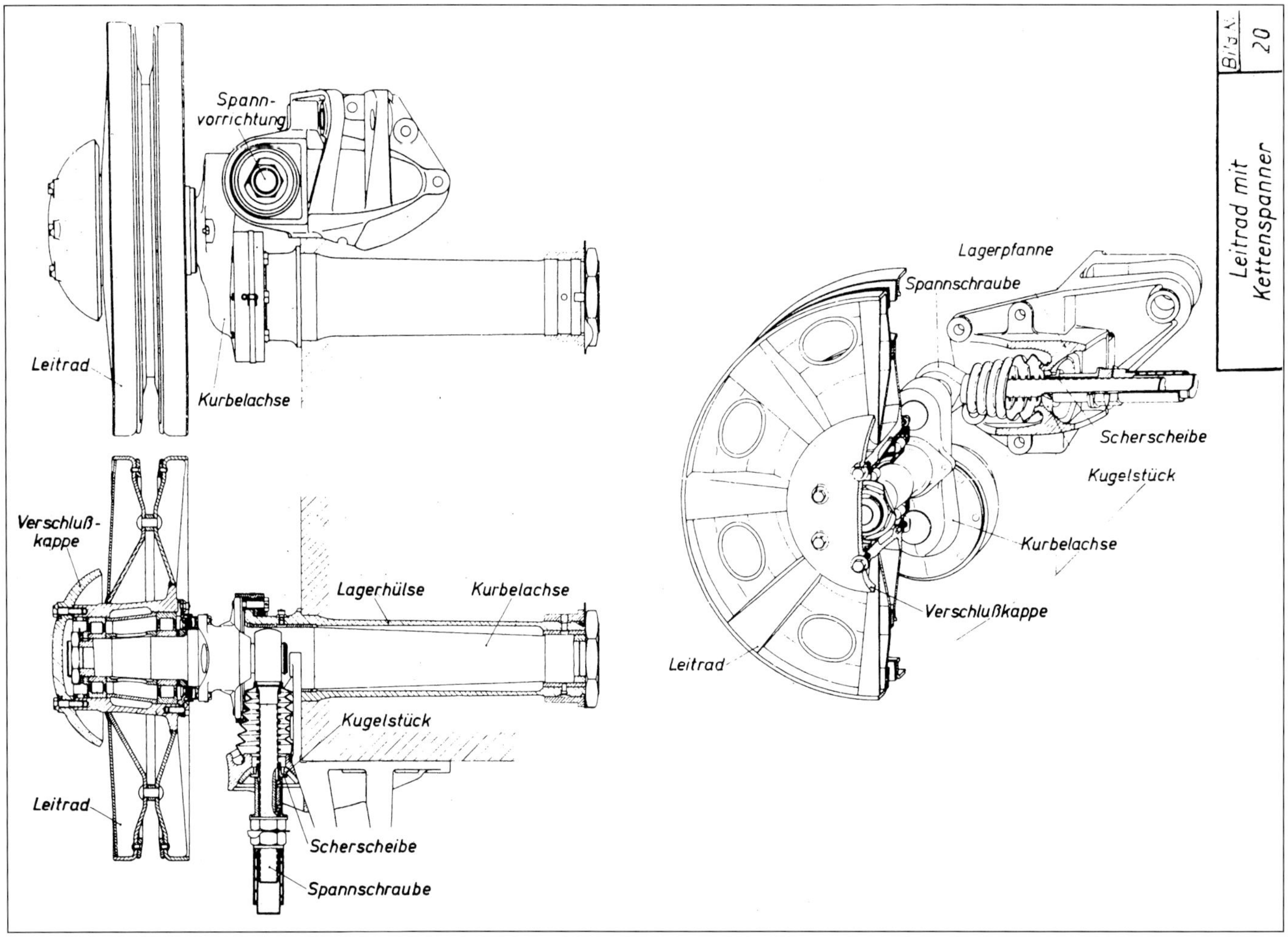

Leitrad mit Kettenspanner.

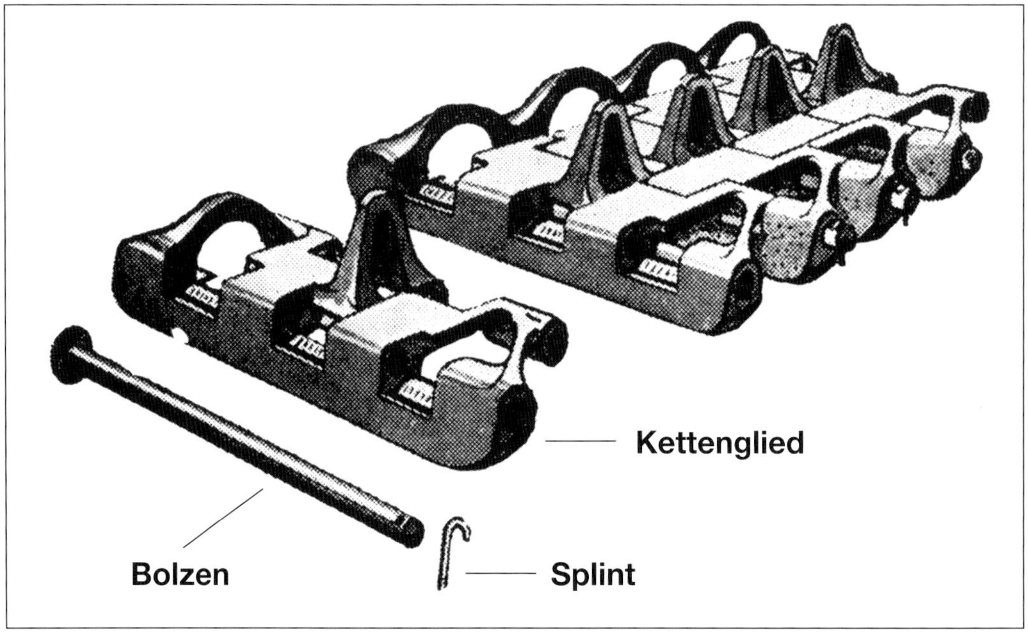

Die trockene Gleiskette.

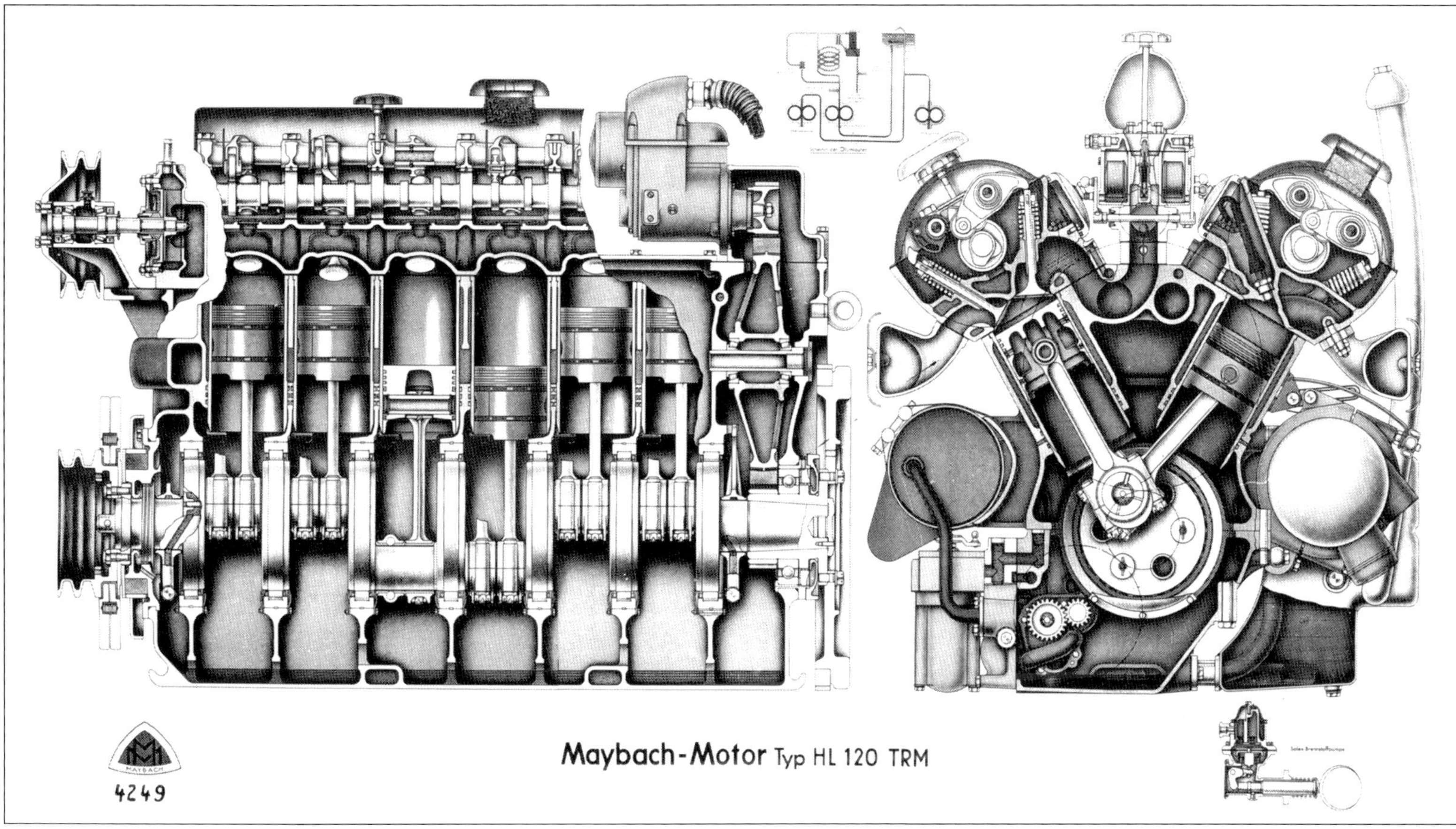

Längs- und Querschnitt des Hochleistungstriebwerks HL 120 der Firma Maybach.

Der Kraftstoffvorrat befand sich, wie bereits erwähnt, in einem Behälter mit 310 l Inhalt auf der rechten Seite des Motors. Zwei mechanische Pumpen förderten den Kraftstoff zu den Vergasern. Eine elektrische Anlaßpumpe war vorgesehen. Bei der Ausführung A übertrug die ausgewuchtete Gelenkwelle das Drehmoment des Motors über die Hauptkupplung auf das Wechselgetriebe. Als Wechselgetriebe war ein Maybach-Getriebe SRG 328 145 mit vorgebauter Kupplung vorgesehen. Die einzelnen Gänge wurden vorgewählt, die Schaltung wurde aber selbsttätig durch eine Unterdruckanlage ausgeführt, sobald durch Niedertreten des Kupplungsfußhebels ein Auslöseventil betätigt wurde. Das Getriebe hatte 10 Gänge für Vorwärtsfahrt sowie einen Rückwärtsgang.

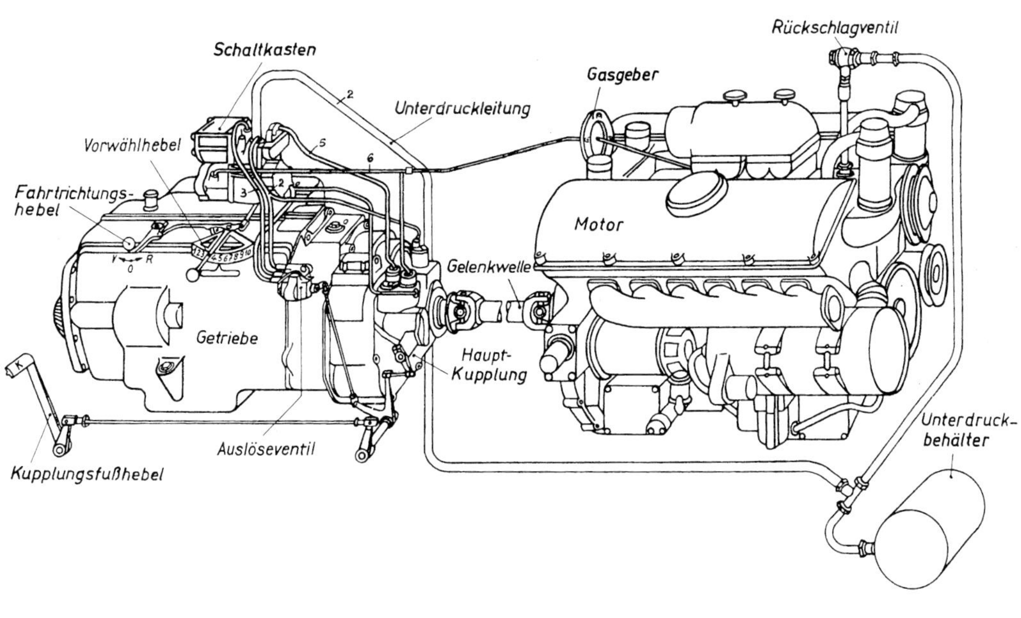

Motor und Getriebe des Sturmgeschütz, Ausführung A.

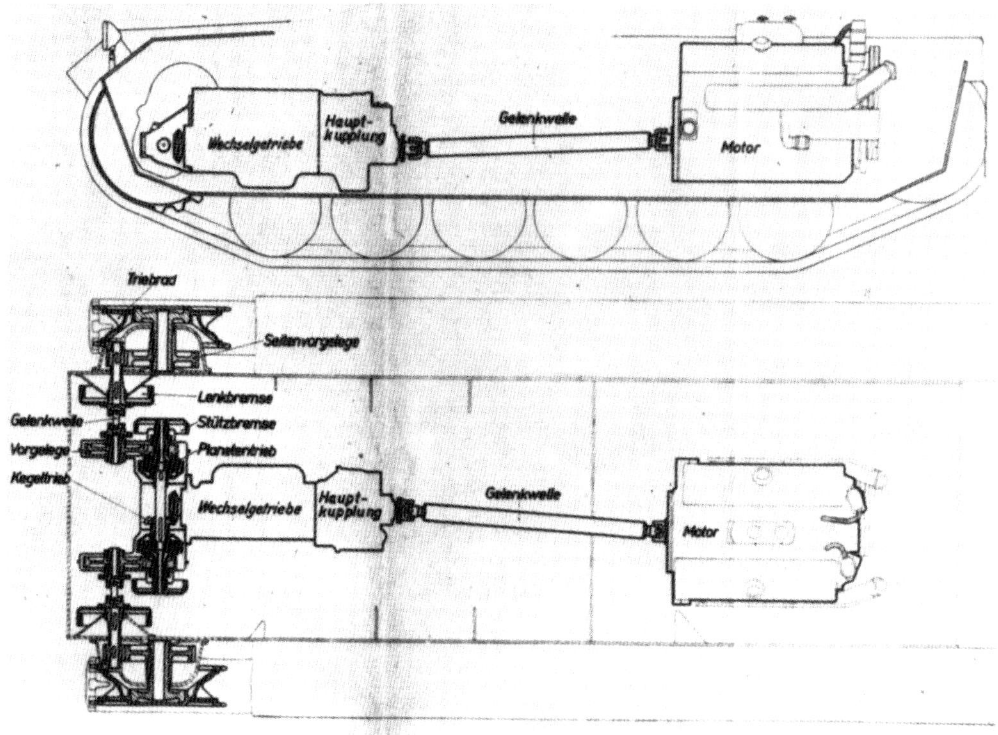

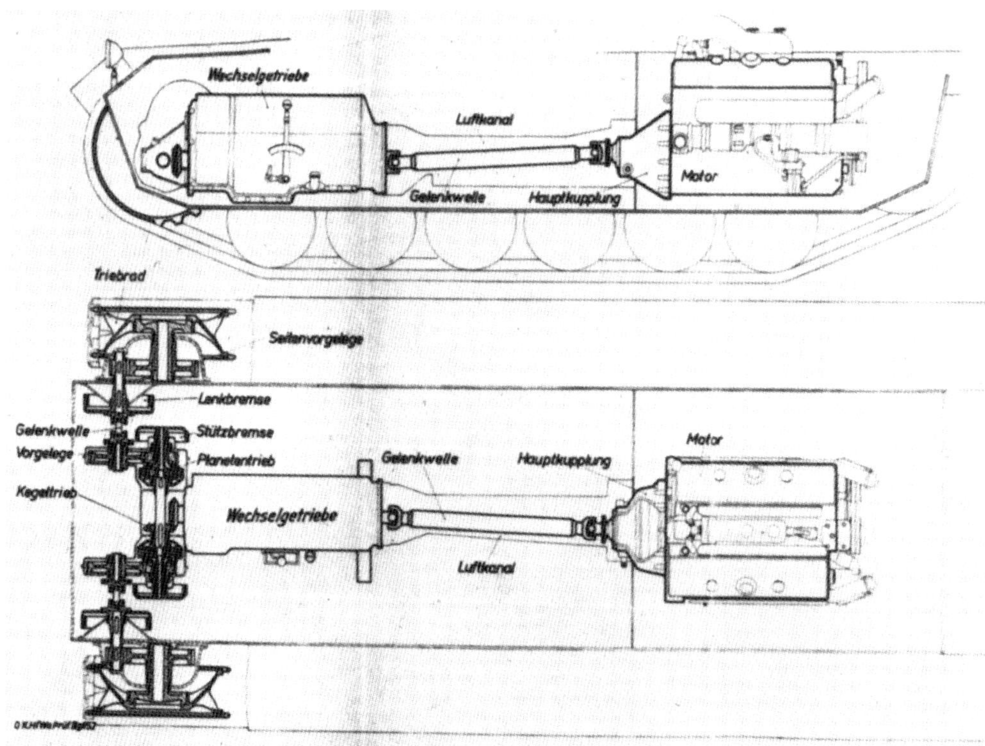

Eine Gegenüberstellung der Auslegung der Antriebsaggregate der Ausführung A (oben) und ab Ausführung B.

Bei 2800 min^{-1} ergaben sich in den einzelnen Gängen:

1. Gang	1:8	Geschwindigkeit	4,66 km/h
2. Gang	1:5,88	Geschwindigkeit	6,27 km/h
3. Gang	1:4,39	Geschwindigkeit	8,39 km/h
4. Gang	1:9	Geschwindigkeit	11,17 km/h
5. Gang	1:43	Geschwindigkeit	15,116 km/h
6. Gang	1:81	Geschwindigkeit	20,36 km/h
7. Gang	1:1,33	Geschwindigkeit	27,71 km/h
8. Gang	1:1	Geschwindigkeit	36,85 km/h
9. Gang	1,34:1	Geschwindigkeit	40 km/h
10. Gang	1,82:1	Geschwindigkeit Höchstgeschwindigkeit	40 km/h
Rückwärtsgang	1:7,9		
Gesamtsprung im Getriebe	1:14,5		

9. und 10. Gang waren Schongänge, die Höchstgeschwindigkeit von 40 km/h durfte nicht überschritten werden.

Schon am 21. Juni 1938 wurden von Maybach die Fertigungsunterlagen für den Getriebetyp SRG 328 145 an die Altmärkische Kettenwerke GmbH (Alkett) übergeben. 1939 erhielt das bisherige »Schaltreglergetriebe« (SRG) das Wortzeichen VARIOREX. Alle Nachbaufirmen hatten Lizenzgetriebe als »Variorex-Getriebe, Lizenz Maybach« zu bezeichnen. Jede Getriebetype war statt der bisherigen Bezeichnung SRG mit der neuen Bezeichnung VG und außerdem mit einer dreiteiligen Nummernbezeichnung zu versehen:

1. die Hunderter- und Zehnerzahl der Leistung (PS)
2. die Hunderter- und Zehnerzahl des Drehmoments (mkg)
3. der Gesamtsprung des Getriebes.

Das Fahrgestell war mit einer 12 V Bosch-Licht- und Anlasseranlage ausgerüstet. Zwei Varta-Sammler (Batterien) von je 12 V, 105 Ah waren eingebaut. Die elektrische Fahrzeugausrüstung war nach Entstörklasse M 1 entstört.

Der auch oben geschlossene Panzeraufbau schützte Besatzung und Gerät. Zubehör- und Ausrüstungsteile waren im Fahrzeuginneren an den Wänden der Panzerwanne und des Panzeraufbaus, auf und unter dem Fußboden untergebracht.

Das Aufbaudach hatte zwei getrennte Einstiegsluken, rechts in Fahrtrichtung die für den Ladekanonier, links eine für die übrige Besatzung. Für den Richtkanonier gab es einen Lukendeckel im Dach und vor diesem eine weitere Klappe für das Rundblickfernrohr.

Das Geschütz ruhte auf einem Geschützsockel (Sockellafette). Dieser bestand aus zwei kastenförmigen Trägern, die oben miteinander verbunden waren und die Grundplatte zur Aufnahme des Geschützes trugen. Der hintere Träger war durch zwei Streben rechts und links vom Wellentunnel nach rückwärts abgestützt. Die Träger waren rechts und links mit den Seitenwänden der Panzerwanne und unten mit dem Wannenboden verschraubt. Zwischen den Anschraubflächen waren Zwischenlagen, die einen Ausgleich ermöglichten, vorgesehen.

Oberhalb der Drehstäbe ruhte der aus Warzenblech bestehende Fußboden.

Die Munition war in verschiedenen Kästen aus Winkeleisenrahmen mit Blechverkleidung untergebracht, die durch Deckel mit Schnappverschluß verschließbar waren. In dem freien Raum, rechts neben dem Wechselgetriebe, war ein Kasten (Rutsche) zur Aufnahme von 2 Kästen mit je 3 Patronen und 2 Kästen mit je 2 Patronen angebracht. Insgesamt wurden 44 Schuß 7,5-cm-Munition im Fahrzeug mitgeführt.

An der Rückwand des Panzeraufbaus befanden sich zwei Halterungen für Maschinenpistolen.

Als Hauptbewaffnung kam die 7,5-cm-Sturmkanone L/24 mit einer tatsächlichen Rohrlänge von 1766,5 mm zum Einbau, eine Waffe, die auch als Bewaffnung der frühen Panzerkampfwagen IV zu finden war.

Ihre größte Schußweite betrug 6000 m. An Munitionsarten standen zur Verfügung:

- 7,5-cm-K. Gr. rot Pz (V_0 385 m/s)
- 7,5-cm-Gr. 34 (V_0 420 m/s)
- 7,5-cm-Gr. 38 Hl/C (V_0 450 m/s)

Das Gewicht der Waffe betrug 490 kg, der Preis RM 9150,-.

Im Fahrzeug eingebaut, betrug das Seitenrichtfeld 24°, die Erhöhung ging von –10° bis +20°.

Als Zieleinrichtung diente das Rundblickfernrohr 32 4 x 10° mit Kopfteilung in m. Der Ausblick erfolgte durch eine Klappe im Aufbaudach.

Das Sturmgeschütz verfügte über einen Ultrakurzwellenempfänger (UKW-Empf. h). Die Besatzung verständigte sich untereinander durch Sprechschläuche.

Die erste Serie der Sturmgeschütze lief im Mai 1940 aus.

GEPANZERTE SELBSTFAHRLAFETTE FÜR STURMGESCHÜTZ 7,5-cm-KANONE AUSFÜHRUNG B

Die Fertigung der 2. Serie, der Ausführung B, lief bei Alkett im Juni 1940 an. Der Lieferumfang der Serie war auf 250 Einheiten festgelegt (Fahrgestell Nr.-Serie 90101–90500). Die

Sturmgeschütz-Produktion bei Alkett (Ausf. B) 1940 war in den ersten 6 Monaten wie folgt geplant:

	Soll	Gefertigt	Abnahme WaA
Juni 1940	8	12	12
Juli 1940	22	12	12
August 1940	32	20	10
September 1940	24	24	29
Oktober 1940	30	30	35
November 1940	36	35	35

Schwierigkeiten bei der Wannenfertigung der Zulieferer zwangen Alkett, um das Liefersoll zu erfüllen, vorübergehend zur Verwendung von normalen Panzer III-Fahrgestellen für die Sturmgeschütz-Endmontage. 8 der Original-Panzer III-Fahrgestelle (5/ZW) wurden im Juni 1940 auf diese Weise hergestellt. Da die Grundpanzerung der Panzerkampfwagen III zu dieser Zeit nur 30 mm betrug, wurden die Bugbleche dieser Fahrzeuge durch aufgeschraubte 20 mm dicke Zusatzbleche verstärkt. Diese 8 Sturmgeschütze behielten die üblichen Panzer III-Konstruktionsmerkmale, so u. a. die seitlich in der Wanne angeordneten Notausstiegsluken, die Wartungsklappen am oberen Bugblech und die Hutzen für die Lenkbremsen-Belüftung. Es fehlte der Kugelfang vor der Fahrersichtklappe. Die Kettenbreite betrug 360 mm.

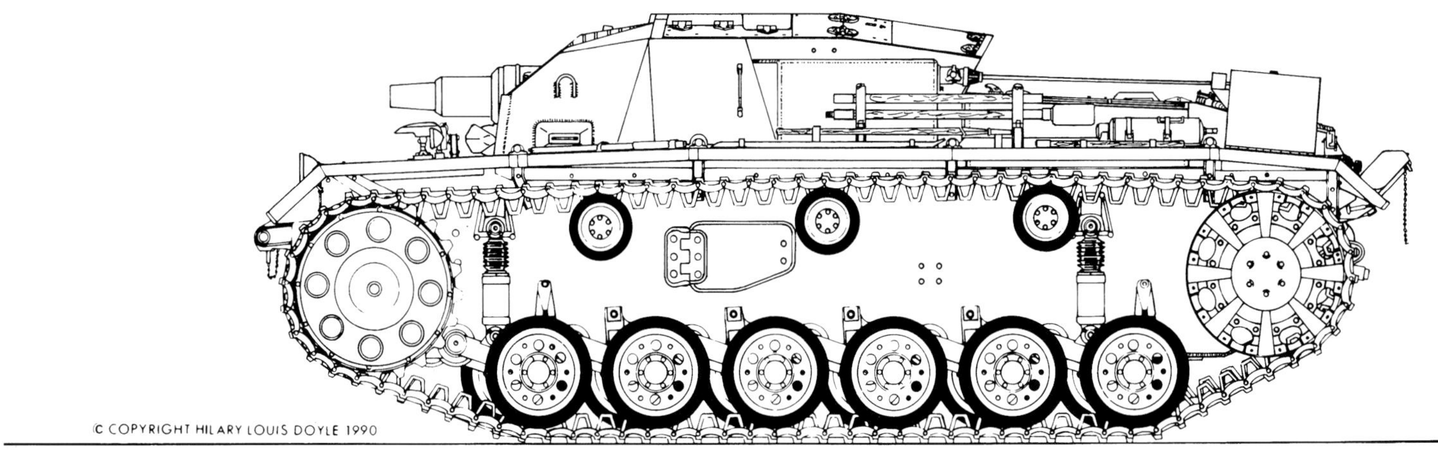

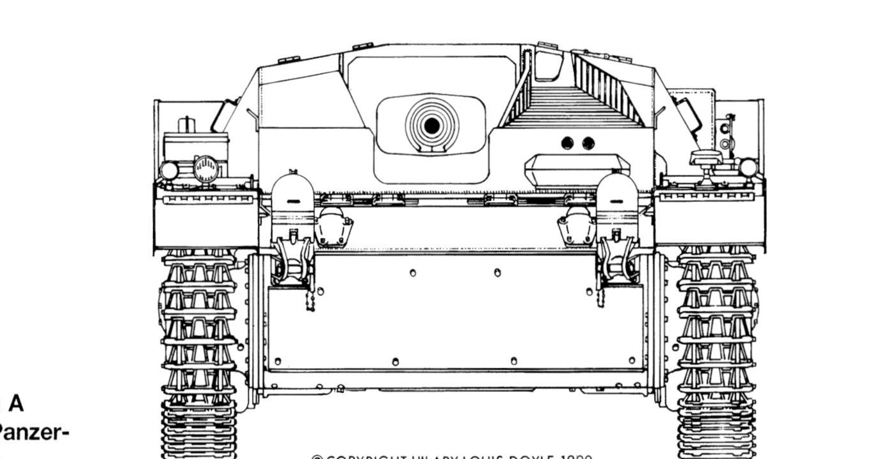

Sturmgeschütz, Ausführung A (Ausführung B-Aufbau auf Panzerkampfwagen III-Fahrgestell).

Sturmgeschütz, Ausführung A-Aufbau auf unverändertem Panzer III-Fahrgestell.

Vorderansicht des Fahrzeuges, von dem nur 8 Stück gebaut wurden.

Die Panzer III Notaustiege an den Wannenseiten blieben erhalten. ALR Jüterbog 1940.

Sturmgeschütz, Ausführung B, mit Original-Laufwerk für 380 mm breite Kette.

Fahrgestellmäßig ergaben sich ab Ausführung B einige grundsätzliche Änderungen. Der Motortyp HL 120 TR wurde durch das Baumuster TRM (Motor mit Trockensumpfschmierung und Schnapper-Magnet) abgelöst. Ab Ausf. B verband die Gelenkwelle die Hauptkupplung mit dem Wechselgetriebe. Aufgrund der andauernden Probleme mit dem Maybach VARIOREX-Getriebe kam ein 6-Gang Aphon-Getriebe mit Synchronisiereinrichtung der Zahnradfabrik Friedrichshafen vom Typ SSG 77 (Synchronisiertes Sechsganggetriebe mit bis zu 77 mkg Drehmomentaufnahme) zum Einbau. Die Hauptkupplung (Typ LA 120 HD) war direkt am Motor angeflanscht. Sie war als 3-Scheibenkupplung ausgelegt.
Am Aufbau änderte sich ab Ausführung B die Dachklappe über dem Richtkanonier. Während der Fertigung der Ausführung B flossen folgende weitere Änderungen in die Produktion ein:

- die vordere Stützrolle rückte näher an das Triebrad heran, um die Wucht der Kettenschläge zu mildern und um Kettenabwürfe zu reduzieren
- eine breitere Gleiskette (Kettentyp Kgs 61/400/120), ersetzte die um 20 mm schmälere Vorgängerkette. Mit Einführung der 400 mm breiten Gleiskette wurden die doppelten Laufrollen und deren Gummibandagen (Größe 520x95 – 397) verbreitert, die dadurch mehr Gummi auf die Lauffläche der Kette brachten und deshalb weniger schnell verschlissen. Die alten und neuen Laufräder waren

Sturmgeschütz, Ausführung B.
Fahrzeug Nr. 90111 der Firma Alkett.
ALR in Jüterbog.

Sturmgeschütz, Ausführung B.
Altes Kettenantriebsrad, neue Gleisketten
(Stu. G. Abt. 184) (BA).

Sturmgeschütz, Ausführung B.
Antriebsräder für 400 mm Kette,
2 m Antenne.
Panzerabdeckung für Nebelgerät (BA).

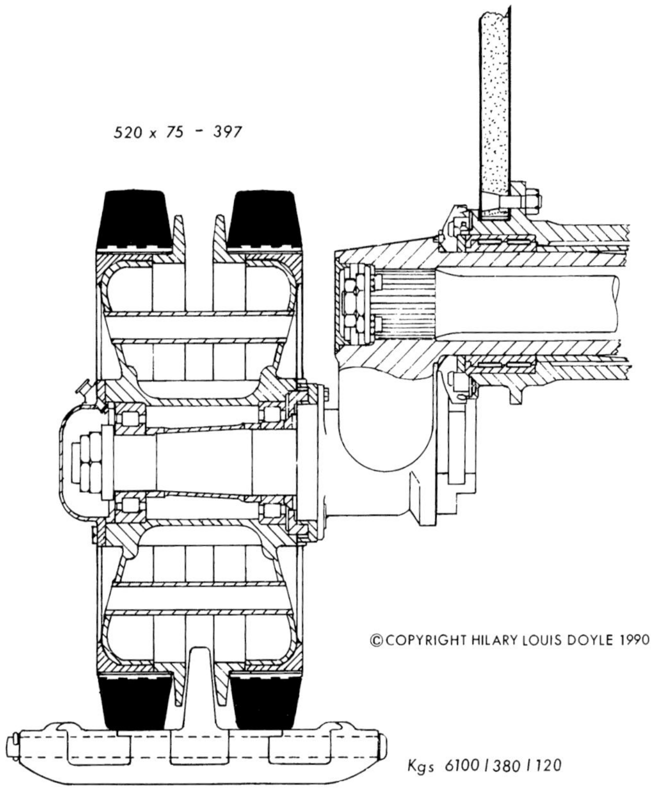

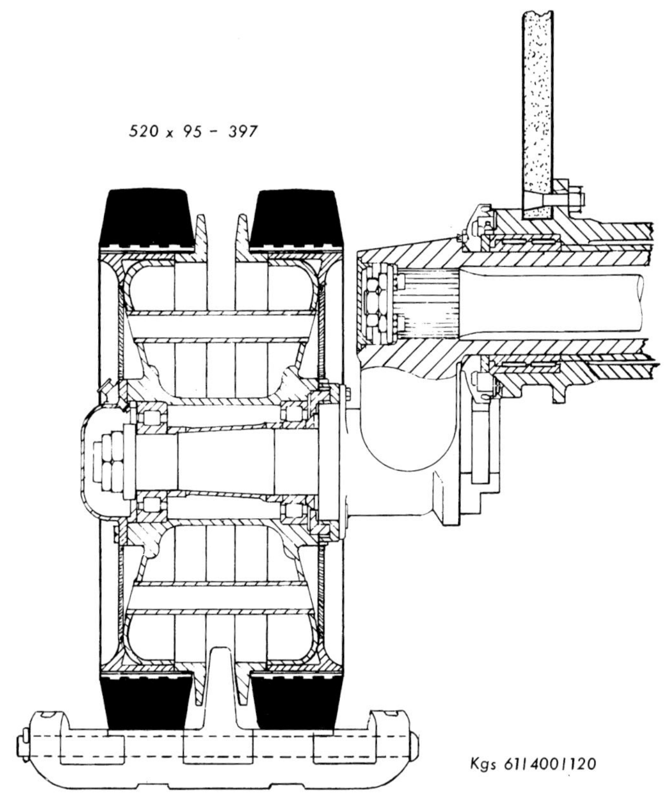

Gleisketten- und Laufrollen-Vergleich.

gegeneinander austauschbar
- ein neues gegossenes Triebrad wurde eingeführt
- eine neue geschweißte Umlenkrolle (Leitrad) wurde eingeführt
- Abnehmbarer Kupplungskasten an der Schottwand (Fahrgestell Nr. 90321–90350)

Die Allgemeine Heeresmitteilung vom 21. Oktober 1941 besagt: Formänderung an der gepanzerten Sfl. für Sturmgeschütz 7,5-cm-Kanone (Sd. Kfz. 142)

- An nachstehenden gepanzerten Fahrzeugen ist folgende Formänderung durchzuführen:
  Gep. Sfl. für Stu. Gesch. 7,5-cm-Kanone (Sd. Kfz. 142)
  Fahrgestell Nr. 90101–90320
  Umbau des fest an der Schottwand angeschweißten Tunnelkopfes in einem abnehmbaren Kupplungskasten.
  O.K.H. (Ch H Rüst u. BdE), 20. 9. 1941
  – 3348/41 – AHA/Ag K/In 6 (III d)

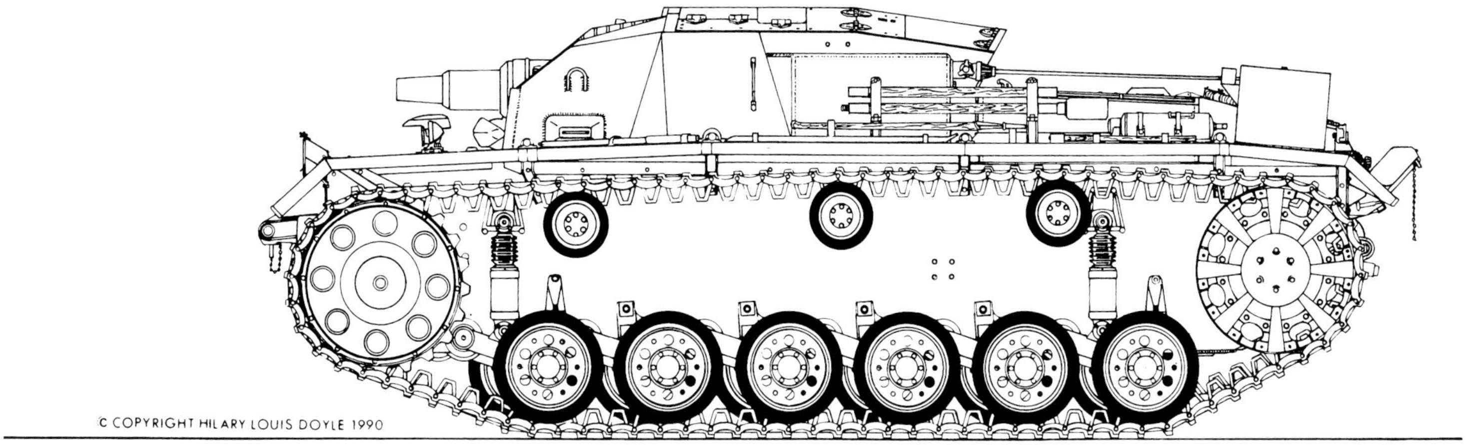

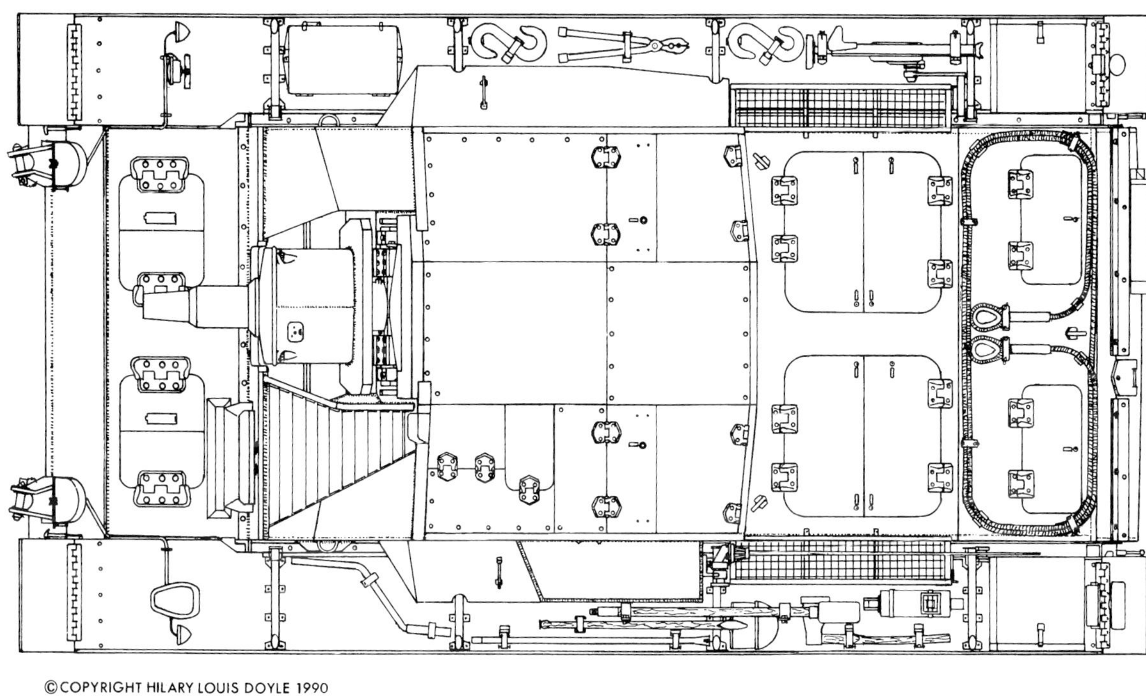

Oben und links: Sturmgeschütz, Ausführung B (mit Antriebsrädern für 380 mm Gleisketten).

Sturmgeschütz, Ausführung B (mit Antriebsrädern für 400 mm Gleisketten).

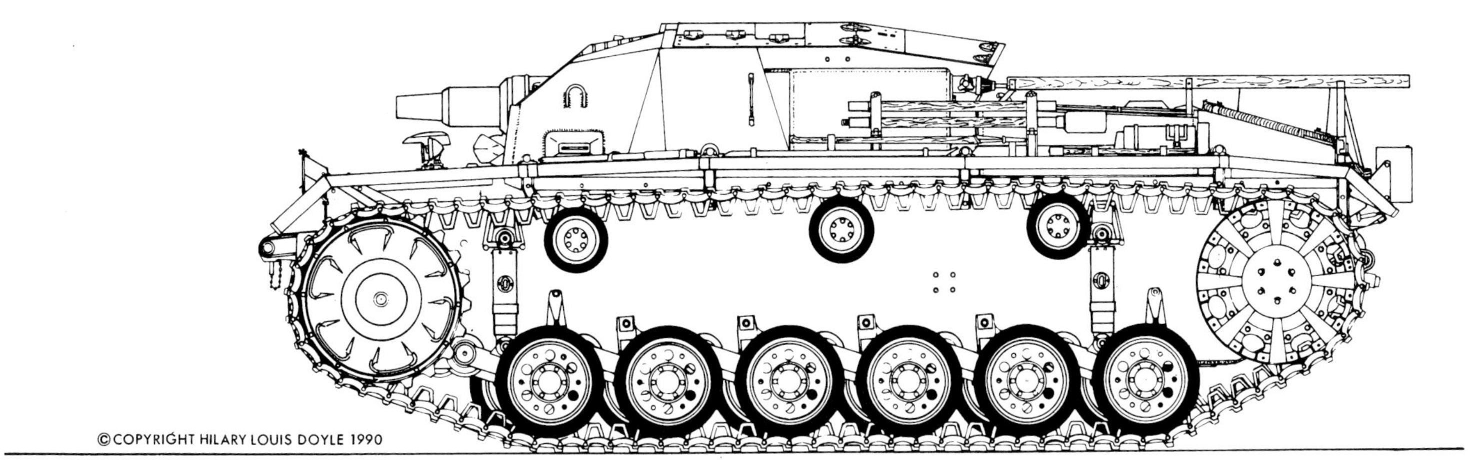

Links oben:
Sturmgeschütz, Ausführung B. Blick von vorne oben.

Rechts oben:
Sturmgeschütz, Ausführung B. Alle Aufbauöffnungen offen.

Sturmgeschütz, Ausführung B. Sichtklappe geschlossen (Stu. G. Abt. 226) (BA).

Links:
Sturmgeschütz, Ausführung B. Auswechseln des Zahnkranzes am Antriebsrad. Die Öffnung für das Sichtmittel wurde verschlossen (BA).

Unten:
Das neue Antriebsrad für Gleiskette, Typ Kgs 61/400/120.

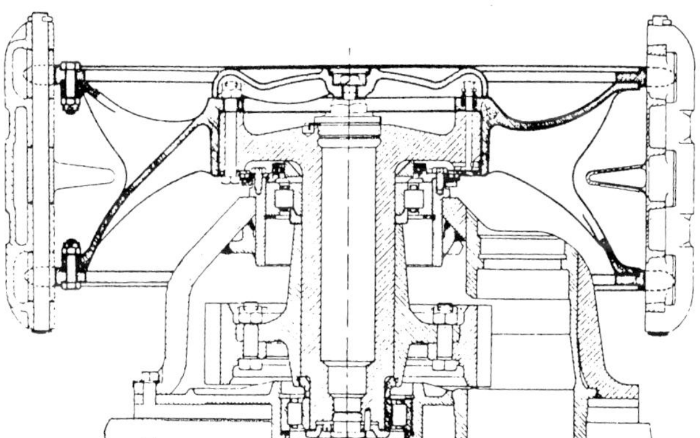

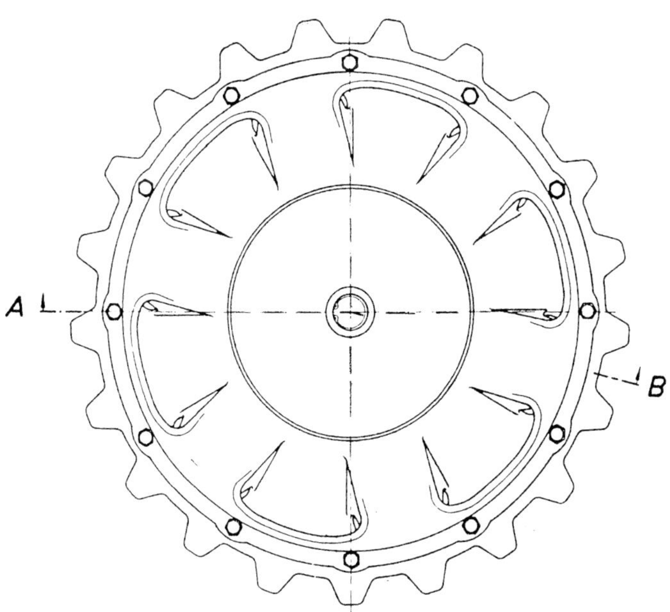

GEPANZERTE SELBSTFAHRLAFETTE FÜR STURMGESCHÜTZ 7,5-cm-KANONE AUSFÜHRUNG C

100 Stück der Ausführung C des Sturmgeschütz wurden ab März 1941 gefertigt. (Fahrgestell Nr. 90501–90600)
Am 13. September 1940 wurde bei einer Besprechung bei Daimler-Benz vereinbart, daß die Sturmgeschütze der 3. Bauserie (Ausf. C) mit dem Sfl.-Zielfernrohr ausgerüstet würden. Der bis jetzt verwendete Optikschacht würde entfallen. Aus diesem Grund war es erforderlich, die Lage der Fernrohrhülse zu verändern. Krupp wurde mit der Untersuchung beauftragt.
Am 27. September 1940 erfolgte eine Anfrage bei Krupp, wann das neue, lange Zielfernrohr bei Daimler-Benz eintreffen würde. Als Termin wurde der 1. Oktober 1940 festgelegt.
Krupp schrieb am 30. September 1940 an das Werk 40 der Daimler-Benz AG:
Wir haben den Einbau des Sfl. Z.F. in das Sturmgeschütz untersucht und den Ausschnitt für das Fernrohr in der Aufbaudecke festgelegt. Der Fernrohrträger an der Zieleinrichtung wird hierbei durch ein Zwischenstück um 80 mm gehoben und 60 mm nach vorne gerückt. Das Fernrohr ließ sich nur verwenden, wenn in den Grenzlagen des Geschützes eine Gesichtsfeldbeschränkung des Fernrohres zugelassen wurde. Ferner mußte die seitliche Aufbaupanzerung gemäß Zeichnung AKF 21011 (Krupp) etwas stärker abfallend geändert werden.
Im März 1941 wurden Anlaufschwierigkeiten bei der Ausführung C gemeldet. Wegen der Änderung bei der Unterbringung des Zielfernrohres mußte das Dach des Panzeraufbaus geändert werden. (Das Fahrgestell blieb gegenüber den Vorläufer-Modellen fast unverändert)

Der kleinere zweiteilige Lukendeckel über dem Richtkanonier wurde vergrößert und auf der Seite eine Öffnung eingelassen, um die Unterbringung der periskopischen Zieleinrichtung durch das Aufbaudach zu ermöglichen. Das nach vorne abgeschrägte Dach des Aufbaus wurde an beiden Seiten geändert und die direkte Sichtöffnung vorne am Aufbau entfiel. Außer diesen Änderungen an der Vorderseite des Aufbaus blieb die Ausführung C gegenüber B fast unverändert.

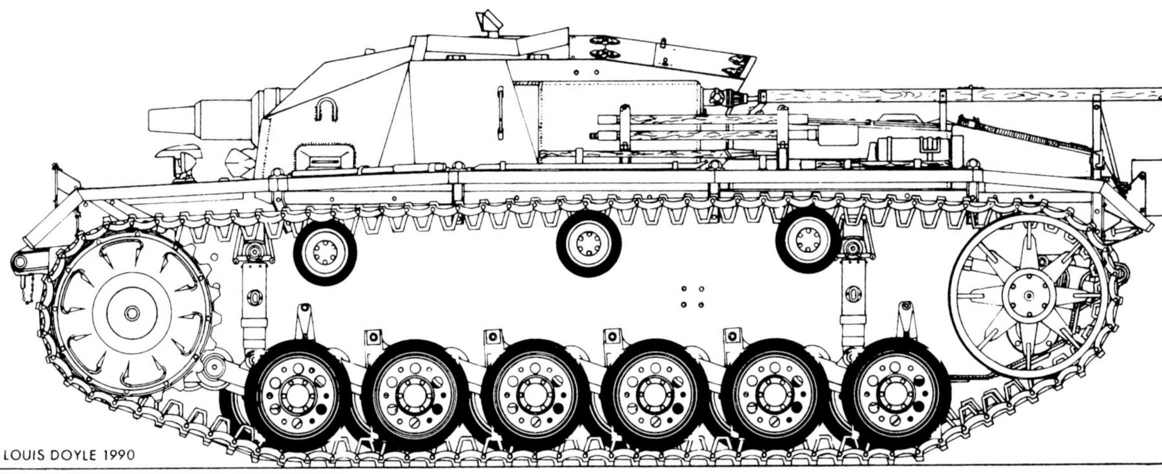

Sturmgeschütz, Ausführung C.

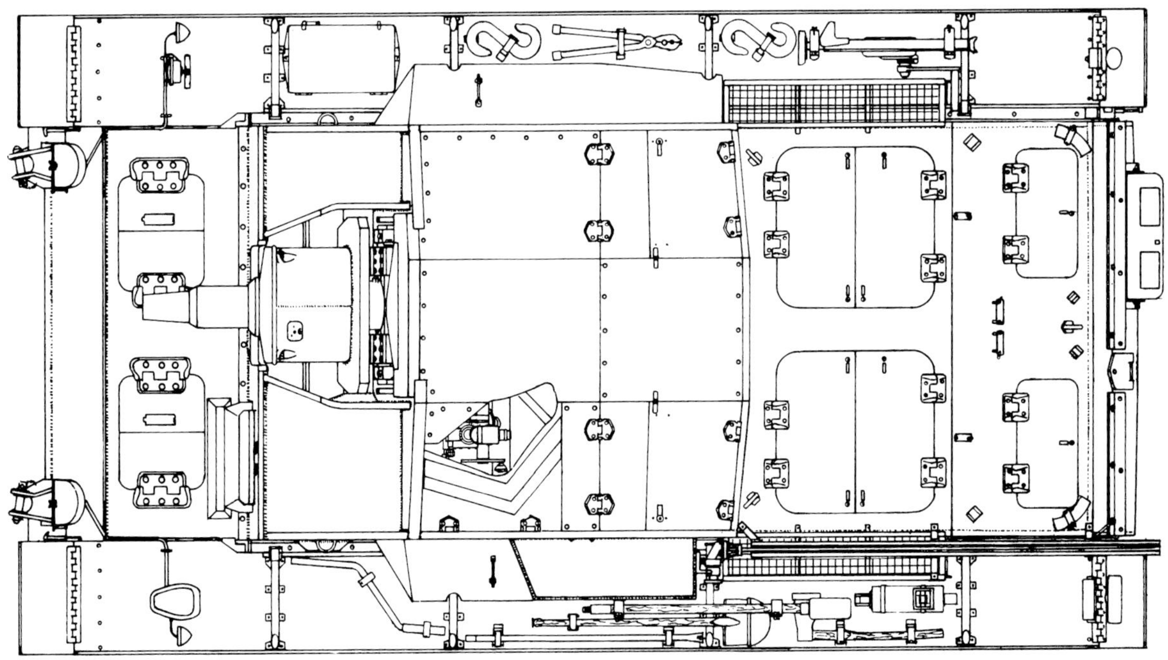

Das neue Leitrad mit Kettenspanner für Gleiskette, Typ Kgs 61/400/120. ►

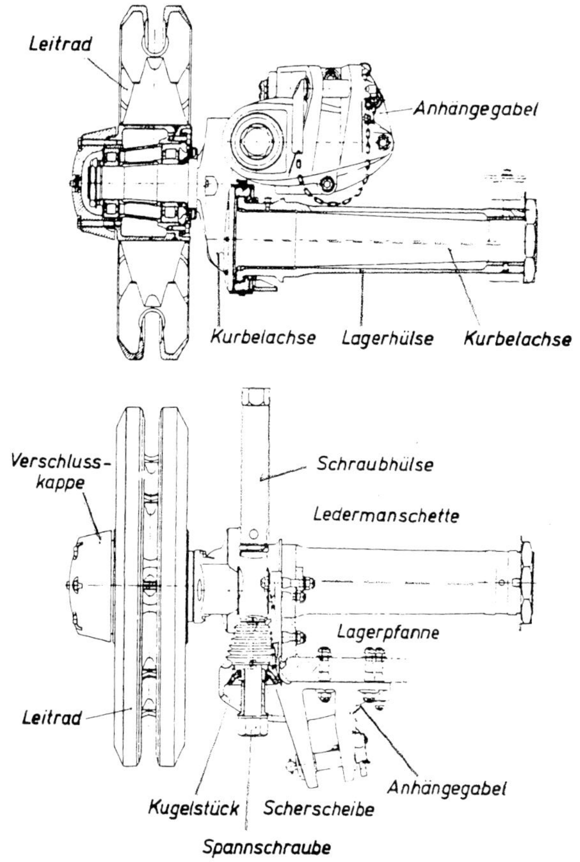

▲ Sturmgeschütz, Ausführung C. Fahrgestell Nr. 90555. Aufnahme in Jüterbog. Die Sichtmittel wurden nun durch das Aufbaudach geführt.

▼ Sturmgeschütz, Ausführung C. Ein neues Leitrad wurde eingeführt. Rückansicht, Fahrgestell Nr. 90555.

GEPANZERTE SELBSTFAHRLAFETTE FÜR STURMGESCHÜTZ 7,5-cm-KANONE AUSFÜHRUNG D

150 dieser Einheiten wurden ab Mai 1941 geliefert. (Fahrgestell Nr. 90601–90750).
Bei den Ausführungen A bis D war zur Unterbringung der Funkgeräte auf der linken Aufbauseite ein gepanzerter Ausbau kastenförmig angeordnet. Abweichend von der Ausführung A-C war eine Bordsprechanlage an Stelle des Sprechschlauches eingebaut.
Es gab keine weiteren Hauptunterschiede zwischen den Ausführungen C und D. Offensichtlich war die Ausführung D nur eine Erweiterung des ursprünglichen Heereswaffenamt-Auftrages über zusätzliche 150 Sturmgeschütze für neuaufzustellende Sturmgeschütz-Abteilungen und um Verluste an der Front auszugleichen.

Sturmgeschütz, Ausführung D.

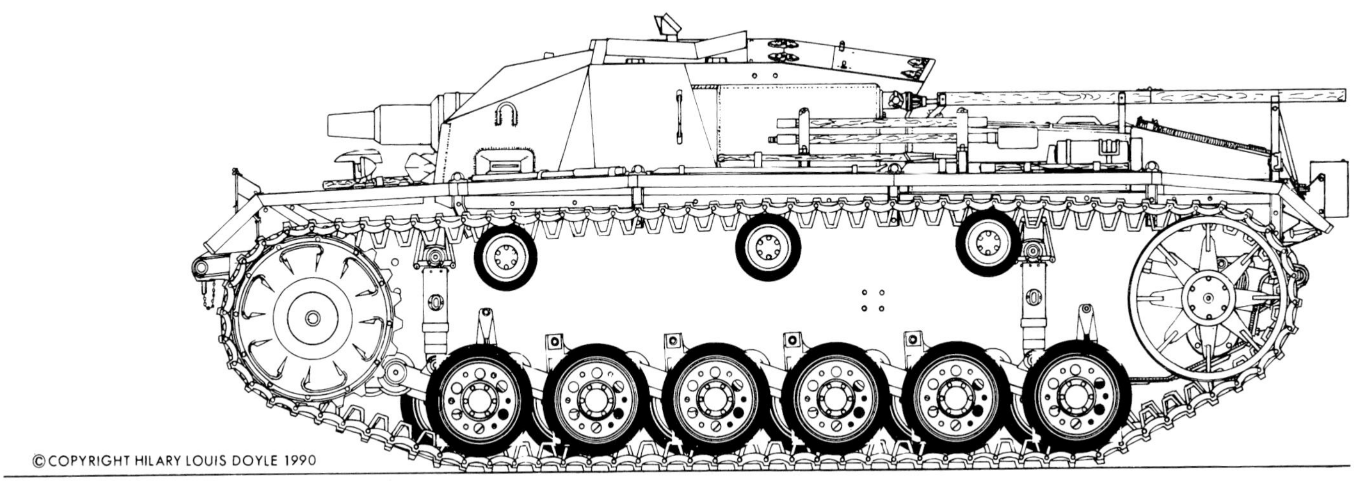

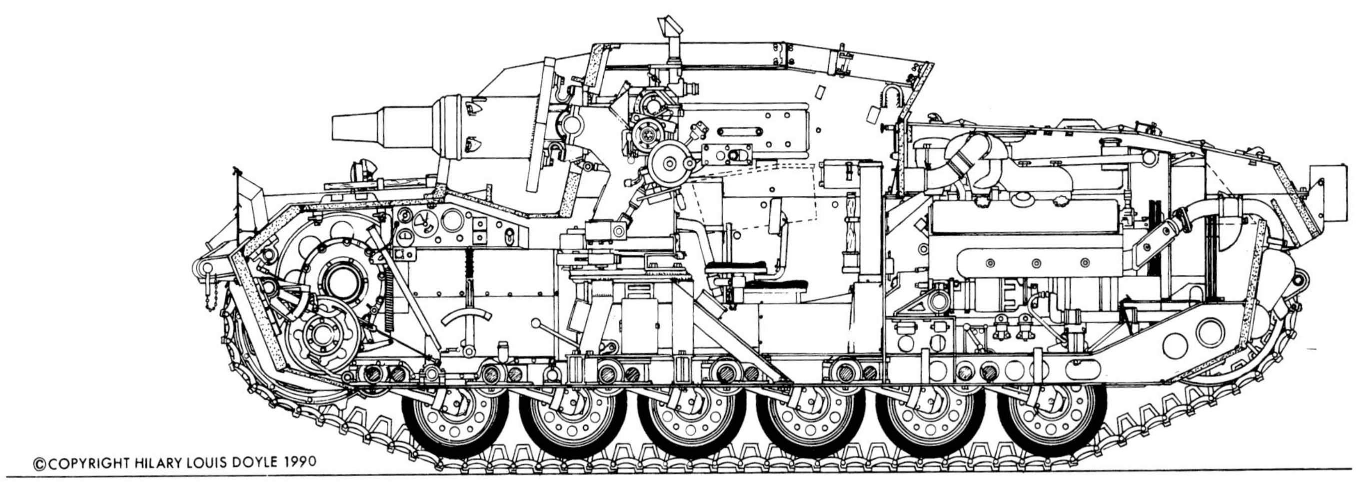

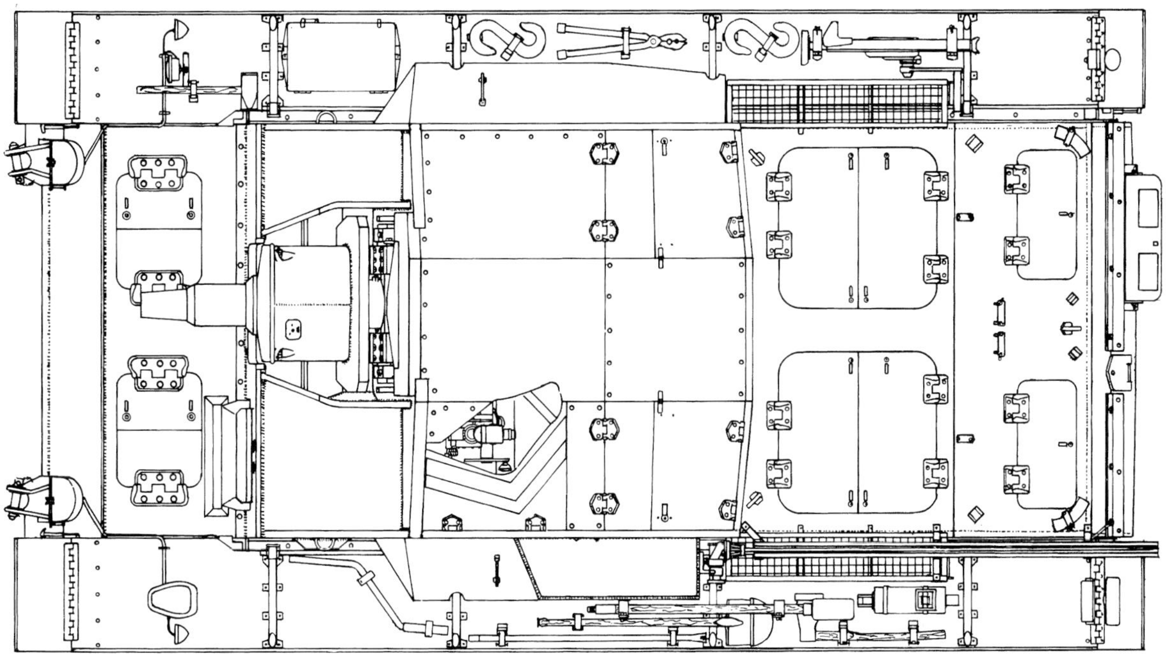

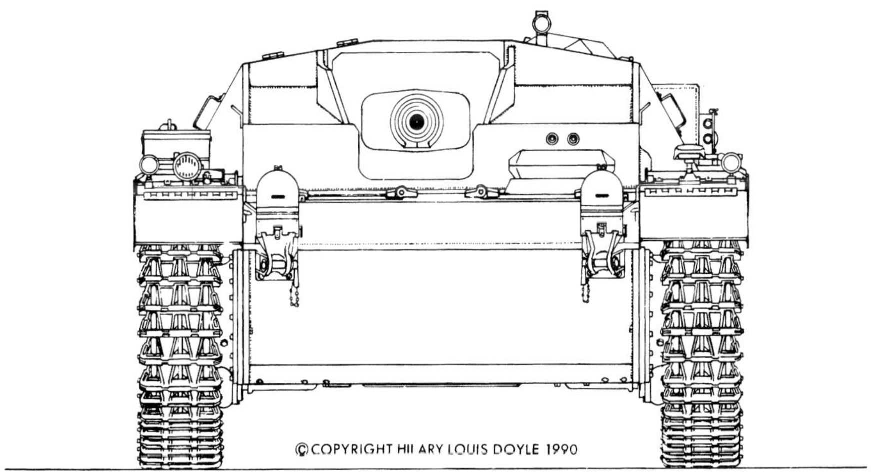

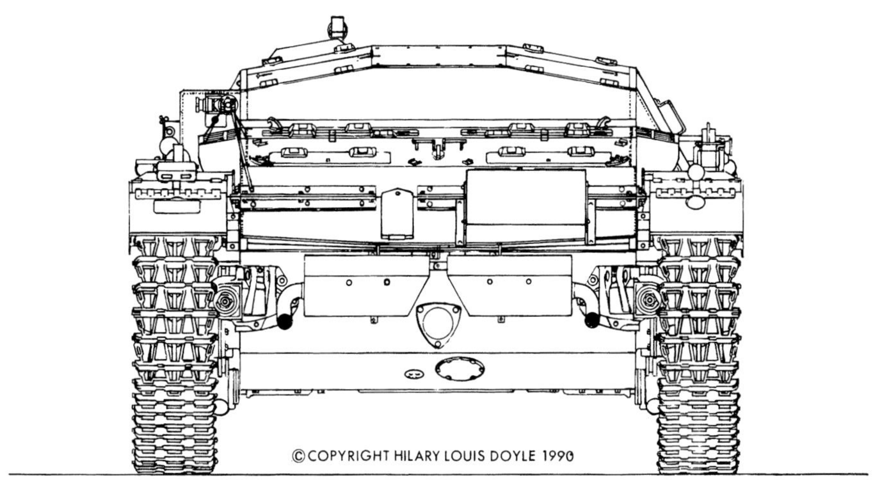

Sturmgeschütz, Ausführung D.
Vorderansicht.

Sturmgeschütz, Ausführung D.
Fahrgestell Nr. 90630,
gefertigt im Juni 1941.
(Stu. G. Abt. 189) (BA).

Sturmgeschütz, Ausführung D. Fahrgestell Nr. 90661 (BA).

Sturmgeschütz, Ausführung D. Fahrgestell Nr. 90683. Eingesetzt in Nordafrika (Sonderverband z. b. V 288).

Sturmgeschütz,
Ausführung D.
Ansicht von hinten
(Fahrgestell Nr. 90683)

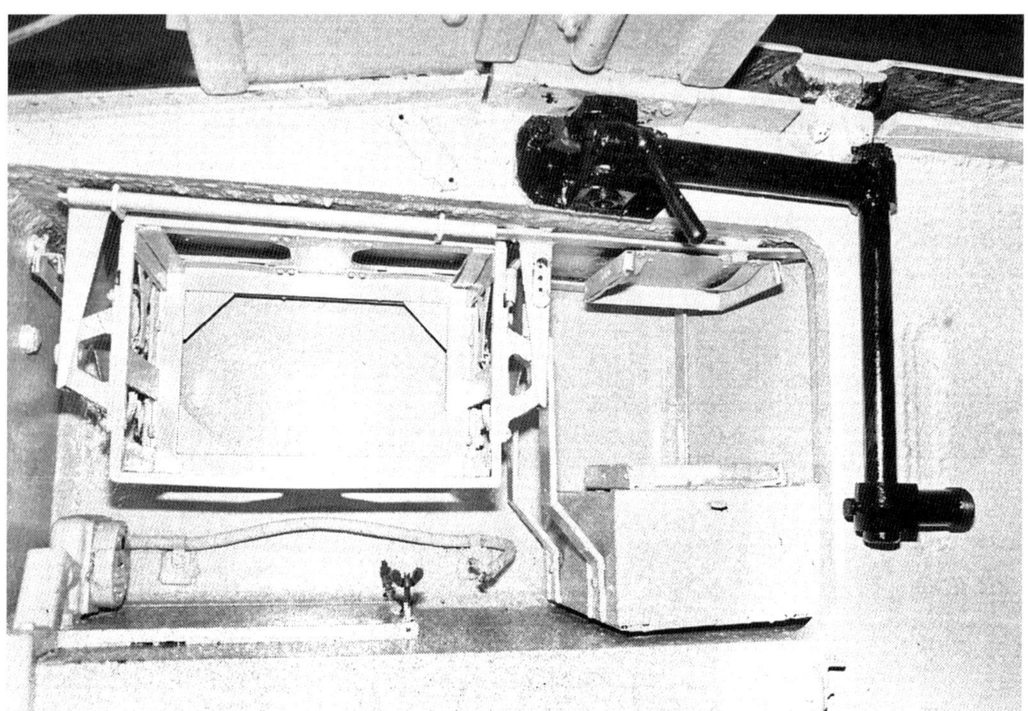

Sturmgeschütz, Ausführung D.
Halterungen für Funkgeräte.
Halterung für Scherenfernrohr 14.

GEPANZERTE SELBSTFAHRLAFETTE FÜR STURMGESCHÜTZ 7,5-cm-KANONE AUSFÜHRUNG E

Von dieser Ausführung wurden ab September 1941 insgesamt 284 Einheiten gebaut (Fahrgestell Nr. ab 90751).
Zur wahlweisen Verwendung des Sturmgeschützes Ausführung E als **Zugführergeschütz** oder **Batteriechefgeschütz** wurde zur Unterbringung weiterer Funkgeräte erforderlich, den bei den Ausführungen A-D auf der linken Aufbauseite vorgesehenen Ausbau auch auf der rechten Seite anzuordnen. Hierdurch ergab sich außerdem die Möglichkeit, weitere 6 Schuß Munition unterzubringen. Die Beladung betrug somit 50 Patronen. Außerdem war eine Halterung für das MG 34 in der rechten hinteren Ecke des Kampfraumes vorgesehen sowie ein Halter am hinteren Munitionskasten (12 Schuß) für 7 Trommelmagazine. An optischen Geräten waren außer dem Rundblick-Fernrohr 32 für Sturmgeschütz ein Sfl.-Zielfernrohr 1 sowie ein Scherenfernrohr (SF 14 Z) vorhanden.

Sturmgeschütz, Ausführung E. Ausf. E-Fahrgestell (Fahrgestell Nr. 90773) mit Aufbau, Ausführung D. Gefertigt im September 1941.

Sturmgeschütz, Ausführung E. Zugführerfahrzeug mit zwei Stabantennen.

Das Sturmgeschütz besaß einen **10-Watt-Sender** (10 WS h) und zwei **Ultrakurzwellenempfänger** (UKW-Empf. h) mit einem Lautsprecher. Während der Fertigung der Ausführung E wurden folgende Änderungen befohlen:

- Allgemeine Heeresmitteilung vom 20. Dezember 1941 Nr. 101
  Ersatzkettenglieder für Sturmgeschütz
  An den Sturmgeschützen 7,5 cm (Sd. Kfz. 142) Ausf. A-E ist an der Wannenstirnwand eine Halterung zur Aufnahme von Ersatzkettenglieder (11 Kettenglieder mit Bolzen) anzuschweißen.
  O.K.H. (Ch H Rüst u. BdE, 4. 11. 1941 AHA/Ag K/In 6 (III Ing).
- Allgemeine Heeresmitteilung vom 20. Dezember 1941
  An der Rückwand sind Leitbleche zum Ablenken der austretenden Kühlluft von der Erde anzubringen und 2 Ersatzlaufrollen auf der Kettenabdeckung beim Sturmgeschütz (Sd. Kfz. 142) Ausf. A-E
- Allgemeine Heeresmitteilung vom 21. Februar 1942 Nr. 23
  Drehstabfedern an Sturmgeschützen
  Beim Sturmgeschütz (Sd. Kfz. 142) finden sich 3 vordere Stabfedern (55 mm Durchmesser) und 3 hintere Stabfedern (52 mm Durchmesser). Beim Einbau dieser Federn ist zu beachten, daß der Abstand von der Mitte der Laufrolle bis zur Unterkante Panzerwanne 145 mm beträgt.
  Bei der teilweise noch vorhandenen alten Stabfederanord-

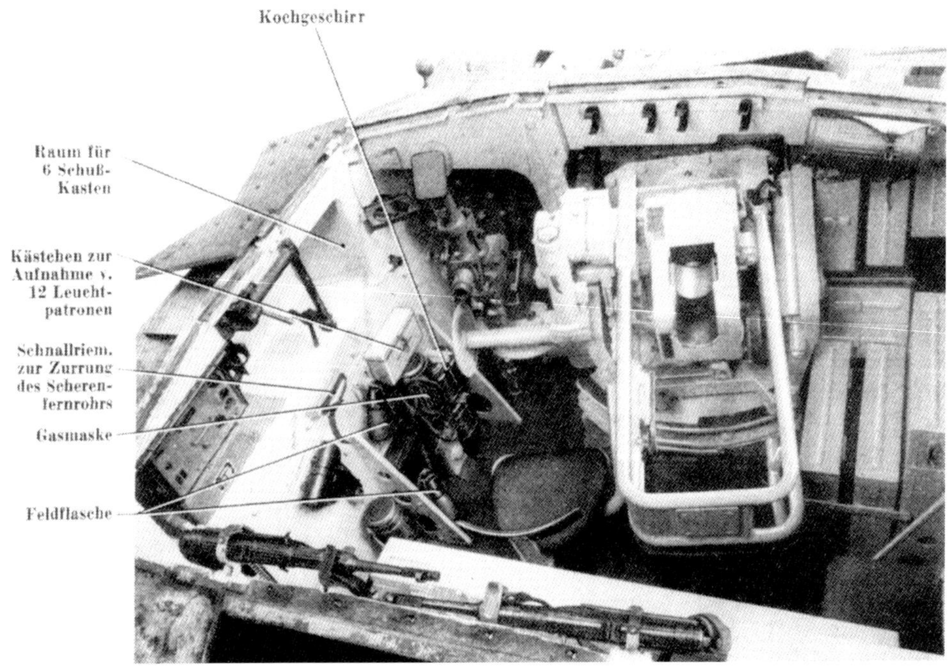

Sturmgeschütz, Ausführung E. Kampfraum vorne links.

Sturmgeschütz, Ausführung E. Kampfraum vorne rechts.

nung nämlich 55 mm (vorne), 52 mm, 44 mm, 44 mm, 52 mm und 55 mm (hinten) werden die Stabfedern wie folgt eingestellt:
Der Abstand von der Mitte der Laufrolle bis zur Unterkante der Panzerwanne beträgt bei der 1., 2., 5. und 6. Feder 145 mm, bei der 3. und 4. Feder 193 mm.
Zur Vereinfachung der Ersatzteilhaltung werden in Zukunft nur noch Drehstabfedern von 52 und 55 mm Durchmesser ausgeliefert.
Alle Sturmgeschütze sind auf die neue Stabfederanordnung umzustellen.
O.K.H. (Ch H Rüst u. BdE), 9. 2. 1942 – 610/42 – AHA/Ag K/In 6 (Ing)

– Allgemeine Heeresmitteilung vom 7. April 1942 Nr. 38
  Warmluftheizung für Sturmgeschütze (nachträglicher Einbau)
  O.K.H. (Ch H Rüst u. BdE), 20. 3. 1942 – 1330/42 – AHA AgK/In 6 (Ing)

Eine weiterer Unterschied bei der Ausführung E waren die kleineren Scharniere für die Wartungsöffnungen am oberen Bugblech der Panzerwanne.
Die Ausführung E des Sturmgeschützes war die letzte, die serienmäßig mit der kurzen 7,5-cm-Kanone L/24 ausgerüstet wurde.

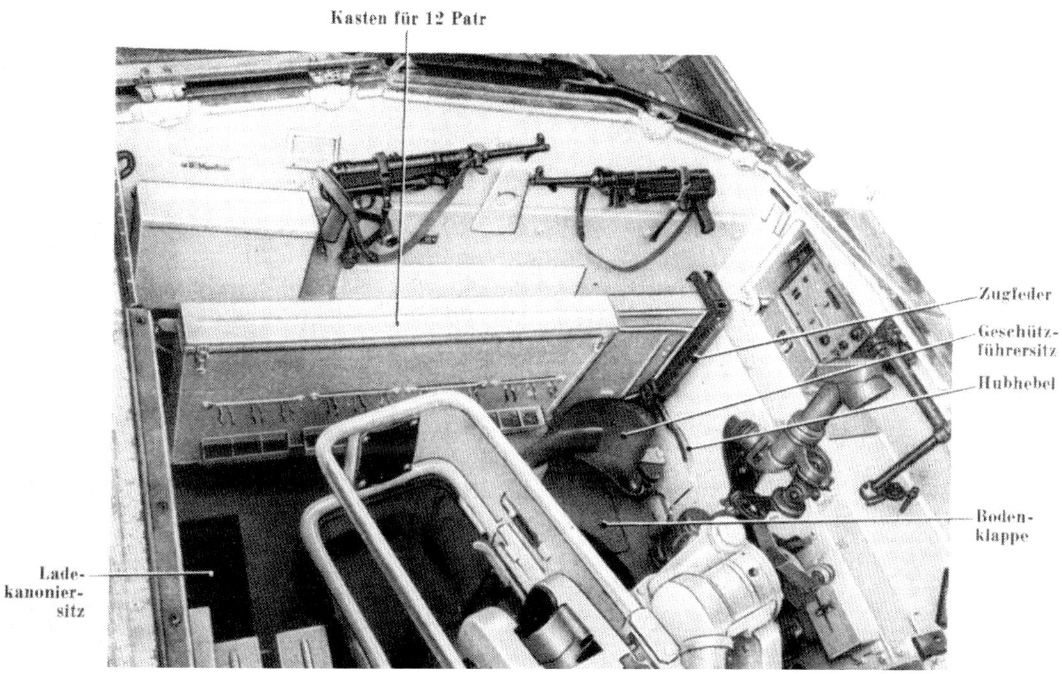

Sturmgeschütz, Ausführung E. Kampfraum hinten links.

Sturmgeschütz. Ausführung E. Kampfraum hinten rechts.

Sturmgeschütz, Ausführung E. Fahrzeug ohne Aufbau mit Besatzung. Ab dieser Ausführung wurden für die Wartungsöffnungen im oberen Bugblech kleine Scharniere verwendet.

Sturmgeschütz, Ausführung E. Fahrersichtklappe offen, rechts geschlossen.

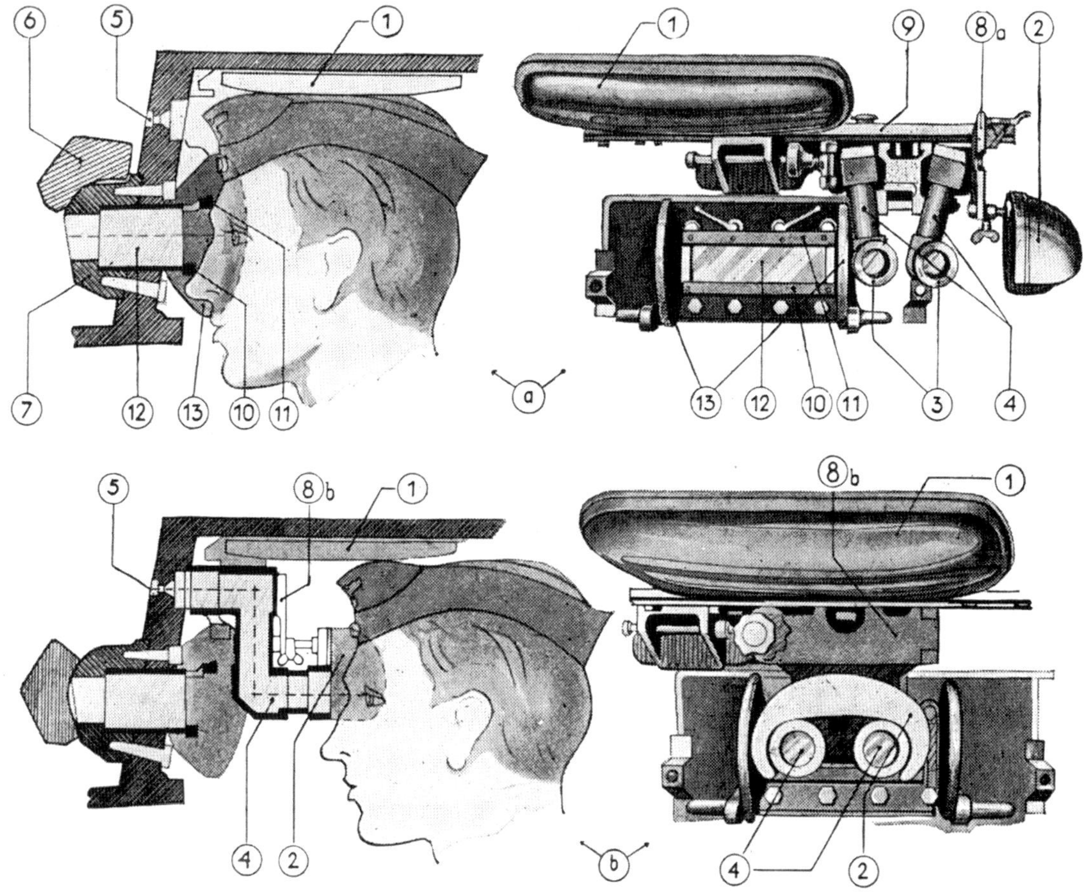

Schematische Darstellung der Fahrersichtklappe.

Sturmgeschütz, Ausführung E.
Richtkanonier am Zielgerät.

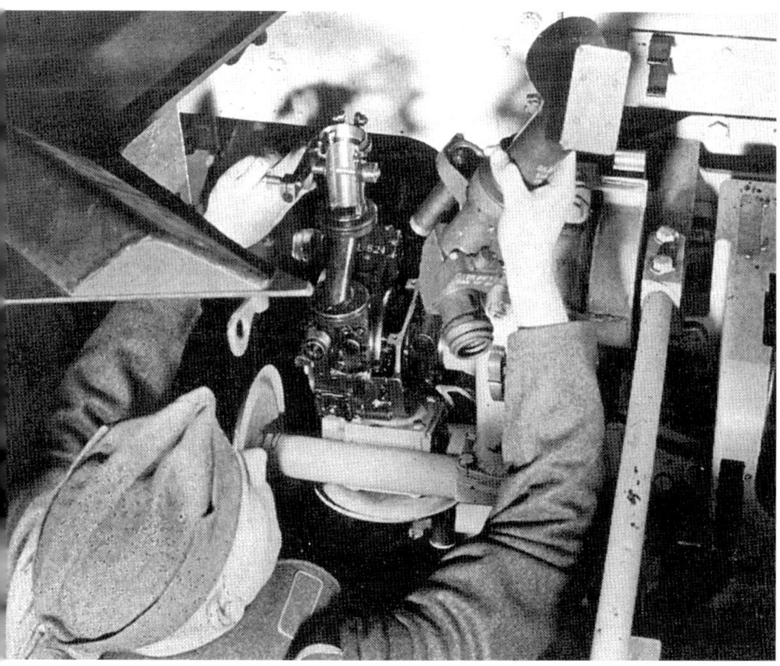

Sturmgeschütz, Ausführung E.
Lautsprecheranlage für den Richtkanonier.

Sturmgeschütz, Ausführung E.
Halterung für Funkgeräte und
Scherenfernrohr

Sturmgeschütz, Ausführung E. Funkgeräte beim Ladekanonier/Funker.

Sturmgeschütz, Ausführung E.
Geschützführer beim Aufrichten der
Stabantennen.

Einzelheiten des Laufwerkes vorne und hinten.

Sturmgeschütz, Ausführung E. Gesamtansicht (hergestellt im September 1941 bei Alkett).

Sturmgeschütz, Ausführung E.
Ansicht von hinten.

Sturmgeschütz, Ausführung E.
Fahrgestell Nr. 90993.
Geprüft vom Heereszeugamt am
8. Februar 1942.

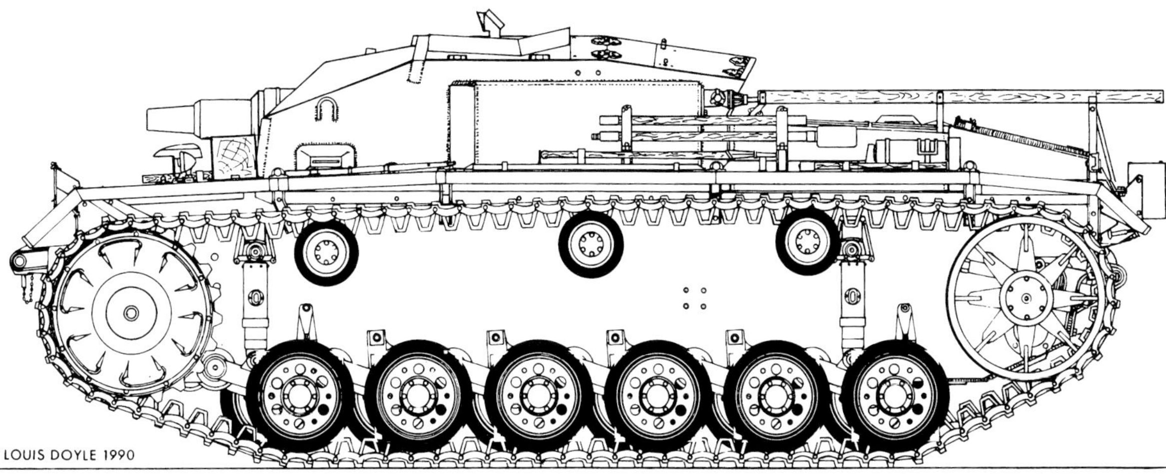

Sturmgeschütz, Ausführung E.

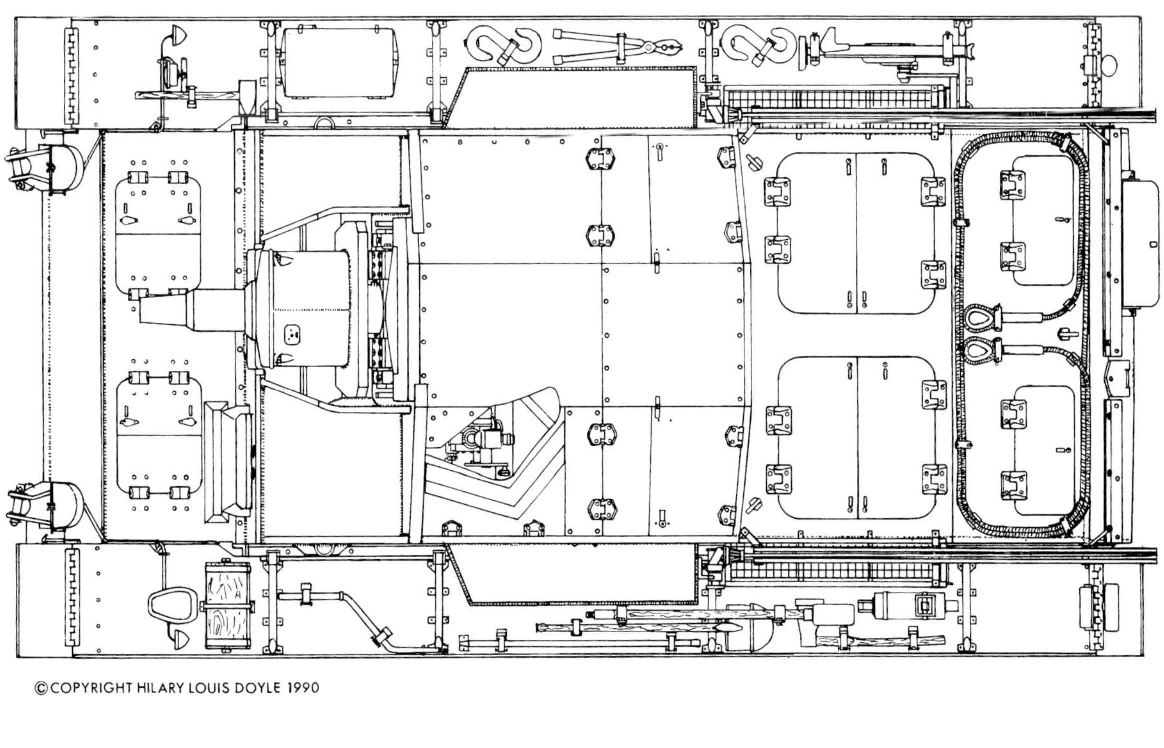

Entwicklung der langen Sturmkanone

Es wurden schon kurz nach dem Beginn der Sturmgeschütz-Entwicklung Überlegungen über den Einbau einer wirkungsvolleren Hauptbewaffnung angestellt.

Die kurze 7,5-cm-Kanone entsprach den Vorstellungen einer Infanterie-Unterstützungswaffe, ihre Fähigkeiten gegenüber einem gepanzerten Opponenten waren jedoch sehr eingeschränkt.

Krupp war maßgeblich an der Entwicklung einer langen Kanone für Panzerfahrzeuge beteiligt und baute einen Prototyp der Waffe, die vorgeführt und erprobt wurde.

Am 1. August 1938 teilte Krupp anläßlich einer Besprechung in Berlin mit, daß das erste Konzept einer 7,5-cm-Kanone L/40 für Selbstfahrlafette bis zum 20. August 1938 fertig sein würde. Am 12. Januar 1939 erhielt Krupp offiziell den Auftrag für eine sPak (verstärkt) L/42.

Am 4. November 1939 sendet Krupp ein Fernschreiben an das OKH WaPrüf 4, daß das Holzmodell für die lange sPak, von WaPrüf 4 am 21. Juli 1939 bestellt, versandbereit sei.

Das Holzmodell der langen sPak wurde am 5. Dezember 1939 an Daimler-Benz geliefert.

WaPrüf 4 bestellte am 22. Februar 1940 bei Krupp 30 Schuß Munition für die 7,5-cm-StuK 40, und am 9. März 1940 ging die Mündungsbremse Nr. V von Meppen nach Hillersleben.

Am 26. April 1940 teilte Krupp dem OKH mit, daß die lange 7,5-cm-Kanone (Pz. Sfl.) fertiggestellt sei und am 9. Mai 1940 in Meppen erwartet werden könne.

Ein Fernschreiben der Firma Krupp vom 21. Mai 1940 unterrichtete das Oberkommando des Heeres, daß die lange sPak L/41 Rohr Nr. R V1 in Lafette L V1 am 6. Juni 1940 zur Verfügung stehen würde. Das Ergebnis der Beschußversuche wurde am 16. Juli 1940 mitgeteilt. 133 Schüsse wurden abgegeben, eine Hülse wurde nicht ausgeworfen. Die Anfangsgeschwindigkeit der Panzergranate (rot) wurde wie folgt festgehalten:

676, 675, 671, 673 und 671 m/s.

Aufgrund dieser Erprobung wurde die Waffe am 16. 7. 1940 freigegeben.

Eine Mitteilung vom 13. August 1940 besagt: Der Lieferschein vom 30. Juli 1940 bestätigt die Überstellung eines Sturmgeschützes (verstärkt) mit Rohr Nr. R V1 per Eisenbahn an die Daimler-Benz AG, Werk 40, Berlin-Marienfelde.

Am 17. Oktober 1940 erhielt Krupp einen Auftrag über den Umbau des Holzmodells Pz. Sfl. III b auf Fallblockverschluß.

Am 13. März 1941 legte Krupp die Panzerdurchschlagsleistung der 7,5-cm-Kanone L/40 mit einer Rohrlänge von 3023 mm bei einer V_0 von 634 m/s und einer Entfernung von 400 m auf 70 mm bei einer Plattenneigung von 60° fest.*)

*) Krupp teilte am 13. 3. 1941 mit, daß ein Versuchsrohr der 7,5-cm-Kanone L/33 fertiggestellt sei und bei Vergleichsversuchen eine V_0 von 580 m/s ermittelt wurde.
Auf 400 m Entfernung habe sich eine Durchschlagsleistung von 59 mm ergeben. Die Länge der Kanone wurde mit 2470 mm angegeben, das Gewicht der Panzergranate mit 6,8 kg. Die Waffe war **nicht** für den Einbau in das Sturmgeschütz vorgesehen.

7,5-cm-Sturmkanone 40 L/43.

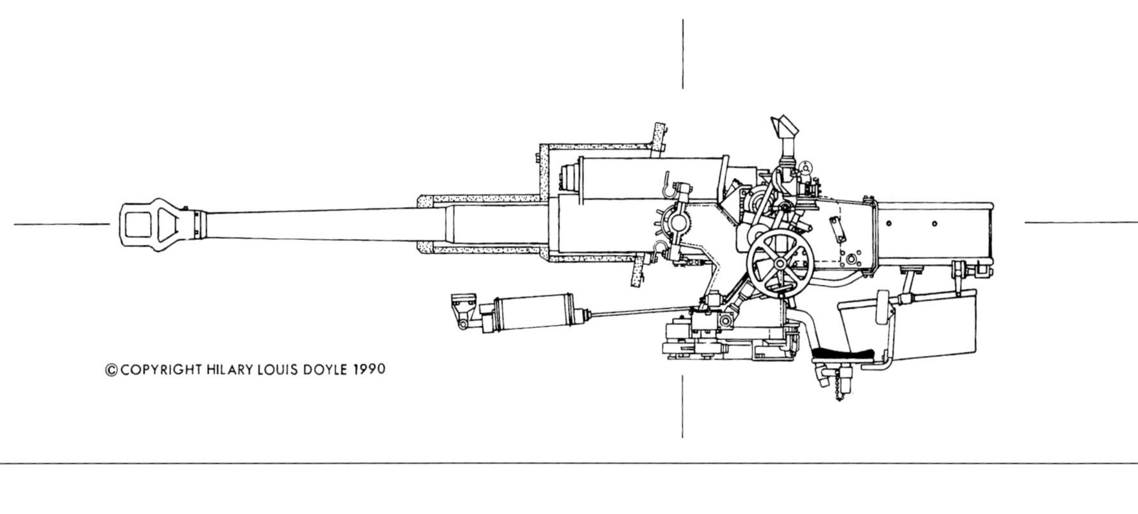

Am Mittwoch, den 19. März 1941 um 11 Uhr erfolgte die Vorführung der langen sPak in Pz. Sfl. III bei Daimler-Benz in Berlin-Marienfelde. Am 31. März 1941 wurde das Fahrzeug Hitler vorgeführt. Die Beschaffungsmöglichkeiten für das Sturmgeschütz (lang) mit 7,5-cm-Kanone L/41 wurden besprochen. Günstigen Verlauf des Truppenversuches vorausgesetzt, sollte der Ausstoß im Spätfrühjahr 1942 anlaufen.
Am 15. April 1941 gab Krupp seine Daten für die lange 7,5-cm-Kanone für Sturmgeschütz wie folgt bekannt: 7,5-cm-Kanone L/40 nach Krupp-Zeichnung 5-B-291, Geschoßgewicht 6,8 kg – V_0 670 m/s – Rohrerhöhung –10 bis +20° – Seitenrichtbereich 24° – Rohrlänge (ohne Mündungsbremse) 3023 mm – Gewicht 1400 kg.
Am 5. November 1941 richtete das OKH ein Schreiben an Krupp, daß das 7,5-cm-Sturmgeschütz (Sfl. III b) nur für den Gebrauch durch die Wehrmacht, und nicht für den Export bestimmt sei. Krupp erinnerte in seiner Antwort. »Unsere Verantwortung bei diesem Gerät liegt ausschließlich bei Bewaffnung und Panzerung«.
Wie üblich bei der Masse der Rüstungsvorhaben im Zweiten Weltkrieg erfolgte auch hier die große Ernüchterung. Am 20. November 1941 schrieb WaPrüf 4 an Krupp:
Es wird mitgeteilt, daß sämtliche Konstruktionsarbeiten für langes Sturmgeschütz (Gerät 5–291) einzustellen sind. Das Geschütz ist durch die neuere Entwicklung (KwK 44 auf Sfl.) überholt.
Trotz des Befehls, weitere Entwicklung an der Krupp 7,5-cm-Kanone L/40 einzustellen, veröffentlichte das Heereswaffenamt am 6. Januar 1942 die D-Vorschrift 420/152 über die Anfertigung der Munition des Sturmgeschütz lang, 7,5-cm-Kanone (Krupp).

Inzwischen wurde die weitere Entwicklung einer langen Sturmkanone durch das Schreiben OKW 002205/41 gKdos vom 28. September 1941 an das OKH angeregt.
Der Führer hat unter eingehender Würdigung des Wertes unseres Sturmwagens (Sturmgeschütz) folgende Forderungen aufgestellt:

1. Bei Neufertigung der Sturmgeschütze ist die Panzerung zu verstärken ohne Rücksicht auf die Nachteile, daß das Gewicht vergrößert wird und die Geschwindigkeit dadurch herabgesetzt wird.
2. Das Sturmgeschütz muß eine 7,5-cm-Kanone mit langem Rohr und hoher V_0 erhalten, weil nur dadurch die Überlegenheit gegen die neuartigen feindlichen Panzer wiederhergestellt wird.
   Diese Forderung wurde durch das Heereswaffenamt mit einem Auftrag an die Firma Rheinmetall-Borsig über drei Versuchsstücke 7,5-cm-Kanone 44 L/46 erfüllt.
   Die erste Fertigungsplanung für die längere Kanone wurde vom Heereswaffenamt am 2. Dezember 1941 vorgelegt:

	7,5-cm-Kan. L/24 (StuG)	7,5-cm-Kan. 44 L/46 (StuG)
Dezember 1941	40	0
Januar 1942	40	0
Februar 1942	40	0
März 1942	4	0
April 1942	15	10
Mai 1942	0	15

Dies war die erste Erwähnung einer Fertigung der langen Bewaffnung.
Die Bezeichnung der langen Kanone wurde von 7,5-cm-Kanone 44 L/46 in 7,5-cm-Sturmkanone 40 L/43 erst am 16. März 1942 geändert.

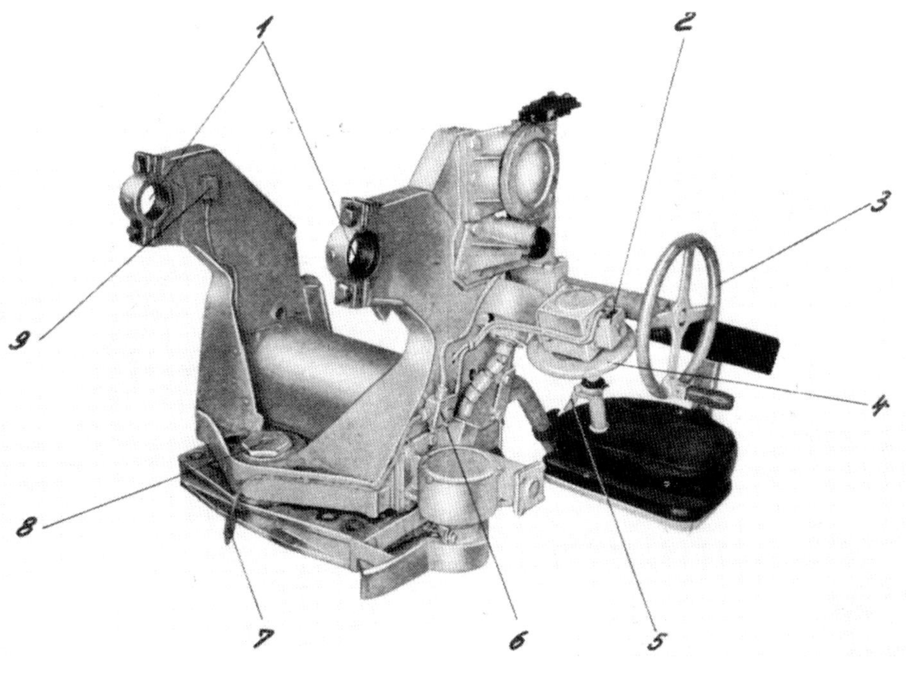

1 Schildzapfenlager
2 Kontrollampe
3 Höhenrichtmaschine
4 Seitenrichtmaschine
5 Abzug
6 Abzweigkasten
7 Stecker zur Stromentnahme am Fahrzeug
8 Drehzapfen
9 Kupplungskasten für Abfeuerstrom

Oberlafette mit Grundplatte, von vorne links.

Entwicklung und Herstellung der ersten Versuchsstücke gingen rasch voran. Zwei der Sturmkanonen waren am 27. Januar 1942 zur Montage und Prüfung der Zieleinrichtung fertig, drei Versuchsstücke wurden im Februar ausgeliefert und in gefertigte Sturmgeschütze im März eingebaut.

Am 14. April 1942 wurde über Schießversuche berichtet, welche am 3. April 1942 in Hillersleben stattgefunden hatten. Das erste Versuchsrohr (R V 1), im Sturmgeschütz eingebaut, zeigte bei einer Gesamtschußzahl von 87 Schüssen mit auf 10 und 35° aufgewärmten Patronen nur zwei Hülsenklemmer. Am 13. Mai 1942 erwähnte Hitler die ihm gemeldeten Schwierigkeiten mit der neuen Sturmkanone 40. Es sollten sich zum Teil schon nach dem ersten Schuß Hülsenklemmer gezeigt haben. Eine sofortige Untersuchung war einzuleiten und für Abstellung Sorge zu tragen.

Zunächst wurde die StuK 40 L/43 von März bis Mai 1942 gefertigt, bevor die weitere Fertigung der StuK 40 L/48 begann. Die folgenden Produktionsdaten belegen den Auslauf der StuK L/24 und den Anlauf der StuK 40-Fertigung:

	StuK L/24	**StuK 40**
Februar 1942	43	3 Versuchsgeschütze für WaPrüf
März 1942	41	2 L/43
April 1942	14	51 L/43
Mai 1942	9	66 L/43
Juni 1942	11	78 L/48
Juli 1942	0	88 L/48

Das Fertigungsziel war im September 1942 wegen Engpaß Mündungsbremse noch nicht erreicht. Fahrzeuge der Ausführung F und F/8 traten daher vereinzelt mit der ballförmigen Einkammer-Mündungsbremse in Erscheinung.

1 Kupplungskasten für Nachtbeleuchtung der Optik
2 Ritzel (d. Höhenrichtm.)
3 Anschlag für Höhenbegrenzung
4 Klaue
5 Anschlag für Seitenbegrenzung
6 Halterung für Notabfeuerung
7 Richtsitz

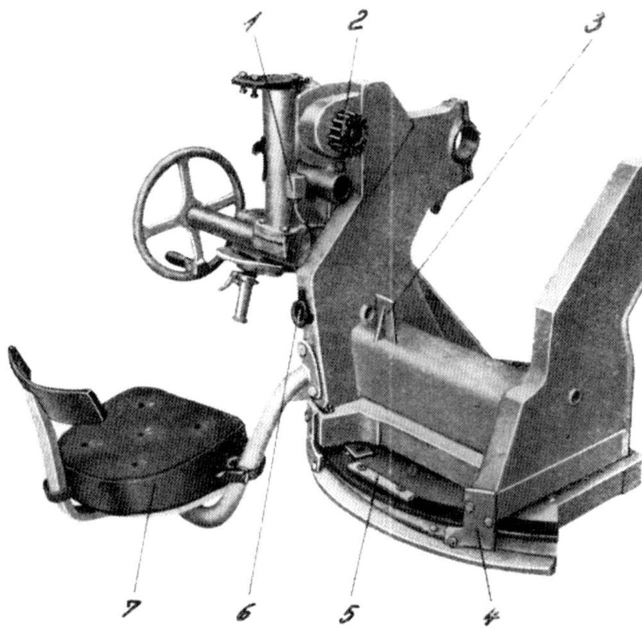

Oberlafette mit Grundplatte, von hinten rechts.

Geschütz, vollständig, von hinten links.

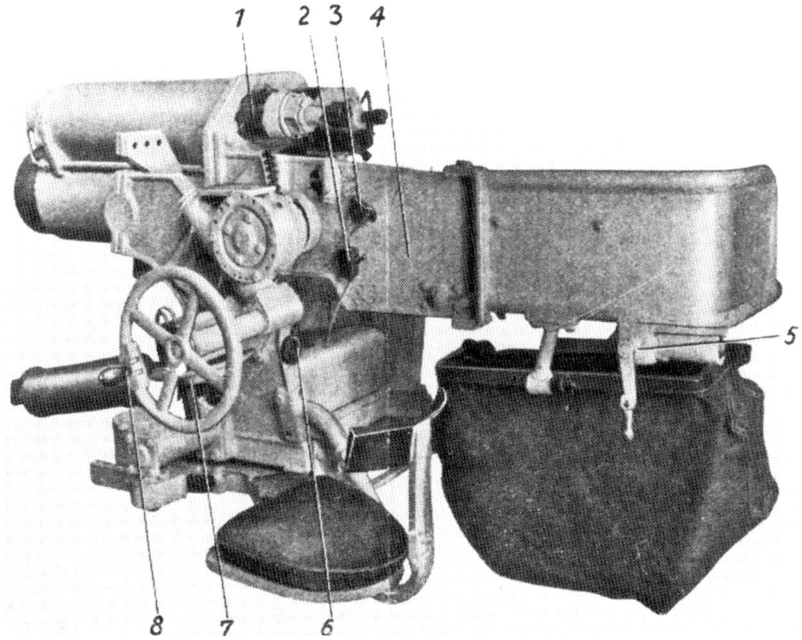

1 Rohrbremse
2 Schalter
3 Signallampe
4 Abweiser
5 Zurrung
6 Notabfeuerung
7 Seitenrichtmaschine
8 Höhenrichtmaschine

Lafette, von hinten links.

Lafette, von rechts.

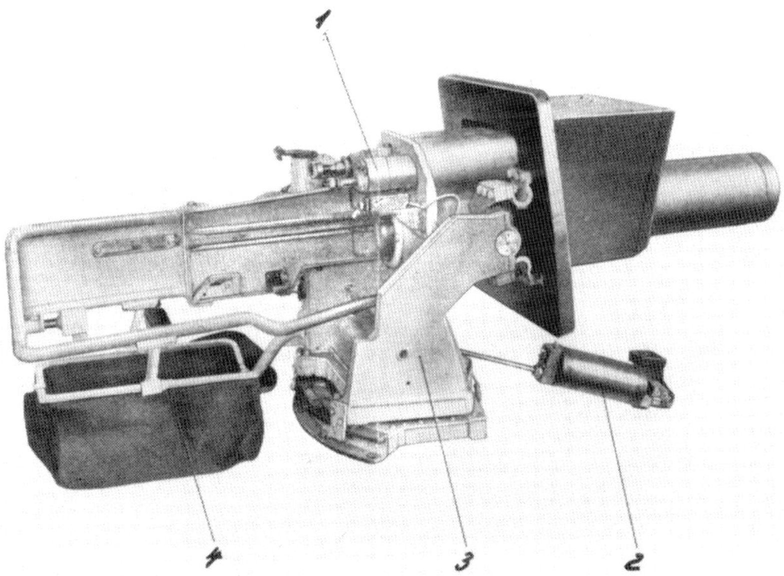

1 Rohrvorholer
2 Ausgleicher
3 Oberlafette
4 Hülsensack

Zieleinrichtung.

1 Selbstfahrlafetten-Zielfernrohr
2 Seitenvorhaltetrieb
3 Querlibelle
4 Aufsatztrommel
5 Einstellbarer Zeiger
6 Aufsatzwinkeltrieb
7 Vierkantführungstrieb
8 Grobteilung des Aufsatzwinkels
9 Klemmschraube

¹) *weiß aufgetragen*
²) *schwarz aufgetragen*
³) *der Patronenhülse*
⁴) *eingeprägt*
⁵) *Patronen, die Geschosse mit FES-Führung haben, tragen auf dem zylindrischen Teil des Geschoßmantels an zwei sich gegenüberliegenden Stellen und auf dem Boden der Patronenhülse die zusätzliche Bezeichnung „FES“ in weiß*

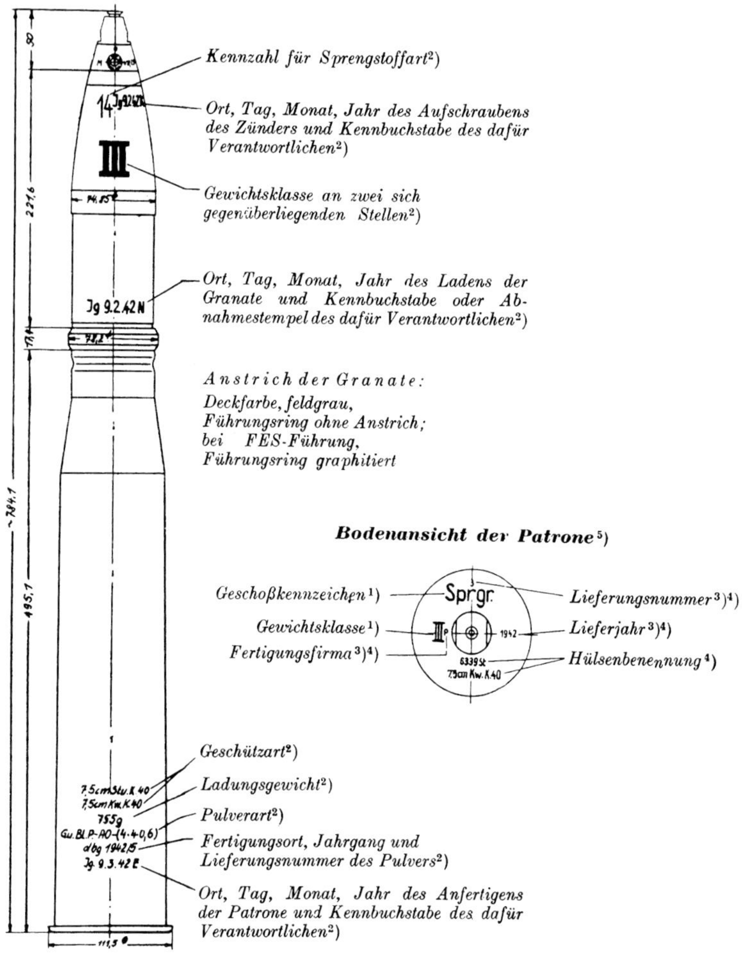

7,5-cm-Sprenggranat-Patrone 34.

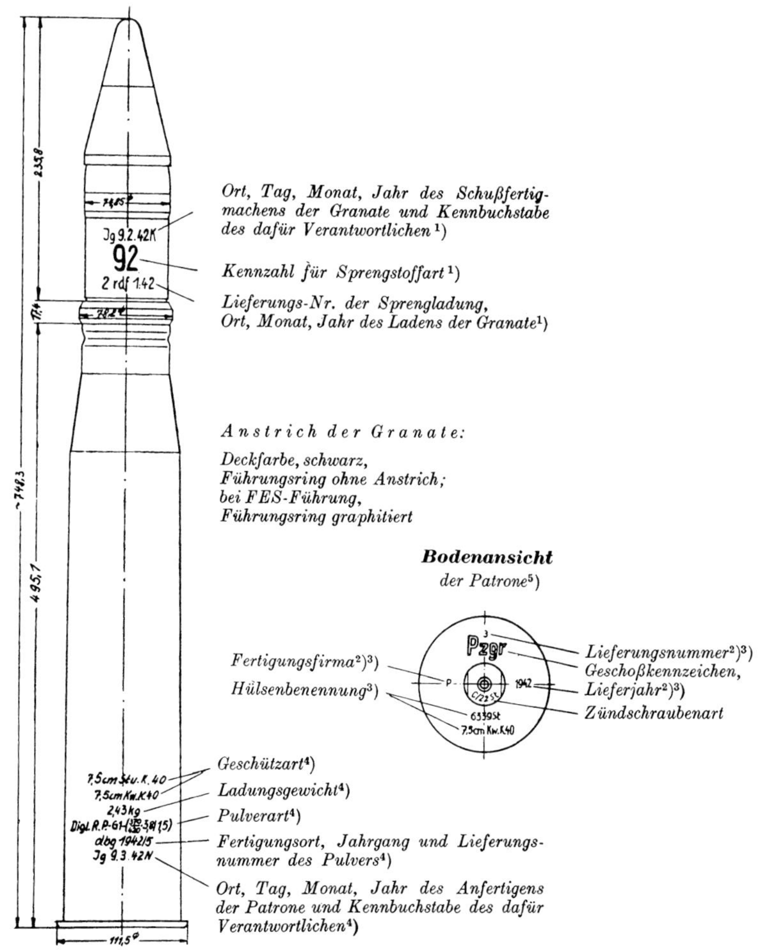

7,5-cm-Panzergranat-Patrone 39.

Durchschlagsleistung in mm einer Panzerplatte (30° Neigung):

	Pz.Gr.	V_0 m/s	100 m	500 m	1000 m	1500 m	2000 m
7,5-cm-Kan. L/24	K.Gr.Patr. rot.Pz.	385	41	39	35	33	30
StuK.lg. 7,5-cm-Kan. L/40	K.Gr.Patr. rot.Pz.	685	65	64	62	59	55
7,5-cm-StuK. 40 L/43	Pzgr.Patr. 39	740	98	91	82	72	63
7,5-cm-StuK. L/48	Pzgr.Patr. 39	790	106	96	85	74	64

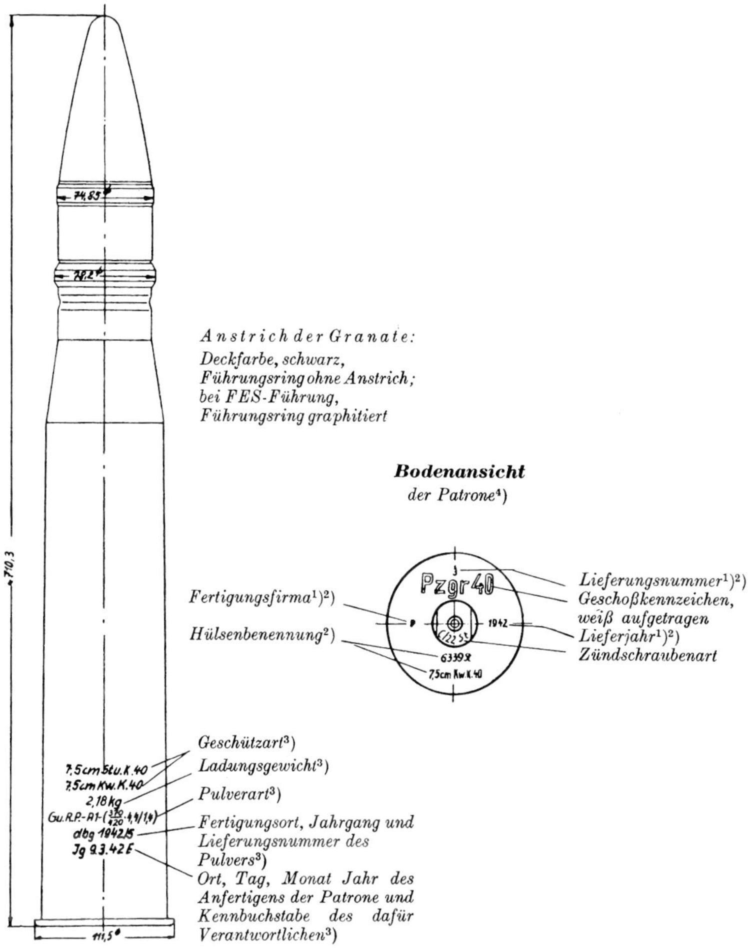

7,5-cm-Panzergranat-Patrone 40.

Beschreibung der 7,5-cm-Sturmkanone 40

Die Angaben beziehen sich auf die 7,5-cm-Sturmkanone 40 L/48 (Einsatz ab Juni 1942)

Die 7,5-cm-Sturmkanone 40 der ersten Serie war mit Rohren L/43 ausgestattet.

Die Unterschiede zwischen beiden Waffen:

7,5-cm-StuK 40 L/43	7,5-cm-StuK 40 L/48
1. Hydraulische Sicherheitsschalter sind bei einigen Geräten nicht vorhanden	Sämtliche Geräte haben hydraulische Sicherheitsschalter
2. An der Oberlafette: Rollenklauen mit Rollen- oder Walzenlager ohne Laufring	Teils Rollenklauen mit Rollenlager und Laufring; neue Geräte haben Gleitklauen
3. Richtsitz fest und unverstellbar mit fester Lehne	Richtsitz verstellbar mit umklappbarer Lehne
4. Abfeuerungsstromkreis	Abfeuerungsstromkreis
5. Veränderlicher Drall von 6° auf 9°	Ab 400. Gerät konstanter Drall von 7°; bis 399. Gerät wie L/43
6. Keine Lafettenzurrung an den Rollenklauen	Teils keine Lafettenzurrung; bei neueren Geräten Lafettenzurrung an beiden Gleitklauen
7. Sämtliche Geräte haben Rohrzurrung mit Kurbelantrieb	Ein Teil der Geräte hat Rohrzurrung mit Kurbelantrieb. Neuere Geräte haben Rohrzurrung mit Bajonettverschluß
8. Bei den ersten 120 Geräten Zieleinrichtung nach unten links versetzt	Ab 121. Gerät Zieleinrichtung höher und weiter nach rechts versetzt.

In der Konferenz mit Hitler am 10./12. August 1942 wurde festgelegt, daß alle zu reparierenden Sturmgeschütze auf die lange Kanone umzurüsten seien.

Es folgen die Vergleichsdaten der einzelnen Sturmkanonen:

	Länge Kanone mm	Länge Hülse mm	Breite Hülse mm	Länge gefertigt mm	Gewicht Pz. Gr. kg
7,5-cm-Kan. L/24	1766,5	243	81,7	507	6,8
StuK lg. 7,5-cm-Kan. L/40	3031	514	89	794	6,8
7,5-cm-StuK 40 L/43	3281	495	102	748	6,8
7,5-cm-StuK 40 L/48	3615	495	102	748	6,8

Die 7,5-cm-Sturmkanone 40 war eine halbautomatische Waffe mit elektrischer Abfeuerung und war auf der Sturmgeschützlafette aufgebaut.

Sie verschoß Panzergranaten und Sprenggranaten (Patronenmunition). Zum direkten Richten diente das Selbstfahrlafetten-Zielfernrohr 1 a, zum indirekten Richten das Rundblickfernrohr 32 oder 36.

Das Rohr war als Vollrohr ausgebildet und hatte ein leicht abnehmbares Bodenstück. Es wurde in der Rohrwiege gelagert und geführt. Der gezogene Teil des Rohres hatte 32 Züge, die in zunehmendem Rechtsdrall von 6° auf 9°, bei neueren Geräten unter konstantem Rechtsdrall von 7° verliefen.
Die Mündungsbremse war vorne auf das Rohr aufgeschraubt und wirkte dem Rücklauf des Rohres entgegen. Sie hatte zwei Kammern, die nach vorn durch je eine Wand abgeschlossen waren. Die Wände wurden Prallflächen genannt. Der Rücklauf des Rohres wurde zum Teil dadurch abgebremst, daß die beim Schuß ausströmenden Pulvergase gegen die Prallflächen stießen, seitlich abgeleitet wurden und so der Rückwärtsbewegung des Rohres entgegenwirkten.
Mit der 7,5-cm-StuK 40 durfte ohne Mündungsbremse nicht geschossen werden.
Der Verschluß war ein halbautomatischer Fallblockverschluß mit elektrischer Abfeuerung, der sich kurz vor beendetem Vorlauf selbsttätig öffnete und die leere Patronenhülse auswarf. Die Abfeuerung befand sich am Handrad der Seitenrichtmaschine.
Der Wiegenpanzer schützte die Rohrwiege, die Rohrbremse und den Rohrvorholer gegen Beschuß von vorne. Er war mit vier Stauchbügeln an den Haltern der Rohrwiege angeschraubt. Ein Ausgleicher glich das Vordergewicht der um den Schildzapfen schwingenden Teile aus.
Die Höhenrichtmaschine war eine Zahnbogenrichtmaschine. Die einzelnen Teile waren bis auf Zahnbogen und Ritzel in entsprechenden, miteinander verschraubten Gehäusen gelagert. Das ganze Höhenrichtfeld erstreckte sich von -107⁻ bis +356⁻ = -6° bis +17°.
Die Seitenrichtmaschine war ebenfalls als Zahnbogenrichtmaschine ausgelegt. Das ganze Seitenrichtfeld betrug ±178⁻ = ±10°.
Die Zieleinrichtung war abhängig, d. h., sie arbeitete abhängig von der Höhenbewegung des Rohres. Sie diente mit dem Sfl. ZF 1a zum direkten Richten gegen sichtbare Ziele und mit dem Rundblickfernrohr und dem Geländewinkelmesser zum indirekten Richten des Geschützes in verdeckter Stellung.
Die von Rheinmetall-Borsig entwickelte 7,5-cm-StuK 40 wurde vorwiegend von den Firmen Wittenauer Maschinenfabrik GmbH (Wimag), Berlin-Wittenau und Škoda in Pilsen gebaut. Der Stückpreis der Waffe betrug 13500,– RM.

GEPANZERTE SELBSTFAHRLAFETTE FÜR STURMGESCHÜTZ 7,5-cm-KANONE AUSFÜHRUNG F

Am 4. Februar 1943 teilte Daimler-Benz schriftlich mit, daß das Sturmgeschütz, Ausführung F durch die Umbewaffnung von 7,5-cm-L/24 auf L/43 bzw. L/48 notdürftig aus der Ausführung E entstanden war. Von März bis September 1942 wurden insgesamt 364 Einheiten gebaut (Fahrgestell Nr. 91035–91400).
Somit war die Ausführung F praktisch eine Ausführung E, bei der zur Aufnahme der langen Bewaffnung nur der Aufbau vorne und die internen Unterbringungsmöglichkeiten für die Munition geändert waren. Die Frontpanzerung war weiter ausgeschnitten, um genügend Seitenrichtfeld für die lange Kanone zu ermöglichen. Das Dach des Panzergehäuses blieb gegenüber der Ausführung E unverändert mit der einzigen Ausnahme, daß das hintere Dachmittelblech zur Aufnahme einer Kampfraumventilation umgebaut wurde.
Gegenüber der Vorläufer-Ausführung stieg das Gefechtsgewicht von 22 t auf 23,2 t bei der Ausführung F an. Die Bodenfreiheit war von 375 auf 390 mm angestiegen.
Die mit der langen Bewaffnung (L/43 bzw. L/48) ausgerüsteten Sturmgeschütze führten die Sd. Kfz. Nr. 142/1. Der Gerätepreis (ohne Bewaffnung und Funkausrüstung) lag bei 82500,– RM.
Die Sturmgeschütz-Abteilung »Großdeutschland« war die erste Einheit des deutschen Heeres, die mit 21 Stück des neuen Sturmgeschützes 40 mit L/43 ausgerüstet wurde.
Weitere Änderungen, die während der Fertigung der Ausführung F einflossen:
Die »Nebelkerzenabwurfvorrichtung« und ihre gepanzerte Abdeckung am rechten oberen Ende der Wanne entfiel ab Mai 1942.
In der Konferenz mit Hitler am 6. und 7. Mai 1942 wurde eine Untersuchung gefordert, inwieweit es möglich war, die Frontpanzerung der Sturmgeschütze auf 80 mm zu verstärken. Hitler forderte nochmals eine beschleunigte Untersuchung, inwieweit die Stirnpanzerung der Sturmgeschütze auf 80 mm Dicke verstärkt werden könne, zunächst durch das Aufschweißen zusätzlicher Panzerbleche.
Er betonte, daß, falls das Mehrgewicht von rund 450 kg die Geschwindigkeit etwas beeinträchtige, dies nicht so schwerwiegend sei, da Sturmgeschütze Zug um Zug ganz aus den Panzerverbänden gelöst werden sollten und bei ihrer zweck-

Sturmgeschütz, Ausführung F, mit 7,5-cm-Kanone L/43 und Sfl-Zielfernrohr. Versuchsfahrzeug, von vorne und hinten.

Sturmgeschütz, Ausführung F, Versuchsfahrzeug mit Rundumblick-Fernrohr, linke und rechte Fahrzeugseite.

bestimmten Verwendung bei der Infanterie eine größere Geschwindigkeit nicht erforderlich wäre.

Am 4. Juni 1942 bestimmt Hitler, daß die Verstärkung der Sturmgeschütze auf 80 mm Stirnpanzerung beschleunigt durchzuführen sei; der Termin mit Mitte Juli wäre zu spät. Hitler erklärte sich mit der vorgesehenen, kurzfristigen Steigerung der Sturmgeschütz-Fertigung auf monatlich 100 Stück einverstanden. Er erwartete, daß die zunächst erfolgende Senkung der Panzer III-Fertigung wieder aufgeholt würde. Am 23. Juni 1942 entschied Hitler, daß die Verstärkung der Sturmgeschütze durchzuführen sei.

Sturmgeschützfertigung bei Alkett im April/Mai 1942.
(im Hintergrund Panzer III)

Sturmgeschütz, Ausführung F mit 7,5-cm-Sturmkanone L/43. Im April 1942 erhielt die St. Gesch. Abt. »Großdeutschland« die ersten dieser Fahrzeuge (Fahrgestell Nr. 91037 bis 91045).

Sturmgeschütz, Ausführung F. Fahrzeuge der Stu. G. Abt. 201. Die Nebelkerzenabwurfgeräte waren noch gepanzert (BA).

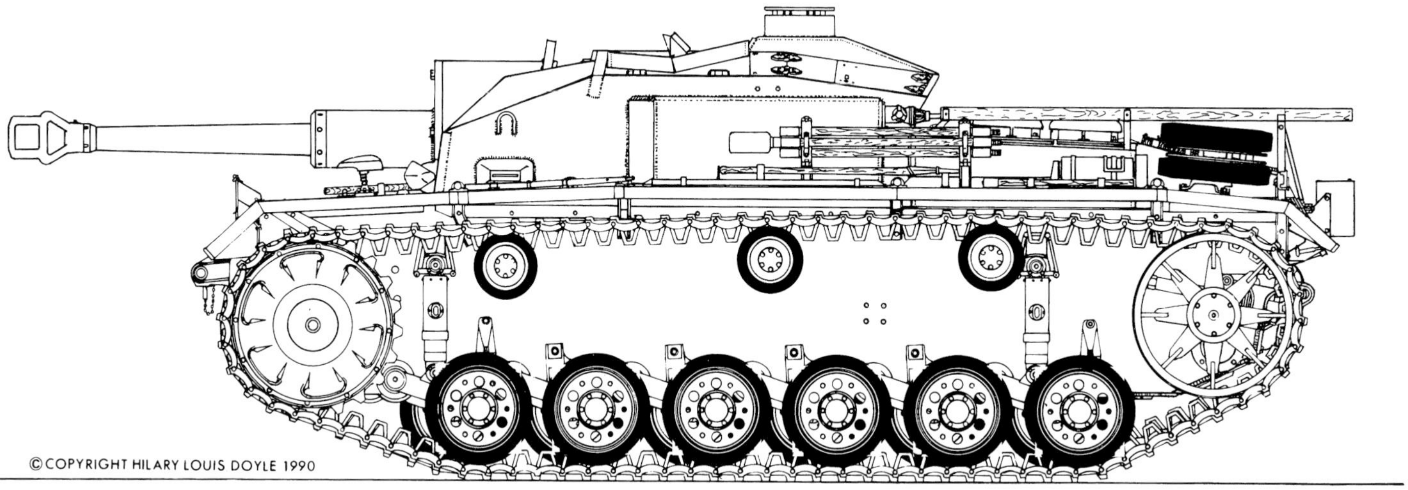

Sturmgeschütz, Ausführung F.

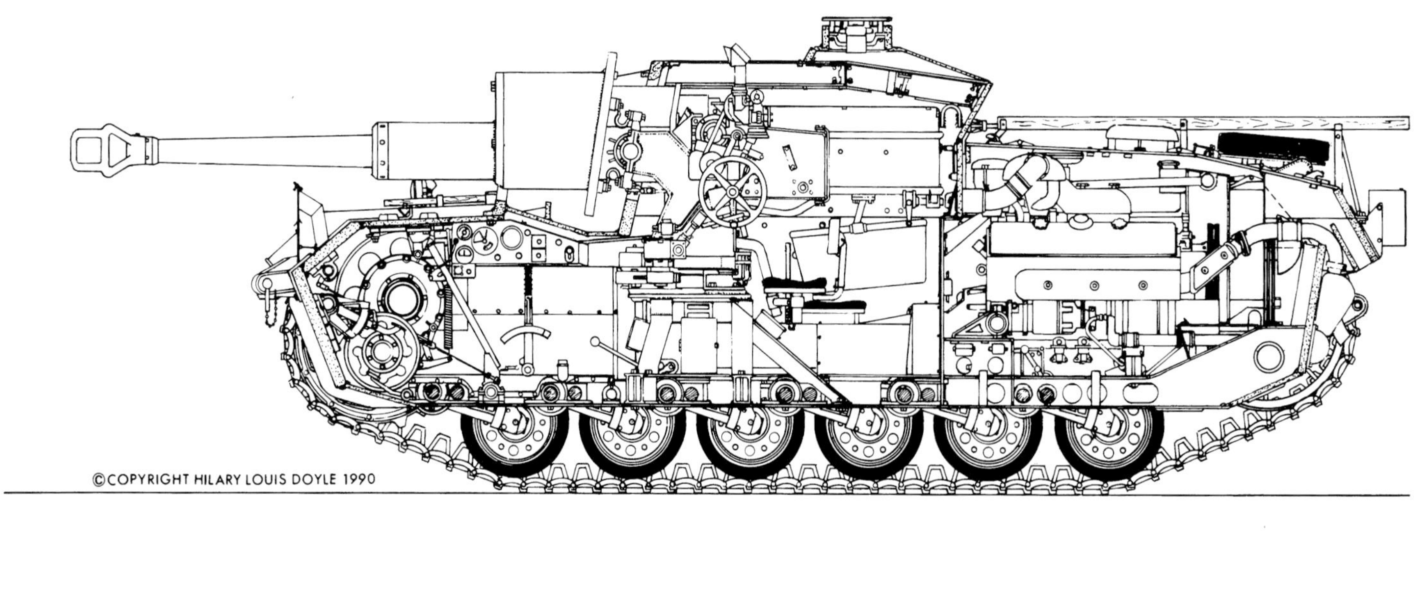

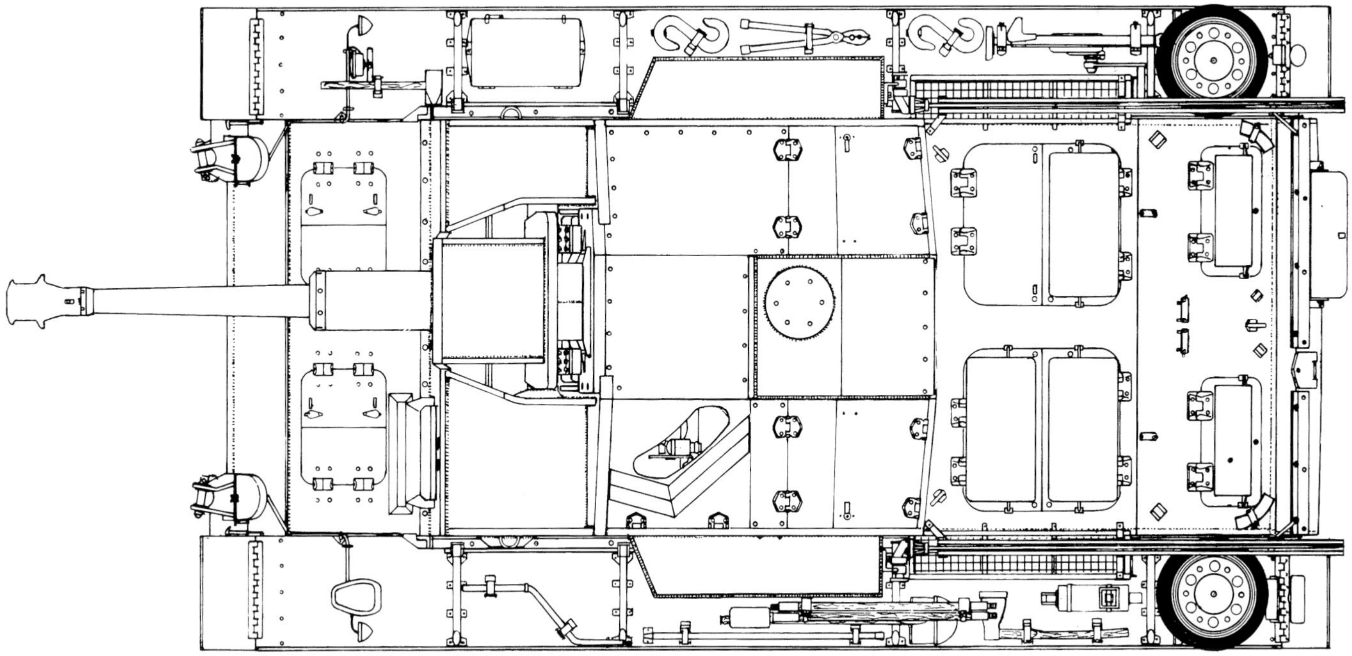

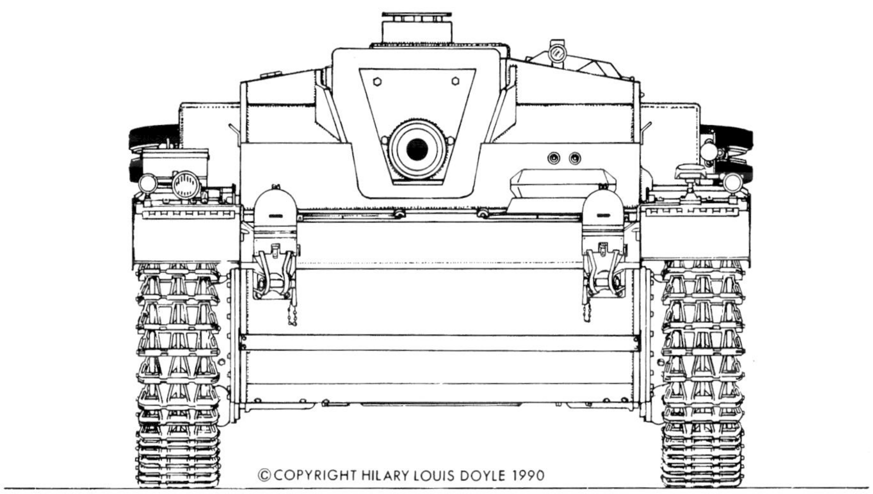

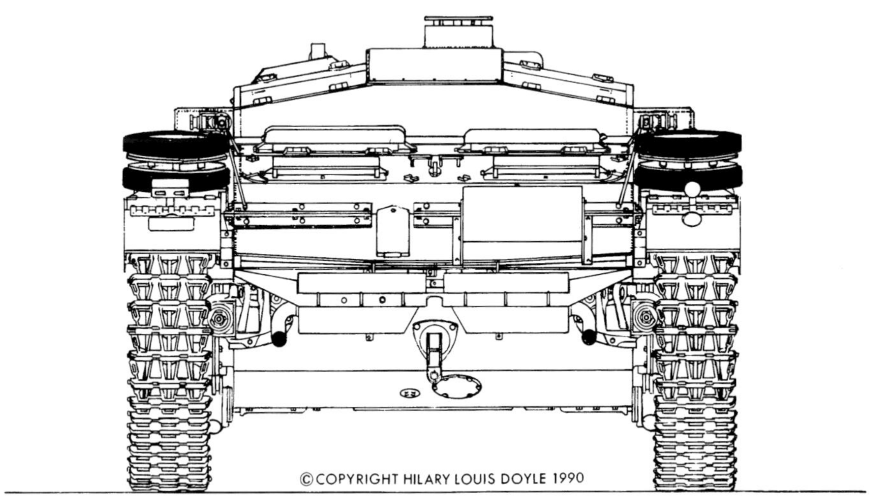

Sturmgeschütz, Ausführung F. Fahrzeug mit Winterketten und Sturmkanone L/48. (Stu.G.Abt. 197).

Sturmgeschütz, Ausführung F. Fahrgestell Nr. 91284, gefertigt Juli/ August 1942. Zusatzpanzerung.

Sturmgeschütz, Ausführung F mit 7,5-cm-Kanone L/48. Fahrgestell-Nr. 91306 (August 1942). Zusätzlicher Schutz über Fahrersitz (BA).

Die Konferenz vom 28./29. Juni 1942 bestätigte, daß – wie bereits befohlen – die Vorpanzerung bei allen neuen Sturmgeschützen zu erfolgen habe.
Der Termin Befehl Nr. 8 vom 20. Juni lautete:
Sturmgeschütz mit 7,5-cm-StuK 40.
Auch dieses Gerät ist mit 30 mm verstärkter Frontpanzerung zu liefern.
Beginn der Lieferung mit Frontverstärkung im Juni mit 11 Stück, ab Juli 1942 Gesamtausstoß.
Eine Mitteilung vom 6. August 1942 bestätigte die Durchführung der Zusatzpanzerung: 60 StuG mit 80 mm Frontpanzerung und 0 StuG mit 50 mm Frontpanzerung abgenommen im Juli 1942.
Beginnend mit den letzten 11 Fahrzeugen, hergestellt im Juli 1942, wurden zusätzliche 30 mm dicke Panzerbleche an beiden vorderen Aufbauseiten und an den oberen und unteren vorderen Wannenblechen angeschweißt. Zur gleichen Zeit entfielen beide in gepanzerten Gehäusen untergebrachten Scheinwerfer auf der oberen Bugplatte. Der Notek-Tarnscheinwerfer rückte von der linken Kettenabdeckung zur Mitte des oberen Bugbleches.
Beginnend im August 1942 wurde der Winkel der Dachschräge über dem Fahrer und der gegenüberliegenden Seite erhöht, um einen ununterbrochenen Übergang zum Aufbaudach zu erreichen. Dies verminderte die Möglichkeit eines Durchschusses des 50-mm-Bleches an der Aufbauvorderwand.

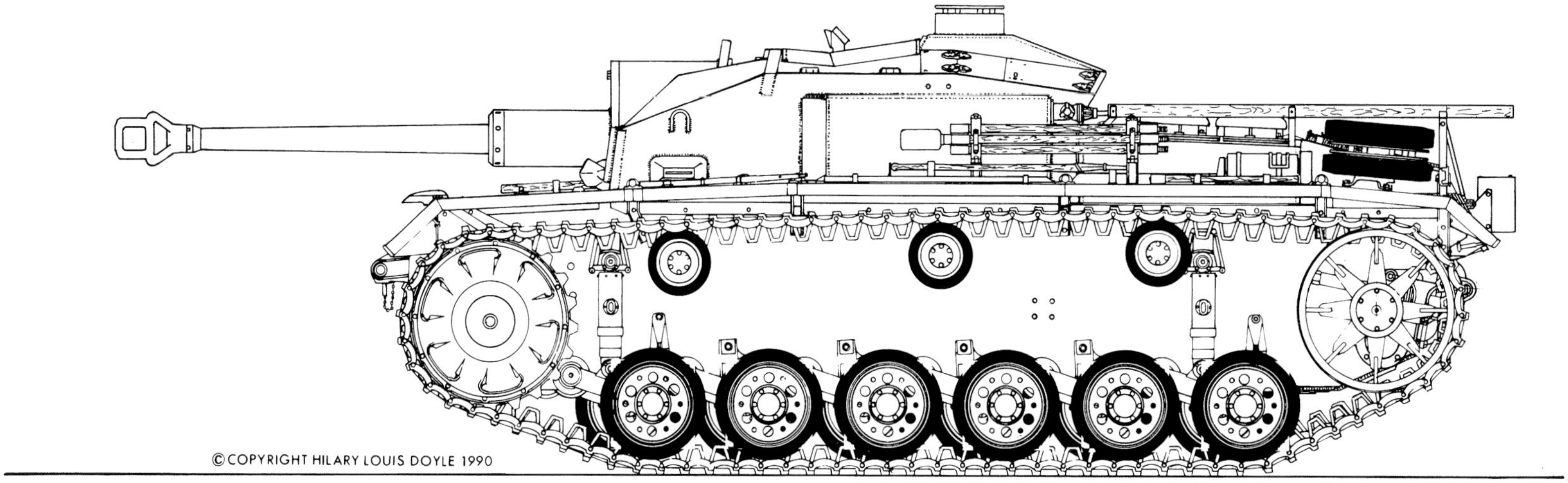

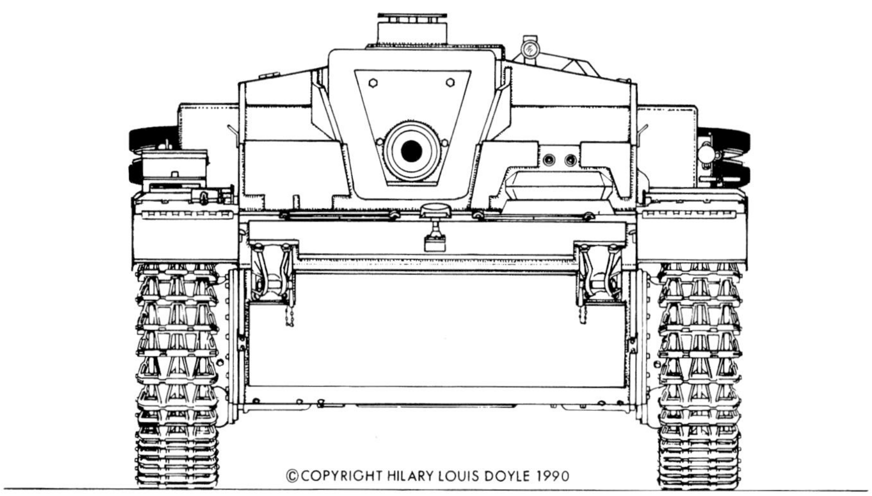

Sturmgeschütz, Ausführung F (mit 7,5-cm-Sturmkanone 40 L/48, ab Juni 1942 und Zusatzpanzerung, ab Juli 1942).

Einige Sturmgeschütz-Verbände, die Fahrzeuge aus der frühen Produktion erhalten hatten, behalfen sich mit dem Auftragen eines Beton-Abweisers an dieser kritischen Stelle.
Während der Fertigung der Ausführung F wurden die Munitionslagerungen insoweit geändert, daß nun anstelle der üblichen 44 Schuß 7,5-cm-Munition 54 Schuß mitgeführt werden konnten.

Es kam immer wieder vor, daß Einheiten die eingebauten Munitionslagerungen ganz entfernten und durch eine ausgeklügelte Lagerung die Zahl der mitgeführten Granaten beträchtlich erhöhten.

GEPANZERTE SELBSTFAHRLAFETTE FÜR STURMGESCHÜTZ 7,5-cm-KANONE AUSFÜHRUNG F/8

Im September 1942 folgte die Ausführung F/8 dem Sturmgeschütz 40, Ausführung F. Sie blieb bis Dezember 1942 in der Fertigung. Insgesamt wurden 250 Einheiten gebaut (Fahrgestell Nrn. 91 401–91 650).
Die Ausführung F/8 entsprach fahrgestellmäßig weitgehend dem 8/ZW Fahrgestell des Panzerkampfwagens III Ausf. J-N. Der Aufbau blieb ähnlich dem der des Vorgängers Ausführung F. Lediglich die Größe der Öffnung für die Sichtmittel des Richtkanoniers im Aufbaudach wurde verkleinert und ein Maschendrahtkäfig über diese Öffnung gestülpt.
Am Bugpanzerdach vor dem Fahrer wurden statt den geteilten, verriegelbaren Einstiegklappen, zwei einteilige Bedienungsklappen vom Fahrgestell des Panzerkampfwagens übernommen.
An der Panzerwanne befanden sich zum Einhängen eines Seiles oder von Zugstangen zum Abschleppen bis Ausführung F

2 Anhängegabeln mit Bolzen am Bugpanzer
2 Anhängegabeln mit Bolzen am Heck

ab Ausführung F/8

2 Ösen mit Bolzen am Bugpanzer
(Bestandteil der Wannenseitenwand)
2 Ösen mit Bolzen am Heck
(Bestandteil der Wannenseitenwand)

Die bisher nach hinten umklappbaren Antennen erhielten ab Ausführung F/8 feste Antennensockel.
Die Motorraumabdeckung erhielt gleich dem Panzerkampfwagen III größere Öffnungen für die Kühlluft.
Die Kettenabdeckungen wurden vorne gekürzt und waren nicht mehr aufklappbar. Im November 1942 wurden die einteiligen Wartungsöffnungen im oberen Bugblech wieder durch die früheren, zweiteiligen Klappen abgedeckt.
Ab Oktober 1942 wurden die zusätzlichen, 30 mm dicken Panzerbleche am Wannenvorderteil nicht mehr angeschweißt, sondern im Rahmen der Maßnahmen zur Erhöhung des Ausstoßes gebohrt und mit Schraubbolzen festgehalten.

Als Nachrüstung wurde erst 1943 ein MG-Schild eingeführt, welches aufklappbar auf dem Aufbaudach angebracht, zusätzlichen Schutz für den Ladekanonier bot. Nach dem Aufklappen arretierte die vordere Hälfte der Ladekanonier-Luke den Schutzschild in dessen aufrechter Stellung.

Sturmgeschütz, Ausführung F/8. Seitenansicht und Draufsicht Wanne. Grundlage war die Wanne Panzerkampfwagen III, (8/ZW).

Abbildungen oben: Sturmgeschütz, Ausführung F/8. Fortschritt in der Serienfertigung.

**Sturmgeschütz, Ausführung F/8.
Wanne auf Bohrwerk.
Fahrgestell Nr. 91500,
geliefert im Oktober 1942.**

Oben:
Sturmgeschütz, Ausführung F/8.
Wegen Materialengpässen wurden vorübergehend die langen Kanonen mit Einkammer-Mündungsbremsen versehen (Aufnahme Oktober 1942) (BA).

Mitte:
Sturmgeschütz, Ausführung F/8.
Eingesetzt mit der Stu. G. Battr. 90 in Tunesien (BA).

Links:
Sturmgeschütz, Ausführung F/8. Gefertigt November 1942. Nachgerüstet mit seitlichen Schürzen und MG-Schild 1943 (BA).

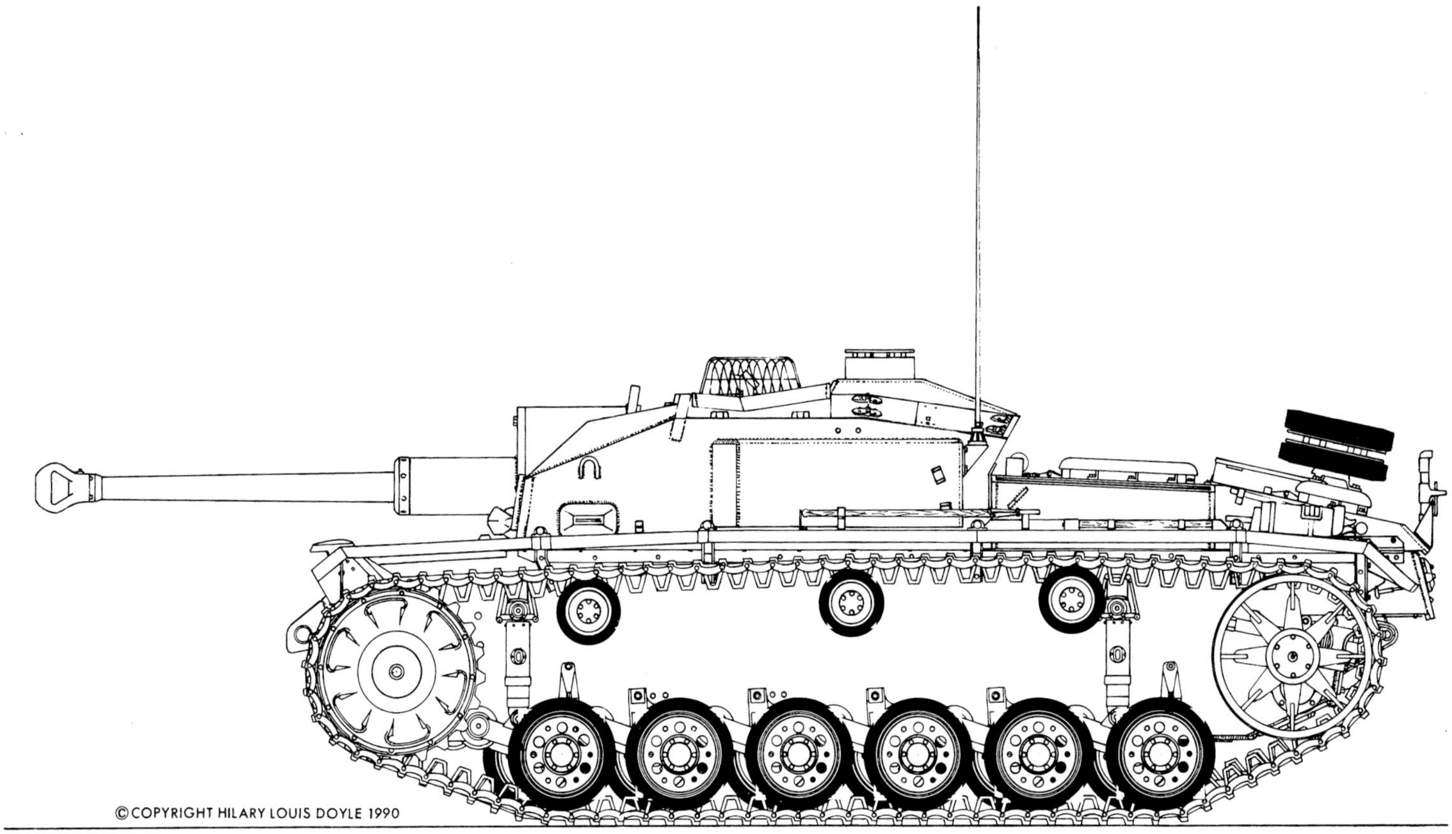
©COPYRIGHT HILARY LOUIS DOYLE 1990

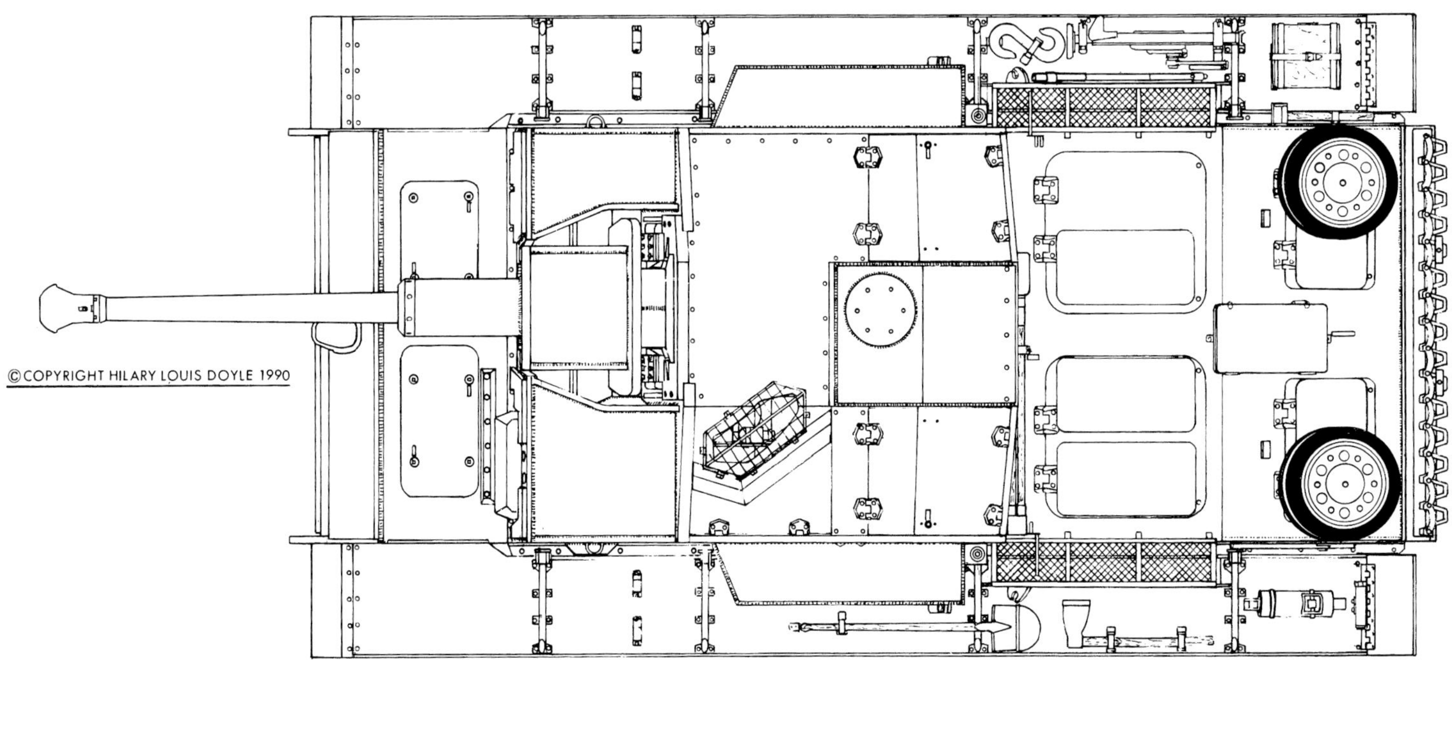
©COPYRIGHT HILARY LOUIS DOYLE 1990

Sturmgeschütz, Ausführung F/8 (ausnahmsweise mit Einkammer-Mündungsbremse).

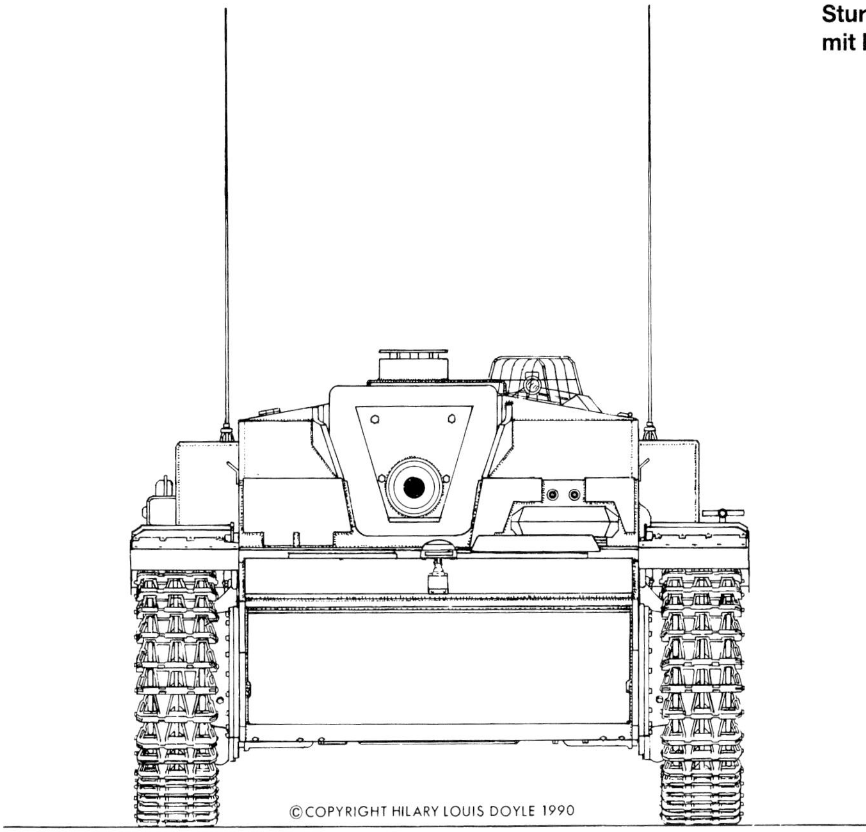

Sturmgeschütz, Ausführung F/8. Das Fahrzeug wird mit Munition versorgt. Die Zusatzpanzerung ist aufgeschraubt.

Die im November 1942 gefertigten Fahrzeuge waren dem Stu.G.Lehr.Batt.901 zugeteilt. Der MG-Schild auf dem Aufbaudach war versuchsweise in erster Ausführung angebracht.

Sturmgeschütz, Ausführung F/8.
Die Antennen der Ausf. F/8 waren fest montiert.

Sturmgeschütz, Ausführung F/8. Geschraubte 30 mm Zusatzpanzerung. Geschoßabweiser vor der Fahrersichtklappe. Geteilte Wartungsöffnungen im oberen Bugblech.

Anschlüsse für Pz.-Kühlwasserheizgerät 42.

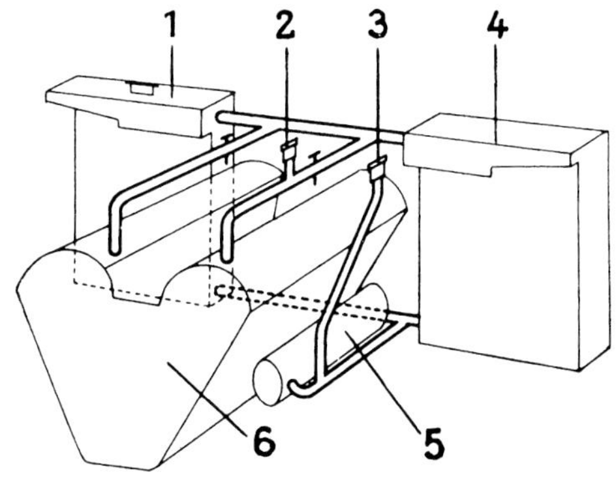

Anschlüsse für Pz-Kühlwasserheizgerät 42
Schema

1 Kühler
2 Anschluß für Kaltwasserrücklauf vom Motor
3 Anschluß für Warmwasserzulauf zum Motor
4 Kühler
5 Ölkühler
6 Zylinderblock

Ansicht der Anschlüsse für Pz-Kühlwasserheizgerät 42.

Ab Mai 1943 wurden Sturmgeschütze F/8 nachträglich mit seitlichen Schürzen versehen.

Diese Nachrüstungen erfolgten nach Auslauf der Fertigung von Sturmgeschützen 40 der Ausführungen F/8 im Dezember 1942.

Die Allgemeine Heeresmitteilung Nr. 95 vom 21. Oktober 1942 erwähnt den Einbau einer Warmwasserübertragung für Sturmgeschütze:

An allen Sturmgeschützen sind Anschlüsse für eine Warmwasserübertragung einzubauen. Diese Anschlüsse ermöglichten das Anwärmen der Kühlflüssigkeit eines StuG. entweder in Verbindung mit den Kühlwasserübertragungsschläuchen durch ein anderes Sturmgeschütz, mit laufendem Motor oder mittels dem Panzer-Kühlwasserheizgerät 42. Die Anschlüsse waren von der Truppe gemäß mitgelieferten Zeichnungen (Nr. BSKB 262) durchzuführen.

O. K. H. (Ch H Rüst u. BdE), 7. 9. 1942 – 5332/42 – AHA Ag K/In 6 (Ing).

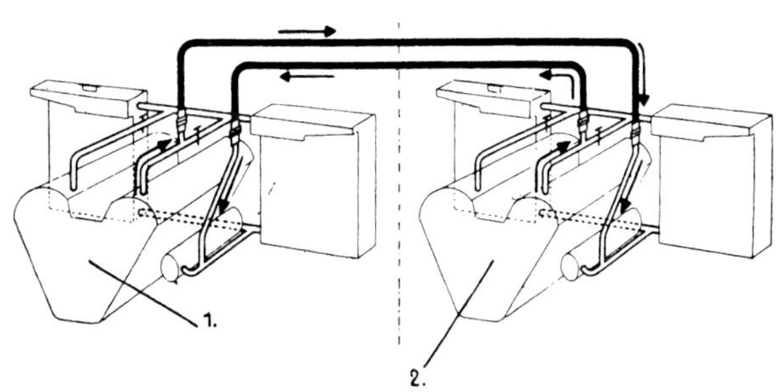

Kühlwasserübertragung.

Kühlwasserübertragung
von Pz Kpfw zu Pz Kpfw
Schema

1 Anzuwärmender Motor
2 Warmer Motor

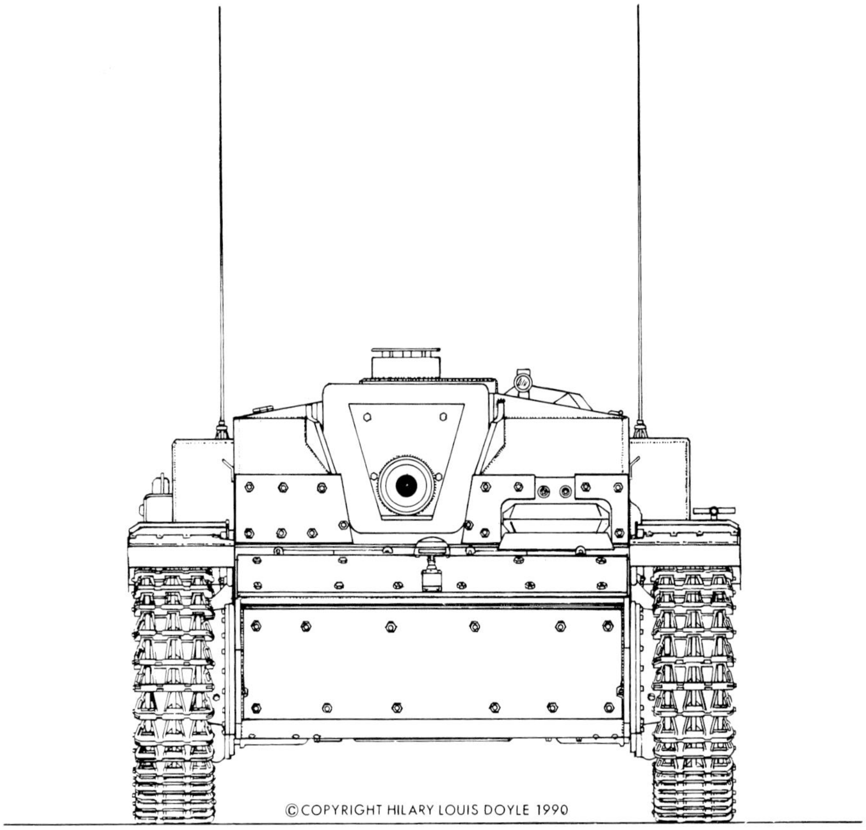

Sturmgeschütz, Ausführung F/8 (Zusatzbleche geschraubt ab Oktober 1942).

Bei einer Konferenz mit Hitler am 2. Oktober 1942 wurde gemeldet, daß ein wesentlicher Teil der bei der Truppe befindlichen Sturmgeschütze noch vor Beginn des Winters mit Winterketten ausgerüstet werden wird. Nach den bisherigen Planungen war mit etwa 75% bis zum 1. Januar 1943 zu rechnen. Hitler legte Wert darauf, daß insbesonders die bei den Heeresgruppen Nord und Mitte eingesetzten Fahrzeuge voll damit ausgerüstet würden.

Hitler betonte nochmals die starke Behinderung bei der Beobachtung durch die von der Mündungsbremse verursachte seitliche Rauchabführung. Er erkannte voll an, daß diese Raucherscheinung für die Panzertruppe im Gegensatz zur Artillerie wesentlich behindernder sei als starkes Mündungsfeuer. Aufgrund der ihm gegebenen Zusicherung, daß der Rauch zugunsten des Feuerscheins vermindert werden könne, erwartete er die sofortige Veranlassung entsprechender Maßnahmen.

GEPANZERTE SELBSTFAHRLAFETTE FÜR STURMGESCHÜTZ 7,5-cm-KANONE AUSFÜHRUNG G

Die Fertigung der Abschlußausführung des Sturmgeschützes auf ZW-Fahrgestell lief im Dezember 1942 an und endete im April 1945. (Fahrgestell Nr. ab 91 651 bei **Alkett,** Fahrgestell Nr. ab 95 001 bei **MIAG** ab Februar 1943). Unter Beibehaltung des gleichen Fahrgestells wie die vorausgehenden Ausführung F/8, erhielt die Ausführung G grundsätzlich einen verbreiterten Aufbau mit einer Kommandantenkuppel. Durch diese Änderungen wurde die Gesamthöhe des Fahrzeuges auf 2160 mm angehoben. Anstelle der früheren seitlichen kastenförmigen Ausbauten, war der gesamte Aufbau jetzt breiter und die Aufbauseitenbleche waren leicht geneigt.

In diesem Zusammenhang wurde die Rückwand des Kampfraumes senkrecht ausgebildet und gleichzeitig der hintere

Sturmgeschütz, Ausführung G. Hergestellt im Dezember 1942. Originalaufbau. Richtoptik ungeschützt. Aufbauventilator auf dem Dach.

Teil des Aufbaudaches erhöht. Der Aufbaulüfter blieb nach wie vor in seiner liegenden Position auf dem hinteren Aufbaudach, war aber flacher ausgelegt. Der Ventilator mit elektrischem Antrieb war von innen am Aufbaudach angeschraubt, so daß nur die ringförmige Panzerung über die Dachoberkante hinausragte. Obwohl der hintere Teil des Aufbaudaches wegen des Platzbedarfs für den Lüfteraufbau höher gelegt wurde, wurde die Funktion des Ladekanoniers nach wie vor räumlich beeinträchtigt. Ab Januar 1943 verschwand daher der Lüfter aus dem Aufbaudach, er war nun in der Mitte der senkrechten Aufbaurückwand untergebracht.
Das Dach über dem Richtkanonier und das der gegenüberliegenden Seite wurde gerade nach außen gezogen und kurz angewinkelt und verbesserte so den ballistischen Schutz der Zieleinrichtung. Das Stirnblech des Aufbaus wurde durch eine im Winkel von 30° angebrachte Zusatzpanzerung verstärkt. Der links vom Fahrer angebrachte Sehschlitz der Vorgängertypen wurde beibehalten. Die Kettenabdeckung war nunmehr an den Aufbauseiten befestigt, dies resultierte in einer unterbrochenen Anbringung, die sich abgestuft darstellte.
Bis Oktober 1943 war die Kommandantenkuppel 360° drehbar ausgelegt. Infolge Mangel an Kugellagern wurde die Kuppel nun fest mit dem Aufbaudach verschraubt. Erst nachdem ab September 1944 wieder Kugellager zur Verfügung standen, wurde die drehbare Kuppel bis zum Ende der Fertigung wieder verwendet. Im Gegensatz zu den früheren Ausführungen des Sturmgeschützes, von denen immer kleinere Serien in kurzen Zeitabschnitten gebaut worden waren, blieb die Ausführung G in großer Stückzahl in Fertigung bis April 1945.
Während dieser Zeit wurden zahlreiche Änderungen, welche die Leistungsfähigkeit, den Panzerschutz oder die Herstellungsmethoden verbesserten, in die laufende Fertigung eingeschleust. Viele Verbesserungen waren das direkte Ergebnis von Truppenerfahrungen, die in Berichtform den vorgesetzten Stellen vorgetragen wurden.

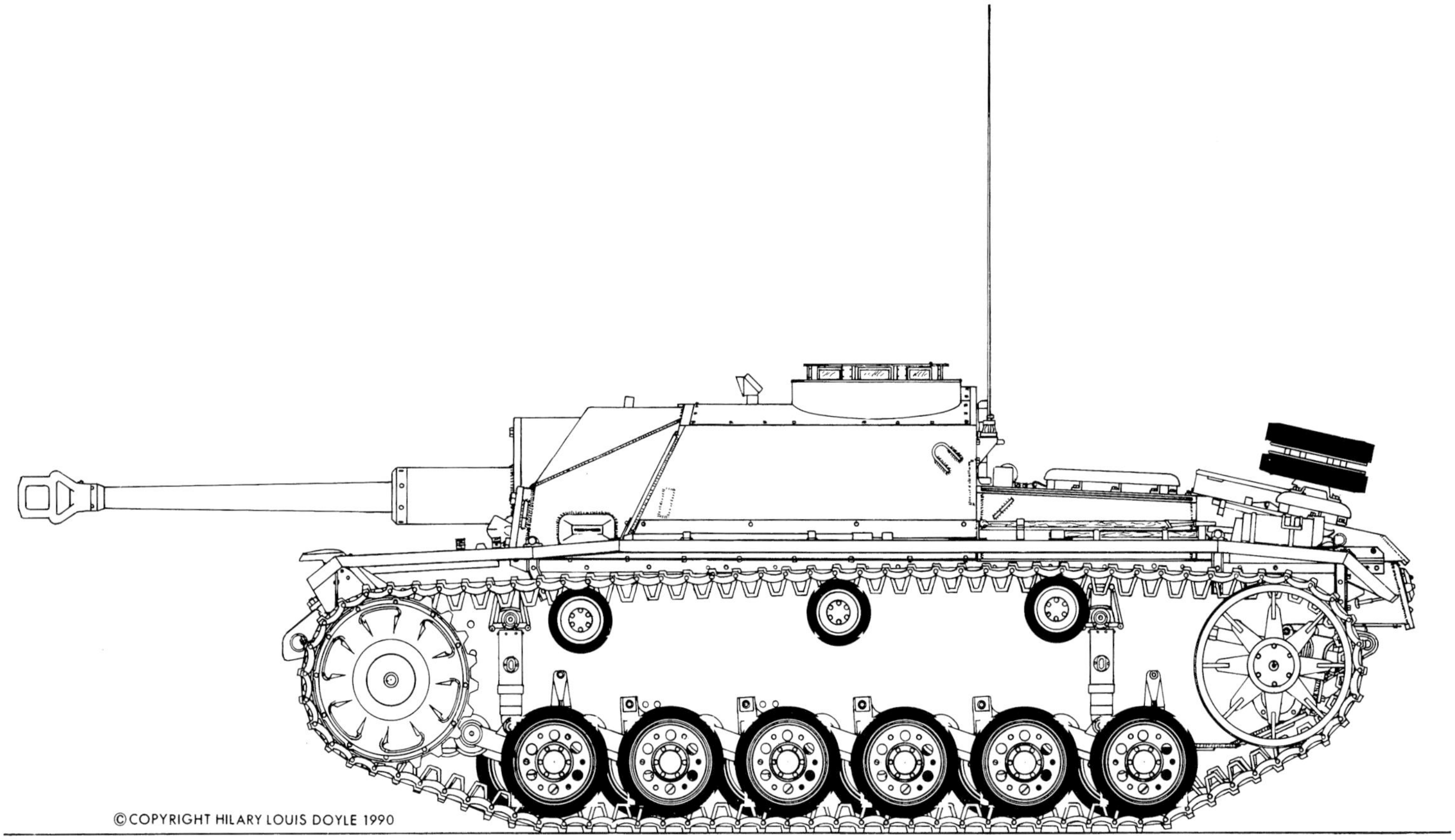
©COPYRIGHT HILARY LOUIS DOYLE 1990

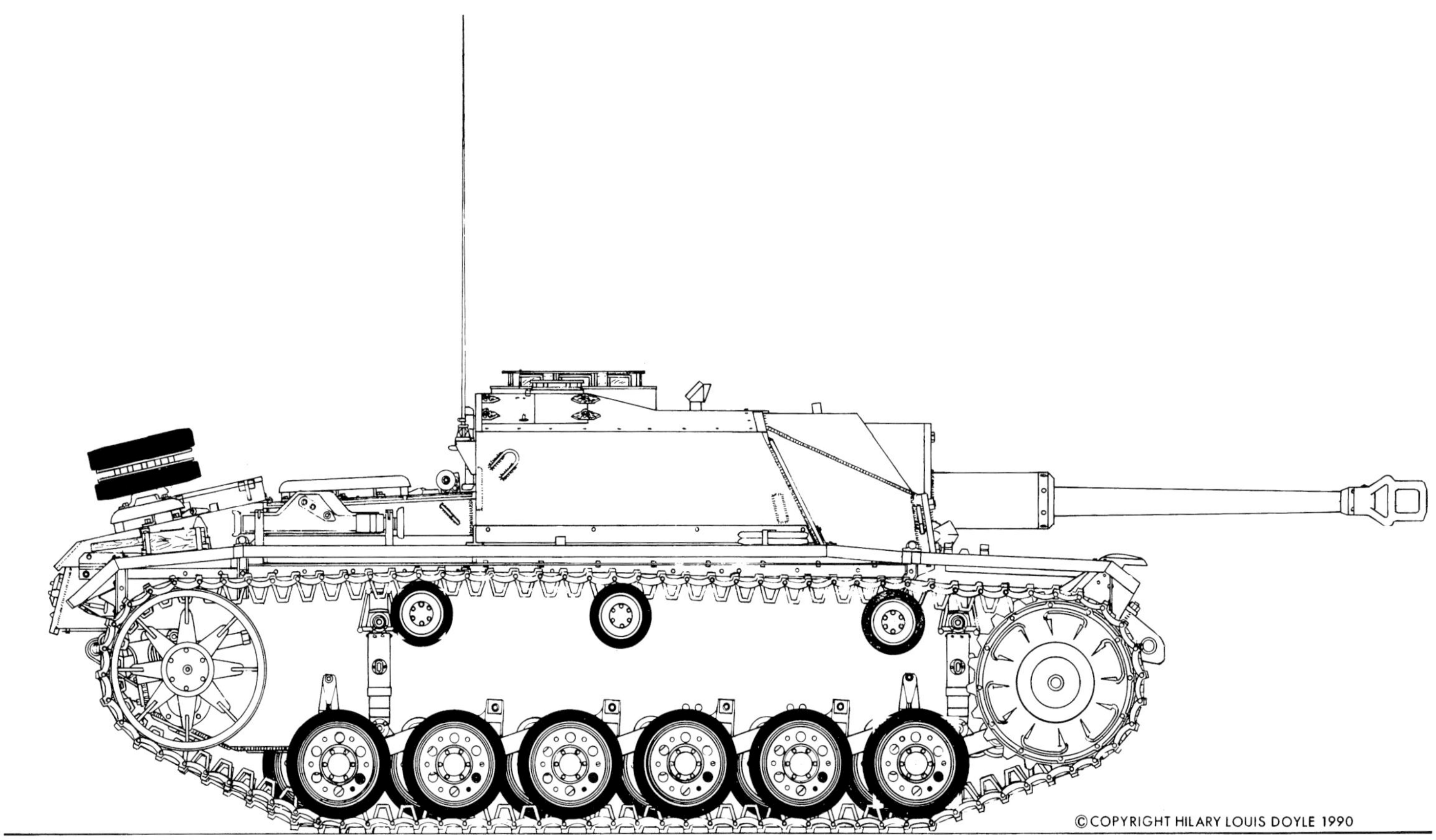
©COPYRIGHT HILARY LOUIS DOYLE 1990

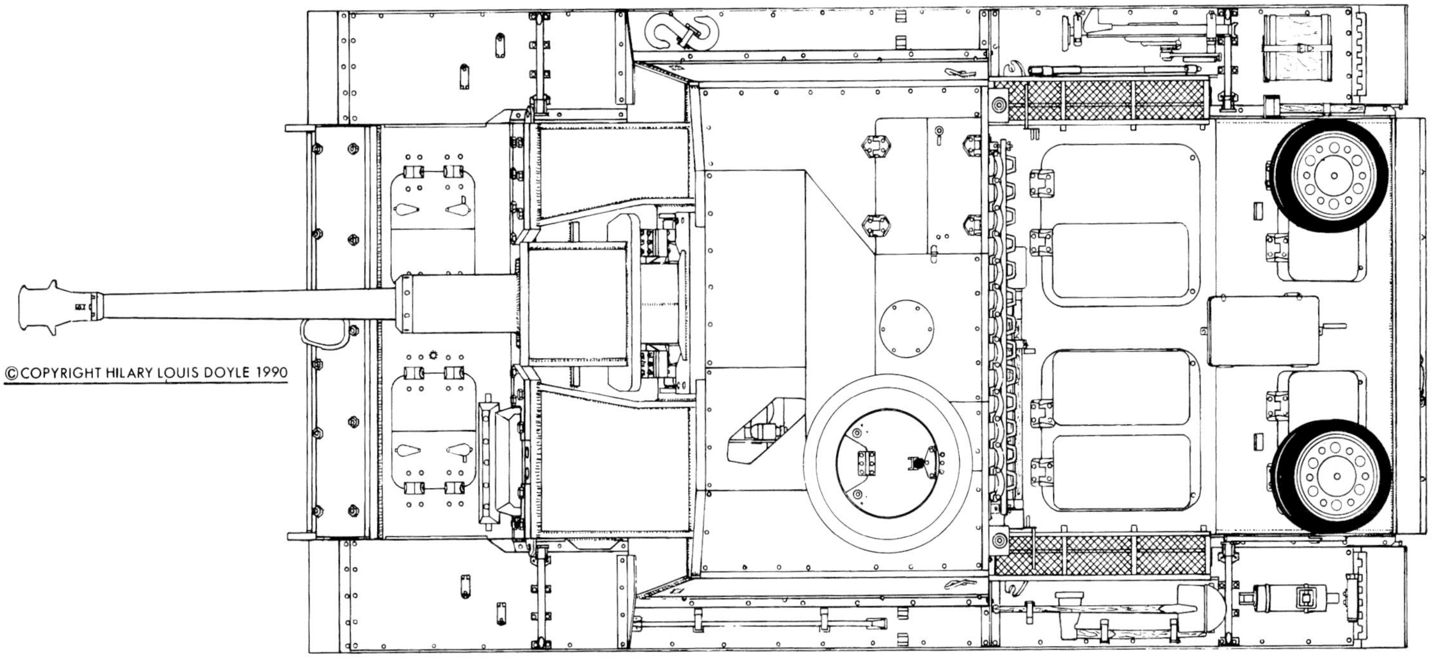

Sturmgeschütz, Ausführung G (hergestellt im Dezember 1942. Originalaufbau mit ungeschützter Richtoptik und Aufbauventilator auf dem Dach).

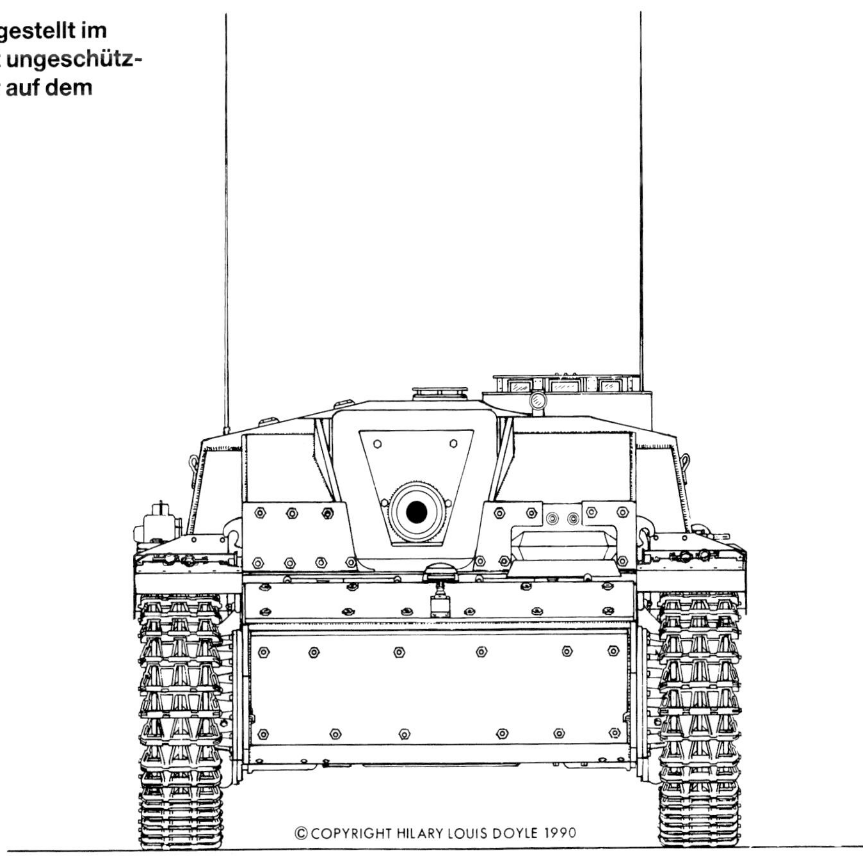

Sturmgeschütz, Ausführung G.
Sehschlitz links vom Fahrer.

Sturmgeschütz, Ausführung G.
Fahrer-Sehschlitz ist durch
Pistolenöffnung ersetzt.

Sturmgeschütz, Ausführung G.
Fahrgestell Nr. 91675,
gefertigt Dezember 1942.
Stu. G. Abt. »Großdeutschland« (BA).

Sturmgeschütz, Ausführung G. Winterketten. SS-Stu. G. Abt. 2 »Das Reich« (Gefertigt Dezember 1942.) (BA).

Als ein typisches Beispiel sei hier das Treffen am 8. April 1944 beim Generalinspekteur der Artillerie erwähnt, bei dem Hauptmann Metzger Wünsche vortrug:

Diese Wünsche zielten auf Verbesserung des jetzigen Sturmgeschützes ab, die zum Teil seit vielen Monaten in Form von Anträgen vorlagen, deren Berücksichtigung auch beim Sturmgeschütz (neue Ausführung), soweit mit der neuen Form vereinbar, gefordert wurde:

a) Die Erhöhung der Munitionsausstattung von zur Zeit 54 auf 70–75 Schuß. Das Modell dafür war bei Alkett verbrannt, das neue Modell in Entwicklung sollte beschleunigt werden.
b) Verbesserung bzw. Erweiterung der Heizanlage. Erprobung wurde zugesagt.
c) Das Geländer am Heck (für die begleitenden Grenadiere gedacht) war nicht bei allen Lieferungen vorhanden. Überprüfung wurde zugesagt.
d) Aufbaudeckel waagrecht umlegbar mit Griff, wurde von WaPrüf zur weiteren Veranlassung zugeleitet. Ob an StuG. n. A. durchführbar (wegen der geänderten Spiegeloptik), mußte noch überprüft werden.
e) Staubschutzgürtel am Aufbau. Lieferung wurde zugesagt.
f) Raste am Gashebel (zum Feststellen beim Warmlaufen). Berücksichtigung wurde zugesagt. (Eingeführt ab Oktober 1944).
g) Befestigung des Lenkgehäuses, Lenkhebel zu eng beieinander. Wurde überprüft.
h) MG in Rohrwiegenpanzerung. Vertreter von In 6 wies auf Unterschied bei gegossener und geschweißter Ausführung der Panzerung sowie auf starre oder gefederte Anbringung des MG hin. Die starre Ausführung hatte bei der Feldbrigade zu keinerlei Beanstandungen geführt, konnte also nicht ausschlaggebend sein. Es wurde Beschleunigung gefordert. Zumindest sollte das entsprechende Loch durch die Rohrwiegenpanzerung bei allen StuG. vorgesehen werden. Auf den Einwand, daß die MG-Fertigung Engpaß sei, wies Obstlt. Schaede auf die sehr hochgefahrene Fertigung hin.
i) Haltevorrichtung am Motordeckel. Diese einfache Vorrichtung wurde gefordert, um Quetschungen usw. zu verhindern, wie sie schon wiederholt vorgekommen waren. Wurde zugesagt. (Eingeführt ab August 1944).

j) Verstärkung der Deckenpanzerung. Beschußversuch mit russischen Granatwerfern war noch nicht durchgeführt. Diese Verstärkung bedeutete eine nicht unerhebliche Gewichtserhöhung. Außerdem war Stahl knapp. Es wurde das Anbringen eines Drahtnetzes vorgeschlagen. Erprobung wurde zugesagt.

k) Rundumpanzerung für Winkelspiegelkuppel.
Vorschlag Hptm. Metzger: Blechring mit Betonguß.
Lösungsvorschlag: Angeschweißte Stahlstäbe und Betonguß.

l) Nahkampfgerät: Die Sturmgeschützschule hatte sich 100 Schuß Munition Wurfkörper mit Sekunden-Verzögerung aus Kiel beschafft. Es wurden Bedenken erhoben, daß für diese Munition ein normaler Nachschub nicht mit Sicherheit gegeben war.
Gegenvorschlag: Gegenwärtig befand sich eine Einheitsleuchtpistole in Entwicklung, aus der Gewehrgranaten zu verschießen waren. Weitere Versuche und Ausrüstung waren auf diese Möglichkeit abzustimmen.

Es gäbe eine Menge von Gründen, warum nicht alle verlangten Änderungen den Weg vom Zeichenbrett zur Fertigung fanden. Vom Zeitpunkt des Vorschlages einer Verbesserung bis diese konstruiert, genehmigt und schließlich eingebaut war, vergingen selbst bei geringfügigen Änderungen mehr als sechs Monate. Ein Sturmgeschütz mit seinen vielen Einzelteilen war nie das Produkt einer einzelnen Fabrik. Die Sturmgeschütz-Herstellerfirmen waren fast ausschließlich Montagefirmen, die auf die Zulieferung von Hauptaggregaten von mehr als 10 Herstellern und bei Kleinteilen auf die von mehr als 50 andere Werke angewiesen waren. Selbst wenn Änderungen genehmigt und im vorgesehenen Zeitplan bestellt und ausgeliefert wurden, war es undurchführbar, daß sie bei allen Sturmgeschützen zum gleichen Zeitpunkt eingebaut werden konnten. Man konnte es sich nicht leisten, die alten Teile einfach zu verschrotten oder zu ändern, solange nicht alle vorhandenen Vorräte aufgebraucht waren. Weitere Schwierigkeiten traten auf, weil sich nicht alle Hersteller an die vorgegebenen Termine zur Änderung hielten. Der Zeitpunkt wurde vor allem bestimmt durch die Vorräte an Rohmaterial, die Umstellung des Maschinenparks und die Unterbrechung durch Luftangriffe. Es war daher im Zeitraum 1943 bis 1945 eine Periode von mehreren Monaten notwendig, alle Änderungen und Verbesserungen bei jedem Sturmgeschütz unterzubringen, welches die Fabrik verließ.

Die zahlreichen, laufenden Änderungen, welche im Laufe der Fertigung des Sturmgeschützes, Ausführung G einflossen, werden im nächsten Abschnitt in Einzelheiten dargestellt:

Verbesserungen des Schutzes

Pistolen-Pfropfen

Bereits im Dezember 1942 entfiel der links vom Fahrer angeordnete Sehschlitz, er wurde durch eine Pfropföffnung für Pistole ersetzt. Die Öffnung wurde gegenüber dem Sehschlitz weiter nach vorne versetzt. Dadurch konnte die Winkeleinstellung der Zusatzpanzerung für beide Aufbaustirnseiten erhöht und die Beschußfestigkeit für diese Teile verbessert werden. (Einführung ab Januar 1943.)

MG-Schild

Während der Dezember-Produktion 1942 wurde für das bisher im Fahrzeug mitgeführte MG 34 ein Schutzschild auf dem Aufbaudach direkt vor der Ladekanonierluke angebracht.
Mit Scharnieren beweglich gemacht, konnte es bei Nichtgebrauch parallel zum Aufbaudach umgelegt werden. Der Schild bot nur nach vorne Schutz und hatte zwei Halterungen, eine für Erdziel- und eine weitere für Flugzielbeschuß.
Der MG-Schild konnte nachträglich bei allen früheren Sturmgeschütz-Ausführungen angebracht werden, entweder durch die Truppe selbst oder während der Instandsetzung.

Sichtmittelschutz

Beginnend mit der Ausführung C ragte der Periskopkopf des Zielfernrohres durch eine Öffnung im Aufbaudach. Ab Januar 1943 wurde der Schutz der Sichtmittel insofern verbessert, indem man die verhältnismäßig große Öffnung durch eine Zusatzpanzerung schützte. Ein Arm, welcher den an Scharnieren geführten beweglichen Panzerschutz mit der Geschützlafettierung verband, sorgte dafür, daß bei Höhen- und Seitenverstellung der Kanone keine Behinderung auftrat.

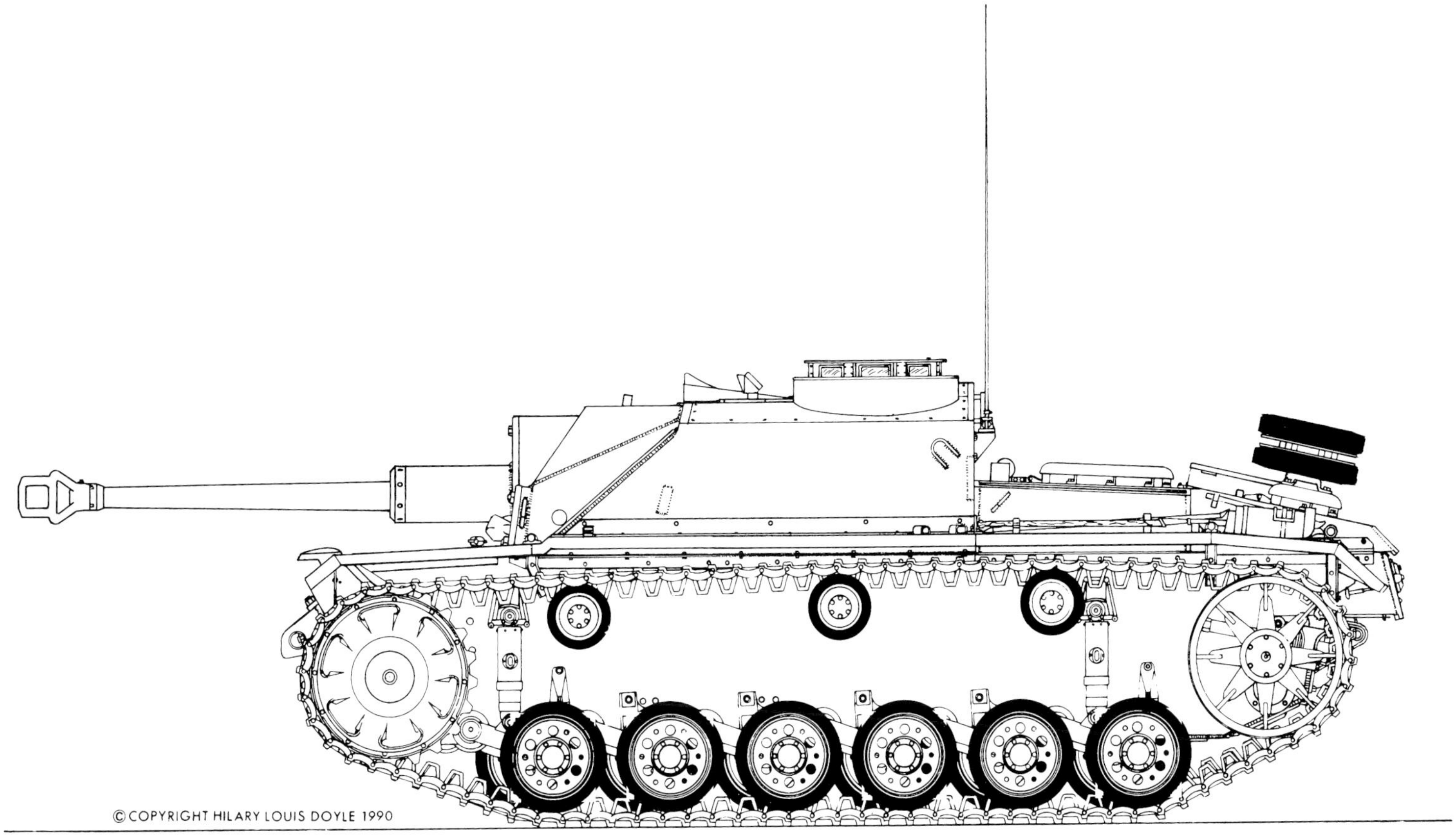

Sturmgeschütz, Ausführung G (Aufbauseiten weiter abgeschrägt, ab Dezember 1942).

Sturmgeschütz, Ausführung G. – Versuchsaufbau. Verstärkter Aufbauschutz, MG-Schild für Ladekanonier, Stahlabweiser vor Führerkuppel, Einkammer-Mündungsbremse. (1943).

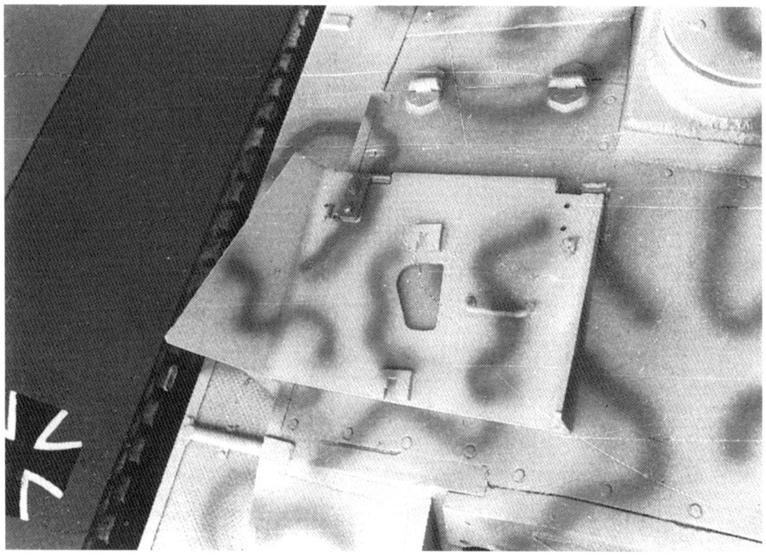

Das beim Ladekanonier angebrachte MG-Schild umgeklappt auf dem Aufbaudach (frühe Ausführung an Ausführung F/8).

MG-Schild aufgeklappt mit Bewaffnung (ab Herbst 1943).

Fahrer-Sehklappe

Grundsätzlich war bei allen Sturmgeschütz-Ausführungen die »Fahrersehklappe 50« eingebaut. Sie sicherte den direkten Ausblick des Fahrers. Bei geschlossener Sichtklappe stand dem Fahrer ein KFF (Fahrerfernrohr) zur Verfügung. Dabei handelte es sich um zwei doppelt gewinkelte Fernrohre zum indirekten Sehen. Zum Ausblick waren über der Fahrersehklappe zwei Öffnungen durch die Stirnwand des Bugpanzers gebohrt. Beginnend im Februar mit Abschluß im März 1943 entfiel das KFF in der Sturmgeschütz-Fertigung. An dessen Stelle trat eine Fahrersehklappe mit einer Blechdicke von bis zu 80 mm. Die Fahrersehklappe wurde auch durch ein Periskop ersetzt, wenn die 50-mm-Stirnpanzerung durch aufgeschraubte zusätzliche 30-mm-Bleche verstärkt wurde.
Ursprünglich wurden zwei Bleche angebracht, eines auf jeder Seite der Fahrersehklappe 50. Der dazwischen liegende freie Raum verblieb für die Ausblicköffnungen. Nachdem das Fahrerfernrohr entfallen war, wurde der freigebliebene Platz durch ein zusätzliches Panzerblech abgedeckt.
Diese Zwischenlösung wurde ab April 1943 durch die endgültige Ausführung ersetzt, die aus einem einzelnen Zusatzblech bestand, bei der der Platz für die Fahrersehklappe ausgeschnitten war. Dieses angeschraubte Zusatzblech wurde bis zum Auslaufen der Fertigung im April 1945 verwendet.

Seitliche Schürzen

Mit den bereits erwähnten seitlichen Schürzen beschäftigte man sich während der Führerkonferenz am 6./7. Februar 1943. Hitler erklärte sich mit dem vorgehängten Schutzpanzer gegen Panzerbüchsen-Beschuß für Panzer III, IV und Sturmgeschütze sehr einverstanden.
20. Februar 1943: Schießversuche auf Schutzabdeckung (Draht und Platten). Beschußversuche mit 14,5-mm-russischer Panzerbüchse, Entfernung 100 m (90°) zeigten keinerlei Risse oder Durchschüsse der 30-mm-Seitenpanzerung, die entweder durch Drahtgeflecht oder Platten geschützt war. Bei Beschuß mit der 7,5-cm-Sprenggranate AZ Feldkanone n. A. 2. Ladung, ergab sich keine Beschädigung der Wannenseite, wenn durch Draht oder Platten geschützt. Drahtgeflecht und Platten wurden zwar durchschlagen bzw. weggerissen, blieben jedoch weiter verwendbar.
Die Entscheidung, Bleche anstelle von Drahtgeflecht zu verwenden (trotzdem beide sich bewährt hatten und das Drahtgeflecht leichter war), basierte auf der Tatsache, daß die

Sturmgeschütz, Ausführung G. Fahrgestell Nr. 95219 der Firma MIAG (Mai 1943) mit seitlichen Schürzen.

Drahtgeflechte eine neue, noch zu konstruierende Aufhängung verlangte, die Zeit zur Entwicklung brauchte.
Auch war die Beschaffung der Drahtgeflechte schwierig. Die Schürzen wurden nicht gegen den Beschuß mit Hohlladungsgranaten erprobt, sie waren auch nicht als Schutz gegen diese Waffen vorgesehen.
Am 6. März 1943 zeigte sich Hitler über den günstigen Verlauf der Beschußversuche gegen die seitlichen Schürzen befriedigt. Außer der laufenden Ausstattung sämtlicher Sturmgeschütze, Panzer IV und Panther aus der neuen Produktion mit Schürzen, sollte in kürzestmöglichster Zeit eine volle Versorgung aller im Einsatz und in der Reparatur befindlichen Wagen dieser Gattungen sichergestellt werden.
Die Terminlagerung für die volle Ausstattung war beschleunigt vorzulegen.
Die Montagefirmen begannen mit der Ausstattung neuer Sturmgeschütze mit Schürzen im April 1943.
Im Mai 1943 wurden an das Ostheer geliefert:
330 Satz Schürzen für Sturmgeschütze
für den Zweck der Nachrüstung bereits bei der Truppe befindlicher Fahrzeuge. Anfang Juni 1943 erhielten die ersten Fronteinheiten diese Zusatzausrüstung. Die Sturmgeschütze waren damit zu Beginn der Kursk-Offensive ausgerüstet.
Zahlreiche Beschwerden der Feldeinheiten berichteten, daß die Schürzen zwar gegen Panzerbüchsentreffer schützten, die Halterungen jedoch völlig unzureichend waren und dadurch die Schürzen vielfach verlorengingen.
Ab März 1944 wurde daher eine neue Halterung eingeführt, deren Aufhängung nunmehr innerhalb der Schürzen lag und an drei- bzw. viereckigen Halteblechen am Sturmgeschütz befestigt waren.

Wannenpanzerung

Bereits bei der Ausführung F wurden 30 mm dicke Zusatzbleche auf die 50 mm dicken Bugbleche aufgeschweißt. Um die Fertigungszeiten zu reduzieren, wurden während der Ausführung F/8-Fertigung die Zusatzbleche auf die Grundpanzerung aufgeschraubt und nicht mehr geschweißt. Dieser Vorgang wurde während der Fertigung der Ausführung G fortgesetzt,

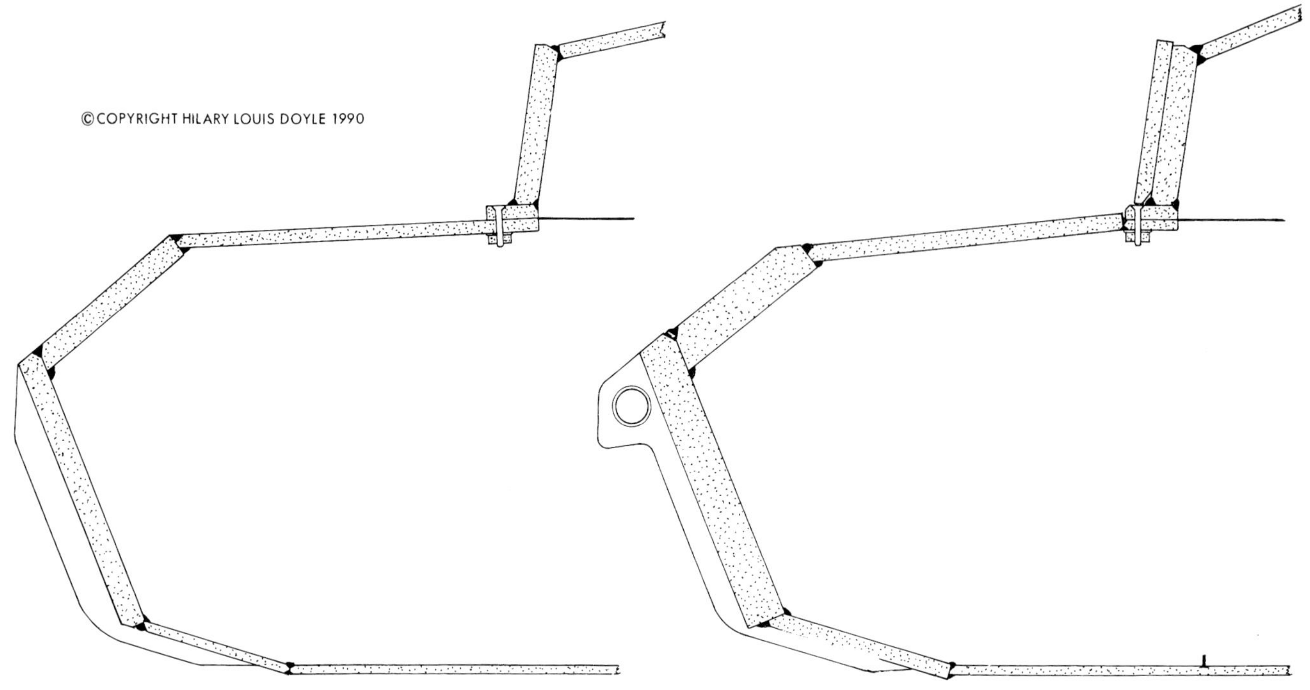

Panzerdicken- und Stellung der Panzerbleche-Vergleich.

bis im Februar 1943 die Hersteller der Panzerungen benachrichtigt wurden, die Dicke der Bugbleche auf 80 mm zu erhöhen. Die ersten Sturmgeschütze mit 80-mm-Bugblechen wurden im Mai 1943 hergestellt.
Durch den üblichen Vorlauf an bereits gefertigten Wannen und zugeschnittenen Blechen bei den drei Herstellern der Panzerung ergaben sich verschiedene Einführungsdaten. MIAG, zum Beispiel, lieferte noch 50-mm-Wannen mit aufgeschraubten 30-mm-Blechen bis Oktober 1943.
Um die Fertigungszahlen für das Sturmgeschütz zu erhöhen, wurden ab Januar 1943 zwei weitere Wannenhersteller eingeschaltet. Wegen bereits fertiggestellter Teile für die Fertigung des Panzerkampfwagens III (8/ZW Wannen) wurden zwischen Januar bis März 1943 Sturmgeschützwannen hergestellt, welche einteilige Lukendeckel (mit und ohne hinteren Scharnieren) aufwiesen, bis die Vorräte aufgebraucht waren. Dann fertigten auch die neuen Firmen die normalen geteilten Lukendeckel, die seitlich angeschlagen waren, für das Sturmgeschütz.
Um schnell zu höheren Ausstoßzahlen für Sturmgeschütze zu

Grundsätzlich wurde ab April 1944 die Dicke der Grundpanzerung der Sturmgeschütze organisch von 50 auf 80 mm angehoben. Brandenburger Eisenwerke GmbH., Werk Kirchmöser im Mai 1944.

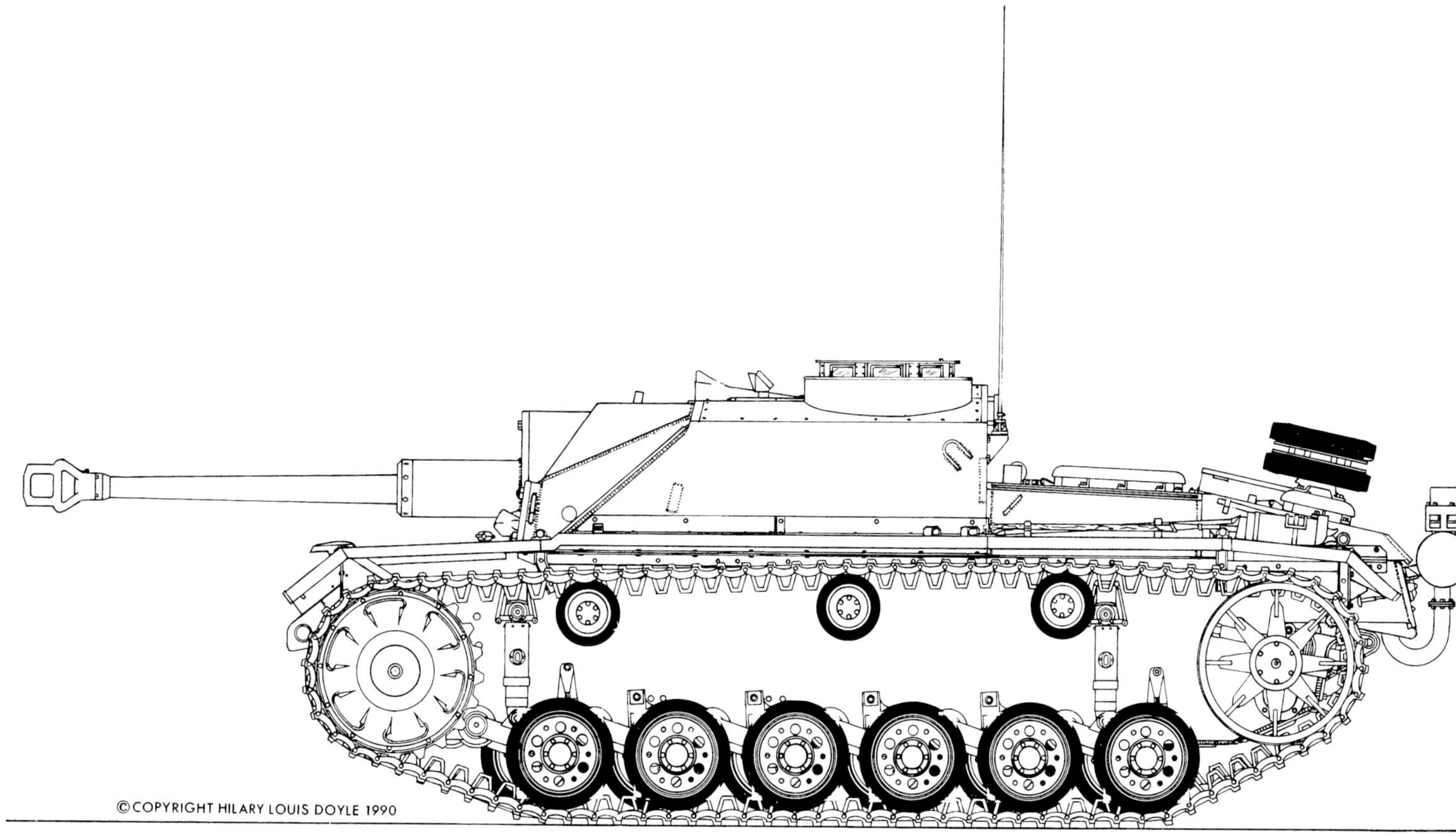

Sturmgeschütz, Ausführung G
(Aufbau auf Panzerkampfwagen III, Ausf. M Fahrgestell).

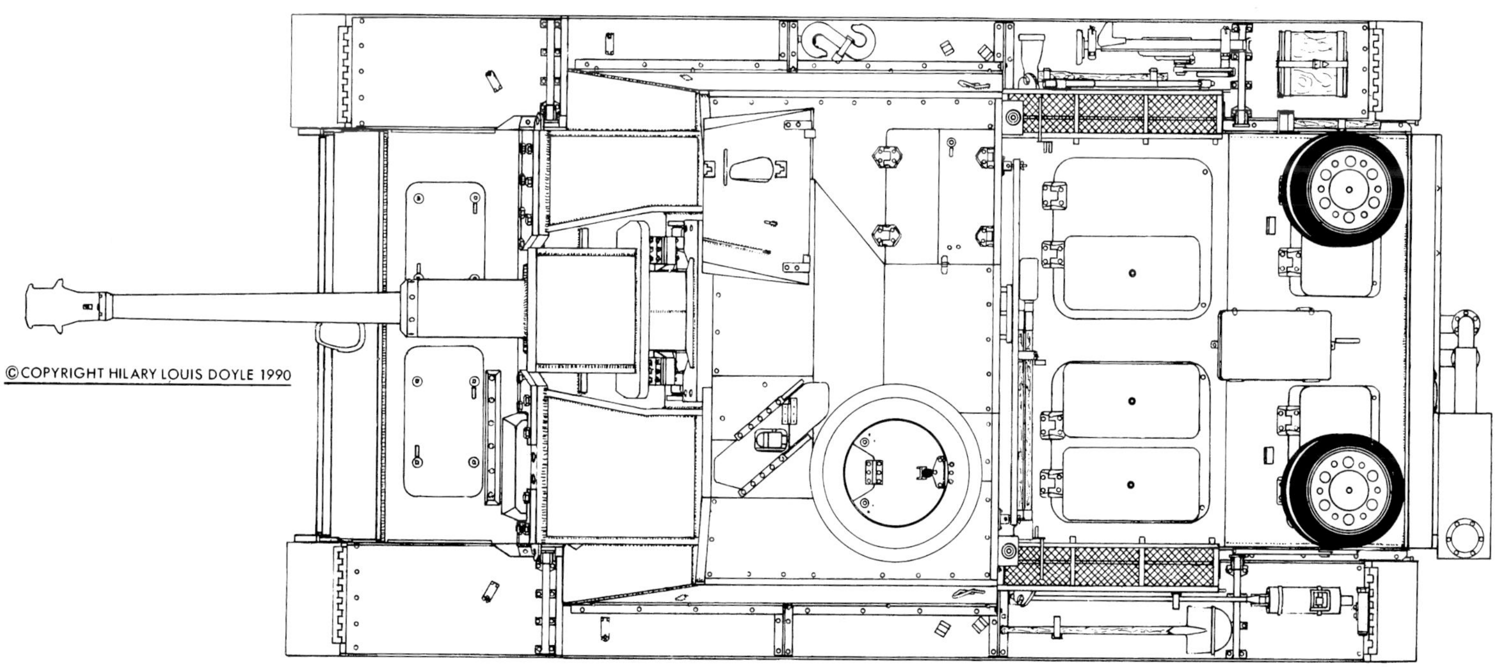

Sturmgeschütz, Ausführung G. Panzer III-Fahrgestell, geschweißte Zusatzpanzerung am Bug, neue Auslegung der Aufbauvorderseite. MAN Fahrgestell-Fertigung.

Sturmgeschütz, Ausführung G. Panzer III-Fahrgestell. Nr. 76171 der Firma MAN. Gefertigt im März 1943 (BA).

Sturmgeschütz, Ausführung G. Fahrgestell Nr. Band 91769 bis 91865. Unterbrochene Kettenabdeckung, hinten mit Scharnieren versehen. Von der Truppe selbst geänderte Zubehörunterbringung (Gefertigt Januar/Februar 1943) (BA).

Sturmgeschütz, Ausführung G. MAN Panzer III-Fahrgestell. Fahrersichtmittel KFF ist nicht mehr eingebaut. Neue, durchgehende Kettenabdeckung (BA).

Sturmgeschütz, Ausführung G. Panzer III-Fahrgestell, Ausf. M mit Tiefwat-Auspufftopf im Heckbereich (BA).

kommen, wurde nicht nur die Fertigung bei Alkett erhöht und die MIAG aufgefordert die Fertigung von Panzerkampfwagen III auf Sturmgeschütze umzustellen, eine dritte Firma, die **Maschinenfabrik Augsburg-Nürnberg (MAN)** wurde angewiesen, 142 Fahrgestelle für das Sturmgeschütz herzustellen. MAN fertigte diese Fahrgestelle auf dem Panzer III-Fließband und lieferte sie entweder zu ALKETT oder MIAG zur Fertigstellung. Diese MAN-Fahrgestelle sind insofern bemerkenswert, daß sie nach den Spezifikationen für den Panzerkampfwagen III, Ausführung M gebaut wurden und daher vom Sturmgeschütz abwichen. Die MAN-Fahrgestelle hatten nach wie vor den Schutz für die 8/ZW Fahrersehklappe in der Position für den Kampfpanzeraufbau, 8/ZW Wannenluken, 30-mm-Zusatzbleche geschweißt anstelle der jetzt üblichen Verschraubung, Typ 8/ZW Kettenabdeckungen, welche vorne und hinten durch Scharniere aufklappbar waren. Ebenso besaßen die Fahrgestelle die am Heck angebrachte Tiefwatanlage des Panzerkampfwagens III, Ausführung M.

Ab März 1944 wurden zur Instandsetzung kommende Panzer III, Ausführung 8/ZW in Sturmgeschütze umgebaut. Sie behielten die Eigenheiten des Fahrgestells, erhielten aber den gerade in Produktion befindlichen Aufbau. 30 mm dicke Zusatzbleche wurden auf die Bugplatte geschraubt, die beim Panzer III grundsätzlich nur eine Dicke von 50 mm hatten.

Zimmerit-Schutzanstrich

Maßnahmen gegen die Anbringung von magnetischen Hafthohlladungen an Panzerfahrzeugen.
Ein Fernschreiben vom 30. Juni 1943:
Betr.: Schutzmasse gegen Haftladungen
Bezug: Vorführung Kummersdorf am 5. und 8. 6. 1943
Die Erprobung der Haltbarkeit von Schutzmasse gegen Haftladungen und Beschuß wird ein Truppenversuch mit Schutz-

anstrich der Fa. Zimmer durchgeführt. Als Truppenversuch wird bei der Heeresgruppe Süd die 7. Pz. Div., bei der Heeresgruppe Mitte die 4. Pz. Div. befohlen.

Chef H Rüst und BdE wird gebeten, entsprechendes Material und Einweisungspersonal zur 7. und 4. Pz. Div. zu entsenden.

Gen. St. d H/Ord. Abt. (III b) Nr. 35590/43 geh.

Der Panzeroffizier bei Chef GenStdH faßte am 2. Juli 1943 zusammen:

Vortragsnotiz

Gegenmittel gegen Haft-Sprengladungen

I) Versuche des Heereswaffenamtes im Januar 1943 haben folgende Gegenmittel gegen Haft-Sprengladungen ergeben:
   1. Bestreichen des Panzers mit Beton-Milch oder Beton 3, vermischt mit feinkörnigem Splitt in einer Stärke von 3–5 mm.
   2. Anstrich mit Bitumen oder Teer, dem feinkörniger Splitt zugesetzt ist. (Eignet sich nicht für besonders heiße Gegenden).
   3. Als behelfsmäßiges Mittel dickes Beschmieren mit öligen Stoffen (Bitumen, Teer, Ölen usw.), wobei die selbe Einschränkung wie bei 2. zu machen ist.
   4. Es kann auch schon ein sehr dicker Farbanstrich (2–3 mm) genügen. Dieses Mittel erscheint nicht ganz sicher.
   5. Im Winter kann bei tiefer Kälte übergießen mit Wasser, wodurch starkes Vereisen hervorgerufen wird, das Halten magnetischer Ladungen unmöglich machen.

Diese Mittel wurden der Truppe durch den General der Schnellen Truppen mit Schreiben vom 9. Februar 1943 bekanntgegeben.

Als einziges wirklich brauchbares Mittel erwies sich das unter 1. angeführte, der Anstrich mit Teer usw. wurde von der Truppe wegen der damit verbundenen Brandgefahr abgelehnt.

II. Weitere Versuche haben zur Entwicklung einer Schutzmasse geführt, die in einer Vorführung am 5. und 8. 6. 1943 in Kummersdorf gezeigt wurde.

Schutzanstrich für gepanzerte Vollketten-Kfz.

Um das Anbringen magnetischer Haftladungen zu verhindern, ist an Pz.-Fahrzeugen auf dem Fahrgestell der Pz. Kpfw. III und Pz. Kpfw. IV, am Pz. Kpfw. Panther und Pz. Kpfw. Tiger, am St.Gesch., am Pz. Jäg. 38 für 7,5-cm-Pak 40/3 (Sf) und Pz.Jäg. Hornisse sowie am GW II, GW 38 und GW III/IV ein »Zimmerit-Schutzanstrich« aufzutragen.

Es gelten hierfür folgende allgemeine Richtlinien:

a) Den Schutzanstrich erhalten alle geneigten und senkrechten Panzerflächen am Fahrgestell und Aufbau, auch unter den Seitenschürzen.

b) Ohne Schutzanstrich bleiben:
   Seitenschürzen, Schürzen am Aufbau, am Turm, Turm- bzw. Aufbaudecken und Kdt.-Kuppeln, Wannenboden, waagrechte Kettenabdeckungen, abnehmbare Zubehör- und Ausrüstungsteile, Auspufftöpfe, Lampen- und Tarnscheinwerfer usw. sowie die Pz.Flächen, die durch fest eingebaute oder abnehmbare gehalterte Teile (z. B. Laufwerk, Zubehör) abgedeckt sind.

Die Schutzmasse ist wie folgt anzubringen.

1. Die zu bestreichenden Pz.Flächen gut säubern. Ist ein Grundanstrich vorhanden, so muß dieser gut durchgetrocknet sein.
2. Einmal Zimmerit mit dem Spachtelmesser dünn auftragen.
3. Die Spachtelung getäfelt vornehmen, d. h. in kleinen Quadraten mit Zwischenräumen von ungefähr ½ cm (Bild 1).
4. Die Masse 4 Stunden lang trocknen lassen.
5. Mit der Lötlampe abbrennen und zwar in der Weise, daß die Oberfläche gehärtet wird. Die Fläche mit der Lötlampe leicht abstreichen, dabei aber nicht zu nahe an die Schutzmasse halten, damit der Anstrich nicht verbrennt (ungefähr ½ cm Abstand).
6. Mit dem Spachtelmesser eine etwa 4 mm dicke Schicht in Quadraten wie unter 2 auftragen.
7. Mit dem Spachtelmesser den Anstrich rillen, d. h., in ganz kleinen Abständen eindrücken, so daß eine starke gewellte Fläche entsteht (Bild 2).
8. Über Nacht die Schutzmasse trocknen lassen.
9. Mit der Lötlampe die Oberfläche am nächsten Tage nochmals wie unter 5. härten.
   Als Richtzahlen für den Bedarf an Zimmerit wird angegeben:
   für Stu. Gesch. etwa 70 kg
   für Pz. Kpfw. IV etwa 100 kg
   für Pz. Kpfw. Panther etwa 160 kg
   für Pz. Kpfw. Tiger etwa 200 kg

Zimmerit ist unverdünnt zu verarbeiten; nur bei aufgetretener Verdickung ist das mitgelieferte Verdünnungsmittel zuzusetzen. Der Spachtelauftrag kann mit der üblichen Panzerfarbe ohne weiteres überspritzt werden.

Die Packgefäße sind gut verschlossen zu halten;

Anbringen des »Zimmerit«-Schutzanstrichs

hart gewordene Masse darf nicht aufgetragen werden, da der Auftrag sonst abbröckelt. Angebrochene Gefäße sind mit nassen Lappen oder Säcken abzudecken.
Zimmerit ist beim Heeres-Pz.-Zeugamt Königsborn-Magdeburg bzw. bei den zuständigen Pz.-Ersatzteillagern zu beschaffen.

O.K.H. (Ch H Rüst u. BdE), 29. 12. 1943
76 g Nr. 16975/43 In 6 (Z/Ing).

MIAG begann mit der Auftragung des Zimmerit Schutzanstrichs gegen Ende September 1943. Entgegen den Anweisungen wurde der Anstrich jedoch in kleinen Quadraten aufgetragen. Aus unbekannten Gründen – vielleicht aus zeitlichen Problemen – verzögerte ALKETT die Aufbringung von Zimmerit bis Ende November/Anfang Dezember 1943. ALKETT wich ebenso von den offiziellen Anweisungen ab und deckte die Oberfläche der Fahrzeuge mit großen »Waffel«-Mustern ab.
Am 9. September 1944 wurde angeordnet, daß im Zuge der Entfeinerung ab sofort für alle Panzerfahrzeuge der Schutzanstrich gegen Hafthohlladungen zu entfallen habe.

Sturmgeschütz mit »Zimmerit«. Zusätzlicher Schutz durch Kettenglieder um die Führerkuppel (BA).

Aufbringung des »Zimmerit«-Schutzanstrichs durch die Firma MIAG (BA).

Alkett: Aufbringung des »Zimmerit«-Schutzanstrichs.

»Zimmerit«-Schutzanstrich durch die Firma Alkett.

Sturmgeschütz, Ausführung G
(Stahlabweiser vor der Führerkuppel, ab Oktober 1943 und »Saukopf«-Blende, ab November 1943).
Ohne und mit Schürzen.

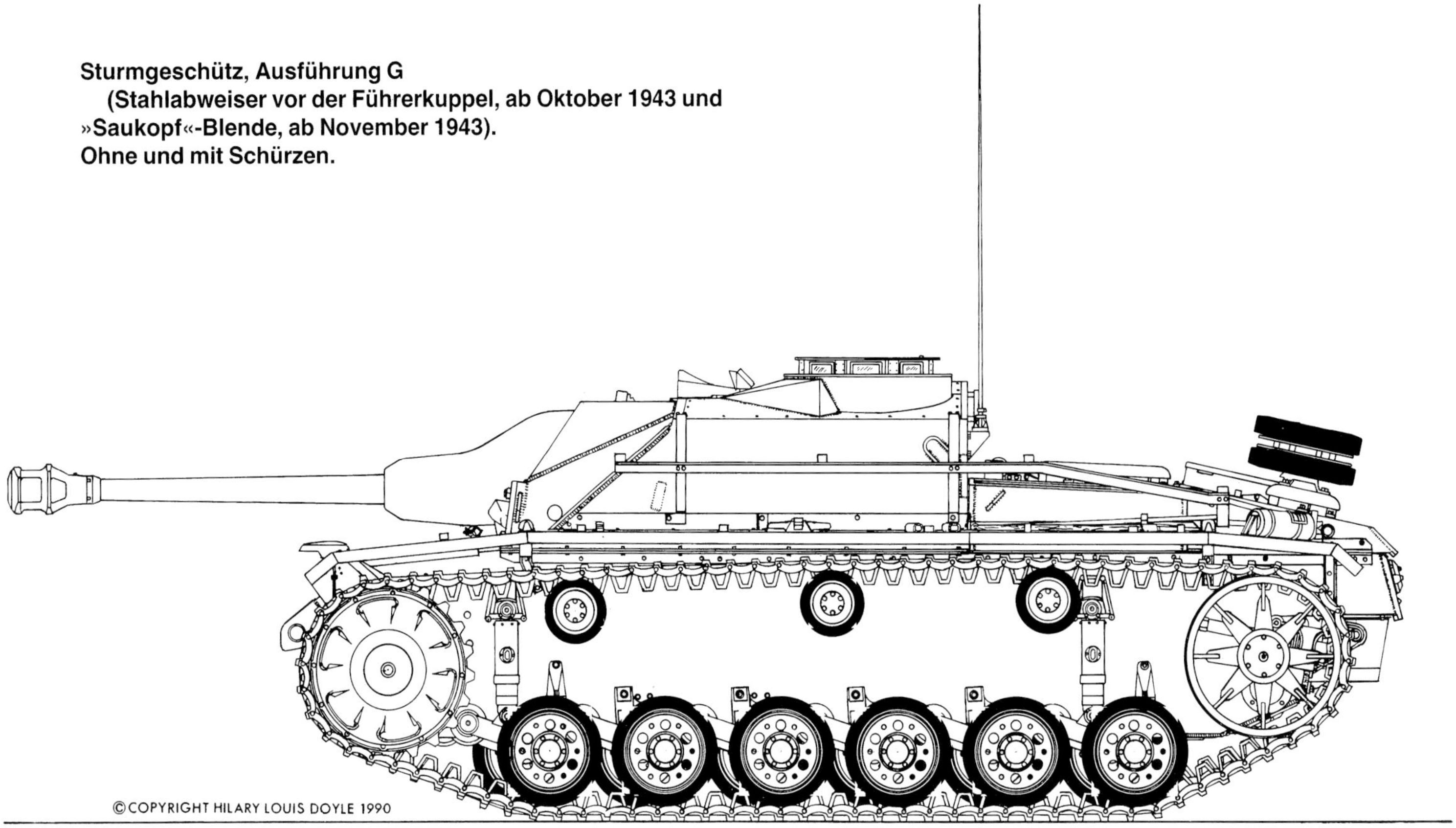

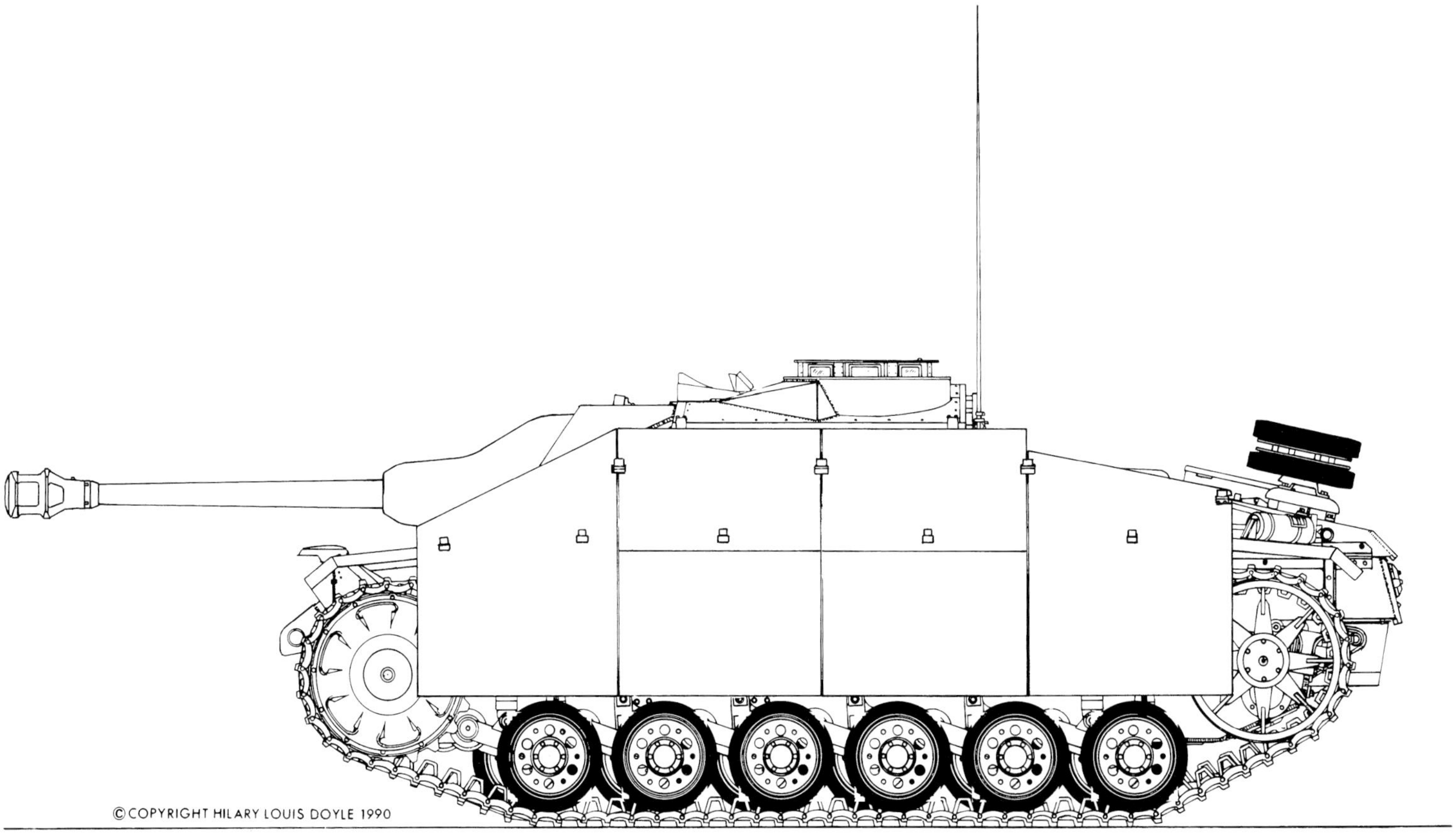

Stahlabweiser für die Kommandantenkuppel

Um die Kommandantenkuppel gegen Beschuß besser zu schützen, wurde ein Stahlabweiser auf dem Aufbaudach vor der Kommandantenkuppel angeschweißt. Diese Änderung wurde ab Oktober 1943 von ALKETT eingeführt und war ab Februar 1944 bei allen Sturmgeschützen durchgeführt. Bei Fahrzeugen, die nicht in den Genuß dieser Änderung kommen konnten, wurde angewiesen, daß während großer Instandsetzungsarbeiten eine zusätzliche Kuppelpanzerung aus Stahlbeton vorzusehen sei.

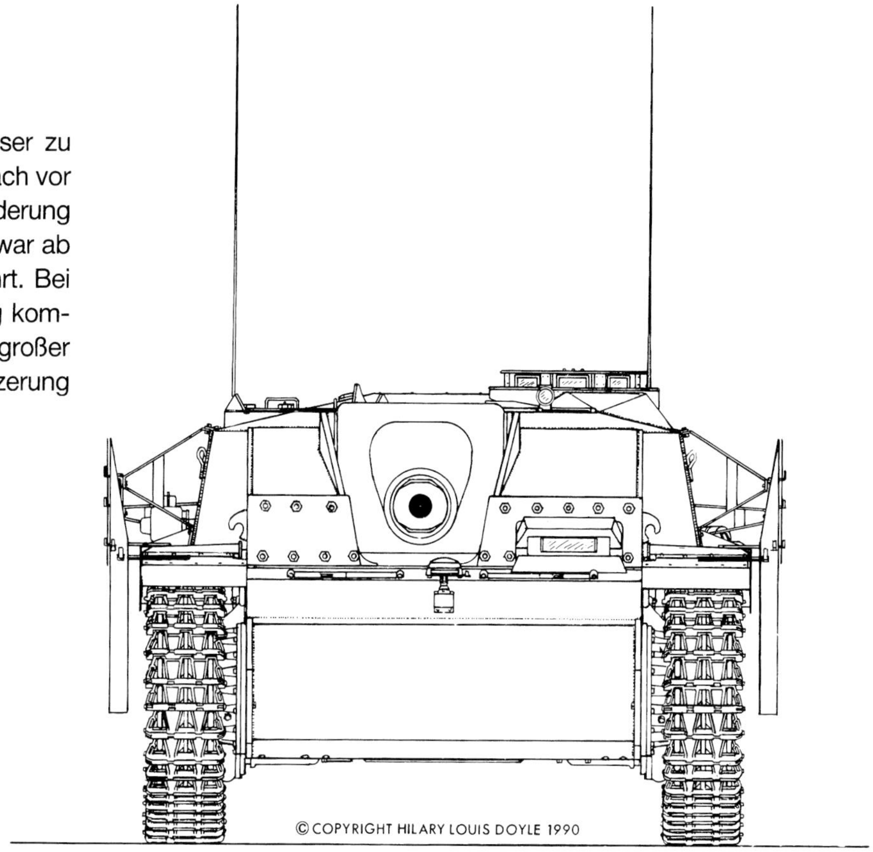

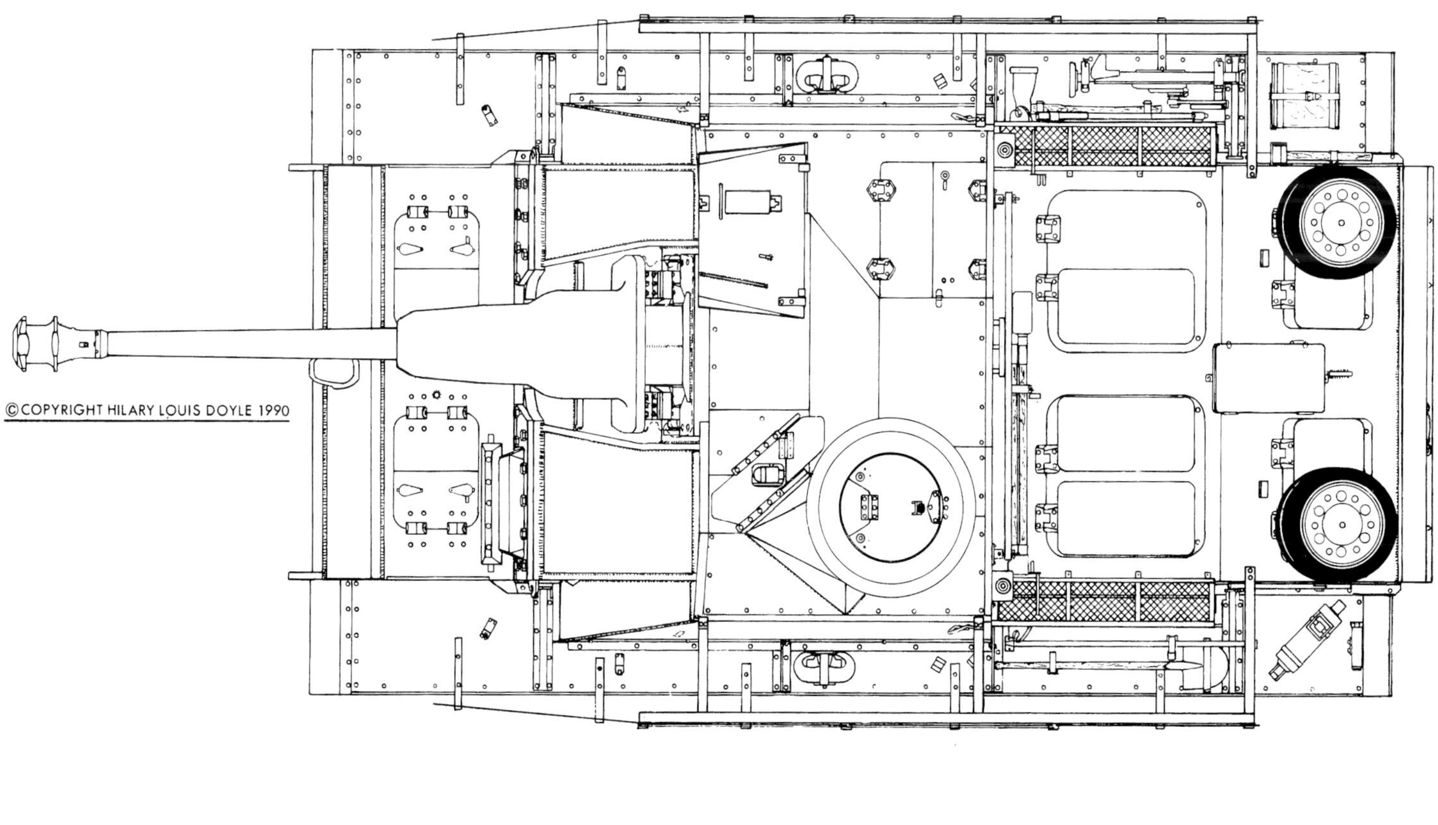

Stahlabweiser vor der Führerkuppel.

Die Ansicht von oben
zeigt deutlich die Anbringung
des Geschoßabweisers vor der Führerkuppel.

Rohrwiegenpanzerung

Nachdem die Grundpanzerung aller Sturmgeschütze auf 80 mm Dicke angehoben worden war, verblieb als Schwachstelle die geschweißte Rohrwiegenpanzerung, deren Dicke zwischen 45 bis 50 mm variierte. Ab November 1943 wurde eine gegossene Rohrwiegenpanzerung eingeführt, die von der Truppe als »Saukopfblende« bezeichnet wurde. Ebenfalls für die 10,5-cm-Sturmhaubitze vorgesehen, war es aus fertigungstechnischen Gründen unmöglich, bis Kriegsende alle Fahrzeuge mit dieser Rohrwiegenpanzerung auszurüsten.

Sturmgeschütz, Ausführung G. Gefertigt bei Alkett im Herbst 1943. Saukopfblende, Stahlbetonauflage über Fahrerplatz und gegenüberliegender Seite (BA).

Sturmgeschütz, Ausführung G. Fahrgestell Nr. 94050 (Alkett, März 1944) Querstollen an den Kettengliedern (BA).

Aufbaupanzerung

Um das Sturmgeschütz noch besser zu schützen, wurde die rechte, vordere Aufbaupanzerung ab 1. April 1944 organisch auf 80 mm Dicke gebracht. Die letzten Aufbauten mit 50 mm Grundpanzerung und 30 mm Zusatzblechen wurden im Juni 1944 verwendet. Wegen Beibehaltung der Fahrersehklappe 50 blieb das linke Aufbaubugblech 50 mm dick und bis Kriegsende durch 30 mm Zusatzbleche verstärkt.

Verbesserung an der Hauptbewaffnung

Bei der 7,5-cm-Sturmkanone 40 wurde ab Mai 1943 die Zweikammer-Mündungsbremse durch eine verbesserte Ausführung ersetzt.
Seitliche Wangen reduzierten die Staubaufwirbelung, welche die Zielbeobachtung nach dem Schuß erschwerte.
Eine weitere Verbesserung wurde im März 1944 (teilweise) eingeführt, wobei ein vergrößerter runder Flansch die Bremswirkung verstärkte.
Am 27. Juli 1944 wurde bezüglich der Mündungsbremse festgestellt, daß diese bei der Sturmkanone 40 beibehalten werden müsse. Sie konnte entfallen bei:

Sturmgeschütz, Ausführung G. Fahrgestell Nr. 95219. Stu. K. 40, die Prallflächen der Mündungsbremse wurden vergrößert.

– Sturmkanone 40 n.A.
– Sturmhaubitze und
– 7,5-cm-Sturmkanone auf 38 (t)

Fahrzeugmäßig waren diese Änderungen noch nicht überprüft. Bei allen Neuentwicklungen wurde auf die Mündungsbremse von vornherein verzichtet. Sie war fertigungstechnisch sehr aufwendig und materialintensiv.

Um das Ausschlagen der Geschützzurrung durch Erschütterung des Rohres während der Fahrt zu verhindern, wurde die Anbringung einer Rohrstütze auf der oberen Bugplatte des Fahrzeuges als zusätzliche Zurrung bei Rohrerhöhung von 6° ab Juli 1944 eingeführt.

Der Einbau einer noch längeren Waffe mit erhöhter Reichweite und verbesserter Durchschlagskraft wurde untersucht: Im Mai 1944 besagt eine Mitteilung: Sturmkanone L/70 – Einbau in bisherigen Sturmgeschützen nicht möglich. Auf Panzerfahrgestell III/IV ein Versuchsgerät vorhanden, aber noch nicht erprobt und Inneneinrichtung noch nicht festgelegt.

Zur Zurrung der Hauptbewaffnung diente ab Juli 1944 sporadisch eine umlegbare Rohrstütze. Alkett Fahrgestell Nr. 106579, September 1944. 80 mm Frontpanzerung, »Zimmerit« ist entfallen.

Rohr in Zurrung festgelegt.

Nebelkerzen-Wurfgerät

Vom Februar bis Mai 1943 wurden die Sturmgeschütze mit je zwei Nebelkerzen-Wurfgeräten ausgerüstet, die an beiden Seiten des Aufbaus angebracht waren. Jedes Gerät hatte drei gefächert angeordnete Wurfbecher, die von der Innenseite des Fahrzeuges betätigt wurden. Das Heereswaffenamt befahl die Einstellung der Fertigung dieser Geräte, nachdem die Feldeinheiten berichteten, daß feindliche kleinkalibrige

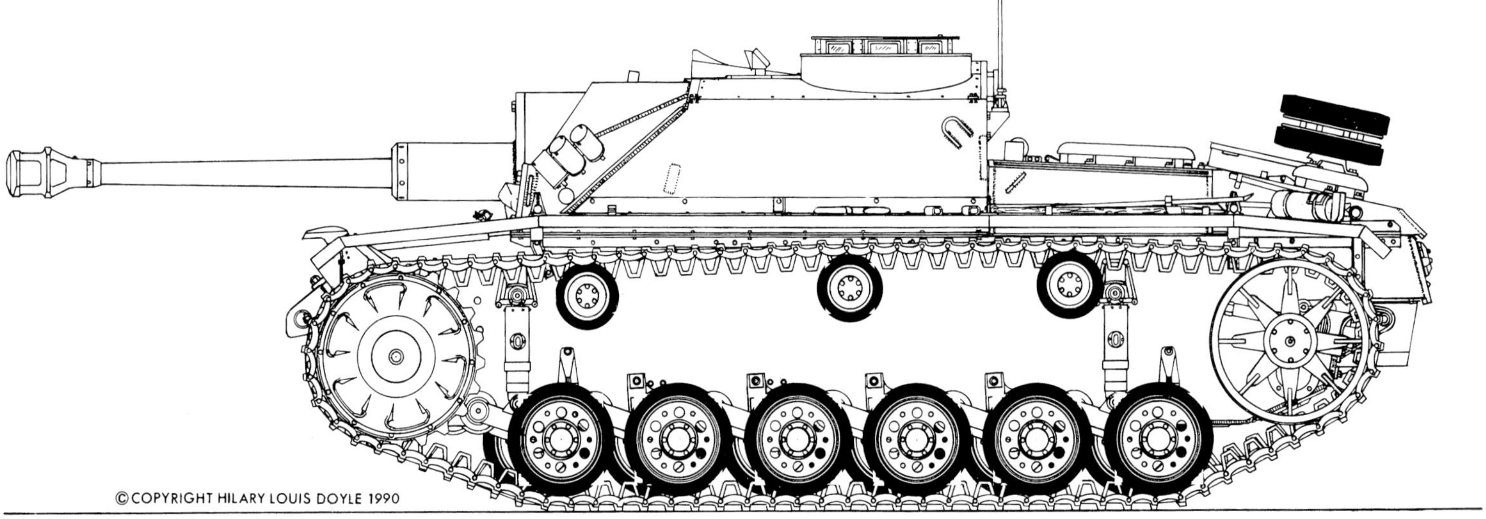

Sturmgeschütz, Ausführung G (Frühjahr 1943, Nebelkerzen-Wurfgerät).

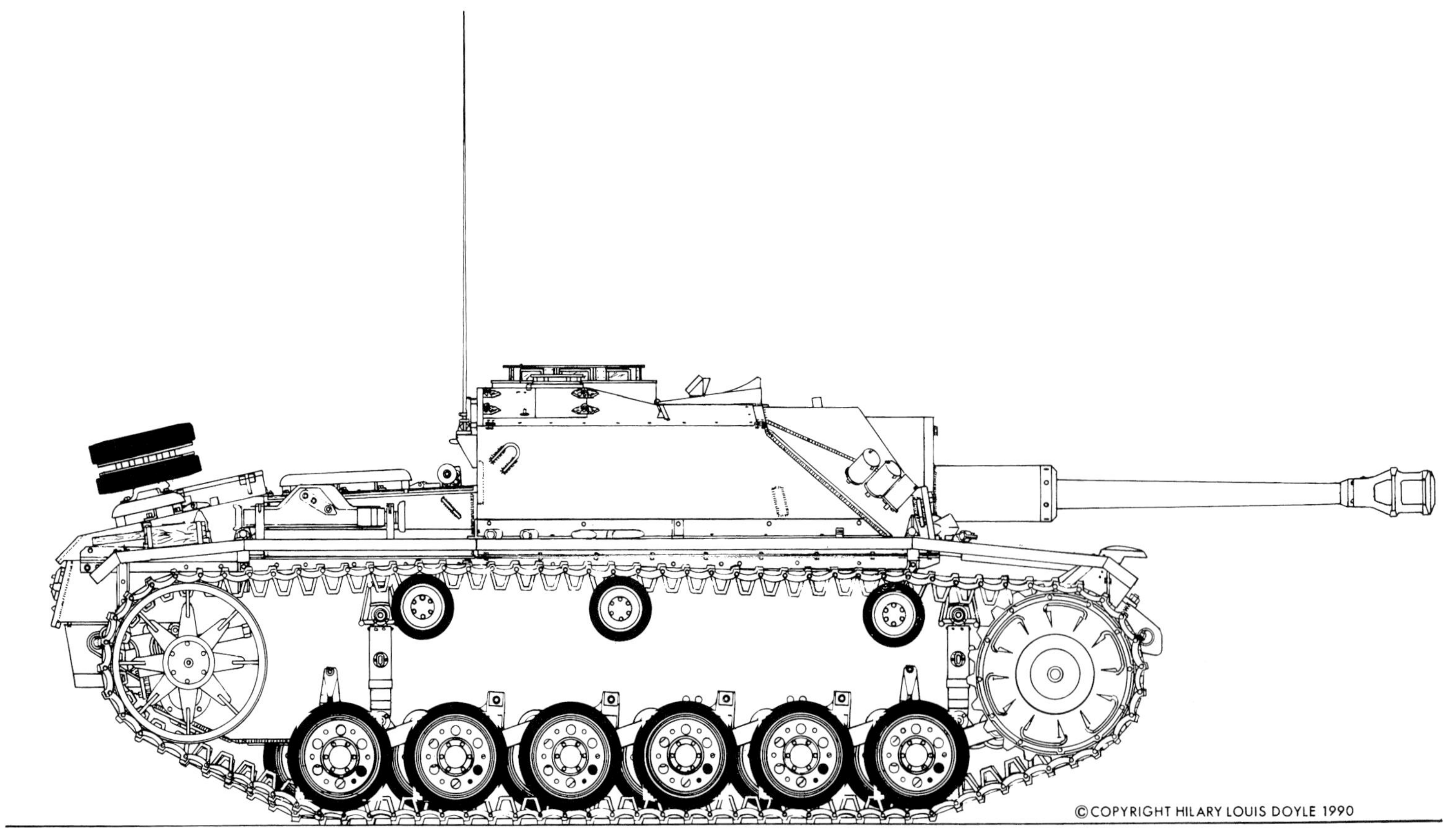

Geschosse die Wurfbecher durchschlugen, die Nebelkerzen in Betrieb setzten und so die eigene Besatzung blendeten. Obwohl bereits im März 1944 eingeführt, verließen infolge von Versorgungsschwierigkeiten die meisten Sturmgeschütze bis Oktober 1944 die Fertigung, ohne mit diesen Nebelwerfern ausgerüstet zu sein. Ein Panzerblech deckte die Öffnung im Aufbaublech ab.

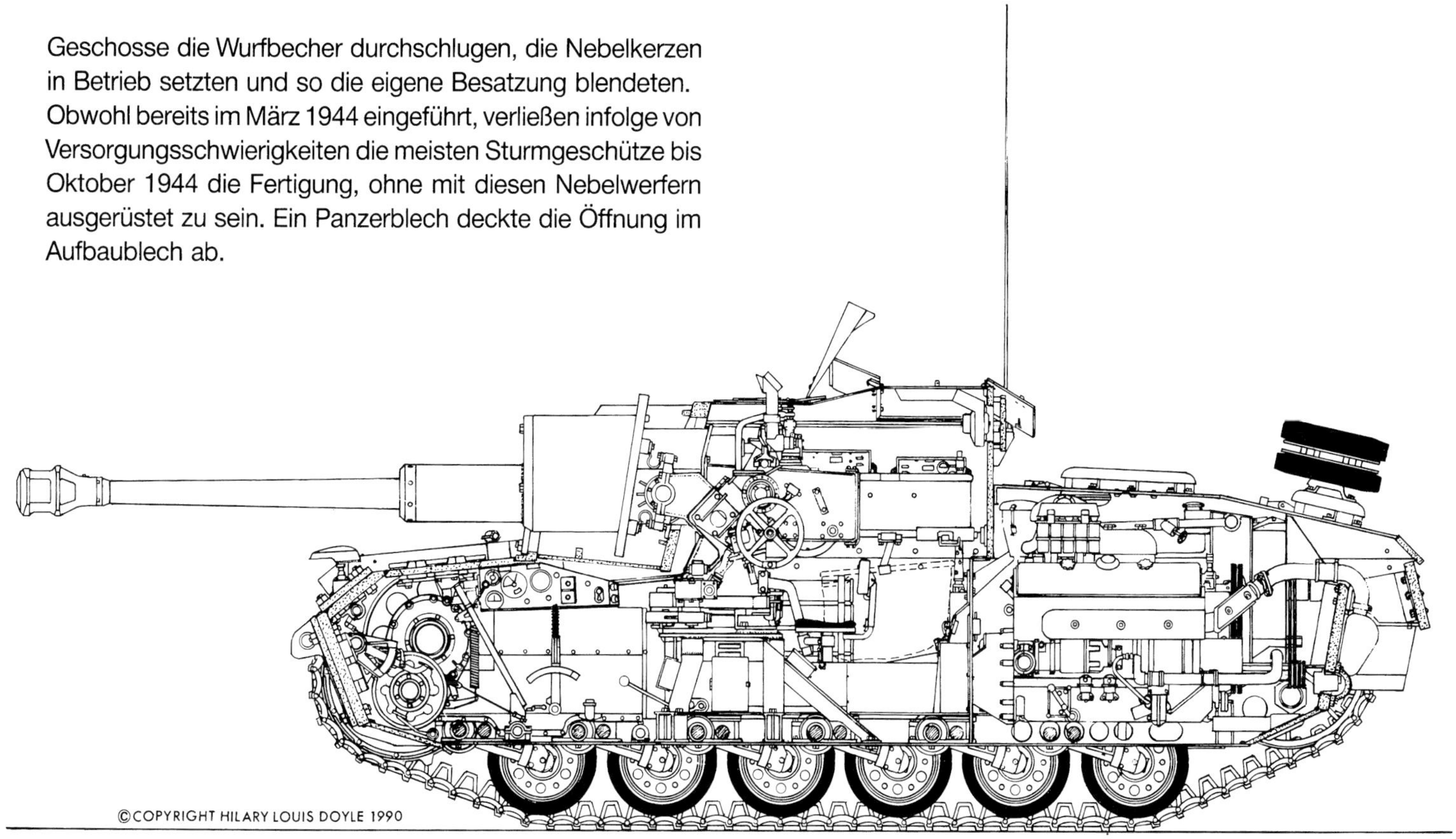

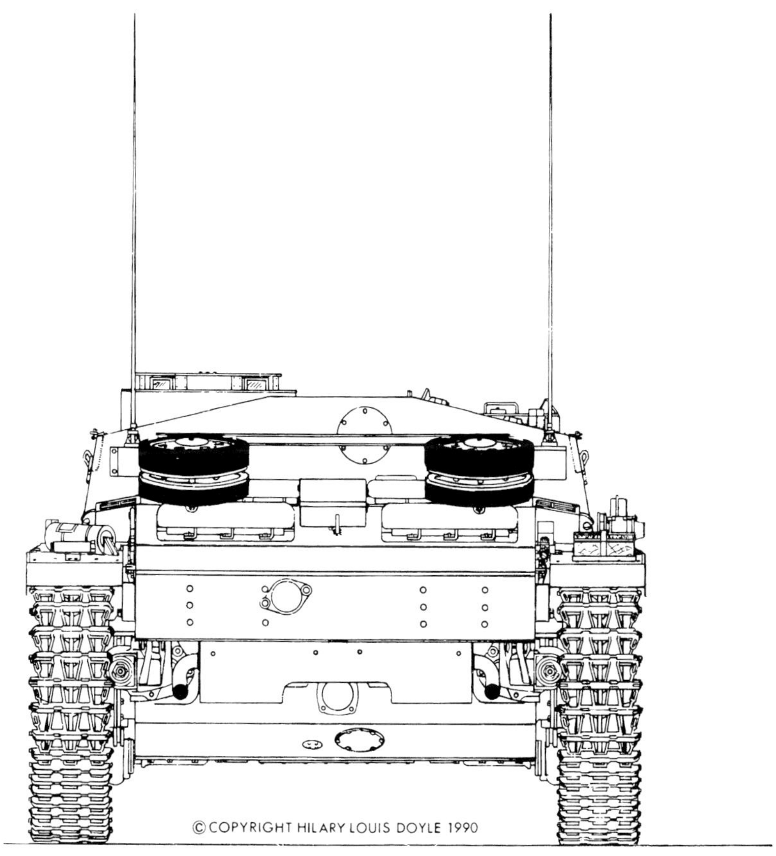

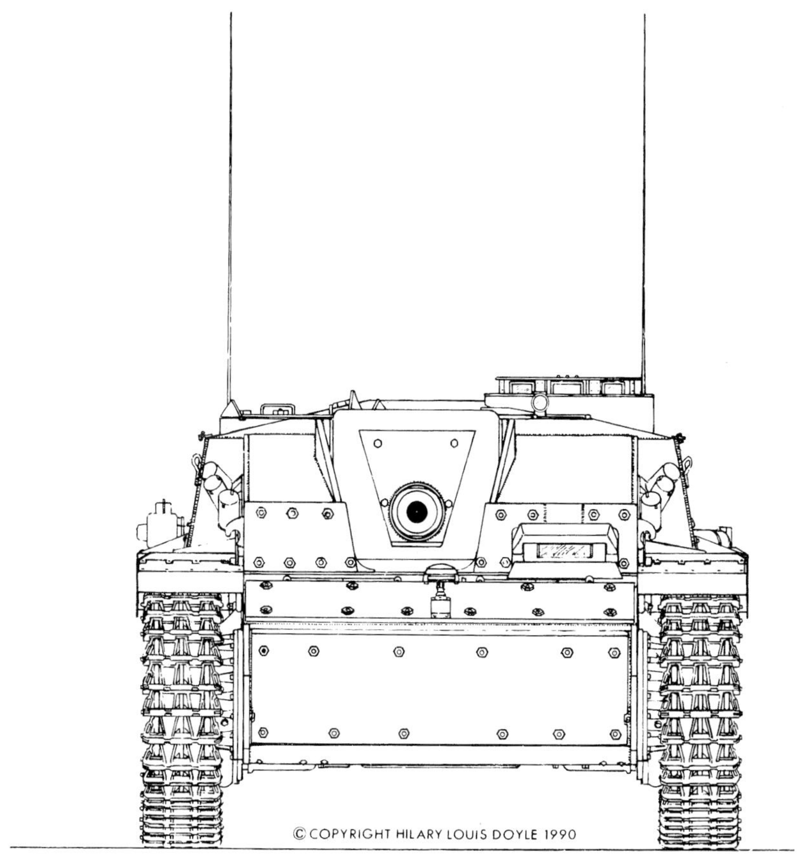

Sturmgeschütz, Ausführung G.
Frühjahr 1943.
Nebelkerzen-Wurfgerät

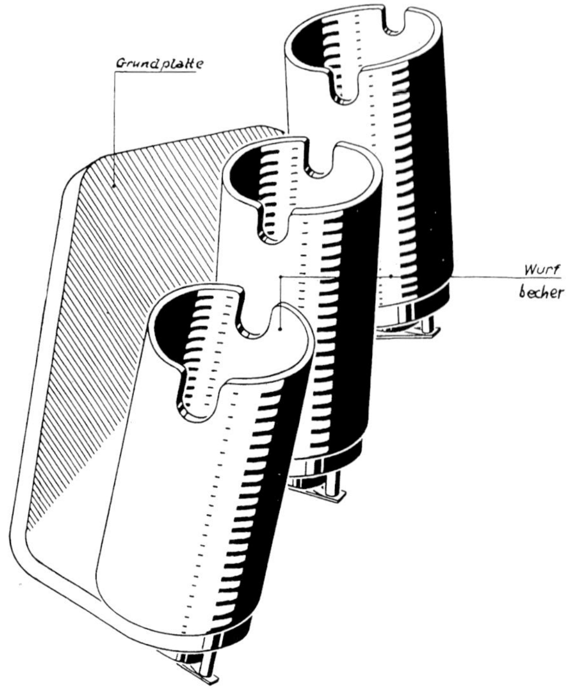

Sturmgeschütz, Ausführung G. Fahrgestell Nr. 95078, gefertigt bei MIAG im April 1943. Nebelwurfanlage, Halterung für seitliche Schürzen, MG beim Ladekanonier, Betonverstärkung über Fahrersitz (BA).

Rundumfeuer – MG

In der Konferenz mit Hitler am 16./17. Dezember 1943 fand das erstmalig vorgestellte verdeckt zu bedienende MG mit Rundumfeuer zum Aufbau auf Kampfwagen die volle Zustimmung Hitlers. Es war sofort in möglichst großem Umfange der Truppe zur Verfügung zu stellen und sein Einbau zumindest in alle Sturmgeschütze und Panzerjäger, die kein MG haben, in die Wege zu leiten.
Am 3. April 1944 wurde berichtet, daß das Rundumfeuer-MG (Daimler-Benz) sich mit 27 Stück im Truppenversuch an der Front befand. Der erste eingetroffene Bericht sprach sich günstig darüber aus.

Die MG-Lafettierung war so ausgelegt, daß sie auf dem Turm- bzw. Aufbaudach angebracht, die Bedienung aber vom Fahrzeuginnern vorgenommen werden konnte. Es mußte ein Periskop verwendet werden, da der Einblick des Kanoniers ca. 50 cm unter der Waffe lag. Das Periskop hatte eine 3fache Vergrößerung und ein Blickfeld von 8°. Durch den Einbau bedingt war eine Änderung der Scharnieranordnung der Luke des Ladekanoniers. Die Lukendeckelhälften öffneten nunmehr nach den Fahrzeugseiten.

Das Rundumfeuer-MG mit Schutzschild (Waffe entfernt).

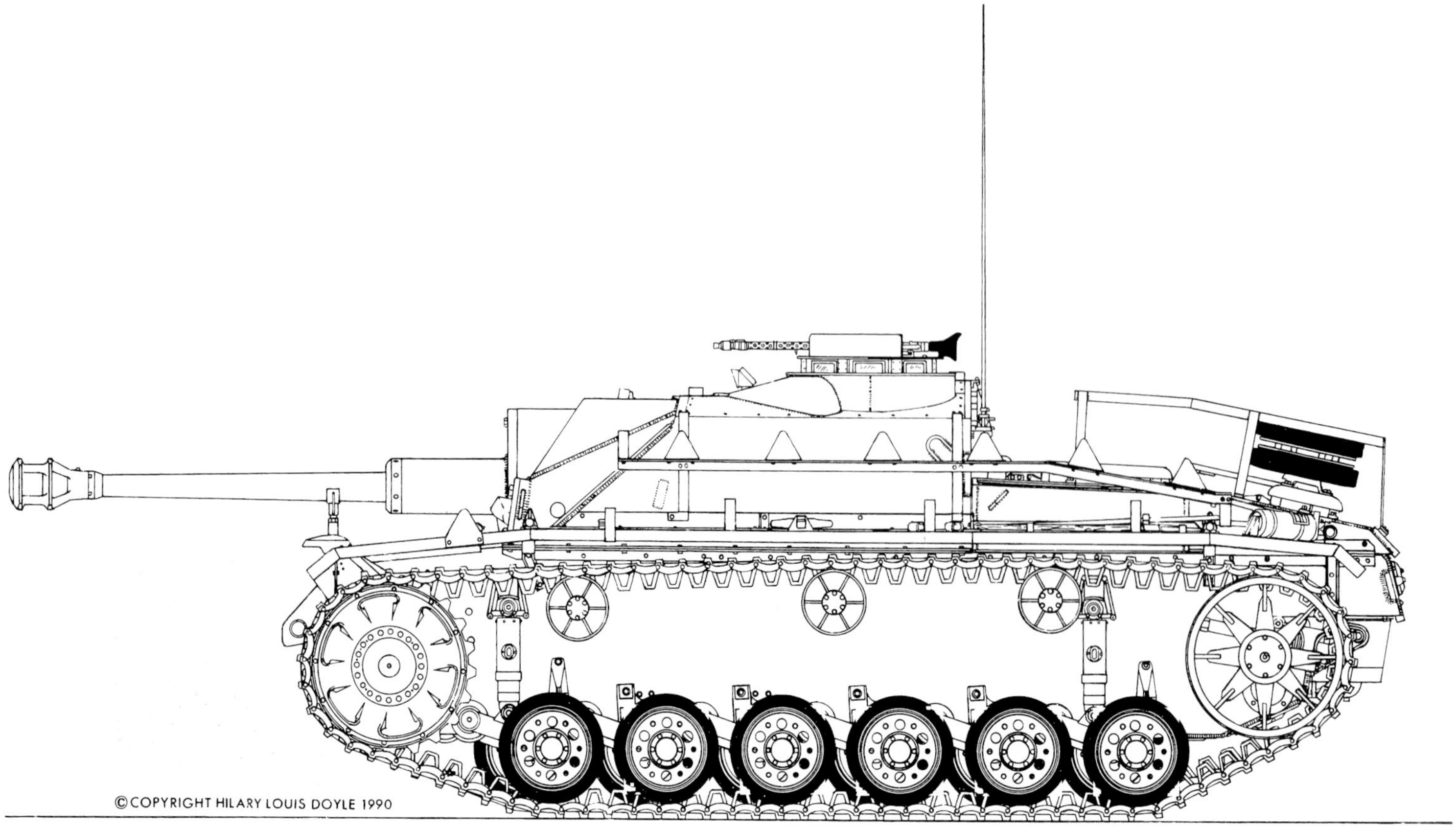
©COPYRIGHT HILARY LOUIS DOYLE 1990

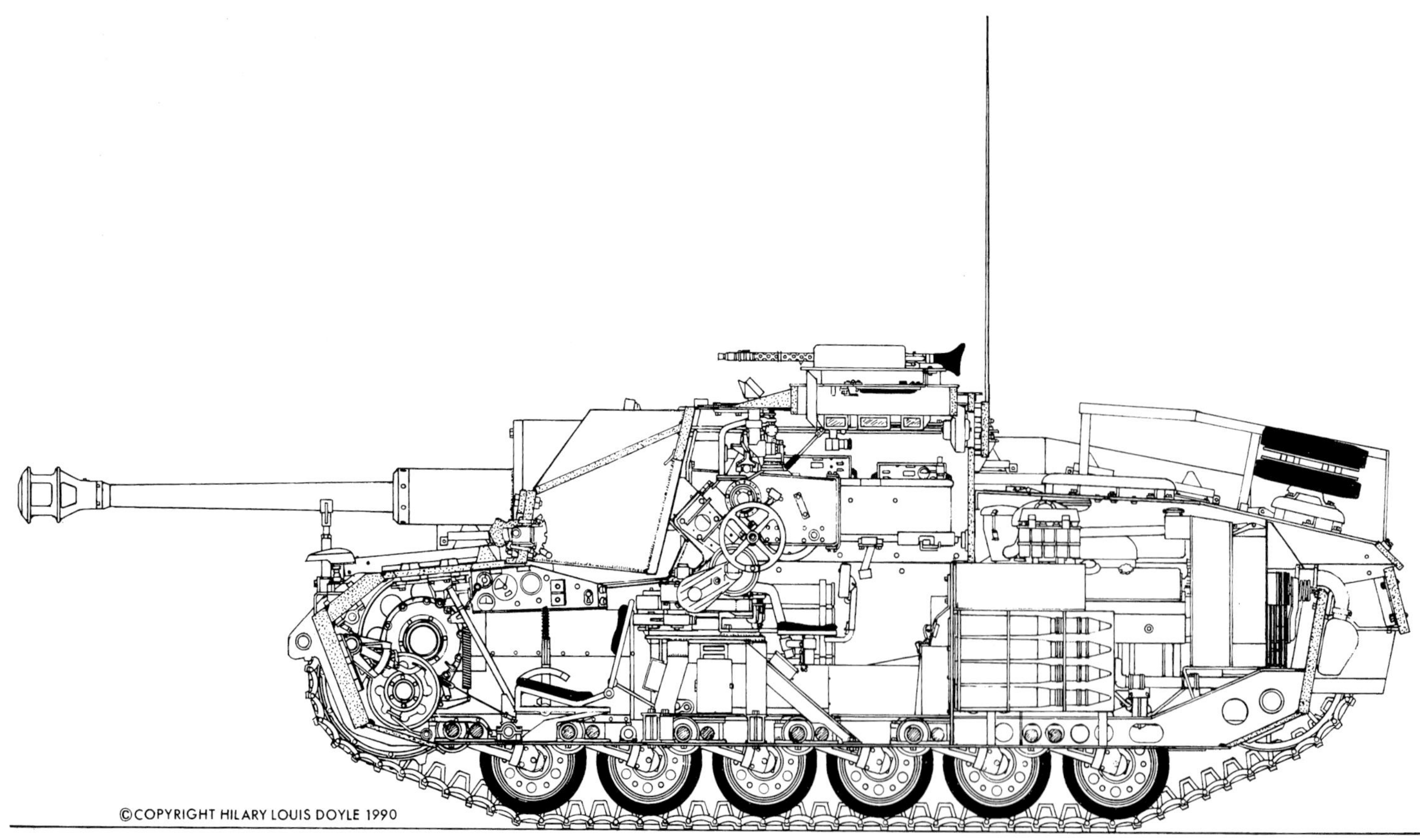
©COPYRIGHT HILARY LOUIS DOYLE 1990

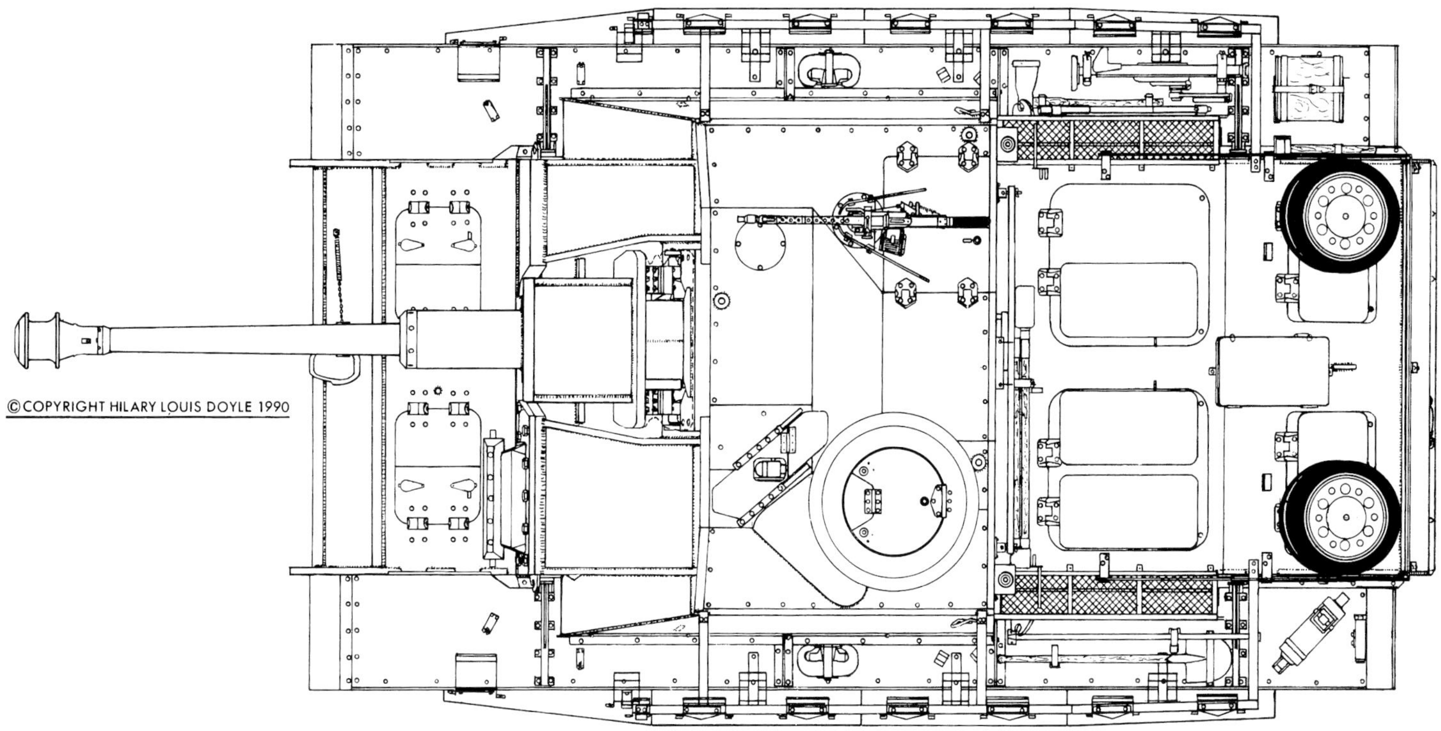

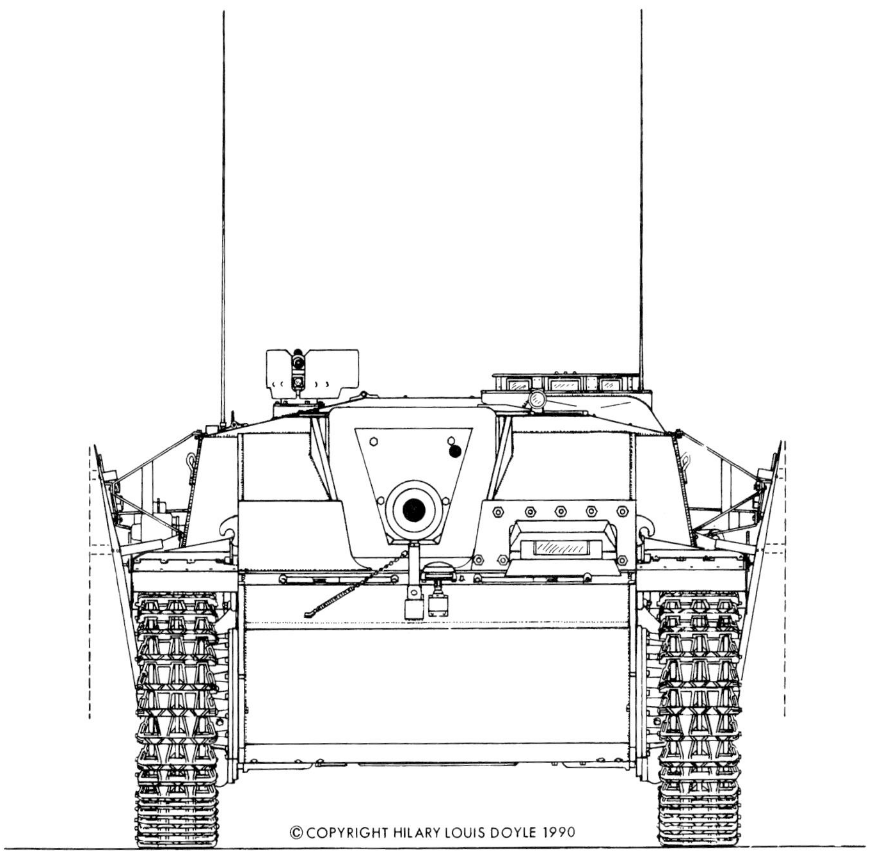

Sturmgeschütz, Ausführung G (mit Rundumfeuer-MG ab April 1944, achsparalleles MG, ab Juni 1943 und 3 Pilze für Behelfskran 2 t).

Die Nahverteidigungswaffe im Aufbaudach ist links unten am Bildrand zu erkennen.

Nahverteidigungswaffe

Obwohl diese Waffe bei Panzerkampfwagen und Jagdpanzern bereits seit Ende 1943 eingeführt war, erschien die Nahverteidigungswaffe bei Sturmgeschützen erst ab Mai 1944. Wiederum verließen aus Materialmangel, bis Oktober 1944, die meisten Sturmgeschütze die Fabriken ohne diese Waffe.
Die dafür vorgesehenen Öffnungen im Aufbaudach wurden durch geschraubte Deckel verschlossen.

Achsparalleles MG

Schon ab 1943 verlangten die Feldeinheiten ein zusätzliches MG für den Richtkanonier. Im März 1944 wurde die Forderung nach einem durch die Rohrpanzerung schießenden MG erneuert.
Man versprach sich eine Munitionsersparnis bei der Bekämpfung lebender Ziele auf nahe Entfernungen. Da einfacher im Einbau, wurde das koaxiale MG ab Juni 1944 zuerst bei der geschweißten Rohrwiegenpanzerung eingeführt, aber erst nach dem Oktober 1944 auch im Sturmgeschütz mit der gegossenen »Saukopf«-Blende.
Für Sturmgeschütze und Sturmhaubitzen wurde der Zielscheinwerfer 43/1 entwickelt und gefertigt. Die Reichweite betrug 600 m. Die elektrische Versorgung erfolgte durch eine 12 V Batterie, die eine 100 W Birne speiste. Der Lichtstrahl konnte durch eine Kulisse verringert werden.

Einbau eines achsparallelen MG, sichtbar als Rohr links neben der Hauptbewaffnung.

Waffenhalterung für achsparalleles MG.

Geschweißte Rohrwiegenpanzerung mit Öffnung für achsparalleles MG.

Gegossene Rohrwiegenpanzerung mit Öffnung für achsparalleles MG.

Sturmgeschütz, Ausführung G mit allen Änderungen, typisch für die letzte Baureihe.

Im Einsatz gingen die seitlichen Schürzen oft und rasch verloren. Die Truppe half sich, indem sie die vorhandenen Bleche oben zuschnitt, um 180° drehte und pendelnd an einer Aufhängung lagerte. Die oberen Schürzen wurden an den Aufbauseiten schräg montiert.

Auch das war möglich:
Sturmgeschütz, Ausf. C mit Originalaufbau. Jedoch Nachrüstung mit langer 7,5-cm-Kanone und »Saukopf«-Blende.

Verbesserungen der Beweglichkeit

Die Erfahrungen des ersten Kriegswinters in Rußland 1941/1942 zeigten Ergebnisse in der Verbesserung der Winterausrüstung ab Herbst 1942. Die Sturmgeschütz-Abteilungen erhielten folgende zusätzliche Kaltwetterausrüstung:

(Pro Sturmgeschütz)

- 1 Stück Viskosimeter
- 1 Stück Warmwasserübertragungsgerät (Sturmgeschütz)
- 1 Stück Kampfraumbeheizung für Sturmgeschütz
- 1 Stück Kühlwasserheizgerät (Fuchs) für Sturmgeschütz
- 1 Satz Wintergleisketten für Panzerkampfwagen III
- 1 Stück Anwärmer für Schwungkraftanlasser für Pz. III und IV

(Pro Abteilung)

- 1 Stück Auslaufviskometer
- 3 Stück Panzer-Kühlwasserheizgerät 42
- 2 Stück Heißluftbläser H.B. 50
- 1 Stück Kurbelwellen-Benzinanlasser
- 800 Stück Einzelglieder für Wintergleisketten, links
- 800 Stück Einzelglieder für Wintergleisketten, rechts
- 2000 Stück Schneegreifer für Panzerkampfwagen III und IV
- 2 Stück Heißluftbläser (Zwerg)
- 4 Stück Schneeräumer für Panzerkampfwagen III
- 1 Stück Vorwärmegerät (Tecalemit)

Winterversuche in St. Johann 1943/44 mit Schneepflug und Mannschaftsschlitten.

Fahrzeug im Winter 1943/44 mit aufgelegten Mittelstollen für die Gleisketten (Panzer III-Fahrgestell) (BA).

Sturmgeschütz mit Ostketten (Sommer 1944) (BA).

Gleisketten

Zusätzlich zu den Winterketten, die zusammen mit der anderen Winterausrüstung im Frühjahr an die Heereszeugämter zurückgegeben wurden, kam ein weiterer Typ von Gleisketten als Dauerausrüstung an Sturmgeschütz-Einheiten zum Einsatz.

Um die Griffigkeit auf Eis oder festem Schnee zu erhöhen, wurde ab Dezember 1943 die Normalkette Kgs 61/400/120 mit eingegossenen Querstollen (6 Stück pro Kettenglied) versehen. Trotzdem verließen die meisten Sturmgeschütze die Werke mit den alten, profillosen Gleisketten.

Im Frühjahr 1944 kam es zur Einführung einer verbreiterten Gleiskette, welche sich während der Schlamm- und Winterperioden als lebenswichtig erwies:

Heerestechnisches Verordnungsblatt vom 1. Mai 1944 Nr. 256
Ostkette für Panzerkampfwagen.

Für Panzerfahrzeuge auf dem Fahrgestell der Panzerkampfwagen III und IV wird eine verbreiterte Gleiskette, genannt »Ostkette« an die an der Ostfront eingesetzten Truppenteile ausgeliefert. Die Ostkette soll das Einsinken der Panzerfahrzeuge im Schnee und weichem Gelände verringern. Sie ist ausschließlich für die Ostfront vorgesehen und bei Verlegung nach dem Westen, nach Italien oder dem Balkan, vor dem Abrücken gegen normale Gleisketten auszutauschen. Folgende Punkte sind bei der Verwendung der Ostkette zu beachten:

1. Am Panzerfahrzeug befindliche Schürzen müssen senkrecht gestellt sowie das erste und letzte Schürzenblech etwas nach außen gebogen werden, damit die Kettenbolzen nicht daran schleifen können.

2. Beim Befahren von Hohlwegen und von Gelände mit herausstehenden Baumstümpfen und ähnlichem ist Vorsicht geboten, da die Gleiskette durch die einseitige Verbreiterung aus den Laufrädern herausspringen könnte, wobei das Fahrzeug von der Gleiskette abläuft.

3. Beim Verladen auf Eisenbahnfahrzeuge müssen stets Schürzen und Halterung abgenommen werden. Die Verladebreite der Panzerfahrzeuge mit Ostkette beträgt dann:
   Für Panzerkampfwagen III und Abarten 3266 mm
   für Panzerkampfwagen IV und Abarten 3206 mm
   und liegt somit nahe an der höchstzulässigen Ladebreite von 3270 mm. Es ist daher dafür Sorge zu tragen, daß Panzerfahrzeuge mit Ostkette genau in die Mitte auf die Eisenbahnwagen gestellt werden. Die Mittelstellung ist durch Abmessen der beiderseits über den Wagenboden überstehenden Gleiskettenbreite zu überprüfen.

OKH (Ch H Rüst u. BdE), 15. April 1944 Az. 76g Nr. 3734/44 AHA/In 6 (Z/Ing).

Laufwerk-Komponenten

Im Zuge der Vereinfachungsmaßnahmen aus Fertigungs- und Rohstoffgründen wurde ab 1943 auch das Fahrgestell grundsätzlich überarbeitet.

Als erste Maßnahme wurden ab November 1943 die gummibereiften Stützrollen durch solche mit Stahllaufflächen ersetzt. Dies erhöhte zwar den Rollwiderstand sowie den Lärmpegel, beides wurde ohne Einspruch zur Kenntnis genommen.

Ab November 1943 wurden die gummibereiften Stützrollen durch solche mit Stahllaufflächen ersetzt. MIAG-Fertigung, Fahrgestell Nr. 96105 (Dezember 1943).

Eine weitere Version der Stahlstützrollen.

Solange noch gummibereifte Stützrollen zur Verfügung standen, wurden sie aufgebraucht (bis Ende September 1944).
Das Referat Pz III SE erteilte mit Auftrag Nr. 3/44 vom 16. August 1944 der Kraftfahrversuchsstelle des Heereswaffenamtes Prüfwesen in Kummersdorf einen Auftrag über die Erprobung von Gleitlagern in Lauf- und Stützrollen für das Panzer III-Fahrgestell.
Bei den Laufrollen wurden die Ringzylinderlager (Rollenlager) durch Ringrillenlager (Kugellager) bzw. Gleitlager ersetzt. Bei den Stützrollen wurden die Wälzlager durch Gleitlager abgelöst.

Sturmgeschütz, Ausführung G
(Versuchsfahrzeug mit gummisparenden Laufrollen).

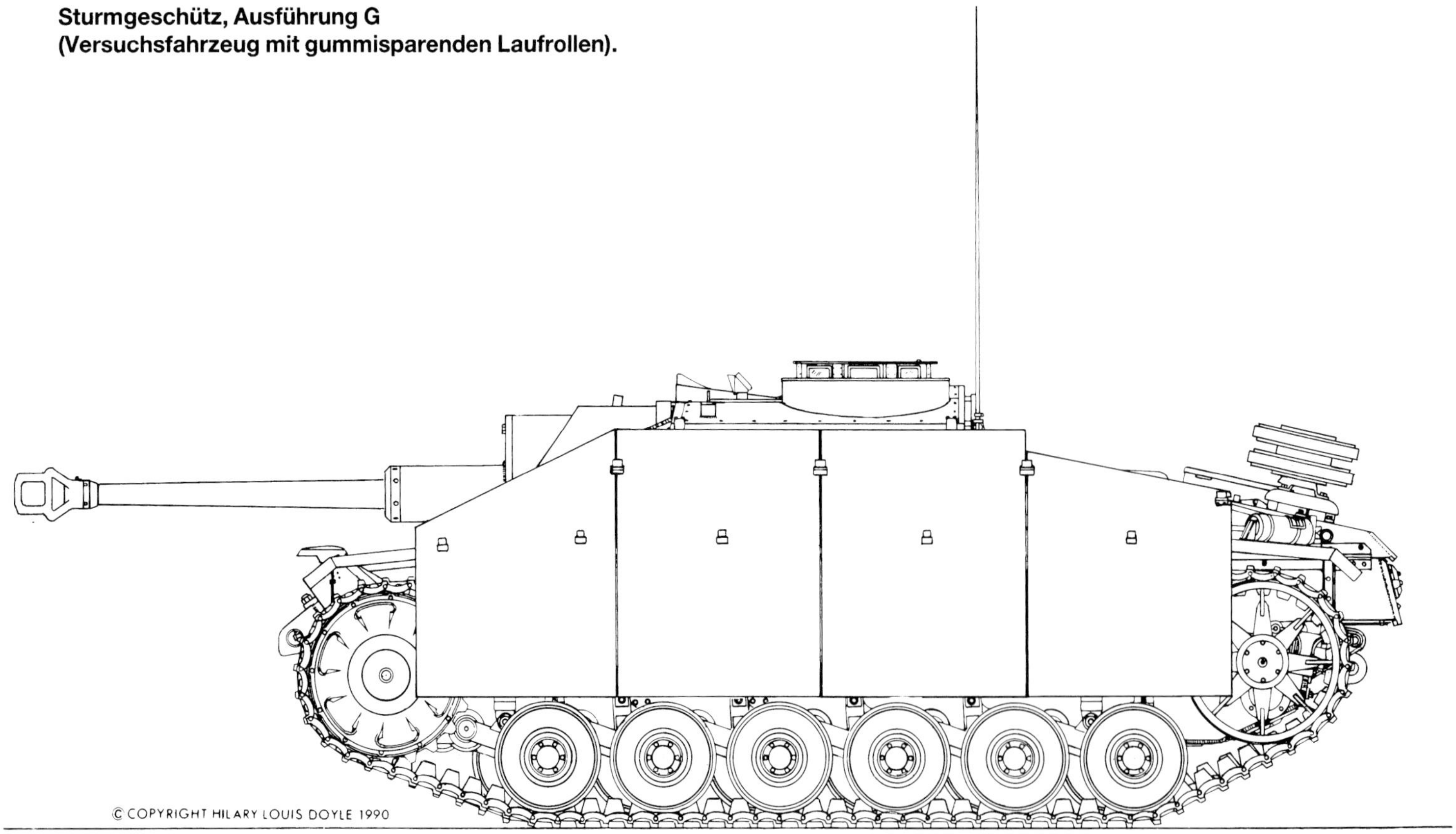

Versuchsfahrzeug in Kummersdorf mit gummisparenden Laufrollen. Alkett, Fahrgestell Nr. 92112, März 1943. Gleichzeitig für Versuche mit dem 2 t Behelfskran verwendet.

Der Mangel an Gummi und der hohe Verschleiß an den bisherigen Lauf- und Stützrollen zwang ab 1943 zu einer Umkonstruktion der Laufräder. Die vom sowjetischen Kampfpanzer **KW I** frei übernommene Konstruktion sparte Gummi und verlängerte die Lebensdauer der Fahrwerkteile. Die Deutschen Eisenwerke hatten diese Entwicklung übernommen, welche aus je zwei starken Stahlblechfelgen bestand, die zwischen zwei Gummiringen einen Radkranz aus Stahl unter sehr hohem Druck einklemmten.

Versuche in Kummersdorf ergaben eine Erhöhung des Rollwiderstandes um etwa 10%. Dort lief ein Sturmgeschütz 40*) mit Stahllaufwerk (Fahrgestell Nr. 92112) Ende 1944 im Versuch. Zu einer Umstellung der Sturmgeschütz-Fertigung auf diese Laufrollen ist es nicht mehr gekommen.

Ein weiteres Laufwerk-Problem am Panzer III-Fahrgestell war der hohe Verschleiß an Kettenbolzen durch Abscheren an der Wanne. Ab Dezember 1944 wurde ein Kettenbolzenabweiser angebracht. Dieser konnte auch nachträglich durch die Truppe angebaut werden.

*) Schon am 8.-14. November 1942 war in Berka bei Eisenach u. a. ein Panzer III mit gummisparenden Laufrollen vorgeführt worden.

Rückansicht des Versuchsfahrzeugs. Die Abschleppkupplung war geändert.

Seitenvorgelege

Das Seitenvorgelege war grundsätzlich ein Schwachpunkt in der Kraftübertragung von Vollkettenfahrzeugen. Die Überbeanspruchung der Teile beim Wenden und Lenken in schwierigem Gelände brachte ihre Leistungsfähigkeit rasch an die Grenzen. Für den leichteren Panzerkampfwagen III ausgelegt, war seine Verwendung beim Sturmgeschütz problematisch. Das Nachrichtenblatt der Panzertruppen vom August 1944 berichtete, daß die Vorgelege endgültig verstärkt wurden und folgende Änderungen aufwiesen:

Für Sturmgeschütze auf Panzer III-Fahrgestell wurden neue Seitenvorgelege mit der Übersetzung 9:35 vorgesehen. Für diese Fahrzeuge wurden ab sofort einheitlich neue Seitenvorgelege mit einer Übersetzung 9:35 gegenüber der bisherigen Übersetzung 9:36 ausgeliefert:

Alte Stirnräder 36, Neue Stirnräder 35
Außendurchmesser alte Ritzel 115,88 mm
Außendurchmesser neue Ritzel 118,00 mm

Instandsetzung-Ausrüstung

Am 6. Juni 1944 wurde bestimmt, daß die bisherigen C-Haken an allen Panzer III- und IV Wannen durch S-Haken ersetzt würden. Diese Mitteilung wurde am 10. Juni 1944 dahingehend ergänzt, daß nur noch ein S-Haken anstelle von zwei C-Haken für alle Panzer III- und IV-Fahrgestelle geliefert werden würde.

Das Heerestechnische Verordnungsblatt vom 15. Juli 1944, Nr. 422 befaßte sich mit dem Behelfskran 2 t für Panzerkampfwagen, Sturmgeschütze und Panzerjäger: In nächster Zeit werden der Truppe Behelfskräne 2 t für Panzerkampfwagen III, IV, Panther und Tiger, Sturmgeschütz (Fahrgestell Panzer III) und Panzerjäger 38 zugewiesen werden. Die Befestigung des Behelfskrans geschieht mittels am Fahrzeug angeschweißter Pilze. Soweit diese Pilze an den genannten gepanzerten Fahrzeugen noch nicht angebracht sind, müssen gemäß nachstehend angeführter Zeichnungen angeschweißt werden. Pilze und Zeichnungen für zugewiesene Behelfskräne sind bei den entsprechenden Ersatzteillagern anzufordern.

Für die Befestigung der Pilze gilt im einzelnen für Sturmgeschütze: Es sind 1 Pilz, Ausführung I und 2 Pilze, Ausführung II gemäß Zeichnung 745–14-C1 auf dem Aufbaudach anzuschweißen. Bei Pilz, Ausführung II ist darauf zu achten, daß die obere Planfläche parallel zur Decke liegt.

Beim Schweißen war die dem Panzermaterial entsprechende Schweißelektrode zu verwenden und gut durchzuschweißen. Die Schweißraupe war nur so weit um die Pilze zu legen, daß die Rille an der Grundfläche offen blieb (damit Fett bzw. Regenwasser entweichen konnte). Zum Schutz gegen Rostbildung war das Gewindeloch mit Fett zu füllen.

OKH (Ch H Rüst u. BdE), 22. Juni 1944. 76g-A Nr. 7744/44 AHA/In 6 (Z/Ing).

Ab Oktober 1944 wurden 5 Pilze auf das Aufbaudach von Sturmgeschützen geschweißt, einer in jeder Ecke, der fünfte in der Mitte. Diese Anordnung gestattete eine größere Freizügigkeit bei der Anbringung des 2 t Hilfskrans. Mit diesem Kran war es möglich, Komponenten aus anderen Fahrzeugen zu entfernen oder den eigenen Heckpanzer und Motor ein- bzw. auszubauen.

Reparaturfahrzeuge wurden grundsätzlich mit Stahlseilen geschleppt, die mit C- oder S-Haken am Fahrzeug befestigt

Sturmgeschütz, mit montiertem Behelfskran 2 t.

Die Pilze (Halterungen) für den Behelfskran 2 t waren am Aufbaudach festgeschweißt. MIAG, Ausführung Nr. 96722 (Juni 1944) Fahrzeug wurde 1944 an Finnland geliefert.

wurden. Leider war es dabei nicht möglich, das gezogene Fahrzeug sicher beim Schleppen und Bremsen zu kontrollieren. Um Abhilfe zu schaffen, wurde ab Dezember 1944 eine Anhängerkupplung mit horizontalem Bolzen in der Mitte der Wannenrückwand angeschweißt, die ein Abschleppen mittels Abschleppstange erlaubte.

Sturmgeschütz, Ausführung G.

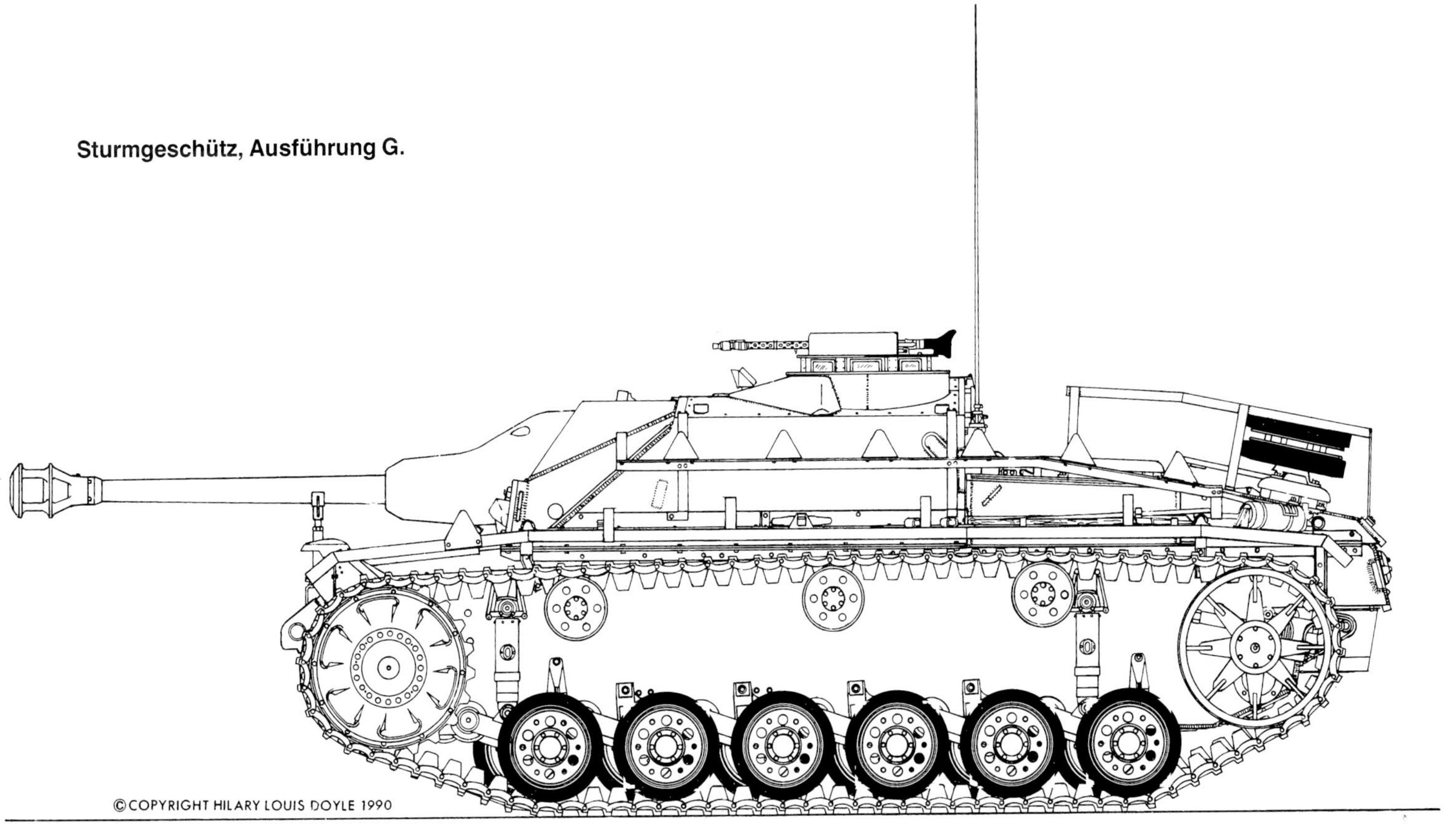

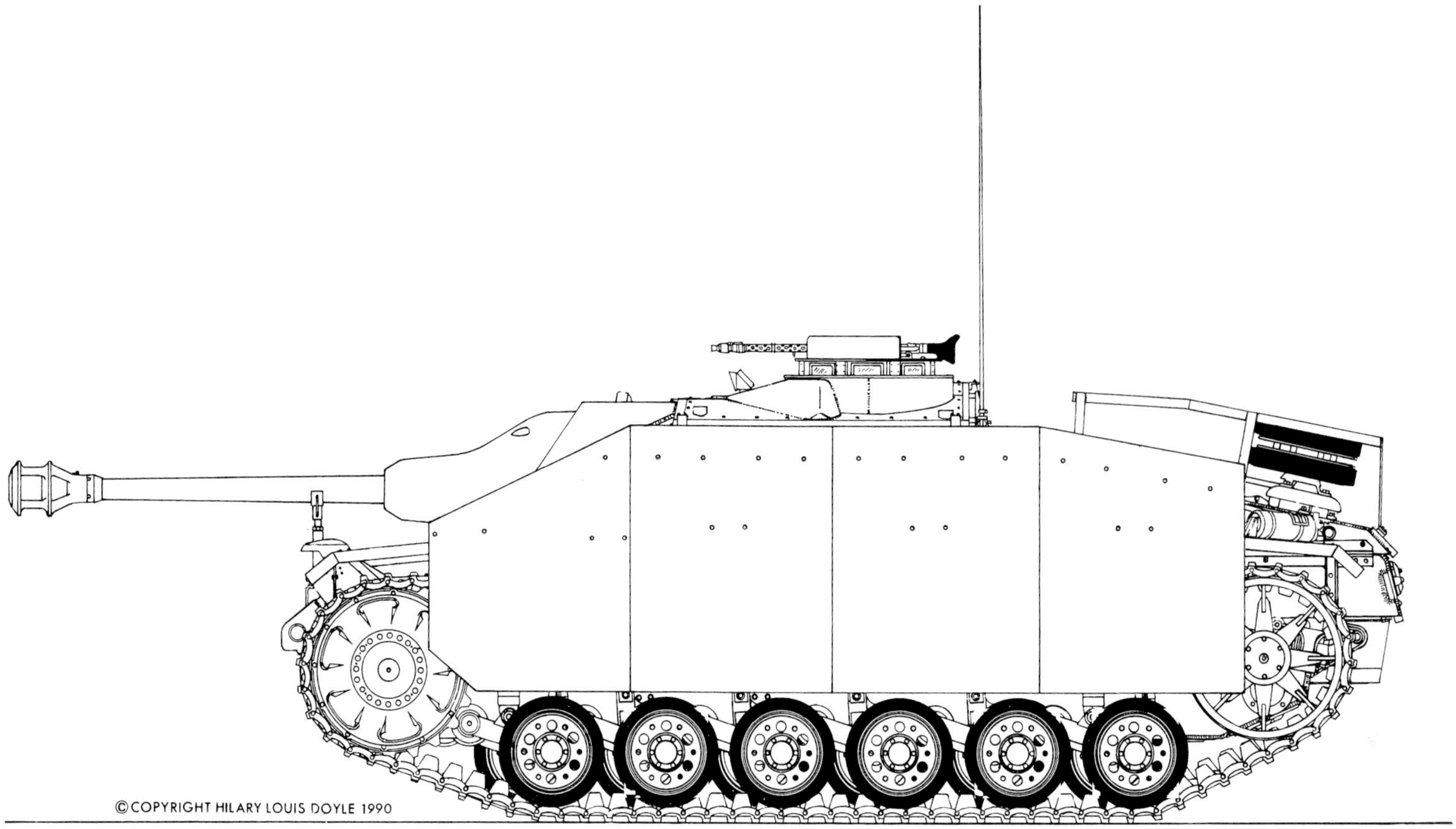

Sturmgeschütz, Ausführung G
(Typische Auslegung der letzten Serienfertigung).

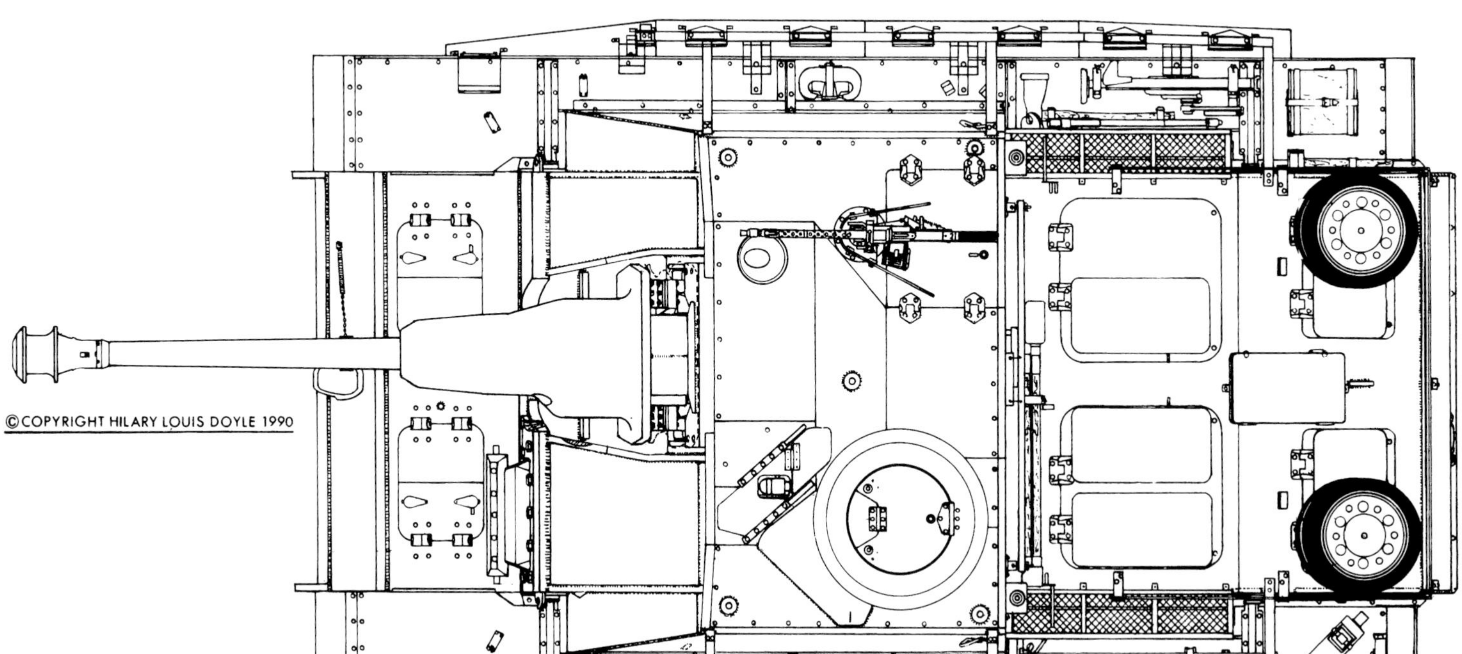

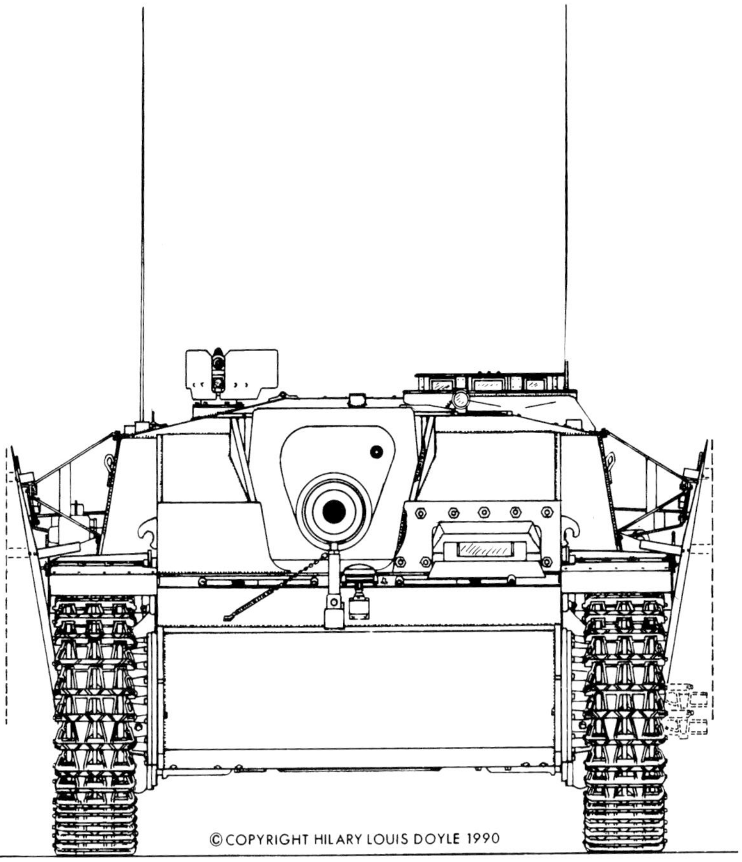

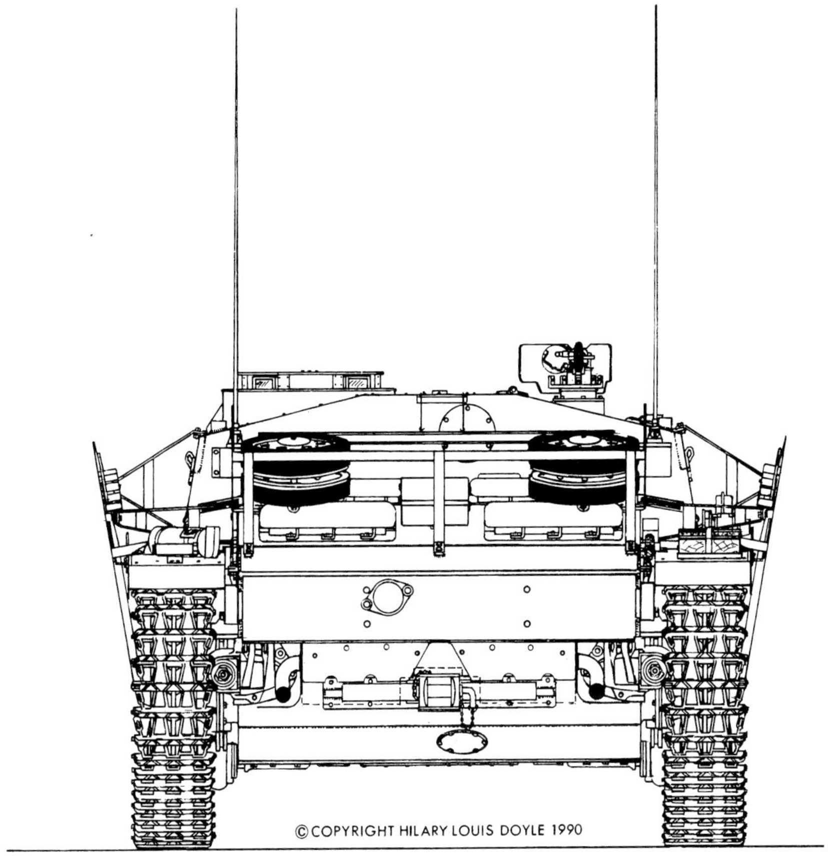

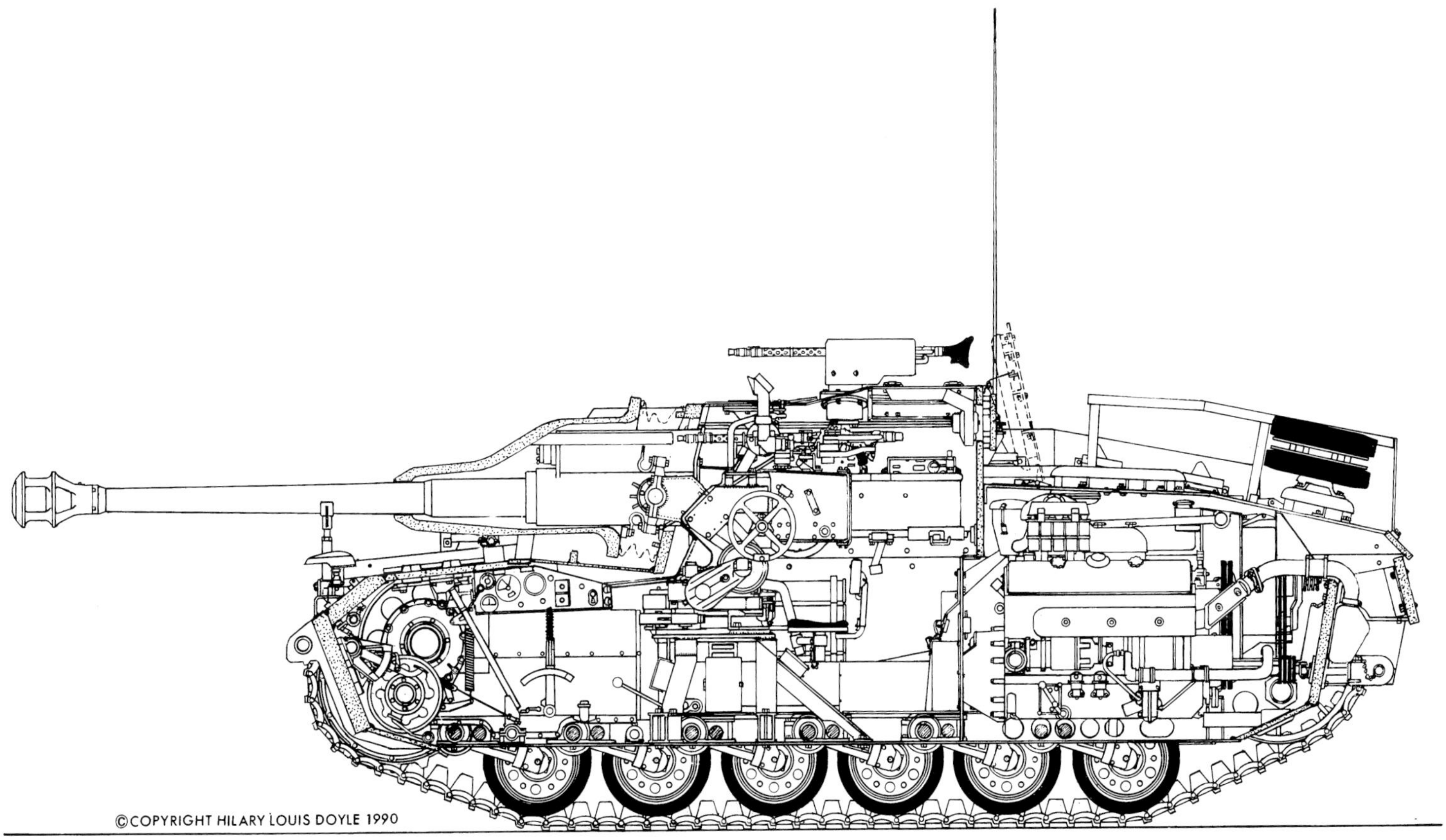

10,5-cm-STURMHAUBITZE 42, AUSFÜHRUNG G

Mit dem Einbau der langen Bewaffnung, der 7,5-cm-Sturmkanone 40, war aus dem zur Bekämpfung von Truppenzielen vorgesehenen Sturmgeschütz ein Panzerabwehrfahrzeug geworden, dessen vordringliche Aufgabe es war, die Infanterie gegen Panzerfeind zu schützen. Zur wirkungsvollen Bekämpfung ungepanzerter Ziele und solchen hinter Deckungen, wurde eine Haubitze für nötig erachtet, die möglichst dem Sturmgeschütz weitgehend baugleich war. Die neu geschaffene 10,5-cm-Sturmhaubitze 42 unterschied sich vom Sturmgeschütz lediglich durch den Einbau der 10,5-cm-leichten Feldhaubitze L/28.

Erstmals fand diese Lösung Erwähnung in einem Vorschlag über die zukünftige Panzer- und Waffen-Fertigung am 2. Dezember 1941.

Eine Lieferung von 12 Geräten einer Versuchsserie von leichten Feldhaubitzen 18 für Einbau in Sturmgeschütze war mit folgenden Ausstoßzahlen geplant:

Dezember 1941 5 Stück, Januar 1942 5 Stück und Februar 1942 2 Stück. Ein Prototyp wurde schon im März 1942 gefertigt, 5 leichte Feldhaubitzen 18 für den Einbau in Sturmgeschütze vorbereitet, sie standen Ende Mai 1942 zur Verfügung. Sie wurden aber erst im Oktober 1942 vom Heereswaffenamt abgenommen.

Hitler besichtigte während der Führerkonferenz am 2. Oktober 1942 das Sturmgeschütz mit eingebauter leichter Feldhaubitze und war von seiner Ausführung sehr angetan. Er begrüßte vor allem die außerordentlich niedrige Feuerhöhe von 1,55 m. Es wurde ihm gemeldet, daß von dieser Ausführung eine einmalige Versuchsserie von 12 Stück gefertigt würde und zwar wie bereits berichtet, nachdem 6 Stück fertiggestellt waren, 3 weitere am 10. Oktober 1942 und die letzten 3 Stück in etwa 4 Wochen.

In der Konferenz vom 13. Oktober 1942 bezeichnete Hitler die ihm seinerzeit in der Reichskanzlei vorgeführte Lösung einer leichten Feldhaubitze im Sturmgeschütz nochmals als eine ideale Lösung und bat kurzfristig um Meldung, ab welchem Termin 12 Sturmgeschütze aus der laufenden Produktion mit der 10,5-cm-leFH ausgerüstet werden könnten.

Am 22. November 1942 erfolgte der erste Einsatz der 9 Versuchsfahrzeuge bei der 3. Batterie/Sturmgeschütz-Abteilung 185. Es handelte sich dabei um umgebaute und instandgesetzte Sturmgeschütze früherer Ausführungen (nicht F/8).

Am 9. Dezember 1942 wurde mitgeteilt: Für Sturmgeschütze 10,5-cm und 15-cm wurden bisher Fahrgestelle aus der Instandsetzung verwendet. Diese entsprechen in Anbetracht der wertvollen Waffen nicht den Anforderungen. Es wurde die Verwendung von Fahrgestellen aus der Neufertigung gefordert.

Die ab Februar 1943 ablaufenden Serienfahrzeuge hatten Fahrgestell und Aufbau der Ausführung G des Sturmgeschützes. Die von Rheinmetall-Borsig entwickelte 10,5-cm-Sturmhaubitze L/28 hatte im Fahrzeug eingebaut, ein Seitenrichtfeld von insgesamt 20° und einen Höhenrichtbereich von –6° bis +20°. Die Höchstschußweite betrug mit 6. Ladung 10650 m, mit Fernladung 12325 m. Die Rohrlänge war 2940 mm und damit baugleich mit der leFH 18. Das Rohr selbst hatte 32 Züge; Rechtsdrall, zunehmend 1/30 auf 1/15.

Im Fahrzeug wurden 36 getrennt zu ladende Munition mit Hülsenkartusche (26 Spreng-, 10 Hohlladungs-) mitgeführt. In

Sturmhaubitze, Versuchsfahrzeug. Höchste Rohrerhöhung (März 1942).

Sturmhaubitze, Versuchsfahrzeug.
Erhöhtes Kampfraumdach im hinteren Bereich.
Flacher horizontaler Ventilator.

Sturmhaubitze, Versuchsserie.

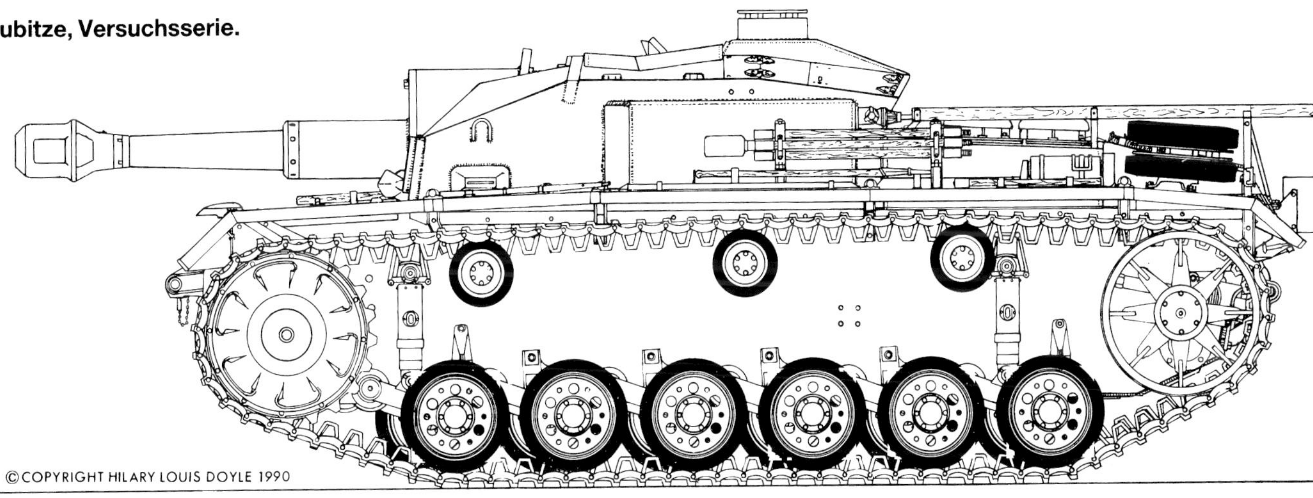

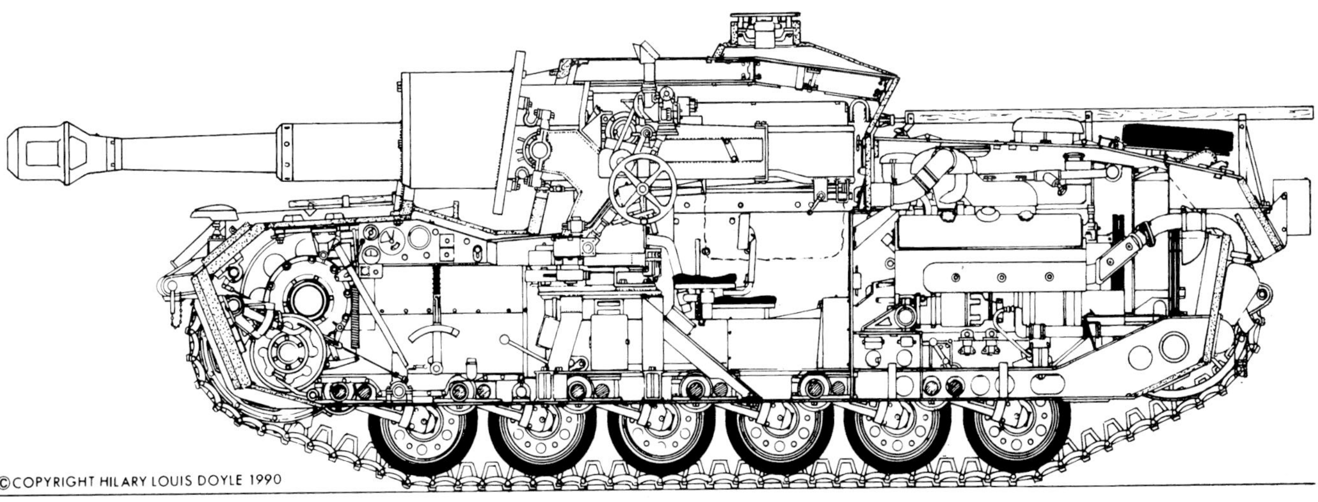

Sturmhaubitze, Versuchsfahrzeug.
Rechte Fahrzeugseite.
Rohr voll abgesenkt.

Sturmhaubitze, gefertigt bei Alkett im Oktober 1942.
Umbau aus Reparaturfahrzeug, Ausführung F mit Zusatzpanzerung.

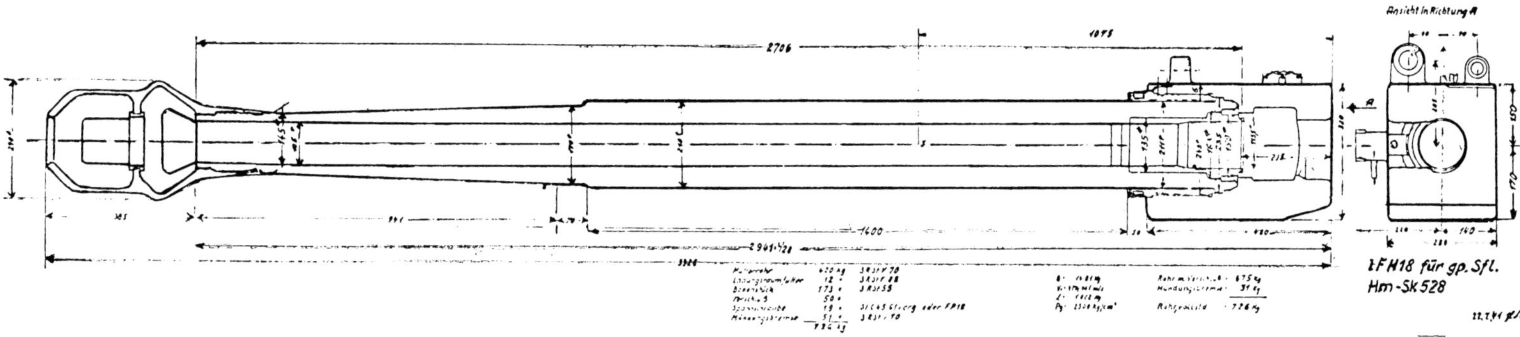

Längsschnitt durch das 10,5 cm Rohr für gepanzerte Selbstfahrlafette (Sturmhaubitze 42)-Serienfertigung.

Sturmhaubitze, Blick von oben in den Kampfraum (frühe Ausführung der Waffe mit langem Rücklauf).

Sturmhaubitze, Ausführung G.

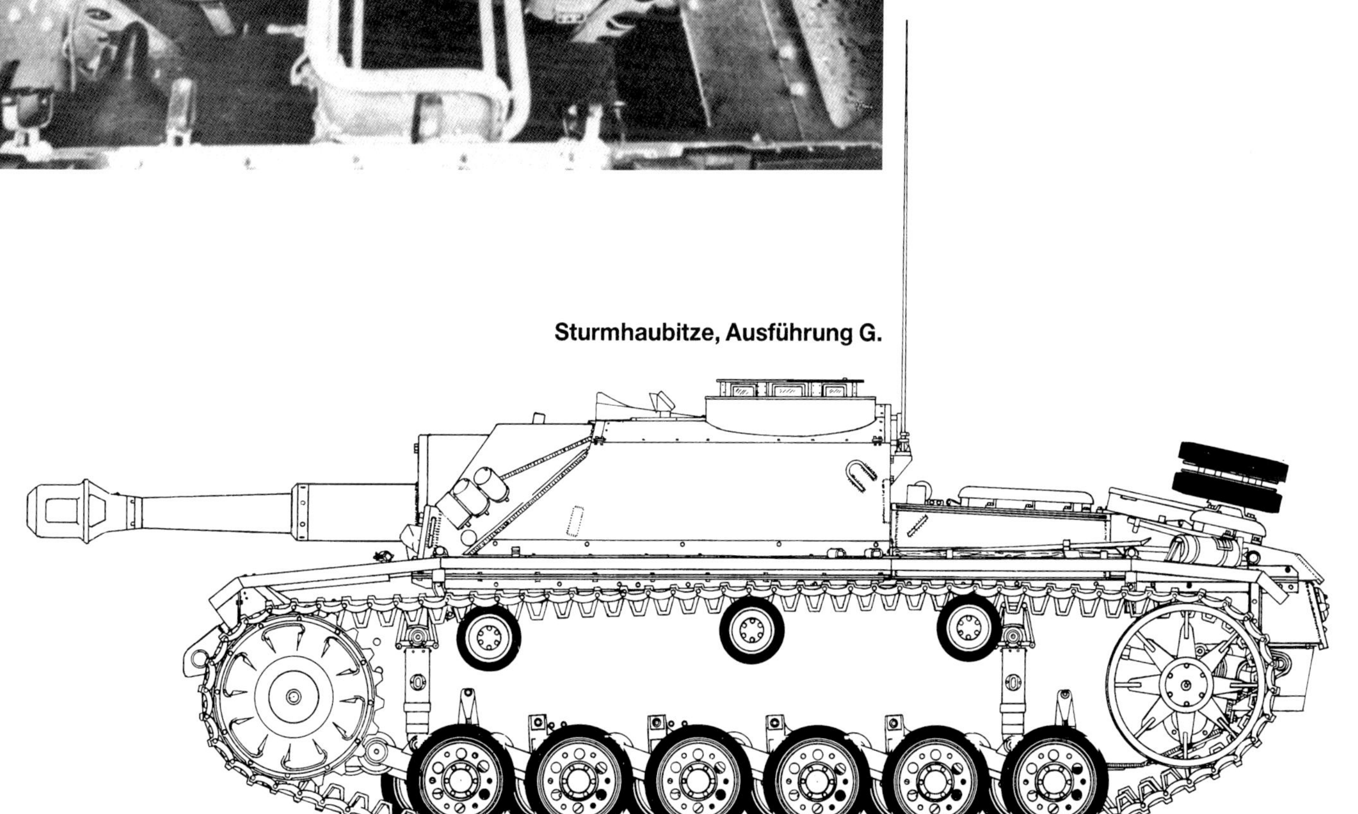

der Führerkonferenz vom 1. bis 3. Dezember 1942 wurde die seinerzeit befohlene Abzweigung von monatlich 12 Sturmgeschützen mit Bestückung leFH auf 24 Geschütze erhöht. Am 6./7. Februar 1943 nahm Hitler zur Kenntnis, daß im März mit 20 Stück beginnend, ab Mai 1943 laufend 30 Sturmgeschütze mit leFH-Bewaffnung ausgestoßen würden. Hitler legte Wert darauf, daß zu diesem Zeitpunkt auch HL-Granaten mit gesteigerter Leistung für diese Waffe zur Verfügung stünden. Die Serienausführung der 10,5-cm-Sturmhaubitze 42 führte die Sd. Kfz. Nr. 142/2.

Mitte Oktober 1943 machte Speer aufgrund von Fronterfahrungen mit der Sturmhaubitze den Vorschlag, den Anteil dieser Fahrzeuge an der gesteigerten Produktion neu festzulegen. Die 10,5-cm-Waffe war ursprünglich mit einer doppeltwirkenden Mündungsbremse ausgestattet worden, welche eine Verwendung von Zusatzladungen ermöglichte. Laut Heer. Techn. V.-Blatt 1944, Nr. 635 vom September 1944, entfiel die Mündungsbremse für diese Waffe in der Neufertigung. Bereits vorhandene Fahrzeuge behielten sie, wurden diese jedoch unbrauchbar oder war kein Ersatz vorhanden, konnte auch die Mündungsbremse der leFH 18 M oder leFH 18/40 verwendet werden. Neben der geschweißten Rohrwiege kamen ab 1944 teilweise auch gegossene, sog. »Saukopf«-Blenden zur Verwendung.

Die Sturmhaubitze wurde nur bei Alkett gebaut.

Veränderungen am Fahrgestell und Aufbau in der Bauserie von März 1943 bis April 1945 waren mit denen am Sturmgeschütz Ausführung G identisch.

Erst nach Abnahme des Fahrgestells wurde entschieden, ob Geschütz und Inneneinrichtung für ein Sturmgeschütz oder eine Sturmhaubitze eingebaut wurden.

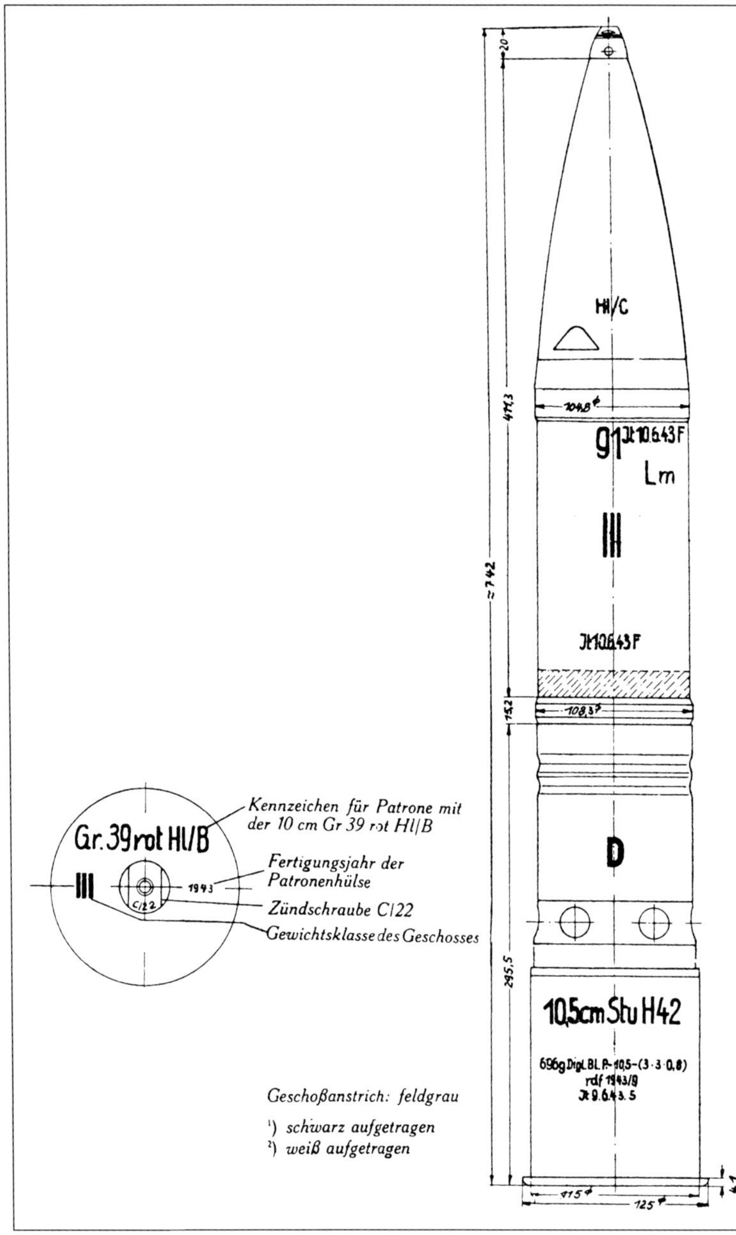

10,5-cm Stu. H. 42-Hl/C (Hohlladungs/HEAT-Granate).

Sturmhaubitze, Ausführung G. Gefertigt im April 1943.

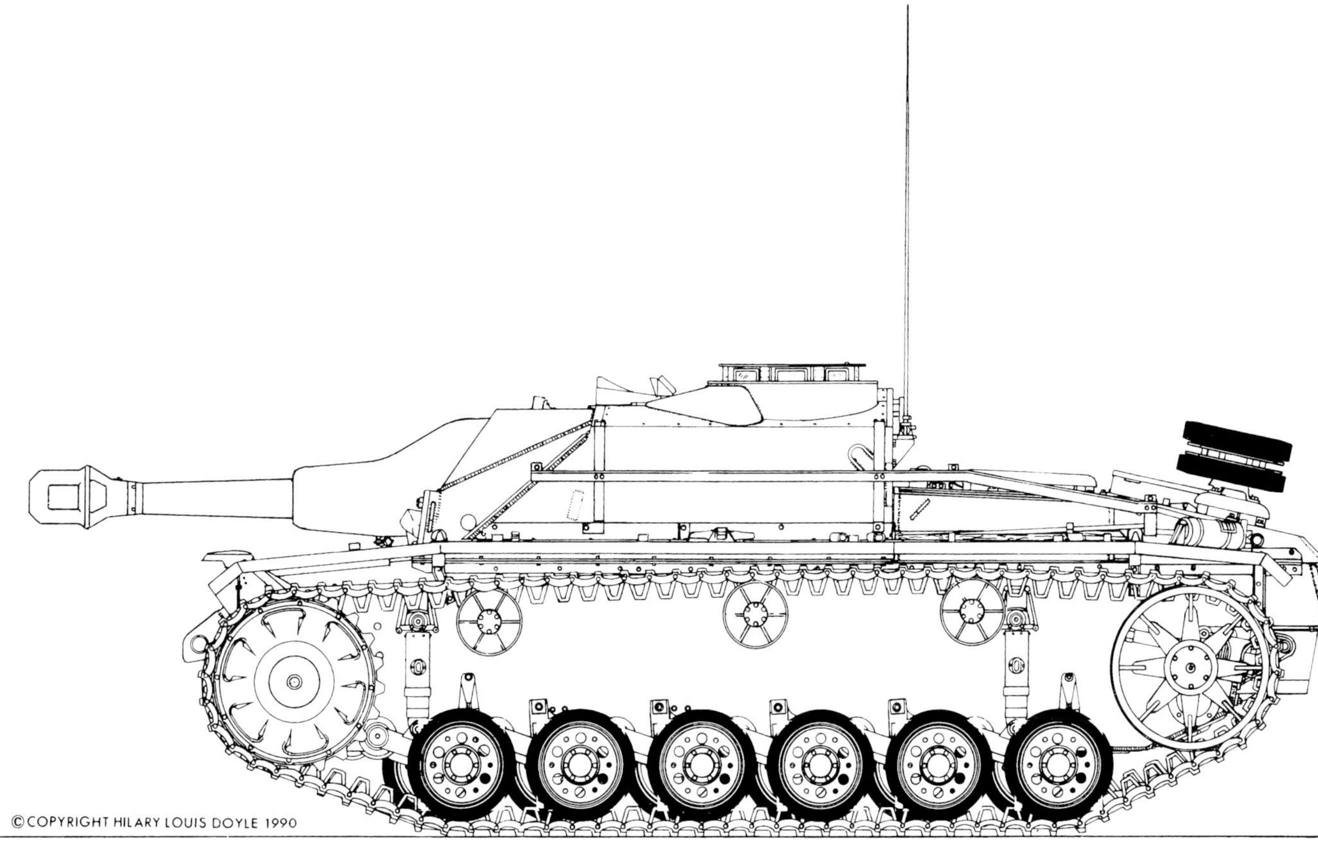

Sturmhaubitze, Ausführung G
(mit Stahlstützrollen und »Saukopf«-Blende).

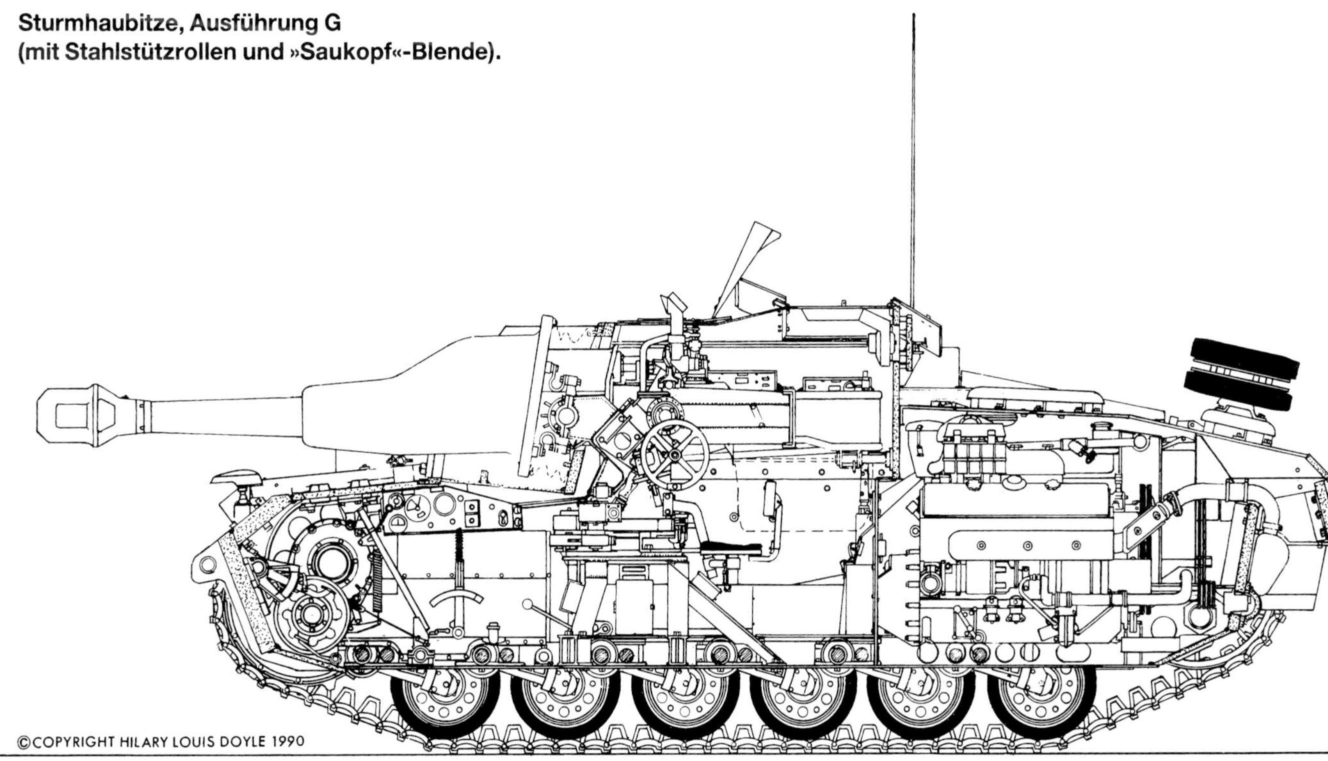

Sturmhaubitze, Ausführung G.
Gefertigt April/Mai 1943
mit Nebelkerzenwurfgerät.

Sturmhaubitze, Ausführung G.
»Saukopf«-Blende.
Geänderte Prallflächen an der
Mündungsbremse.

Sturmhaubitze, Ausführung G.
Gefertigt Mitte 1944,
geschweißte Blende für die
Hauptbewaffnung.
80 mm Basispanzerung.

Sturmhaubitze, Ausführung G.
Gefertigt Juni 1944.
Fahrgestell Nr. 105602.
Dreieckige Halterung für die seitlichen Schürzen.

Sturmhaubitze, Ausführung G. Abschlußausführung. Waffe ohne Mündungsbremse.

Sturmhaubitze, Ausführung G
(Typische Auslegung der letzten Serienfertigung).

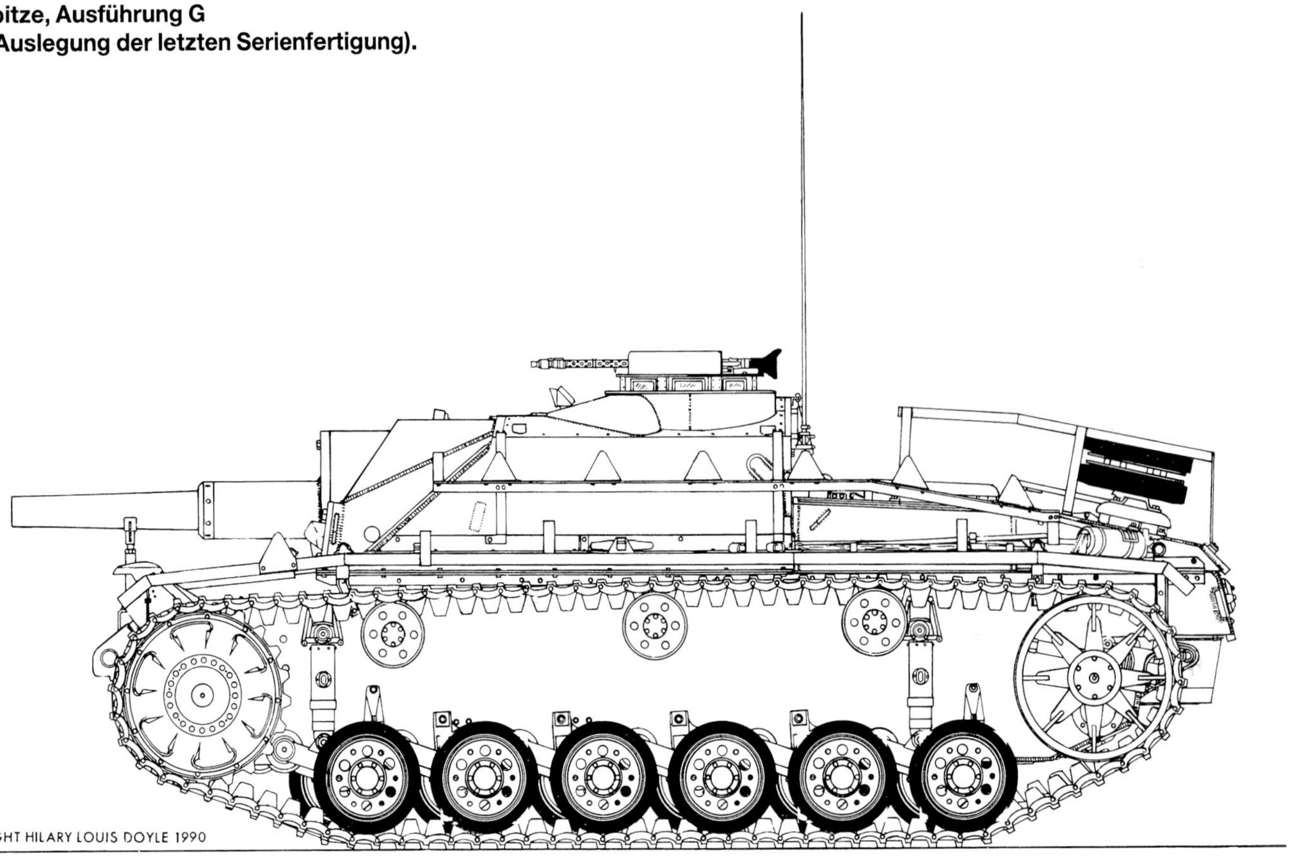

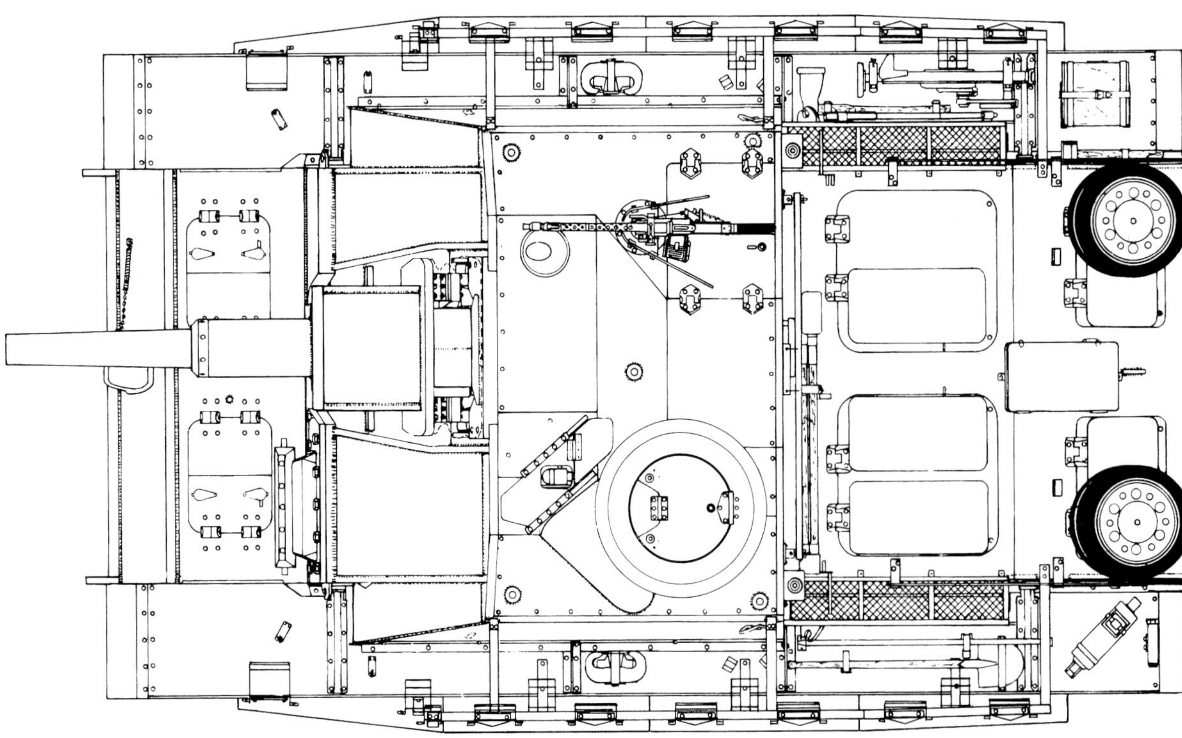

STURMGESCHÜTZ IV

Um dem Verlangen des Heeres nach einem mittleren Panzerkampfwagen mit 7,5-cm-Kampfwagenkanone nachzukommen, lieferte die Firma Friedrich Krupp AG in Essen am 13. April 1935 den »Entwurf eines **BW***)« an das Heereswaffenamt. Noch 1935 erhielt Krupp den Auftrag 41/2203 für 1 **BW**-Versuchsfahrzeug, worüber am 30. Juni 1936 berichtet wurde: Das Fahrzeug ist heute nach Ablauf der 2. Schicht, wie zugesagt, fertiggestellt und fahrbereit. Krupp als Entwicklungsfirma, Lieferant der gepanzerten Teile und auch als Montagefirma erhielt die Verträge zur Fertigung der BW-Serienfahrzeuge.
Die Firma Friedr. Krupp Grusonwerk AG, Abt. Magdeburg-Buckau, teilte ihrer Muttergesellschaft Friedr. Krupp AG, Abt. AK am 15. November 1937 mit, daß die Abnahme der ersten beiden BW-Fahrzeuge am 29. November 1937 in Magdeburg erfolgen würde.
Mit dieser Mitteilung beginnt die lange Geschichte des Panzerkampfwagens IV, dem einzigen Kampfpanzer der Deutschen Wehrmacht, der während des gesamten Zweiten Weltkrieges gefertigt wurde und sich im Einsatz befand.
Beide Standardpanzer der Deutschen Wehrmacht, die Panzerkampfwagen III und IV waren sich in Bezug auf äußere Abmessungen und Gefechtsgewicht sehr ähnlich. Der einzig gravierende Unterschied lag in der Auslegung des Laufwerks. Während der Panzer III in der Fertigung ein modernes Drehstabfeder-Laufwerk erhielt, mußte sich der Panzer IV bis Kriegsende mit einem wenig zufriedenstellenden Blattfederlaufwerk begnügen. Unzählige Vorschläge und Probemuster von Verbesserungen am Panzer IV-Laufwerk, die dringend erforderlich gewesen wären, blieben unbeachtet.
Das Laufwerk des Panzer IV zeigte an jeder Fahrzeugseite acht Laufrollen, die zu vier Paaren vereinigt waren. Jedes Paar war fliegend mit Kurbelhebeln an der Wanne gelagert. In dem vorderen Kurbelhebel jedes Rollenpaares war eine Blattfeder eingespannt. Das freie Ende dieser Blattfeder wälzte sich auf einer Rolle des anderen Kurbelhebels ab. Beim Durchfedern der Laufrolle wurde hierdurch die wirksame Federlänge größer und die Federung stetig weicher. Wegen der Eindämpfung der Blattfedern waren Stoßdämpfer nicht eingebaut. Die Durchfederung der Blattfeder war durch einen Anschlag begrenzt. Das Fahrgestell lief auf zwei ungeschmierten Gleisketten. Jede Kette bestand aus 99 einzeln ineinandergreifenden Kettengliedern, die durch Bolzen verbunden waren. Die Kette wurde vom vorne liegenden Triebrad mit Doppelzahnkranz angetrieben. Sie wurde von den Spurkränzen der Laufrollen, zwischen denen die Kettenzähne liefen, geführt. Am hinteren Ende des Fahrzeuges wurde die Kette am Leitrad nach vorne umgelenkt. Um ein Kettenabwerfen zu verhindern, bestand die Lauffläche des Leitrades aus Stahl. Den Durchhang verringerten vier Stützrollen, über die die Kette zum Triebrad zurücklief. Das Leitrad diente auch als Kettenspanner, da es auf einer Kurbel gelagert war.
Die Panzerwanne war Träger des Fahrgestells. Sie bestand aus miteinander verschweißten Panzerblechen verschiedener Dicke. Der hinten untergebrachte Motorenraum war vom Mannschaftsraum durch eine Zwischenwand getrennt. Der Boden der Wanne war im Bug- und Heckteil durch je einen kräftigen Querträger und im Mittelteil durch einen kastenförmigen Einbau für die Kraftstoffbehälter versteift.
Es kam der auch beim Panzer III verwendete Maybach Hochleistungsmotor, Typ HL 120 TRM, zum Einbau.
Getriebemäßig wurden im Gegensatz zum Panzer III keine Experimente eingegangen; es kamen technisch auf dem Stand der Zeit stehende Synchrongetriebe der Zahnradfabrik Friedrichshafen (ZF) zum Einbau.
Die beiden Lenkgetriebe, als Planetengetriebe ausgebildet, waren in Verbindung mit Seitenvorgelegen von außen in die Wanne eingesetzt. Das Seitenvorgelege war ein Untersetzungsgetriebe und war mit einer Bremse zum Abbremsen der Kette beim Lenken und zum Stillsetzen des Fahrzeuges verbunden.

Spätestens nach der Schlacht um Kursk 1943 hatte sich die Rolle der deutschen Panzertruppe grundlegend geändert.
Nicht mehr Angriff geschlossener Panzer-Großverbände war die Devise, sondern Verteidigung mit allen Mitteln und Gegenangriff. Der Panzerkampfwagen verlor seine Priorität zugunsten von Sturmgeschützen, Panzerjägern und Jagdpanzern. Dies wirkte sich schon in der Fertigung aus.
Der erste bekannte Vorschlag für ein Sturmgeschütz auf Panzerkampfwagen IV-Fahrgestell ist in der Krupp Zeichnung Nr. W 1468 vom Februar 1943 festgehalten. Diese Zeichnungen dokumentieren, daß Krupp für diese Entwicklung ein vorgeschlagenes 9/BW-Fahrgestell zugrundegelegt hatte, statt einem normalen Serie 8/BW-Produktions-Fahrgestell. Krupp hatte zu diesem Zeitpunkt nicht die letzten Aufbau-Zeichnungen der Ausführung G des Sturmgeschützes von

*) BW = Begleitwagen (Tarnbezeichnung für den Panzer IV)

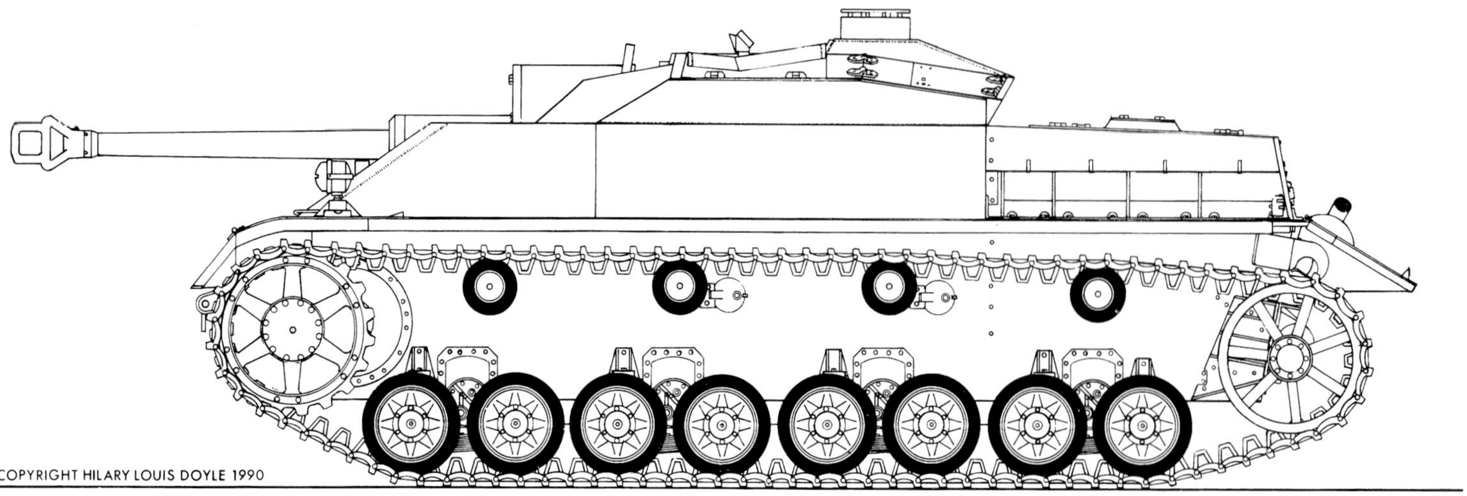

Krupp Vorschlag:
Sturmgeschützaufbau auf 9/BW-Fahrgestell
(Krupp Zeichnung Nr. W 1468).

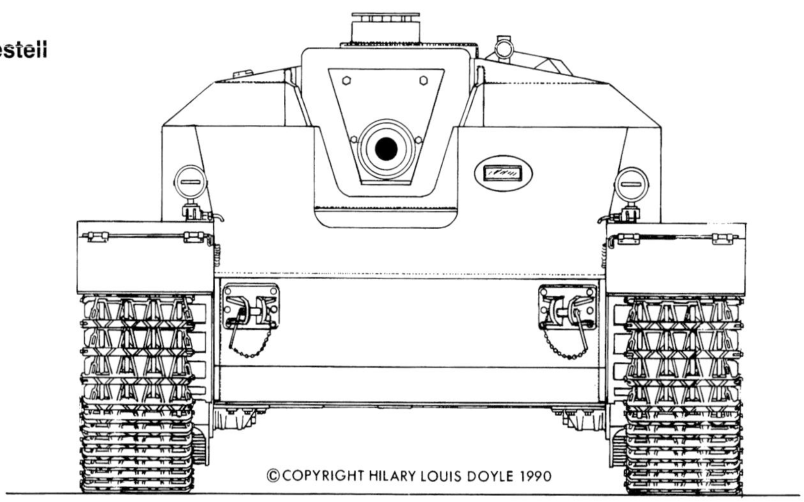

Daimler-Benz in Händen. Statt dessen entstand eine Zeichnung unter Verwendung des veralterten Aufbaus der Sturmgeschütz-Ausführung F.
Diese Zeichnung vermittelt folgende Einzelheiten des Vorschlages:

Panzerung Fahrgestell

Frontblech	50 mm	56°
Front Wanne	80 mm	12°
Untere Wannenfront	30 mm	59°
Wanne, Seite	45 mm	0°
Wanne, Heck	45 mm	10°
Wanne, unten/hinten	30 mm	74°
Bodenblech, vorne	20 mm	
Bodenblech, hinten	10 mm	
Dach über Fahrer	16 mm	

Panzerung Aufbau

Front	50 mm
Seite	45 mm
Hinten	30 mm

Für den Fahrer war in der Bugplatte ein Periskop vorgesehen. Bewaffnung 7,5-cm-StuK 40 L/48 mit Höhenrichtbereich –6° bis +20°, Seitenrichtfeld insgesamt 20°. Panzer IV-Kraftstoffbehälter nach wie vor auf dem Boden des Kampfraumes. Motor 320 PS, Leistungsgewicht 11,3 PS/t. Höchstgeschwindigkeit 38 km/h.
Gesamtlänge (mit Bewaffnung) 6350 mm. Gesamthöhe (über Aufbaulüfter) 2180 mm. Gesamtbreite 3260 mm. Bodenfreiheit 400 mm. Breite der Gleiskette 560 mm. Bodendruck 0,76 kg/cm². Gefechtsgewicht 28,26 t: davon Fahrgestell

23,61 t, Aufbau 2,4 t und Geschütz mit Sockel 2,25 t.
Krupp schrieb am 5. Februar 1943 an das OKH (Ch Rüst und BdE), Heereswaffenamt und Prüf. 6/II, daß die Umwandlung des Panzerkampfwagens IV in ein Sturmgeschütz nach Vorschlag des Munitionsministeriums nach unseren Untersuchungen nicht in Frage käme, da keine Gewichtsersparnis durch Fortfall des Turmes zu erwarten war. Der Vorschlag für das geänderte 9/BW-Fahrgestell mit geneigten und seitlich dickeren Panzerblechen wurde aber auch wegen der damit erwarteten Unterbrechung der Fertigung abgelehnt, welche im Frühjahr und Sommer 1943 unzumutbar erschien.
Hätte Krupp für diesen Sturmgeschütz-Vorschlag das normale Serien (8/BW) Fahrgestell mit 400 mm breiten Ketten und Gummi-Bandagenbereifung verwendet, wäre das vorgeschlagene Sturmgeschütz auf über 23,95 t Gefechtsgewicht gekommen. Die Aussage von Krup, daß wegen des zu erwartenden Gesamtgewichts das Fahrzeug zu schwer würde, veranlaßte die Firma das neue Fahrgestell (9/BW) zugrunde zu legen. Diese Entscheidung Krupp's hatte zur Folge, daß der Gedanke das Sturmgeschütz auf dem Panzer IV-Fahrgestell aufzusetzen, bis Ende 1943 fallengelassen wurde.
Ab September 1943 kam jedoch die Sturmgeschütz-Produktion bei Alkett durch Bombenangriffe praktisch zum Erliegen. Eine Ersatz-Produktionsmöglichkeit wurde deshalb dringend benötigt.
Bei der Führerkonferenz vom 19. bis 22. August 1943 ließen die Hitler vorgelegten Frontberichte den außerordentlichen Wert der Sturmgeschütze erkennen, die in vielen Fällen bei dem damals gegebenen Einsatzmöglichkeiten, sich gegenüber dem Panzer IV überlegen zeigten. Es war deshalb vorsorglich die Möglichkeit vorzusehen, daß – sobald der neue Panzerjäger auf Fahrgestell Panzer IV seine Truppenreife erwiesen hatte – unter Aufrechterhaltung der Ausstoßzahl eine kurzfristige Umstellung von Panzer IV auf diesen Panzerjäger erfolgen könne. (Betrifft nicht das Sturmgeschütz IV, sondern den Panzerjäger IV, zeigt aber den Trend der Zeit).
Hitler begrüßte in der Konferenz vom 6. bis 7. Dezember 1943 den Vorschlag, als raschen Ausgleich für die durch Bombenangriffe ausgefallenen Sturmgeschütze einen Aufbau auf Panzer IV aus den bisherigen Bauelementen des Aufbaus für Sturmgeschütze auf Panzer III zu erstellen. Er sah in diesem Vorschlag die Möglichkeit, daß diese Fahrzeuge den Panzer-Abteilungen zugeteilt werden und damit bei diesen Einheiten gleicher Ersatzteilbedarf auftrat wie für den Panzer IV. Am 11. Dezember 1943 findet sich folgender Aktenvermerk von Herrn Woelfert (Krupp A. K.):

Betr.: BW-Sturmgeschütze

Bei Alkett, Borsigwalde, können Sturmgeschütze auf ZW.-Fahrgestell wegen Ausfall eines Teiles der Serienfertigung nicht mehr gebaut werden. Auf Veranlassung des Mun. Min. wurde bei Daimler-Benz, Marienfelde, als Notlösung ein BW-Fahrgestell mit ZW.-Sturmgeschütz bis 15. Dezember 1943 zusammengestellt. Bei der Aufstellung der behelfsmäßigen Zeichnungen hilft zunächst ein Konstrukteur vom Abt. Lanz mit, der ab 13. 12. 1943 durch einen weiteren Konstrukteur vom Abt. Lanz unterstützt wird. Es wird noch entschieden, ob besondere Fertigungszeichnungen durch AK.-Außenstelle anzufertigen sind. Vom Gwk. (Grusonwerk) wird verlangt, im Dezember noch 50 Fahrzeuge zu liefern. Dies dürfte aber unmöglich sein, da die Fertigung erst Mitte Dezember anlaufen kann.
Bei diesem ersten Prototyp und den nachfolgenden Serienfahrzeugen wurden »normale« Panzer IV-Fahrgestelle mit deren Motorraumabdeckung verwendet, auf diese wurde der

**Sturmgeschütz IV.
30 Panzer IV-Fahrgestelle wurden in den Nibelungenwerken gefertigt und bei Daimler-Benz mit Sturmgeschütz-Aufbauten versehen. Vorderansicht.**

Sturmgeschütz IV.
Rechte Fahrzeugseite mit Halterungen für seitliche Schürzen.

Sturmgeschütz IV.
Ansicht von rechts hinten.

bisher auf Panzer III-Fahrgestell aufgesetzte Sturmgeschütz-Aufbau untergebracht.
Die Aufbauten des StuG. III, Ausführung G konnten fast unverändert übernommen werden, lediglich der Fahrersitz mußte durch einen kastenförmigen Vorbau gesondert geschützt werden. Je ein BW-Panzerjäger von Vomag und Daimler-Benz nahmen in den nächsten Tagen an einer Vorführung im Führerhauptquartier teil. Während der Führer-Konferenz am 16. bis 17. Dezember 1943 fand das Sturmgeschütz auf Panzer IV die volle Zustimmung Hitlers. Es mußte versucht werden, den entstandenen Einbruch in der Sturmgeschütz-Fertigung durch stärkste Unterstützung des Hochlaufs dieses Fahrzeuges kurzfristig auszugleichen. Der Richtwert für Monat Dezember wurde mit 350 Stück vorgegeben, während im Januar 500 Fahrzeuge insgesamt, bestehend aus StuG. auf Panzer III mit 7,5-cm-Stuk, StuH. auf Panzer III mit 10,5-cm-StuH, Panzerjägern (Vomag) und StuG. auf Panzer IV (Krupp Gruson) erreicht werden mußten.
Das Krupp Grusonwerk schrieb am 18. Dezember 1943 an die Friedr. Krupp AG, Abt. Apparatebau III in Essen:
Betr.: Wannen zum Panzerkampfwagen IV
Wie Ihnen bekannt ist, sollen wir vorläufig 605 Panzerkampfwagen IV als Sturmgeschütz auf Panzer IV bauen. Aus diesem Grunde müssen die Wannen geändert werden. Wir benötigen hiervon monatlich etwa 100 Wannen, der Rest bleibt als BW-Wanne. Die genaue Stückzahl können wir Ihnen noch nicht angeben, da dies davon abhängt, wann Sie mit der Lieferung der geänderten Wannen beginnen können. Bis dahin müssen wir hier BW-Wannen selbst ändern.

Änderungen am Sturmgeschütz IV

Am 24. Januar 1944 stellte der Gen. Insp. d. Art. fest, daß die Panzerverstärkung durch Beton bei Beschuß-Versuchen als nicht zweckmäßig erkannt wurde. Das Gewicht wurde erhöht, die Splitterwirkung war ungünstiger. Das Waffenamt lehnte ab. Auch wenn die Montagefirmen diesen Befehl befolgten, verwendeten die Feldtruppen manchmal Beton nach Erhalt der gepanzerten Fahrzeuge.
Mit Brief vom 10. März 1944 an Wa J Rü (WuG 6), VIII a stellte Krupp, Magdeburg fest, daß nach Angabe von WaPrüf 6 das DKW-Aggregat (für den Turmantrieb des Panzer IV) ab Februar entfallen solle. Infolgedessen hatte Krupp im Heckteil der Wanne anstelle des DKW-Aggregates einen zusätzlichen Kraftstoffbehälter vorgesehen. Krupp bat, die Zulieferer der Wannen dementsprechend zu benachrichtigen.
Ein Aktenvermerk über eine Besprechung am 14. März 1944 in Berlin spricht nach dem Fortfall des DKW-Aggregates von einer Trennwand zwischen Motor und dem neuen Kraftstoffbehälter. Dadurch wurde der vorgesehene Einbau eines Munitionsbehälters im Motorraum behindert.
Als die Zahl der zu fertigenden Wannen auf 1500 erhöht wurde, gab es Schwierigkeiten, weil die Wannenhersteller erst kurz vor der Ablieferung erfuhren, ob die Wannen für Panzerkampfwagen oder Sturmgeschütze bestimmt waren. WaPrüf 6 wurde gebeten zu klären, ob beim StuG IV der Munitionsbehälter für 12 Schuß (in Schutzhülsen) zugunsten eines Kraftstoffbehälters entfallen könne.
Krupp reichte einen neuen Vorschlag über einen geänderten Munitionsbehälter (8 statt 12 Schuß) ein, der ohne weiteres in die neue Wanne eingebaut werden konnte.

Eine Niederschrift einer Besprechung in Magdeburg am 20. März 1944 gibt einen Einblick in weitere Änderungen.
Betr.: 7,5-cm-Sturmgeschütz 40 IV

1. Munitionsunterbringung
   Krupp legt neuen Vorschlag vor.
   Der Munitionsbehälterraum ist möglichst durch ein Blech gegen Auspuffwärme zu schützen.
2. Geschützsockel
   Die vereinfachte Ausführung nach SKB 6124 wird vorgelegt. Eine Versuchsausführung ist anzufertigen, in ein Fahrzeug einzubauen und in Hillersleben zu erproben. Ergebnis dieses Schießversuches muß vor Freigabe der Serienfertigung abgewartet werden.
3. Verstellbarer Fahrersitz
   Es sind 2 Versuchssitze anzufertigen. Davon ist einer zur Erprobung nach Kummersdorf zu senden.
4. Fahrerausblick
   Krupp legt einen Vorschlag für eine bessere Befestigung der Prismen-Einsätze vor, da die bisherige Ausführung infolge der großen Toleranzen der Prismen und der Befestigungsteile nicht bewährt hat.
5. Nahkampfgerät, Außen-MG und Rohrstütze für Geschütz.
   Der Einbau der Geräte ist an einem Musterfahrzeug durchzuführen.

AK. Essen erhielt einen Konstruktionsauftrag über 500 Konstrukteurtage für laufende Änderungen.
Am 21. März 1944 wird mitgeteilt: Krupp Gruson an OKH, 7,5-cm-StuG. 40 IV

Sturmgeschütz IV.

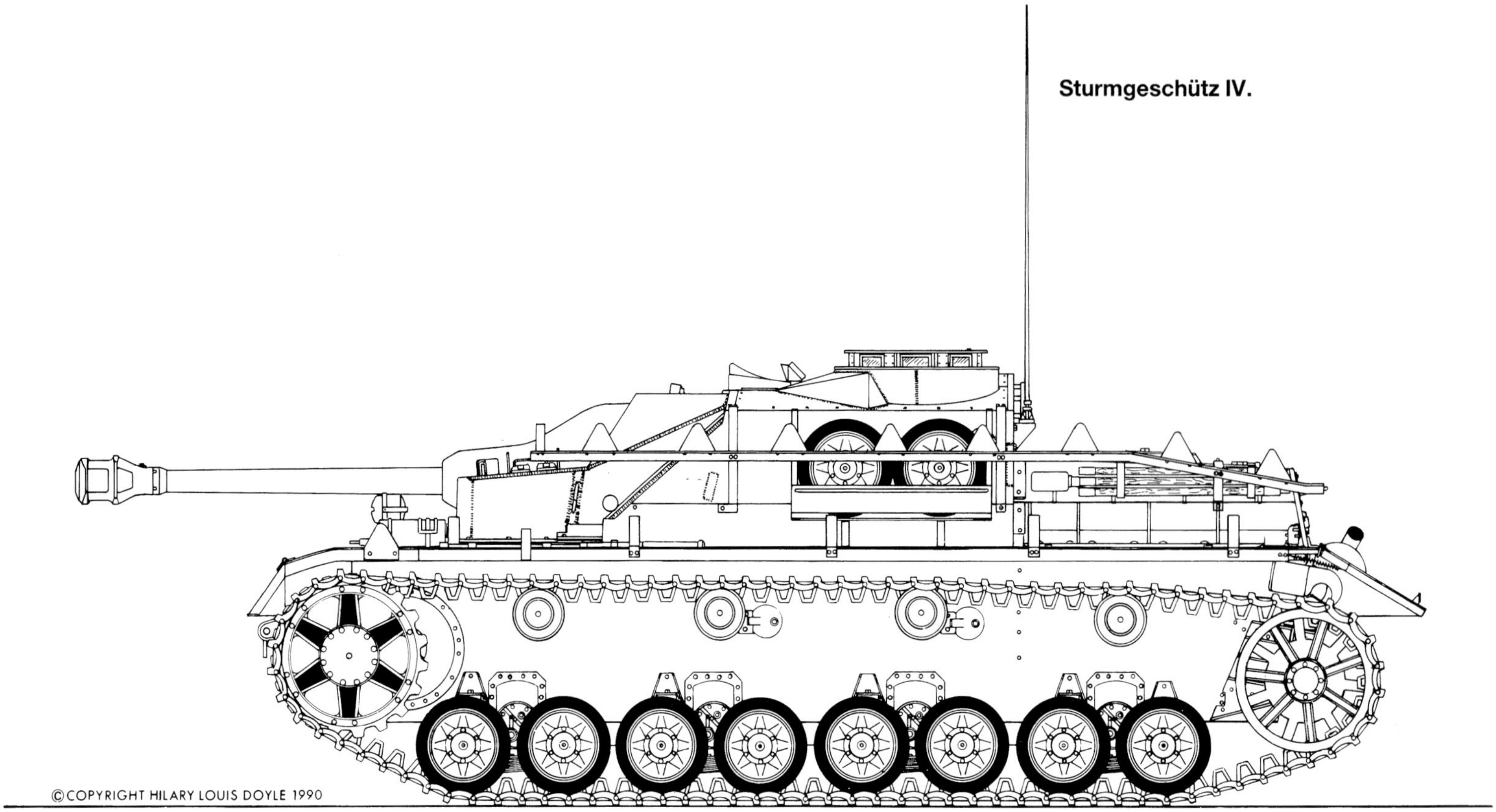

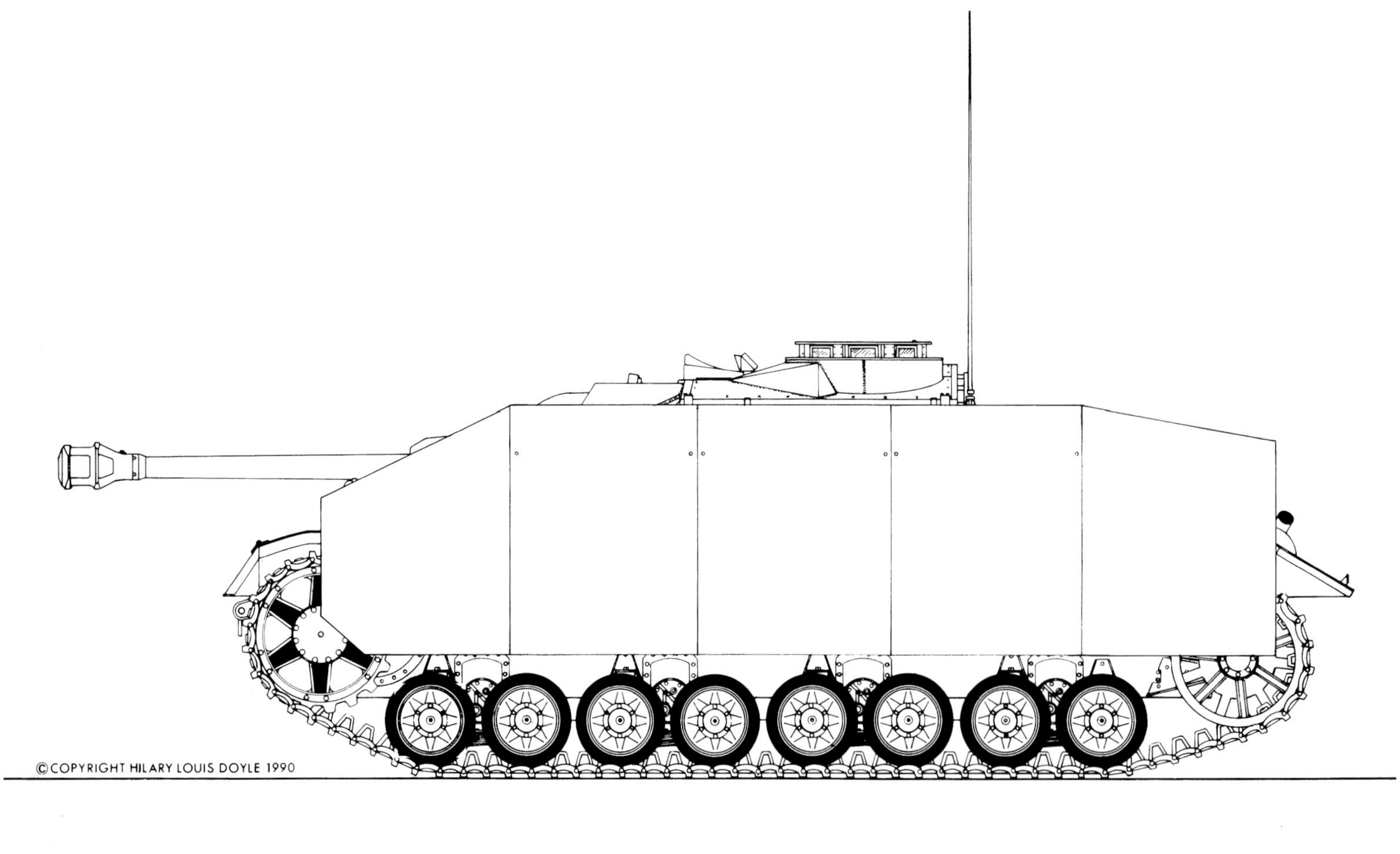

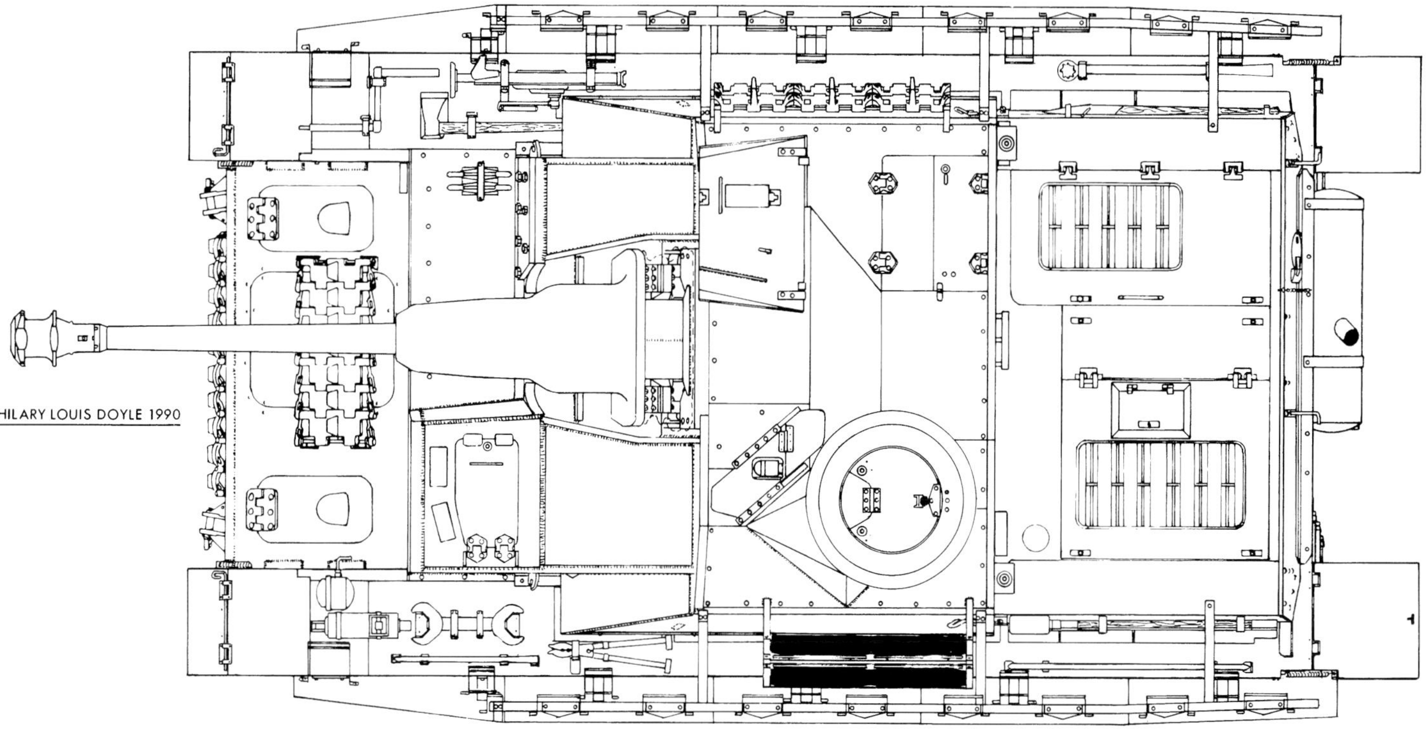

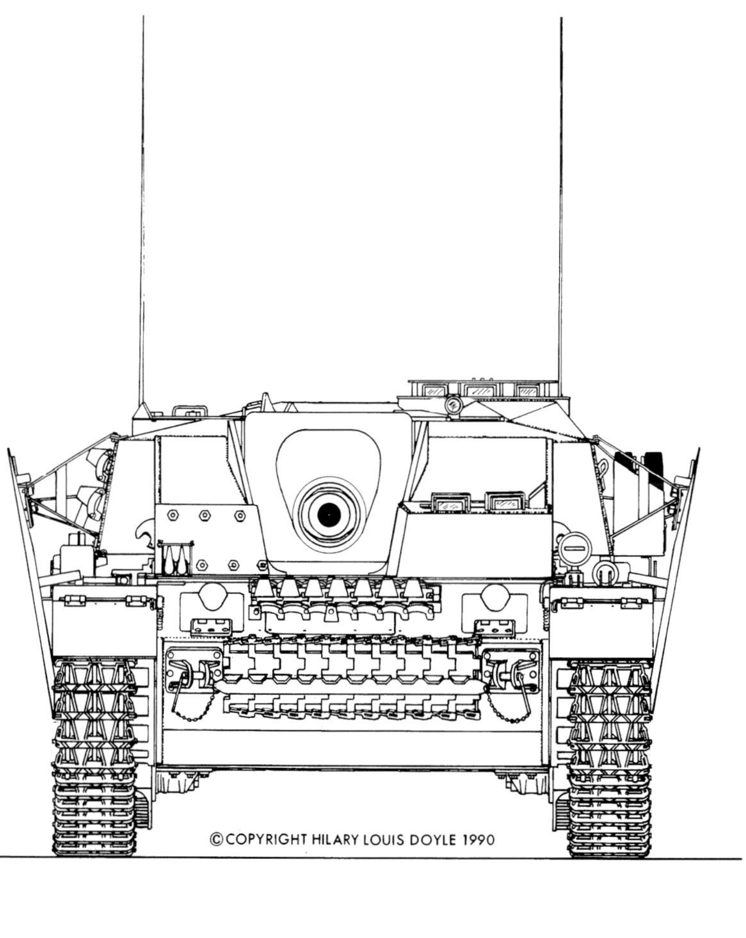

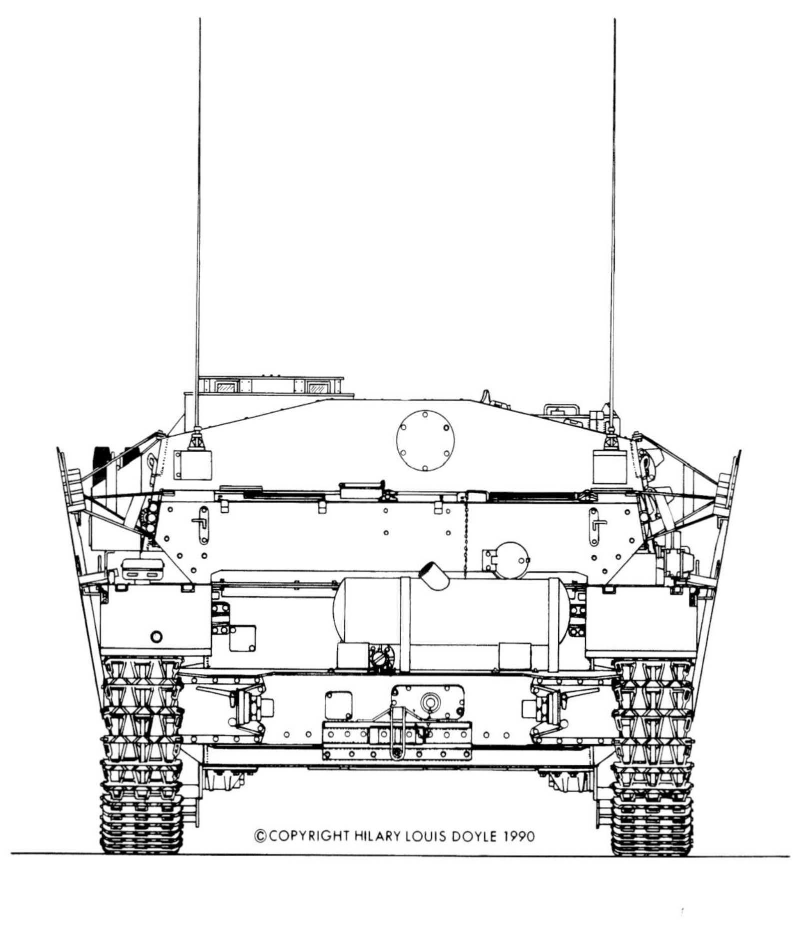

Sturmgeschütz IV.
Wannenbug ist noch nicht verzahnt.

Sturmgeschütz IV.
Fahrzeug mit seitlichen Schürzen.

Das Fahrzeug mit vereinfachtem Geschützsockel hatte Fahrgestell-Nr. 100247, Wannen-Nr. 86497. Es wurde am 20. 3. 1944 nach Königsborn versandt zur weiteren Erprobung in Hillersleben. Die Änderung sparte 18% an Werkstoff, 45% an Elektroden und 35% an Lohn, wenn verglichen mit der Daimler-Benz Lösung.

Am 27. März 1944 teilte Krupp mit, daß die beim Panzer IV vorhandene Bodenausstiegluke unter dem Funkersitz wegen Wegfall des Funkers nicht mehr benötigt wurde. Es wurde um Genehmigung nachgesucht, den sonst abwerfbaren Deckel bei den Montagefirmen fest anzuschweißen.

Das Heerestechnische Verordnungsblatt vom 1. Mai 1944, Nr. 256 legte die Verwendung der **Ostkette** auch für das Sturmgeschütz IV fest. Sie entsprach weitgehend der für das Sturmgeschütz III.

Am 27. Mai 1944 reichte Krupp-Gruson einen Änderungsvorschlag für die Halterung der Panzerschürzen ein.

Bei einer Besprechung in Magdeburg am 7. Juni 1944 wurden folgende Änderungen am Sturmgeschütz IV festgehalten:

1. Regenschutzkappe für Fahrerausblick
   Um die Sicht bei Regen zu gewährleisten, wird über beide Bügel eine Regenschutzkappe derart angebracht, daß die Sicht des Fahrers weitgehend erhalten bleibt.

Sturmgeschütz IV.
Der Fahrererker wurde an der Vorderseite durch Stahlbeton zusätzlich verstärkt.

2. Fahrerspiegel
   Die Stellung des rechten Fahrerprismas wurde bereits derart geändert, daß vor dem Fahrzeug nur ein toter Raum von etwa 5 bis 6 m blieb.
3. Verstärkung der Panzerung der Stirnwand des Fahrerhauses. Die Dicke dieser Stirnwand betrug 80 mm.
   Eine Zusatzpanzerung von 20 mm Dicke unter einem Winkel von 15° bis 20° war noch durchführbar. Krupp erarbeitete einen Vorschlag und legte ihn WaPrüf 6 bis zum 24. 6. 1944 zur Begutachtung vor.
4. Ausbau der Kanone
   Um einen leichteren Ausbau der Kanone zu gewährleisten, hatte Gwk neuerdings die Verschraubung des Dekkenpanzers mit Sechskantschrauben vorgenommen, die durch einfachen Körnerschlag gesichert wurden.
5. Munitionslagerung
   Im Fahrzeug wurden insgesamt 87 Schuß (39 in Halterung, 48 in Geschoßkörben) untergebracht. Eine weitere Erhöhung des Munitionsvorrates war nicht mehr durchführbar. Bei der Unterbringung der Munition für die Nebelwerfer wird Daimler-Benz zu Rate gezogen.
6. Nebelwerfer
   Krupp wurde vor kurzem mit 65 Nebelwerfern beliefert. Es bestanden Schwierigkeiten mit der Firma Freudenberg wegen Lieferung geeigneter Simmerringe gegen Wassereintritt.
7. Rohrstütze
   Die von Daimler-Benz für das Sturmgeschütz III entwikkelte Rohrstütze war für das Sturmgeschütz IV nicht verwendbar, da durch die Festlegung des Rohres in Nullstellung dem Fahrer die Sicht nach rechts genommen wurde. Krupp wurde aufgefordert, einen Änderungsvorschlag einzubringen.
8. Verstellbarer Fahrersitz
   Die Konstruktion des von WaPrüf 6 Pz. IV aufgegebenen verstellbaren Hubsitzes war im wesentlichen abgeschlossen.
   Die Rücklehne blieb umklappbar, so daß der Fahrer bei Beschuß nach hinten aussteigen konnte.

Am 8. Juni 1944 begann die Erprobung eines Panzerkampfwagens IV, Ausführung J, (Fahrgestell Nr. 90040) mit 6 Stützrollen anstelle von 8. Es wurde um Erlaubnis nachgesucht, bei allen Panzer IV und Abarten, diese Änderung durchzuführen. Steyr-Daimler-Puch (Nibelungen-Werk) versprach sich von dieser Maßnahme die Einsparung von 2000 »Engpaß«-Kugellagern. Die damit eingesparte Zeit wurde mit jährlich 24 Panzer IV mehr angegeben.
Obwohl diese Änderung schon im Juni 1944 geprüft worden war, wurden Sturmgeschütze IV mit 6 Stützrollen erst im Dezember 1944 in Serie gefertigt und auch dann nur teilweise.

Am 6. Juni 1944 wurde angeordnet, alle C-Haken am Panzer IV durch S-Haken zu ersetzen. Am 10. Juni 1944 wurde zur Ausrüstung nur noch ein S-Haken anstelle von 2 C-Haken gefordert.

Am 13. Juni 1944 wurde für die Rohrstütze am Panzer IV festgelegt:

– alte Rohrzurrung 0°
– neue Rohrzurrung 12°, bedingt durch die vorgesehene Rohrstütze.

Am 14. Juni 1944 erging die Anordnung über die Verwendung von aufgeschweißten Pilzen für den Behelfskran, gefolgt von einem Befehl OKH an Krupp-Gruson vom 30. Juni 1944, ab sofort die laufende Serie mit diesen Pilzen auszurüsten.

Eine Niederschrift einer Besprechung am 6. Juli 1944 in Magdeburg ergab folgende Einzelheiten:

1. Zusatzpanzer-Fahrersitz
   Der Vorschlag, die Halterungen für die Zusatzpanzerung an die Fahrerfront direkt anzuschweißen, wurde abgelehnt. Die Platte war mit sechs Schrauben M 20 zu befestigen. Die Blechdicke der Zusatzplatte war auf 30 mm zu erhöhen.
   Da es der Truppe unter behelfsmäßigen Bedingungen nicht möglich war, Löcher in die 80 mm dicke Platte zu bohren, war die Zusatzplatte in der neuen Ausführung zu verwenden, jedoch nicht zu schrauben sondern anzuschweißen.
2. Fahrersitz
   Krupp legte die neueste Ausführung des in der Höhe verstellbaren Einheitsfahrersitzes vor. (Zeichnung-Nr. SKA 6300 b)
3. Rohrstütze für Geschütz
   Die Stütze war für 6° Rohrerhöhung entwickelt, da die ursprünglich geforderten 10° wegen Behinderung des Schwungkraftanlassers und der Handhilfspumpe nicht erreicht werden konnten. Die Sicht für den Fahrer nach rechts war auch bei 6° ausreichend.
4. Regenschutz für Fahrerspiegel
   WaPrüf war mit der Ausführung nach SKC 6286 einverstanden.
5. Geländer auf Heckpanzer
   Die von Daimler-Benz für den Panzer III entwickelte Geländer-Anordnung war in abgeänderter Form mit 300 mm Bauhöhe und 100 mm Überstand an der rechten Fahrzeugseite zur einwandfreien Betätigung der Lüfterklappe auszuführen.
6. Behelfskran
   Die Pilze waren in vereinfachter Ausführung mit 50 mm ∅ und durchgehender Regenrinne 10x12 auszuführen.
   Versuchsweise wurde auf die vertikale Stellung der Pilze

Sturmgeschütz IV mit Behelfskran 2 t. Bewaffnung entfernt. Kühlerventilator ausgeschwenkt.

Sturmgeschütz IV.
Waffe vor dem Einbau.

Sturmgeschütz IV.
Aufbaudach wird aufgesetzt. Rundumfeuer-MG und Nahverteidigungswaffe sind gut zu erkennen.

Sturmgeschütz IV.
Der zusätzliche Schutz für den Fahrer und die gegenüberliegende Seite sind Änderungen der Truppe.

5. Mai 1945 – der Krieg ist zu Ende. Deutsche Soldaten der 34. Infanterie-Division übergeben ihre intakten Sturmgeschütz IV.
Den drei Sturmgeschütz IV folgt ein Bergepanzer III.
Stu. G. IV gefertigt bei Krupp-Gruson im August 1944. Zusätzliche Stahlbleche und Beton sind Änderungen der Truppe.

Sturmgeschütz IV.
Krupp-Produktion im September 1944.

verzichtet, ebenso auf einen besonderen Verschluß gegen Staub. Es war zu untersuchen, ob die drei Pilze so angeordnet werden konnten, daß der Geschützausbau durchgeführt werden konnte. Der Firma Krupp wurde ein Versuchskran zur Verfügung gestellt.

7. Nebelwerfermunition
   Die Unterbringung konnte noch nicht endgültig festgelegt werden, da ein Fahrzeug nicht zur Verfügung stand. Es wurde vereinbart, die von Daimler-Benz ausgeführte Halterung für das Sturmgeschütz III/IV zu verwenden.

Krupp Grusonwerk wird bis Ende Juli 1944 ein Serienfahrzeug versuchsweise mit den unter 1 bis 6 aufgeführten Änderungen ausrüsten. WaPrüf 6 wird die Freigabe und Überführung nach Kummersdorf beantragen.

Die drehbare Kommandantenkuppel wurde ab August 1944 (nicht 100%ig) wieder eingeführt.

Am 8. August 1944 wurde mitgeteilt, daß die Entwicklung der Flammentöter an den Auspuffrohren kurz vor dem Abschluß stand. Diese Änderung wurde schon im August 1944 teilweise eingeführt. Die Montagefirmen erhielten im September 1944 den Befehl, **Zimmerit** nicht mehr aufzutragen.

Sturmgeschütz IV. Seiten- und Rückansicht.
Flammenvernichter anstelle des normalen Auspuffs.

Sturmgeschütz IV
(Typische Auslegung der letzten Serienfertigung).

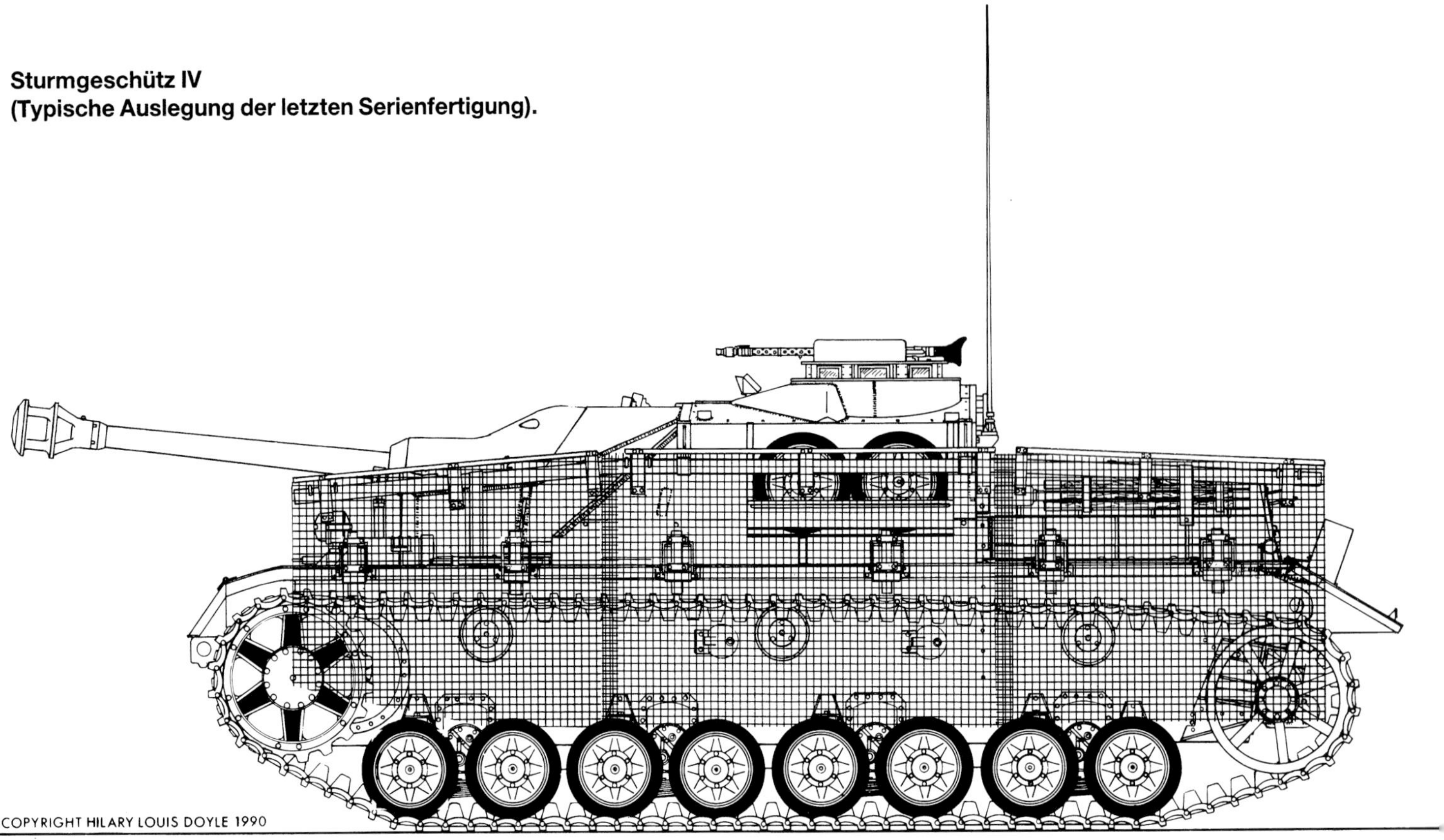

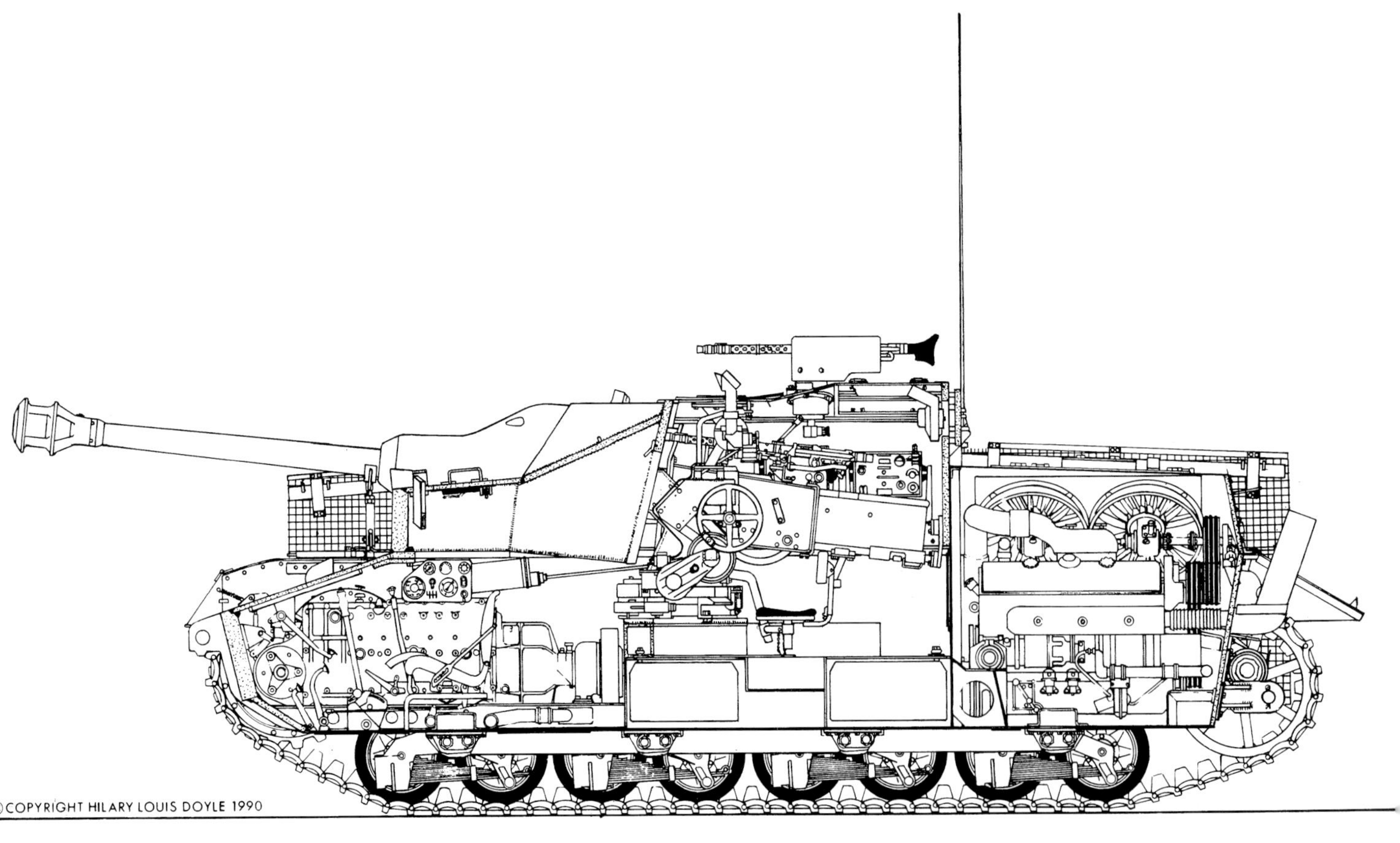

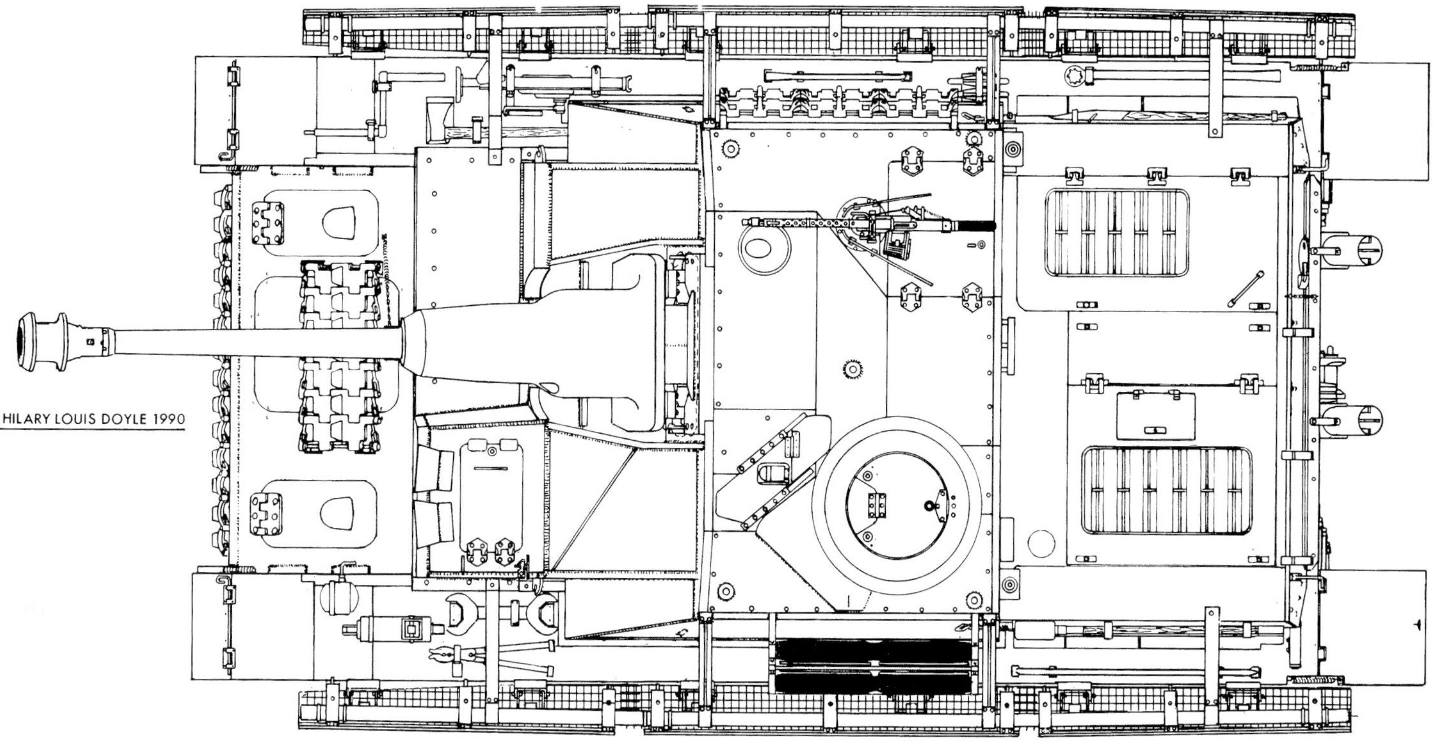

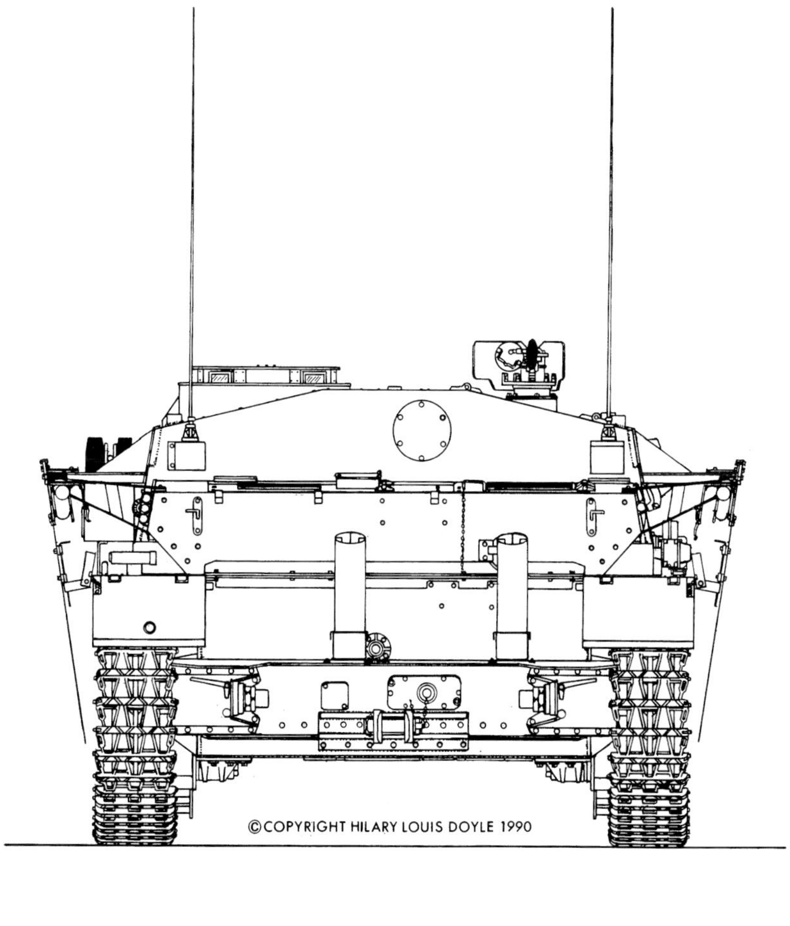

Ab November 1944 wurde beim Sturmgeschütz IV eine Rohrstütze auf der Grundplatte des Fahrzeuges als zusätzliche Zurrung angebracht. Sie erfolgte bei einer Rohrerhöhung von 6°. Die Anbringung bei der Truppe geschah nach Krupp-Zeichnung SKD 6437. Dazu benötigte Anbauteile waren auf dem Nachschubwege anzufordern.
Ebenfalls ab November 1944 erfolgte die Anbringung eines Regenschutzes über dem Bügel des Fahrerspiegels. Bisher wurde der Fahrerausblick bei Regen und Schneefall fast blind.
Ab November 1944 wurde die freiliegende Kraftstoffleitung über dem Behälter III durch ein Schutzblech abgedeckt, um Beschädigungen zu vermeiden. Diese Änderung konnte von der Truppe durchgeführt werden.
Wegen der dauernden Zahnbrüche am Seitenvorgelege wurde in der endgültigen Lösung der Zahnfuß des Stirnrades A verstärkt. Weitere Änderungen folgten. Beim Sturmgeschütz IV war eine einheitliche Durchführung dieser Änderungen wegen uneinheitlicher Zulieferung der Einbauteile nicht möglich. Beim Sturmgeschütz IV verursachte das unbeabsichtigte Zuschlagen der Fahrereinstiegklappe während der Fahrt Unfälle. Dies wurde durch die Anbringung einer Sperrklinke verhindert. Es wurde die zu geringe Leistung der Sammler (Batterien) bei Kälte beanstandet. Ab November 1944 erfolgte die Zuführung von Warmluft durch den Kühlerlüfter und eine Isolierung der Sammler durch eine Holzverkleidung.
Ab Ende Dezember 1944 erfolgte die Anbringung einer neuen Abschleppkupplung mit horizontalem Bolzen. Bisher war das Abschleppen mit Abschleppstange nicht möglich. Die Änderung konnte von der Truppe selbst durchgeführt werden.
Ab Dezember 1944 wurden Veränderungen an den Fahrzeugen zur Verbesserung der Abschleppmöglichkeiten eingeführt.
Die alten Anhängegabeln mit Bolzen am Bug- und Heckpanzer entfielen, sie wurden durch 2 Ösen mit Bolzen an Bug- und Heckpanzer (Bestandteil der Wannenseitenwand) ersetzt. Zusätzlich zu diesen Veränderungen wurden Änderungen am Aufbau des Sturmgeschützes IV laufend durchgeführt. Sie wurden bereits im Kapitel **Sturmgeschütz III, Ausführung G** eingehend beschrieben.
Beide Fahrzeuge, Sturmgeschütz IV und Sturmgeschütz III, Ausführung G hatten den selben Aufbau, der von der selben Firma geliefert wurde.

Die Herstellerfirmen

Dieses Kapitel versucht, die Funktion der Montagewerke näher zu erklären. Ähnlich der heutigen Massenfertigung von Kraftfahrzeugen waren in die Fertigung von gepanzerten Fahrzeugen eine große Anzahl von Unterlieferanten eingeschaltet, deren Produkte in den Herstellungsablauf der Montagewerke einflossen.

Das Sturmgeschütz bestand im wesentlichen aus zwei Hauptkomponenten: dem Fahrgestell mit den automotiven Aggregaten und dem Aufbau mit der Bewaffnung. Diese Teilung wurde schon dadurch offensichtlich, daß das Fahrgestell getrennt gefertigt, offiziell geprüft und abgenommen wurde. Es ging dann ans Werk zurück, wo der Aufbau aufgesetzt wurde. Ein Großteil der Arbeit der Montagewerke lag in der Vorbereitung der Vielzahl der Komponenten für die Endmontage. Nach der Lieferung der Wanne durch die Stahlindustrie wurden diese u. a. durch Mehrfachbohrwerke für die Aufnahme der Drehstabfederung, Kettenantrieb und Kettennachstellung vorbereitet. Erst dann folgte die Auflage der Wanne auf das Montageband zur endgültigen Fertigstellung.

Wannenseiten-Blech beim Brennschneiden (alle folgenden Bilder von der Firma Alkett).

Schweißvorrichtung.

Schweißvorrichtung.

Schweißvorrichtung.

Zwölf-Spindel-Bohrwerk.

Nußlochbohrer.

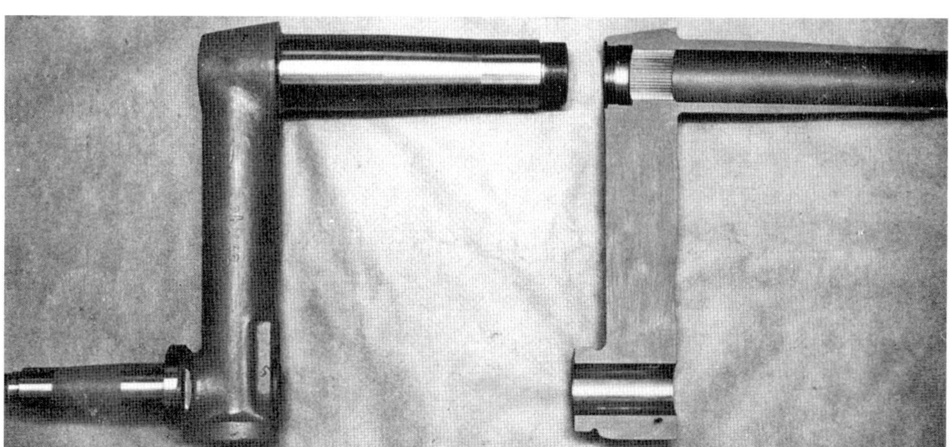

Schwingarm.

Schwingarmbohren.

Schwingarmbohren.

Schwingarmbearbeitung.

Schwingarm-Gewindefräsen.

Woerner-Vielstahlbank.

Zapfenbearbeitung.

G. F. Starrdrehbank.

Stützwellen-Bearbeitung.

Räumbank.

Räumbank.

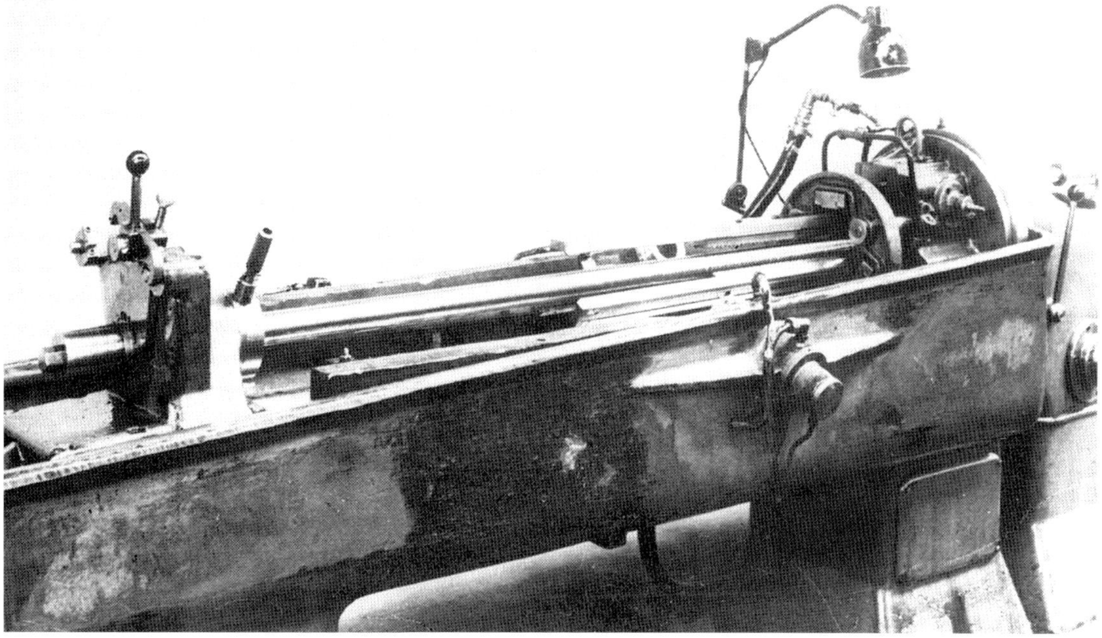

Drehstabfeder-Prüfung.

Räumkopf.

Drehstabfederschaft.

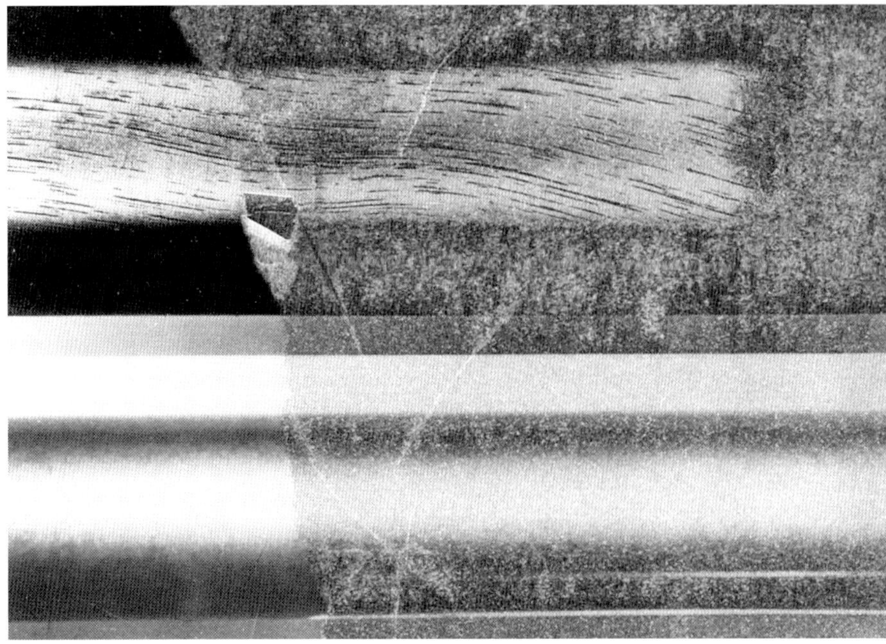

Kettenräder beim Abhärten.

Oberflächenhärten der Kettenräder.

Bremstrommel-Bearbeitung.

Die Taktstraße bei **Alkett** für die Fertigung der Fahrgestelle war in 18 Takte für folgende Arbeiten eingeteilt:

Takt 1 Hartgewebebuchsen einziehen und aufreiben, Dichtringe einsetzen, Schwingarmführungsschienen anschrauben, Bock für Kettennachstellungen montieren und elektrische Leitungen im Motorraum verlegen.

Takt 2 Lagerhülsen montieren, Schwingarm einbauen, Leitradkurbeln montieren und Böcke für Stoßdämpfer anschrauben.

Takt 3 Anschlagböcke für Schwingarme anschrauben, Kettennachstellung anbringen, Stützrollen anschrauben, diverse elektrische Leitungen verlegen.

Takt 4 Drehstabfeder-Nüsse einsetzen, Drehstabfeder einbauen, Leiträder montieren und elektrische Installation weiterführen.

Takt 5 Stoßdämpfer anbauen, Laufrollenaufsetzen vorbereiten und Regler- und Magnetschalter einbauen.

Takt 6 Laufrollen aufsetzen und verschrauben und Kettenantriebe anbauen.

Takt 7 Bremsgehäuse montieren, Tunnelbrücke einsetzen und Kupplungskasten einbauen.

Takt 8 Kettenbremse komplettieren, Schaltbrett anbringen und elektrische Kabel verlegen.

Takt 9 Luftabsaugung einbauen, Wand und Gestänge für Kraftstoffbehälter anbringen, Untergestell für Fahrersitz anschrauben und Bock für Gaspedal anbringen.

Takt 10 Lenk- und Schaltgetriebe einbauen, Rollengelenkwelle anschrauben und Kraftstoffbehälter einbauen.

Takt 11 Kraftstoffpumpe einbauen, Instrumente einbauen und anschließen, Lenkung montieren und Motor vorbereiten.

Takt 12 Motor einbauen und entsprechende Motoranschlüsse vornehmen.

Takt 13 Kühler einbauen, Gas- und Luftgestänge montieren und Munitionskasten im Motorraum einbauen.

Takt 14 Motor und Schaltbrett anschließen, Lüfter einbauen und Batteriekasten einbauen.

Takt 15 Wasserrohr für Kühler anbringen, Bodendeckel anschrauben und Luftfilter anbauen.

Takt 16 Andrehvorrichtung montieren, Lichtmaschine, Anlasser und Batterie anschließen und elektrische Anlage überprüfen.

Takt 17 Luftführungsbleche montieren und Auspuffanlage einbauen.

Takt 18 Motor und Getriebe mit Öl versehen, Kühler mit Wasser füllen, Fahrgestell abschmieren, Probelauf durchführen, Ketten auflegen und spannen.

Lageplan der Fertigungsstätten.

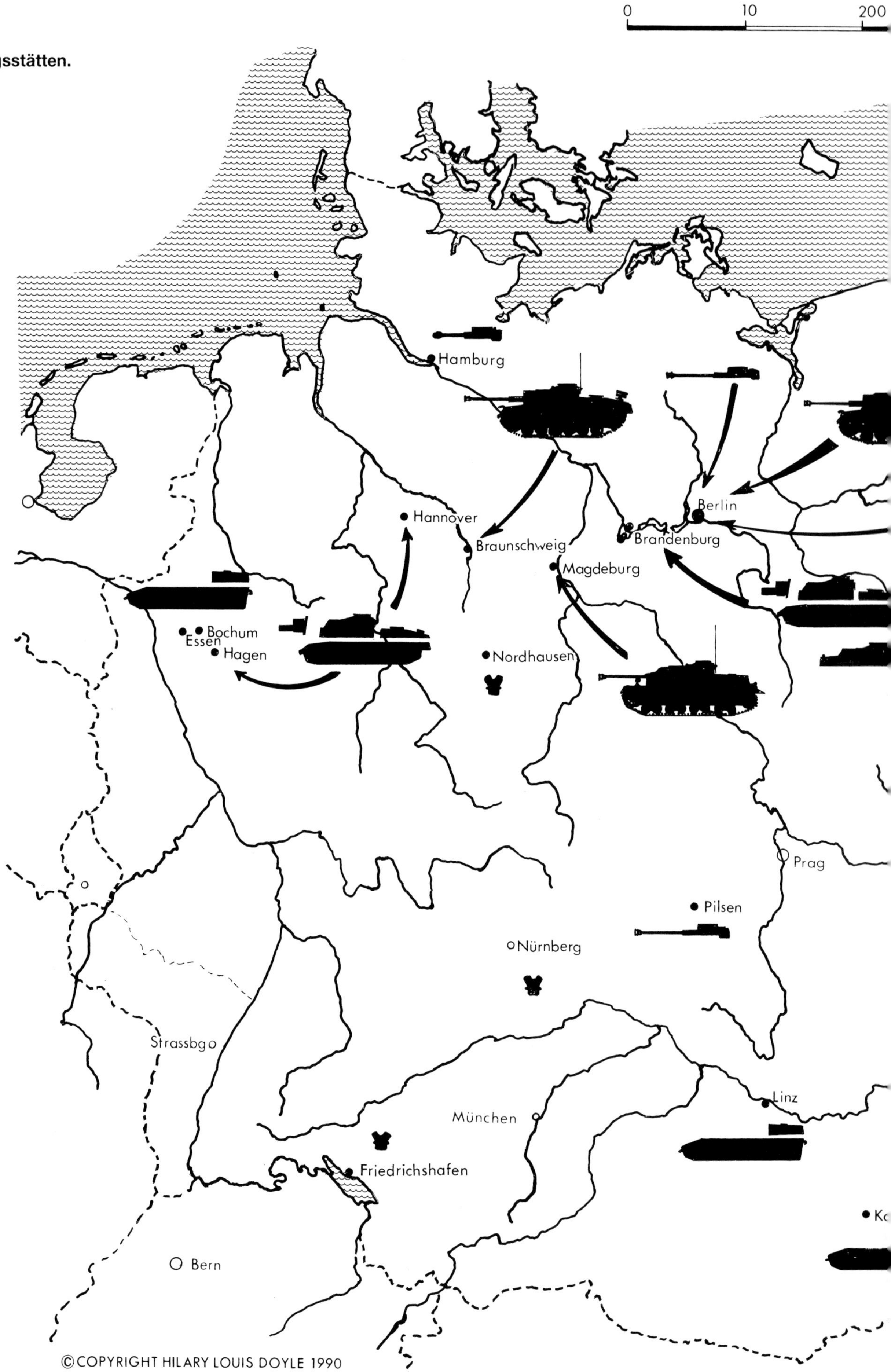

Das Fahrgestell ging darauf zum Einfahren über die Entfernung von 300 km auf die Teststrecke zur letzten Inspektion. Probleme wurden festgehalten, die Abnahme erfolgte durch einen Inspektor des Heereswaffenamtes. Erst dann ging das Fahrgestell an das Herstellerwerk zurück.
Der Zusammenbau des Aufbaus war bedeutend einfacher als der des Fahrgestells. Das Montagewerk hatte die Aufgabe, viele Bohrungen durchzuführen, welche die Halterungen für Zubehörteile aufnahmen. Der Aufbau wurde mit dem Fahrgestell verschraubt, der endgültige Zusammenbau durchgeführt und das komplettierte Sturmgeschütz erneut durch einen Inspektor des Heereswaffenamtes abgenommen. Es folgte die Bahnverladung für den Transport zum Heereszeugamt. Dieses rüstete das Fahrzeug mit Werkzeug, Ersatzteilen, Munition, Funkgeräten und leichten Waffen aus. Da die Funkgeräte elektrische Impulse der Fahrzeugelektrik aufnahmen, wurden vom Heereszeugamt die Fahrzeuge elektrisch entstört. Nach der Endabnahme waren die Sturmgeschütze endgültig fertig für die Übernahme durch die Truppe.
Während der letzten Kriegsjahre wurde, aus Kraftstoffmangel, die Einfahrstrecke auf 50 km beschränkt. Ab April 1945 wurden, wegen des vollständigen Zusammenbruchs des Transportwesens, die Fahrzeuge nicht mehr eingefahren oder zu den Heereszeugämtern geschickt, sie wurden im Montagewerk komplettiert und schon im Montagewerk der Truppe übergeben.

MONTAGEFIRMEN

Daimler-Benz AG, Werk 40, Berlin-Marienfelde

Die Motorfahrzeug- und Motorenfabrik AG, Marienfelde bei Berlin, ging aus einer von Adolf Altmann (1850–1905) gegründeten Motorenfabrik hervor. Sie existierte unter diesem Namen von 1889 bis 1902 und wurde dann bis 1926 in Daimler-Motoren-Gesellschaft (DMG), Cannstadt (ab 1904 Stuttgart-Untertürkheim), Werk Marienfelde umbenannt.
In der Gesamtstruktur des Konzerns stellte Cannstadt bald nur noch Personenkraftwagen her, während in Berlin der Nutzfahrzeugbau konzentriert wurde. Nach der Fusion Daimler/Benz 1926, drohte vorübergehend die Stillegung der Pro-

Daimler-Benz, Werk 40, Berlin-Marienfelde. Gruppenfertigung Pz. Kpfwg. III-Fahrgestelle (1940).

duktion und die Nutzung des Werkes als Reparaturbetrieb. 1934 wurde in Berlin die Fertigung wiederaufgenommen und hauptsächlich Militärfahrzeuge und Flugmotoren hergestellt. Schon in den Zwanziger Jahren entstanden in Marienfelde die ersten Prototypen gepanzerter Rad- und Vollkettenfahrzeuge. Auch Halbkettenzugmaschinen wurden entwickelt und in Serie gebaut. Schließlich wurde 1934 der Bau des späteren Panzerkampfwagens III eingeleitet, dessen endgültige Gestaltung, Entwicklung und Fertigung in die Verantwortung des Werkes Marienfelde der Daimler-Benz AG überging. Die Fertigung erfolgte anfangs in sogenannter Gruppenmontage, d. h. das Fahrzeug blieb während des kompletten Zusammenbaus an einer Stelle; eine Bandfertigung war erst später vorgesehen. Daimler-Benz war für die Entwicklung, Erprobung und Anfangsfertigung des **Sturmgeschützes** verantwortlich.

Der einzige Beitrag zur Sturmgeschütz-Fertigung durch das Werk 40 der Daimler-Benz AG lag bei 30 Stück Sturmgeschütz, Ausführung A im Jahr 1940 und 30 Stück Sturmgeschütz IV im Dezember 1943.

Die Auslastung der Produktion lag in den Jahren 1935 bis 1938 in der Fertigung von militärischen Lastkraftwagen, Halbketten-Zugkraftwagen, Panzerkampfwagen I, Ausführung A, kleine Panzerbefehlswagen und Panzerkampfwagen I, Ausführung B.

Werk 40 komplettierte in den Jahren 1936 bis 1939 Aufbauten und Türme für den Panzerkampfwagen II, die auf angelieferte Fahrgestelle aufgebaut wurden. Die Fertigung der ersten Serie für den Panzerkampfwagen III begann 1937. Werk 40 bekam Aufträge über die Fertigung einer Serie jeder Ausführung des Panzerkampfwagens III mit Ausnahme der Ausführungen M und N. Der letzte von Werk 40 gebaute Panzerkampfwagen III, Ausführung L, verließ Marienfelde im Oktober 1942. Werk 40 war ebenfalls der einzige Hersteller des großen Panzerbefehlswagens (auf ZW-Fahrgestell), beginnend mit der Ausführung D 1938 bis hin zur Ausführung K im Februar 1943.

Werk 40 mußte auf die Fertigung des Panzerkampfwagens **Panther** umstellen, dessen Auslieferung im Januar 1943

begann und im April 1945 endete, als die Rote Armee Berlin besetzte.
Werk 40 der Daimler-Benz AG produzierte fast ausschließlich Sonderfahrzeuge für das Heer mit folgenden Fertigungszahlen:

Jahr	Zugkraftwagen	Panzerkampfwagen	Sturmgeschütze
1936	329	109	–
1937	282	129	–
1938	252	63	–
1939	157	90	–
1940	262	184	30
1941	329	387	–
1942	343	301	–
1943	204	545	30
1944	22	1175	–
1944	–	220	–

Altmärkische Kettenwerk GmbH, Berlin-Tegel (Alkett)

Im Gegensatz zu Daimler-Benz und anderen Firmen, die teilweise eine breitgefächerte Palette an Produkten anboten, war die Firma Alkett nahezu vollständig mit Rüstungs-Aufträgen ausgelastet. 1940, beim Beginn der Sturmgeschütz-Fertigung, arbeiteten 1500 Beschäftigte in der Panzerfertigung. Im Rahmen der Wehrmachtsaufträge nahm der Bau von gepanzerten Vollkettenfahrzeugen den weitaus größten Raum ein. Das Oberkommando des Heeres hatte im Frühjahr 1936 die Errichtung einer Fertigungsstelle für Panzerfahrzeuge durch die Firma Rheinmetall-Borsig AG verlangt. Unter verschiedenen Projekten fiel die Wahl auf das Gelände einer ehemaligen Kessel- und Behälterfabrik in Berlin-Borsigwalde, Breitenbachstraße.
Zur Durchführung des Projektes wurde am 1. April 1937 eine GmbH, die als Altmärkisches Kettenwerk Berlin-Borsigwalde firmierte, gegründet. Teilhaber am Kapital von 50000,– RM waren
- mit 40% die Montan-Industriewerke GmbH,
- mit 60% die Rheinmetall-Borsig AG.

Bereits vorhandene Hallen wurden abgerissen, teilweise instandgesetzt und vergrößert, an Neubauten entstanden das Kesselhaus sowie weitere Hallen.
Bis Ende 1938 wurde der Panzerkampfwagen II in langsam steigender Stückzahl gebaut. Im selben Jahr begannen die Vorbereitungsarbeiten für die Fertigung des Panzerkampfwagens III. Dieses Fahrzeug wurde dann als Ersatz für den Panzerkampfwagen II bis zum Oktober 1942 gebaut. 1940 kam die Montage des Sturmgeschützes (auf Panzer III-Fahrgestell) hinzu. Dieses Fahrzeug wurde bis Kriegsende 1945 gefertigt.
A. Wasmuth schrieb in diesem Zusammenhang am 1. 3. 1978 an Oberst a. D. Icken: »Die Firma Alkett war eine Nachbaufirma d. h. man fertigte nach fremden Unterlagen die Kampfwagen II und III einschl. Sturmgeschütz. Von erfahrenen Fachkräften wurden erst nach Anlauf der ersten Serie drei Schlosser mit Meister Hahne nach Berlin geschickt. Die ersten Fahrzeuge wurden noch bei Rheinmetall-Borsig in Berlin-Tegel gebaut.
(Panzerkampfwagen I, Ausführung A). Nicht einen einzigen Konstrukteur stellte Rheinmetall, Düsseldorf, zur Verfügung. Man brauchte diese Kräfte für andere Aufgaben; schwere Mörser auf Selbstfahrlafetten, Eisenbahngeschütze usw.«
Bis zum Herbst 1943 wurde in Borsigwalde komplett (Fahrgestell und Aufbau) gefertigt bzw. montiert. Dabei wurden Schmiedestücke, Stahlgußteile, Panzergehäuse und andere wichtige Einbauteile wie Motor, Teile der Getriebe u. a. von Zulieferfirmen beigestellt.
Im Alkett-Werk Borsigwalde wurde die Fertigung von November 1943 bis Januar 1944 infolge großer Zerstörungen durch den Fliegerangriff vom 26. 11. 1943 unterbrochen. Aus diesem Grunde wurde ab Ende 1943 dann das Reichsbahn-Ausbesserungswerk Falkensee bei Spandau (Rheinmetall trat in den von den Demag-Fahrzeugwerken, Duisburg, abgeschlossenen Pachtvertrag ein) sowie ab Herbst 1943 die der Montan-Industriewerke in Spandau in die Fertigung eingeschaltet. Das Werk Falkensee stellte nach dem Bombenangriff auf das Werk Borsigwalde nur Fahrgestelle für das Sturmgeschütz her, die im Werk Spandau mit Aufbauten versehen und komplettiert wurden. In Borsigwalde wurden Getriebe und sonstige Untergruppen hergestellt.
Der Getriebebau in Borsigwalde, für maximal 150 Schaltgetriebe im Monat eingerichtet, wurde nach der Zerstörung für 300 Getriebe (150 Schalt- und Lenkgetriebe) wieder aufgebaut und mit den erforderlichen Maschinen sowie Vergütungsanlagen ausgestattet. Die restlichen für den Maximalausstoß erforderlichen Schalt- und Lenkgetriebe wurden von Zulieferanten beigestellt.

Alkett, Werk Borsigwalde (Werk I).

Die Größe der einzelnen Werke und die Zahl der Beschäftigten gibt einen Einblick in die Größe dieses Unternehmens:

	bebaute Fläche (m^2)	Beschäftigte
Borsigwalde	ca. 62000	3000
Spandau	ca. 60000	2700
Falkensee	ca. 40000	5500
	ca. 162000	11200

Das Werk Spandau hatte lediglich zwei Einspindelbohrwerke erhalten, um Sonderaufgaben durchführen zu können. Im Werk Falkensee befanden sich vier Einspindelbohrwerke, wovon sich jeweils zwei gegenüber standen, um gleichzeitig die Lenkgetriebe- und Leitradlager, links und rechts, bearbeiten zu können. Außerdem waren zwei Stück 12-Spindel-Spezialbohrwerke zum Bohren der Schwingarmlagerung vorhanden.
Drehstabfedern wurden auch im Werk Borsigwalde nach Anlieferung der Rohlinge bearbeitet. Der monatliche Ausstoß lag bei 800 bis 1200 Stück.

Alkett, März/April 1944.

Alkett, Werk Borsigwalde nach der Zerstörung durch alliierte Bomber.

Alkett, Werk Falkensee.

Alkett, Werk Falkensee.

Alkett, Schwingarmstraße in der Halle der Firma Jachmann.

Sie stellten immer einen gewissen Engpaß dar. Zulieferfirmen waren:

- Röchling, Wetzlar
- Hösch, Hohenlimburg
- Dittmann-Neuhaus, Herbede

Außerdem wurde eine kleine Fabrik in Berlin-Stralau eingerichtet.

Nach dem Bombenangriff auf die Kugellagerfertigung in Schweinfurt konnten etwa noch 5 Wochen lang Panzerfahrgestelle III gebaut werden, ohne daß ein einziges Kugellager aus Schweinfurt benötigt wurde. Die Panzerhersteller hatten sich so unterschiedlich mit Kugellagern eingedeckt (bei Werkzeugen, Brechstangen, Hämmern, Wagenwinden war es ebenso), daß durch den erzwungenen Austausch der einzelnen Kugellagertypen der weitere Ausstoß gesichert war. Innerhalb 5 Wochen hatte man die Kugellagerfertigung durch Verlagerung wieder soweit im Griff, daß auf die vorgesehene Gleitlagerung beim Panzer III und IV vorläufig verzichtet werden konnte.

Die Schwingarm-Fertigungsstraße wurde beim Bombenangriff auf Borsigwalde nicht zerstört, da sie nicht auf dem eigentlichen Werksgelände untergebracht war. Sie war zur Firma Jachmann, Berlin-Wittenau verlagert. Fertigungsschwierigkeiten ergaben sich dort nur wegen Mangel an Schmiedestücken.

Auf Alkett wurden 4 Luftangriffe geflogen, bei denen 3609 t Bomben abgeworfen wurden.

Insgesamt wurden von Alkett 7700 gepanzerte Fahrzeuge gebaut.

Die Firma Alkett nahm in der Panzerfertigung im Vergleich zu den übrigen panzerbauenden Firmen eine Sonderstellung ein. 1941 wurde eine Versuchswerkstätte errichtet und außerdem ein Konstruktionsbüro unter Leitung von Dipl.-Ing. Michaels ins Leben gerufen. Aufgrund der langjährigen Erfahrung im Panzerbau sowie aufgrund vorhandener erstklassiger Fachkräfte wurde das Werk vom Reichsminister für Rüstung und Kriegsproduktion laufend für die Durchführung wichtiger Entwicklungsaufgaben und Fertigung von 0-Serienfahrzeugen von neu zu entwickelnden bzw. entwickelter Typen eingesetzt. In der Regel unter Verwendung eingeführter Fahrzeuge, entstanden Muster für den Serienbau bei anderen Herstellern. Alkett hatte einen entscheidenden Einfluß auf die Gestaltung von Panzerjäger- und Artillerie-Selbstfahrlafetten – auch auf erbeuteten Fahrgestellen – und die Entwicklung von Unterwasser- und Schwimmfahrzeugen. Alkett wurde auch bevorzugt, weil neben dem Konstruktionsbüro ein sehr wendiger Betrieb stand, der es immer wieder ermöglicht hatte, daß sehr schnell eine neue Idee in die Wirklichkeit umgesetzt wurde.

▶

1 Büros, Pförtner, Kantine, Doktor, 2 Werkshallen, Magazine, Lager, 3 Werkstätten, Härterei, Kesselhaus, 4 Metall- und Graugießerei, 5 Putzerei, Kettenguß, 6 Kettenbau, Waschräume, 7 Fahrzeugbau, 8 Fahrzeugbau, Rohmühlenbau, 9 Fahrzeugbau, 10 Eisenvorschneiderei, Stabeisenlager

Mühlenbau und Industrie AG (MIAG), Amme-Werk, Braunschweig

Die MIAG entstand 1926 durch den Zusammenschluß der fünf bedeutendsten deutschen Mühlenbauanstalten. In Braunschweig wurden Apparate für den Mühlenbau und andere landwirtschaftliche Großanlagen gefertigt, die zahlreich in den Export gingen.
Die Panzerfertigung lief im Werk Neupetrietor 1938 mit der Montage von Panzerkampfwagen II an. Die Fertigung dieses Fahrzeuges lief bis April 1939. Der vorgesehene Beginn der Fertigung von Panzerkampfwagen III durch MIAG verzögerte sich durch Probleme mit dem Schaltgetriebe bis zum Herbst 1939. Beginnend im September 1939 mit zwei Panzerkampfwagen III, lag die Fertigung im Juni 1940 schon bei 15 Einheiten. Die monatliche Fertigungsrate des Panzerkampfwagens III erhöhte sich stetig und erreichte ihren Höhepunkt mit 80 Fahrzeugen im Dezember 1943.
Der letzte, von MIAG gebaute Panzerkampfwagen III, wurde im Mai 1943 vom Heereswaffenamt abgenommen.
Die Fertigung von Sturmgeschützen lief bei MIAG mit zehn Stück im Februar 1943 an, der gesamte Waffenamt-Auftrag war im März 1945 abgewickelt.
1943 wurde MIAG aufgefordert, die Entwicklung des **Jagdpanther**-Entwurfes weiterzuführen. Die Serienfertigung dieses Fahrzeuges begann im Januar 1944 und lief bis Kriegsende. Zusätzlich zu der Montage gepanzerter Fahrzeuge fertigte MIAG Lenkgetriebe für den Panzerkampfwagen III und den Jagdpanther und war Generalhersteller für Gleisketten für Panzer II- und III-Fahrgestelle sowie die Zugkraftwagen 3 t, 8 t und 12 t.
Das Amme-Werk in Braunschweig hatte eine Grundfläche von 180000 m² mit 81300 m² Fertigungsfläche. Die Fertigungsgrenze lag bei MIAG monatlich bei 150 Sturmgeschütz- und 125 Jagdpanther-Einheiten.

Lageplan des Amme-Werks der Firma MIAG in Braunschweig.

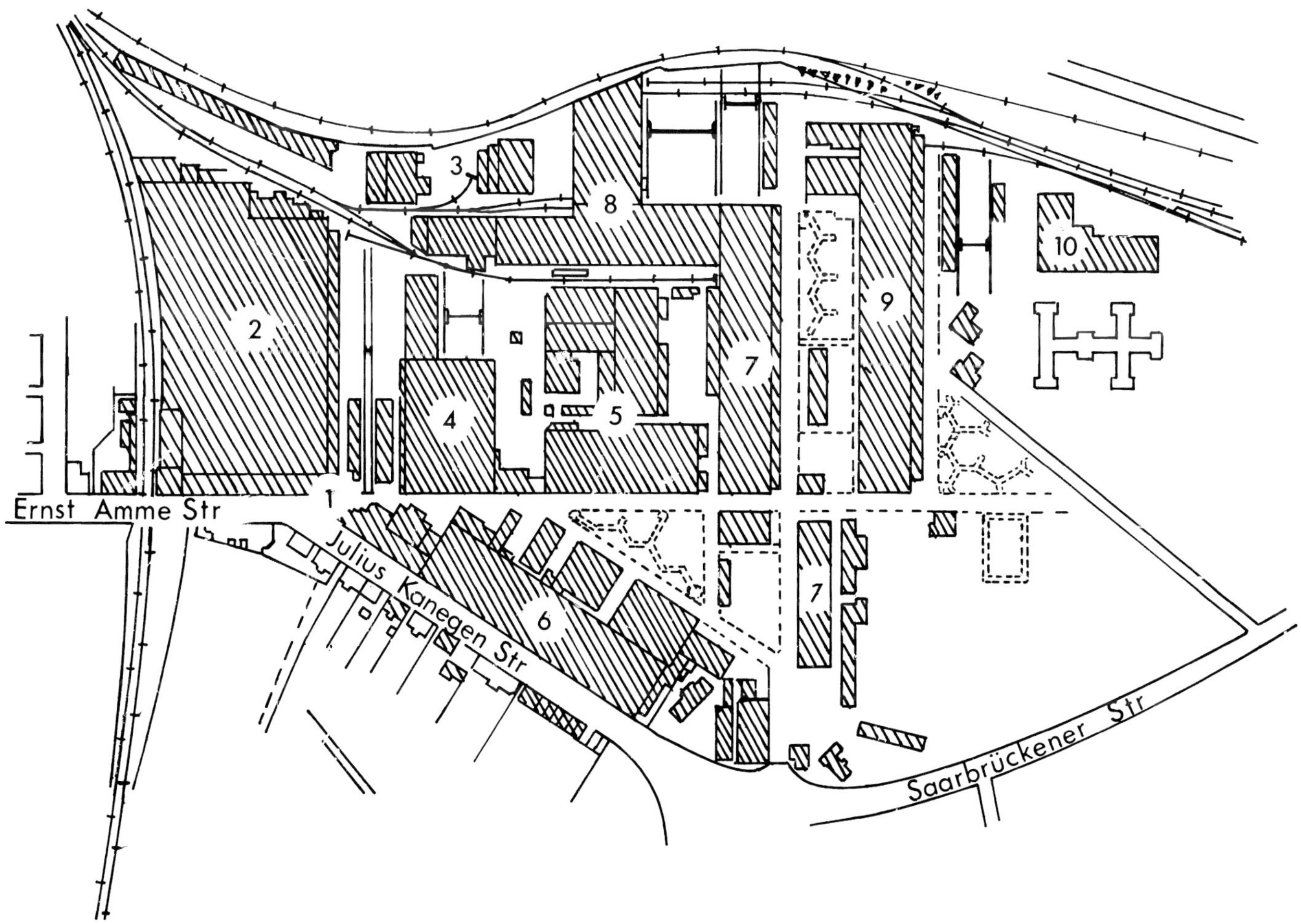

Die durchschnittliche Beschäftigungszahl und die Gewinne durch Aufträge des Waffenamtes wurden wie folgt angegeben:

Jahr	Produktions-arbeiter	Büro-arbeiter	Einnahmen RM
1939	3745	1127	915340,–
1940	5238	1419	8935200,–
1941	4973	1557	16775068,–
1942	5261	1420	33572275,–
1943	5791	1551	44093558,–
1944	5343	1465	60178545,–
1945	4478	1313	

Insgesamt wurden acht Bombenangriffe auf MIAG geflogen, die eine Gesamtmenge von 4907 t Bomben ins Ziel bringen sollten. Aber nur insgesamt 283 Bomben trafen das Zielgebiet, 235 davon Gebäude. Diese Treffer zerstörten etwa 60% der umbauten Fläche, zerstörten 49 Werkzeugmaschinen und beschädigten 117 (von 701) Maschinen für die Panzerfertigung. Beachtlichen Einfluß auf die Betriebsabläufe hatten auch die intensiven Zerstörungen in den Wohngebieten der Stadt Braunschweig.

In der Führerkonferenz vom 1./2. September 1944 wurde Hitler anhand von neuesten Fotos und Plänen über die bisherigen Angriffe auf das Werk MIAG unterrichtet und mitgeteilt, daß trotz dieser erneuten schwersten Beeinträchtigungen des Werkes im vergangenen Monat ein Ausstoß von 100 Sturmgeschützen und 25 Jagdpanther aus dem Bereich dieses Werkes sichergestellt wurde. Hitler bat, den beteiligten Männern für diese einmalige Einsatzleistung seinen Dank auszusprechen und dem Werksleiter (Dr. Blaicher) gleichzeitig in seiner Eigenschaft als Vorsitzender des Hauptausschusses Panzerwagen, seiner Anerkennung zum Ausdruck zu bringen für den Leistungswillen auch aller übrigen Panzerwerke, die unter ähnlichen Umständen Hervorragendes geleistet hatten.

Friedrich Krupp-Grusonwerk AG, Magdeburg-Buckau

Das Werk Magdeburg der Krupp-Gruson AG wurde 1855 von Hermann Gruson gegründet und 1893 von der Friedrich Krupp AG in Essen übernommen. Durch andauernde und erfolgreiche Erweiterung des Fertigungsprogrammes entwikkelte die Firma einen weltbekannten guten Ruf.

Vor dem Ersten Weltkrieg war die Firma einer der in der Welt führenden Hersteller im Schwermaschinenbau und auf dem Gebiet der Stahlherstellung.

Von der zur Verfügung stehenden Grundfläche von insgesamt 300 000 m^2 standen nur zehn Gebäude mit 93 000 m^2 für die Panzerfertigung zur Verfügung. Die Panzerfertigung beanspruchte in diesen zehn Gebäuden eine Fläche von 35 000 m^2. Bis 1938 wurden die Gebäude für den Panzerbau nicht erweitert, erst dann wurde das Pressengebäude und die Montagehalle für den Bau des Panzerkampfwagens IV hinzugefügt.

Der Zusammenbau von Panzerkampfwagen begann im Krupp-Grusonwerk 1934 mit der Fertigung von drei Fahrgestellen des Typs LaS, dem späteren Panzerkampfwagen I. Die Fertigung kompletter Panzerkampfwagen I und Fahrgestelle für andere Zwecke setzte ab 1934 ein und lief bis 1937. Die ersten beiden Panzerkampfwagen IV waren im November 1937 fertiggestellt, Krupp-Gruson blieb der einzige Hersteller dieses Fahrzeuges, bis im Jahr 1941 die Firmen Vomag und Nibelungenwerk in die Fertigung dieses Fahrzeuges eintraten. Die Kampfpanzer IV-Fertigung wurde bei Krupp-Gruson im Januar 1944 auf das Sturmgeschütz IV umgestellt und lief dort bis Ende des Krieges.

In den Jahren 1944 und 1945 fertigte Krupp-Gruson auch Panzer IV-Fahrgestelle für die Flakpanzer IV **Möbelwagen und Ostwind.** Im September 1944 erhielt Krupp-Gruson den Auftrag, ab Januar 1945 die Fertigung des Sturmgeschützes IV auf den leichten Panzerjäger auf Einheitsfahrgestell (Panzer IV/70 E) umzustellen. Nur ein Prototyp dieses Fahrzeuges wurde fertiggestellt, als am 8. Oktober 1944 das Heereswaffenamt die Entscheidung traf, dieses Fahrzeug nicht zu bauen. Im November 1944 wurde auch Krupp-Gruson aufgefordert, ab April 1945 seine Fertigung auf den Panzerkampfwagen **Panther**, Ausführung F, umzustellen. Wegen der Kriegsereignisse wurde diese Idee im März 1945 fallengelassen.

Die Fertigung der Sturmgeschütze IV, der Fahrgestelle für Flakpanzer und anderer Panzerkomponenten beanspruchte etwa 28% des gesamten Fertigungsumfanges (etwa 47% der Verkäufe) im Jahr 1944 und etwa 27% des Werkausstoßes 1945.

Kanonen und Granaten ergaben 27% der Verkäufe und der allgemeine Maschinenbau die restlichen 26%. Die höchste Produktion wurde im Juli 1944 erreicht, kurz vor dem Bombenangriff am 5. August. Zu diesem Zeitpunkt beschäftigte Krupp-Gruson im Panzerbau 1388 Arbeiter und setzte

460 Werkzeugmaschinen für diesen Zweck ein. Dazu kamen 182 Arbeiter und 63 Fertigungsmaschinen für die Herstellung von Ersatzteilen.
Krupp-Gruson fertigte und bearbeitete eine Vielzahl von Panzer-Komponenten. Die wichtigsten davon waren Lenkgetriebe, Seitenvorgelege und die Bearbeitung von Wannen und Aufbauten. Etwa 75% dieser Komponenten wurden komplett bei Krupp-Gruson gefertigt, der Rest kam in halbfertigem Zustand von Vomag und Nibelungenwerke.

Trotz der schweren Bombenangriffe im August, September und Anfang Oktober 1944 erholte sich das Werk schnell in den Monaten Oktober und November. Dies war möglich trotz der schweren Beschädigungen an den Maschinenhallen, weil das Werk nun in der Lage war, auf bereits auf Vorrat gebaute und auf Lager liegende Komponenten zurückzugreifen.
Weitere Hilfe kam aus den noch unbeschädigten Werken Vomag in Plauen und Nibelungenwerke in St. Valentin.
Zusätzlich hatte Krupp-Gruson Teile der Panzerfertigung aus-

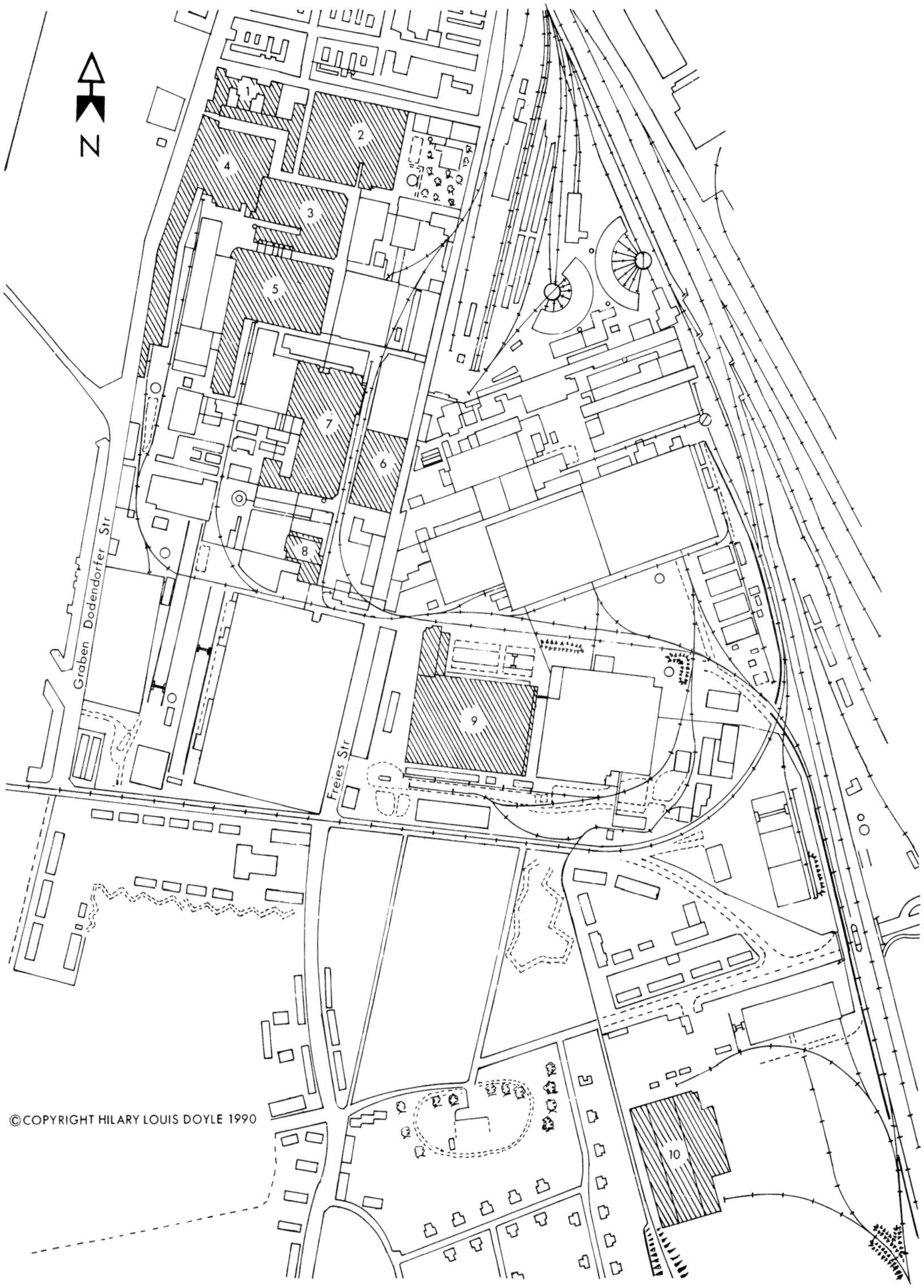

Lageplan der Krupp-Grusonwerke AG in Magdeburg.

1. **Verwaltung**
2. **Werkshalle**
3. **Werkshalle**
4. **Panzer-Ersatzteilelager**
5. **Schmiede**
6. **Kleinteile**
7. **Stahlgießerei**
8. **Kraftwerk**
9. **Eisengießerei**
10. **Montagehalle für Panzerfahrzeuge**

Krupp-Gruson Werke in Magdeburg. Fertigung von Sturmgeschütz IV.

1944 hatte die Fertigung von Ersatzteilen 4913 t erreicht, unabhängig davon, was Krupp-Gruson für die eigene Fertigung benötigte. Diese Ersatzteile wurden als Fertigprodukte an das Heereszeugamt Magdeburg-Königsborn weitergeleitet und dort auf Vorrat gelegt zum Abruf durch die Truppe. Die Masse der 4913 t wurde in der zweiten Jahreshälfte 1944 gefertigt.
Die Auftragslage für das Krupp-Grusonwerk ist Ende 1944 durch die folgende Abschrift dokumentiert:

Abschrift

Hauptausschuß Panzerwagen   Berlin NW 7,
Der Geschäftsführer   3. 11. 1944
FS-Nr. 01 1514
Geheime Reichssache Br. B. Nr. 216/44 g RS
18 Ausfertigungen
8. Ausfertigung
Herrn Dir. Mehner o. V.
Krupp-Gruson AG
Magdeburg-Buckau

Betrifft: Panzer-Fertigung

Nachfolgend gebe ich Ihnen die für Ihr Werk vorgesehene Planung von November 1944 bis Dezember 1945 bekannt:

Typ	Nov.	Dez.	Jan.	Febr.	März	April	Mai
StuG IV	100	130	130	130	130	100	50
Fgst. IV	(30)	(30)	(30)	(30)	(30)	(30)	(30)
Panther*)	–	–	–	–	–	5	20

Typ	Juni	Juli	Aug.	Sept.	Okt.	Nov.	Dez.
StuG IV	–	–	–	–	–	–	–
Fgst. IV	–	–	–	–	–	–	–
Panther	40	60	70	70	70	70	70

gez. Kutscha

gelagert und war ab Oktober 1944 in der Lage, auf diese Fertigungsmöglichkeiten zurückzugreifen.
Ab Dezember 1944 zeigten sich die ersten Zerfallerscheinungen in der Organisation. Wichtige Teile bei Vomag und Nibelungenwerke waren aufgebraucht, Eisenbahnverbindungen anhaltend unterbrochen, die Gas- und Stromversorgung nicht mehr gewährleistet. Im ersten Quartal 1945 konnten nur noch 33% der üblichen Fertigung erreicht werden.

Die Abschrift eines Dokumentes vom 2. März 1945 gibt Einblick in die Auftragslage bei Krupp-Grusonwerke gegen Ende des Zweiten Weltkrieges.

*) Die PANTHER-Fertigung ist bei Krupp-Grusonwerk nicht mehr angelaufen.

Abschrift

Friedrich Krupp Grusonwerk Magdeburg-Buckau, 2. 3. 1945
Aktiengesellschaft
Magdeburg-Buckau

Hauptausschuß Panzerwagen
Sonderausschuß PZ III,
Herrn Dir. Dr. Ing. Jansen,
i. Fa. Miag, *Braunschweig*

Betr. Wehrmachts-Auftragsnummern

Die erbetenen Angaben machen wir Ihnen wie folgt:
Wir haben in Auftrag für 1945:
644 Sturmgeschütze auf Pz. IV Auftrag SS 4902–0210–8917/43
120 Flapa-Fahrgestelle Auftrag SS 4902–0210–8914/43
500 Panther Auftrag SS 4900–0210–5940/44
monatliche Ausstoßmenge etwa 80 Stück.
Die Getriebe hieraus nach 021 St 48440/441, 021 St 48436, 021 St 51156/157 und 021 St 51167 haben sämtlich die Dringlichkeitsstufe SS 4900. (Dringlichkeitsgruppe »Zi«).
Für den Ersatzbedarf laufen für 1945 nachstehende Rahmenaufträge:
Zu 1. a) Pz. Kpfwg. IV und Abarten Auftrag SS 4902–0212–4801/45/1
b) StuG IV Auftrag SS 4902–0212–4806/45/1
Zu 2. a) Ersatzteile für Fahrgestell und Aufbau
b) Ersatzteile für Aufbau Versch.
Zu 3. u. 4. a) Ersatzteile nach besonderer Lieferliste
Auch die Planetengetriebe für den Ersatzbedarf haben die Dringlichkeitsstufe 4900.

FRIED. KRUPP GRUSONWERKE AG
2 Unterschriften

Weiterhin wurde dem Werk zur Auflage gemacht, die Produktion weiter zu erhöhen; in den ersten dreieinhalb Monaten 1945 wurden weitere 2400 t Ersatzteile der Truppe zur Verfügung gestellt.

Unterlieferanten von Hauptkomponenten

Während die Montagefirmen direkt beauftragt wurden, die Endmontage von Lenkgetrieben, Seitenvorgelegen und Laufrollen mit Gummibandagen selbst durchzuführen, wurden viele der Hauptkomponenten wie Wanne, Aufbau, Motor, Schaltgetriebe, Waffen und Zielfernrohre von anderen Firmen hergestellt und nach Abnahme durch das Heereswaffenamt an die Montagefirmen übergeben. Diese Unterlieferanten spielten eine Hauptrolle durch ihre Verantwortung, den immer steigenden Geräteforderungen der Truppe gerecht zu werden. Erhöhte Produktionszahlen der Montagewerke waren nur möglich, wenn die Unterlieferanten rechtzeitig angewiesen wurden, ihren eigenen Ausstoß zu erhöhen. Diese Aufträge an die Unterlieferanten brauchten einen Vorlauf von mindestens sechs Monaten, um erhöhte Stückzahlen zu garantieren.

Stahlindustrie

Der Produktionsablauf der Firmen im Sonderausschuß **Panzerfertigung** war grundsätzlich in drei Hauptbereiche eingeteilt:

- Mechanische Bearbeitung, einschließlich Autogen-Schweißerei
- Glüherei und Vergüterei
- Zusammenbau, Schweißerei, Kontrolle und Versand.

Die geschweißten Gehäuse für die Sturmgeschütz-Wannen und -Aufbauten wurden von 1939 bis 1942 ausschließlich von der Brandenburger Eisenwerke GmbH., Brandenburg/Havel, geliefert. Für die Fertigung war das Werk Kirchmöser/Havel der selben Firma verantwortlich. Die Fertigungszahlen waren:

1939–1941	836 Wannen und 797 Aufbauten
1943	1049 Wannen und 1907 Aufbauten
1944	ungefähr 2600 Wannen und 2700 Aufbauten

Im Januar 1943 schloß sich auch die Firma Deutsche Edelstahlwerke AG, Hannover-Linden (DEW), diesem Bauprogramm für Sturmgeschütz III an und lieferte die folgenden Komponenten an die Firma:

1943	579 Wannen und 630 Aufbauten
1944	728 Wannen und 738 Aufbauten
1945	40 Wannen und 40 Aufbauten

Insgesamt wurden ab 1943 von den Deutschen Edelstahlwerken 1347 Wannen und 1408 Aufbauten an die Sturmgeschütz III-Montagewerke geliefert.

Die Harkort-Eicken Stahlwerke AG, Hagen/Westfalen, mit Werken in Wetter/Ruhr lieferten die folgenden ungefähren Stückzahlen für Sturmgeschütz III:

1943	900 Wannen und	850 Aufbauten
1944	1300 Wannen und	1400 Aufbauten

Mitte 1944 kam noch die Königs- und Bismarckhütte AG, Königshütte-Bismarckhütte O.-S. hinzu. Sie stellte von Juni 1944 bis Februar 1945 ca. 200 Aufbauten für Sturmgeschütz III her.
Die Brandenburger Eisenwerke GmbH, Brandenburg/Havel, Werk Kirchmöser, stellten alle Aufbauten für das Sturmgeschütz IV her: 42 im Jahre 1943 und etwa 1400 im Jahre 1944.
Die Wannen für das Sturmgeschütz IV wurden hergestellt von den Firmen:
- Gebr. Böhler & Co. AG, Kapfenberg-Deuchendorf
- Eisenwerke Oberdonau GmbH, Linz
- Friedrich Krupp AG, Essen und
- Eisen- und Hüttenwerke AG. (EHW), Bochum

Waffenhersteller

Nur 14 Stück der von Krupp, Essen, entwickelten 7,5-cm-Sturmkanone L/24 wurden von Krupp hergestellt. Die weiteren 800 Sturmkanonen, die in Sturmgeschütze der Ausführungen A bis E eingebaut wurden, waren von der Wittenauer Maschinenfabrik GmbH (Wimag) gefertigt.
Die von Rheinmetall-Borsig entwickelte 7,5-cm-Sturmkanone 40 wurde vorwiegend von den Firmen Wittenauer Maschinenfabrik GmbH (Wimag), Berlin-Borsigwalde, (etwa 60%) und Škoda, Pilsen, (etwa 40%) gefertigt.
Der Stückpreis der Waffe betrug 13500,– RM.
Die von Rheinmetall-Borsig entwickelte 10,5-cm-Sturmhaubitze 42 wurde ausschließlich von der Firma Manck & Hambrock GmbH, Hamburg-Altona, gebaut.

Optische Industrie

Das periskopische Zielfernrohr wurde von Carl Zeiss in Jena entwickelt und gebaut. Für die Sturmgeschütze Ausführung A und B, gebaut zwischen 1939 und 1941, wurde das Sfl. ZF verwendet. Die Ausführung Sfl. ZF 1 für die Ausführungen C bis E wurde vom Februar 1941 bis 1944 eingebaut. Die abschließende Ausführung Sfl. ZF 1 a (für die Sturmgeschütz-Ausführungen F bis G), ging im März 1942 in Fertigung. Vom Oktober 1944 bis März 1945 wurden von Zeiss insgesamt 2250 Sfl.-Zielfernrohre gebaut.
Zusätzlich zu Zeiss waren als Lizenznehmer die Optischen und Feinmechanischen Werke, Görlitz sowie die Ernst Leitz GmbH in Wetzlar in die Fertigung eingeschaltet. Leitz stellte etwa 50% dieser Zielfernrohre in folgenden Stückzahlen her:

1941	504	Sfl. ZF 1
1942	1007	Sfl. ZF 1a
1943	4087	Sfl. ZF 1a
1944	6579	Sfl. ZF 1a
1945	1030	Sfl. ZF 1a

Schaltgetriebeherstellung

Das 10-Gang-**Variorex**-Getriebe, Typ 328145, wurde in die 30 Sturmgeschütze Ausführung A eingebaut. Obwohl von der Firma Maybach entwickelt, wurde dieses Schaltgetriebe ausschließlich von der Zahnradfabrik Friedrichshafen (ZF) gebaut.
Das Schaltgetriebe, welches für die Ausführungen B bis G verwendet wurde, war das synchronisierte 6-Gang-Getriebe, Typ SSG 77. Dabei handelte es sich ebenfalls um eine Entwicklung der Zahnradfabrik Friedrichshafen, welche ab 1940 im ZF-Werk I in Friedrichshafen, im Werk II in Berlin-Wittenau und im Werk III in Schwäbisch-Gmünd gefertigt wurde.

Jahr	Werk I	Werk II	Werk III
1940	793	0	118
1941	1214	219	1393
1942	1364	585	1799
1943	1770	1456	700
1944	808	2625	0
1945	0	1076	0

Zwei Bombenangriffe am 24. und 27./28. April 1944 brachten den Gesamtausstoß an fertigen Schaltgetrieben im Werk I zum Erliegen. Dadurch entstand aber kein großer Einbruch in der Sturmgeschütz-Fertigung, da das Alkett-Werk in Berlin-Borsigwalde bereits 1943 die Fertigung des Schaltgetriebes SSG 77 aufgenommen hatte und davon monatlich 100 bis 120 Stück herstellte. 1944 lagen die monatlichen Fertigungszahlen bei 200 bis 300 Stück.
Die Arbeitsgemeinschaft Heilbronn (C. F. Weipert) wurde aufgefordert, die Getriebe-Ausfallzahlen des ZF-Werkes I in Friedrichshafen aufzufangen. Der Fertigungsbeginn war im

September 1944 mit einer einmaligen Lieferung von etwa 120 SSG 76 und SSG 77 bis zum kompletten Ausfall durch Fliegerschäden 1945. Die Schaltgetriebe für das Sturmgeschütz IV und seinem Vorgänger, den Panzerkampfwagen IV war ebenfalls eine Entwicklung der Zahnradfabrik Friedrichshafen und wurden in den Werken I Friedrichshafen und III in Schwäbisch-Gmünd in folgenden Stückzahlen hergestellt:

Jahr	Werk I	Werk III
bis 1939	405	0
1940	297	0
1941	714	0
1942	1259	0
1943	1778	1561
1944	936	3645
1945	0	684

Wie bereits festgehalten, unterbrachen die Bombenangriffe auf das ZF-Werk in Friedrichshafen dessen Getriebefertigung vollständig. Die Carl Hamel AG in Chemnitz nahm 1944 die Getriebe-Fertigung auf und begann mit den ersten Lieferungen etwa im September 1944. Der monatliche Fertigungsdurchschnitt lag bis Ende 1944 bei etwa 200 SSG 76 Getrieben. Für das Jahr 1945 kann ein monatlicher Ausstoß von etwa 300 Getrieben angenommen werden.

Motorenherstellung

Das einzige Triebwerk, welches fast ohne Ausnahme bei den Sturmgeschützen III und IV zum Einsatz kam, war das von Maybach entwickelte **HL 120 TRM.** Maybach, Friedrichshafen begann mit dessen Fertigung 1938.

Unglücklicherweise gingen die Maybach-Unterlagen fast restlos verloren. Die folgenden jährlichen Fertigungszahlen sind angenommen:

Jahr	**HL 120**
1938	400
1939	900
1940	1400
1941	2600
1942	3500
1943	3600
1944	2229
1945	118

Nach dem Bombenangriff auf Friedrichshafen am 25. April 1944 waren 80% der Gebäulichkeiten und 30% der Maschinen zerstört. Es gab keine Motoren-Fertigung in den Monaten Mai und Juni 1944. Der Wiederanlauf der Produktion verlief sehr langsam mit Beginn im Juli, bis im Oktober 1944 ein maximaler Ausstoß von etwa 400 HL 120 TRM-Motoren erreicht wurde. 1944/1945 lieferte Maybach lediglich 107 Stück HL 120-Motoren an Alkett, 45 Stück an MIAG und 102 Einheiten an Krupp-Gruson.

1938 begann der Lizenzbau des Maybach HL 120 TRM-Motors durch die Firma Nordbau (Norddeutsche Motorenbau GmbH) in Berlin-Niederschöneweide. Das Geschäftsjahr der Firma lief jeweils vom 1. April bis zum 31. März des nächsten Jahres. Die Lieferzahlen verstehen sich daher jeweils für diesen Zeitabschnitt:

Jahr	**HL 120**
1938/1939	160
1939/1940	370
1940/1941	544
1941/1942	1584
1942/1943	2743
1943/1944	6701
1944/1945	9474
1. 4. bis 20. 4. 1945	175

Im Kriege zeigte sich eine Zusammenballung der Produktionskapazitäten für Panzermotoren im Raum Friedrichshafen durch die Fa. Maybach. Wegen der Luftangriffe ergab sich eine Verlagerung der Fertigungsstellen in einem Umkreis von 100 km von Friedrichshafen. Von den Motormustern HL 108/ HL 120, die in den Panzerkampfwagen III und IV nebst Abarten Verwendung fanden, wurden ab 1938 bis Kriegsende zusammen mit Nachbaufirmen rund 40000 Stück gefertigt.

Nordbau erreichte den höchsten Ausstoß an HL 120-Motoren direkt, nachdem Maybach in Friedrichshafen ausgebombt wurde. Nordbau stellte im Juni 1944 1025 Stück und als Rekord-Produktion 1100 HL 120-Motoren im Juli 1944 her.

Die erste Ausweitung der HL 120-Produktion wurde vertraglich mit der Maschinenfabrik Augsburg-Nürnberg (MAN) geregelt. In Nürnberg wurden die ersten kompletten Motoren im Januar 1944 ausgeliefert. MAN fertigte 1944 insgesamt 2284 HL 120-Motoren und weitere 131 Stück im ersten Quartal 1945.

Die Fertigung der HL 120-Motoren wurde weiter ausgebaut, als Nachbau-Lizenzen an die Firma MBA-Maschinenbau und Bahnbedarf, Nordhausen (früher Orenstein & Koppel) vergeben wurden. Die Aufstellung der Maschinen erfolgte im Oktober 1943, die Fertigung ab März 1944. Insgesamt wurden von März 1944 bis März 1945 955 HL 120-Motoren von MBA gefertigt. Die Motoren gingen nicht nur an die Heeres-Zeugämter als Ersatzteilevorrat, sondern auch direkt an Krupp-Gruson, Vomag und Nibelungenwerke zum Einbau in die dort gefertigten Panzerfahrzeuge.

Weitere Unterlieferanten

Art des gelieferten Materials	*Lieferant*
Batterien	Accumulatorenfabrik Hoppecke
	Carl Boelker u. Sohn Hoppecke
Brennstoffbehälter	Gothaer Metallwarenfabrik, Gotha
Drehstabfedern	Dittmann-Neuhaus, Herbede/Westf.
	Gebr. Röchling, Wetzlar
Elektrische Teile	Robert Bosch, Berlin
Feuerlöschanlagen	Minimax, Berlin
Gelenkwellen	Rheinmetall, Sömmerda
Gummibandagen	Continental, Corbach
Gummidichtungen	Hermann Wendt, Berlin
	Schoeps u. Co., Mannheim
Kabel u. Leitungen	Valentin Klein, Freden/Leine
Ketten-Nachstellungen	Rudolf Sack, Leipzig
Kraftstoff-Siebfilter	Knecht, Stuttgart
Kühler	Hans Windhoff, Berlin-Schöneberg
	Längerer u. Reich, Stuttgart
Kupplungen	Stromag, Schlottmann u.Co., Unna
Lenkbremsen	Süddeutsche Arguswerke, Karlsruhe
Luftkompressoren	»Apag« Apollower, Gössnitz
Lüfter u. Lüfterräder	Vereinigte Turbinenwerke, Meissen in Sachsen
Munitionslagerungen	Ankerwerke, Bielefeld
Nebelwurfgerät	Rohrleitungsbau, Unna
Pumpen und Lüfterantriebe	Fross-Büssing, Wien
Scheibenräder und Radscheiben	Kronprinz, Solingen-Ohligs
Seeger-Ringe	Seeger u. Co., Frankfurt/Main
Simmerringe	Carl Freundenberg, Weinheim
	Goetze-Werke, Burscheid
Tachometer, Öldruckmesser	VDO-Tachometer, Frankfurt/Main
Telekin, Schlauchleitungen	Telekin, Baden-Baden

Sturmgeschütz-Fertigung

Noch bevor der erste Auftrag über insgesamt 30 Sturmgeschütze der ersten Serie in die Fertigungsplanung aufgenommen war, wurde im Februar 1939 ein weiterer Auftrag über 250 Sturmgeschütze einer zweiten Serie erteilt. Schließlich erarbeitete das Heereswaffenamt im Juni 1939 einen Fertigungsplan, der vorsah, daß Daimler-Benz im Dezember 1939 das erste Fahrzeug abzuliefern hatte. Obwohl Daimler-Benz es schaffte, das erste Fahrgestell zu diesem Zeitpunkt fertigzustellen, ergaben sich bei Krupp, Essen, Verzögerungen. Die erste 7,5-cm-Sturmkanone L/24 konnte nicht vor Januar 1940 ausgeliefert werden. Diese Verzögerung von einem Monat zwischen der ursprünglichen Planung und der tatsächlichen Auslieferung setzte sich während der Fertigung der von Daimler-Benz zu bauenden 30 Sturmgeschütze fort und verzögerte so den Zeitplan für den Einsatz der ersten Sturmgeschütz-Einheiten im Frankreich-Feldzug 1940.

Die Kapazitäten des Daimler-Benz Werkes 40 in Berlin-Marienfelde waren zu diesem Zeitpunkt mit der Fertigung der Panzerkampfwagen III, der großen Panzerbefehlswagen, der Halbketten-Zugmaschine 12 t, Typ-DB 10 und des Gelände-Lastkraftwagens (6x4) Typ LG 3000, so ausgelastet, daß nur 10% der vorhandenen Kapazität für die Fertigung von Sturmgeschützen übrig blieb. Aus diesem Grund verlegte man die Sturmgeschütz-Fertigung in das räumlich größere Werk Borsigwalde der Firma Alkett. Der Original-Fertigungsplan, aufgestellt im Oktober 1939, setzte den Produktionsbeginn für die zweite Serie von 250 Sturmgeschützen für April 1940 fest, bei einem monatlichen Ausstoß von 20 Stück.

Diese Planung verzögerte sich jedoch, da Alkett aufgefordert wurde, in den Monaten März, April und Mai 1940 132 Stück Panzerkampfwagen I in Selbstfahrlafetten für die 4,7-cm-Pak (t) umzubauen. Ebenfalls mit der Aufnahme der Serienfertigung des Panzerkampfwagens III beauftragt, komplettierte Alkett die ersten 12 Sturmgeschütze im Juni 1940. Die Fertigung lag auch in den nächsten drei Monaten hinter der Planung, da vordringliche Aufträge des Heereswaffenamtes von Alkett den Umbau von 133 Panzerkampfwagen III und 48 Panzerkampfwagen IV zu **Tauchpanzern** für das Unternehmen »Seelöwe« (Invasion von England) verlangten. Gleichzeitig wurde zu diesem Zeitpunkt gefordert, die eigene Fertigung des Panzerkampfwagens III zu erhöhen.

Während des Jahres 1940 war es Alkett unmöglich, die vorgeschriebenen Produktionssolls zu erfüllen. Von den verlangten 198 Sturmgeschützen wurden 1940 nur 162 ausgeliefert.

Während des Jahres 1941 wurden die Fertigungsziele laufend erhöht, im Gegensatz zu 36 Stück im Januar wurden im November 1941 50 Sturmgeschütze ausgeliefert. Verzögerungen ergaben sich wiederum im März bei der Umstellung der Ausführung B auf C. Da eine beträchtliche Anzahl von HL 120-Motoren während der großen zurückgelegten Entfernungen im Rußland-Feldzug ausfielen, vor allem in den Monaten Juni und Juli, hatte das Heereswaffenamt entschieden, zwei Monate Motorenproduktion für Ersatzteilzwecke abzuzweigen, um die Beweglichkeit der Kampfverbände an der Front sicherzustellen.

Diese einschneidende Motorknappheit hatte ihre Auswirkungen auf die Fertigungszahlen im September 1941, als nur 17 Sturmgeschütze ausgeliefert wurden. Alkett war dennoch in der Lage, im September 38 Sturmgeschütze fertigzustellen, die Umstellung von der Ausführung D auf E durchzuführen und einen Rekord-Ausstoß von 71 Sturmgeschützen im Oktober 1941 zu gewährleisten.

Am 4. Dezember 1941 erging folgende Mitteilung an Generalfeldmarschall Keitel betreffend Fertigung von Sturmgeschützen:

»In Ihrer Niederschrift vom 1. 12. 1941 wird unter Punkt 3) darauf hingewiesen, daß die Fertigung der Sturmgeschütze nicht abgedrosselt werden soll.

Ich mache darauf aufmerksam, daß die bisherige Fertigung von 50 Sturmgeschützen nach dem beigelegten Plan zu Gunsten des Panzer III heruntergesetzt ist; und zwar mit der Begründung, daß die Sturmgeschütze nicht mehr in Panzer-Einheiten Verwendung finden, sondern nur noch bei den Infanterie-Divisionen und daß dafür die Zahl von 25 Stück pro Monat genüge.

Ich bitte diese Frage zu prüfen, damit nicht eines Tages der Führer eine zu geringe Zahl von Sturmgeschützen beanstandet«.

Anlage zum Schreiben an Generalfeldmarschall Keitel:

Neuer Fertigungsplan für Sturmwagen (dieser Begriff taucht wiederholt anstelle von Sturmgeschütz auf) in Verbindung mit

erhöhtem Fertigungsplan für Panzer III bei Firma Alkett (Sturmgeschütz wird nur bei Alkett gefertigt).
Bisherige monatliche Erzeugung: 50 Sturmgeschütze

	Panzerkampfwagen III	Sturmgeschütz
Dezember 1941	25	40
Januar 1942	28	40
Februar 1942	33	35
März 1942	37	30
April 1942	40	25
Mai 1942	42	25
Juni 1942	45	25

Am 7. Dezember 1941 erging folgendes Schreiben an den Reichsminister für Bewaffnung und Munition, Herrn Dr. Todt:
Betr.: Fertigung von Sturmgeschützen
Ihr Schreiben vom 4. 12.
Die Aufrechterhaltung der bisherigen Fertigung von monatlich 50 Sturmgeschützen ist ein besonderer Wunsch des Führers, den er nur zum Ausdruck brachte. Der Führer hält die Ausstattung der Infanterie-Divisionen mit Sturmgeschützen für die Weiterführung des Feldzuges 1942 im Osten für eine notwendige Stärkung der Angriffskraft. Danach müsse das OKH prüfen, welche Anzahl von Sturmgeschützen für das Ostheer auf dieser Grundlage benötigt werden und von sich aus dem OKW zum Vortrag beim Führer eine zahlenmäßige Aufrechnung des Bedarfs vorlegen. Eine Herabsetzung halte ich nicht für möglich.
Ohne Rücksicht auf den bisher stattgefundenen Briefwechsel wurde der Vorschlag, die Sturmgeschütz-Produktion zu kürzen, niemals durchgeführt, noch berührte er die Auslieferungszahlen bei Alkett. Im März 1942 kam die Fertigstellung bei Alkett jedoch praktisch zum Stillstand, und zwar wegen der Umstellung von der 7,5-cm-Sturmkanone L/24 auf die Sturmkanone 40 L/43. Im März 1942 wurden nur drei Sturmgeschütze mit der 7,5-cm-Sturmkanone 40 L/43 fertiggestellt, der Rest der komplettierten Fahrzeuge aber zurückgehalten für den Einbau der neuen, langen Kanone. Obwohl dies die Auslieferung verzögerte, wurden die Fertigungsziele für März bis Juni mit 185 Einheiten Ende Juni eingehalten, was zur Folge hatte, daß die weit wirksamere Ausführung F für die Sommeroffensive an der Ostfront zur Verfügung stand.
Am 13. Mai 1942 zeigte sich Hitler damit einverstanden, daß monatlich 100 Sturmgeschütze gefertigt würden und dadurch der Ausstoß von Panzerkampfwagen III auf etwa 190 Stück abfallen könnte.
Obwohl dieser Wechsel nicht sofort durchgeführt werden konnte, legte er jedoch die Fertigungsziele, die monatlich bis Dezember 1942 zu erreichen waren, fest. Der monatliche Ausstoß bei Alkett wurde stetig erhöht und half beim Auslauf der Panzerkampfwagen III-Fertigung, die im August 1942 begann und mit den letzten 10 Stück im Oktober 1942 abgeschlossen war.
Das Fertigungsziel von monatlich 100 Stück wurde einen Monat vor der Frist anfangs November erreicht, was Alkett zum ersten Hersteller dieser monatlichen Rate für mittlere gepanzerte Kraftfahrzeuge machte.
In der Hitler-Konferenz Vom 7./8. November 1942 wurde festgestellt, daß der Panzerkampfwagen III mit der 5-cm-L/60-Bewaffnung nicht mehr den erhöhten Kampfanforderungen genüge. Es sollte untersucht werden, ob der Auslauf der Panzer III-Fertigung rascher erfolgen könne, unter entsprechender Erhöhung der Sturmgeschütz-Fertigung.
Während der Konferenz vom 1. bis 3. Dezember 1942 entschied Hitler nach Vortrag der Umstellungsmöglichkeiten, daß die noch auslaufenden Panzer III beschleunigt auf Sturmgeschütze umgestellt werden, so daß dadurch die Sturmgeschütz-Produktion über die bisherige Planung hinaus auf 120 Stück im Dezember auf 220 Stück im Juni 1943 gesteigert werden könne.
In der Hitler-Konferenz vom 3. bis 5. Januar 1943 wurde dem Führer gemeldet, daß anstelle der Panzer III mit 5-cm-L/60 Bewaffnung die 535 Stück vom 1. Januar bis zum 12. Mai zum Ausstoß vorgesehenen Panzer III aufgrund eines Umstellungsbefehles nunmehr in folgenden Stückzahlen ausgebracht werden würden:
– 235 zusätzliche Sturmgeschütze mit 7,5-cm-Kanone L/48
– 100 Flammenwerfer (Panzer)
– 56 Panzer III mit 5-cm-L/60 für die Türkei und der Rest
– 144 Panzer III mit 7,5-cm-L/24 Bewaffnung.

Diese Konferenzangaben waren ausschließlich Berichte über fortschreitende Verbesserungen für Hitler, welche die Programme in Erinnerung brachten, die bereits im April 1942 festgelegt worden waren.
Die Mühlenbau und Industrie AG (MIAG) Amme-Werk, Braunschweig, war bereits aufgefordert worden, die Fertigung des Panzerkampfwagen III auslaufen zu lassen und mit der Produktion des Sturmgeschützes, Ausführung G zu beginnen (Fahrgestell Nr. ab 95 001). Diese 235 »zusätzlichen« Sturmgeschütze waren jedoch kein Umbau von Panzer III-Fahrgestellen, sondern die normalen bei der MIAG bestellten Sturmgeschütze mit vorgesehener Fertigung von 10 Stück im Februar, 50 im März, 80 im April und 95 im Mai 1943.
Zusätzlich legte am 1. September 1942 die Maschinenfabrik

Augsburg-Nürnberg AG (Werk Nürnberg) ihr Auslaufprogramm für die ZW-Serie vor. MAN sollte zusätzlich 143 komplette Panzerkampfwagen III mit Aufbau und Drehturm liefern, gefolgt von 142 Panzer III (8/ZW) Fahrgestellen. Diese 142 Fahrgestelle der Ausführung M mit den Fahrgestell Nr.-Bereichen 76101–76100 und 77351–77450 gingen an die Alkett und MIAG zur Endmontage als Sturmgeschütze. Im Gegensatz zu den Fahrgestellen für Sturmgeschütze in Fertigung bei Alkett und MIAG, waren die 142 von MAN gebauten Fahrgestelle noch für den Aufbau als Kampfpanzer ausgelegt. Sie waren nach den Spezifikationen für den Panzerkampfwagen III, Ausführung M, gebaut. Die Fahrgestelle wurden 1943 wie folgt ausgeliefert:

Januar 3, Februar 33, März 21, April 20, Mai 9, Juni 10, Juli 10, August 11, September 19 und Oktober 6.

In der Hitler-Konferenz vom 6. März 1943 wird u. a. erwähnt, daß der seinerzeitige Befehl, eine gewisse Anzahl von Panzer III in Sturmgeschütze umzubauen, dahingehend aufgehoben wird, daß anstelle dieses Umbaus eine Umrüstung auf die 7,5-cm-KwK L/24 zu erfolgen habe. Diese Anordnung betraf nicht die bei der MIAG bestellten Sturmgeschütze bzw. Panzer III-Fahrgestelle, welche die MAN für den Umbau zu Sturmgeschützen lieferte. Es war eine Entscheidung, die bestimmte, daß instandgesetzte Panzer III mit der 7,5-cm-KwK L/24 auszurüsten waren und diese Fahrzeuge nicht in Sturmgeschütze umgebaut wurden.

Durch die Einschaltung der MIAG, der Erweiterung der Fertigungshallen bei Alkett und der Fahrgestell-Lieferungen durch MAN wuchs die Sturmgeschütz-Fertigung rasch von 130 Stück im Januar auf 395 im Oktober an. Dieser Anwuchs der Fertigungszahlen bis zu einer Stückzahl von 500 im Monat (einschließlich Sturmhaubitzen) wäre weiter gegangen, hätten nicht zahlreiche Bombenangriffe die Fertigung unterbrochen. Der Angriff im November 1943 auf das Alkett Werk Borsigwalde schaltete diesen Herstellungsbetrieb zur Gänze aus. Eine Sofortlösung verlegte die Fahrgestell-Fertigung zu verfügbaren Räumlichkeiten im Reichsbahnausbesserungswerk Berlin-Falkensee. In diesem Werk wollte die Firma Demag ursprünglich Panzerkampfwagen Panther montieren. Die Sturmgeschütz-Aufbau Fertigung und Endmontage wurden in das Alkett Werk Berlin-Spandau verlegt.

Als weiteren Schritt wurden die Krupp-Gruson Werke in Magdeburg aufgefordert, im Dezember 1943 die Fertigung von Panzerkampfwagen IV einzustellen und ab Januar 1944 das Sturmgeschütz IV herzustellen. Ein angepaßter Sturmgeschütz-Aufbau wurde auf das unveränderte Panzer IV-Fahrgestell aufgesetzt. Um die Fertigung möglichst schnell in Gang zu bringen, wurden die ersten 30 Stück Sturmgeschütz IV im Daimler-Benz Werk 40 montiert. Die Fahrgestelle wurden vom Nibelungenwerk beigestellt. Trotz der Bombenangriffe auf Magdeburg im Januar schaffte es Krupp-Gruson während des ersten Fertigungsmonats, 108 Sturmgeschütze IV herzustellen.

Alkett war das Ziel eines zweiten Bombenangriffs im Januar 1944, gefolgt von einem weiteren Angriff im Februar auf die Firma MIAG, man war sich aber sicher, daß für den Monat März 1944 mit folgenden Liefermöglichkeiten gerechnet werden konnte:

- Sturmgeschütz III (Alkett) 250 Stück
- Sturmgeschütz III (MIAG) 120 Stück
- Sturmgeschütz IV (Krupp) 90 Stück

Um die Zahl der Sturmgeschütze für die Auslieferung an die Truppe zu erhöhen, wurde die frühere Idee, Panzerkampfwagen III in Sturmgeschütze umzubauen, wieder aufgegriffen. Aus dem Bestand des Ersatzheeres an Panzer III wurden so viele Panzer III zum Umbau als Sturmgeschütz freigegeben, als aus der Rückführung an das Feldheer an instandgesetzten Panzer IV (7,5-cm-Kanonen L/24 und L/43), dem Ersatzheer zugeführt werden konnten.

Der Bestand des Ersatzheeres an Panzer III betrug zu diesem Zeitpunkt: 3,7-cm 55 Stück, 7,5-cm-K L/24 105 Stück, 5-cm-KwK L/42 357 Stück und 5-cm-KwK L/60 189 Stück. Es konnten aus dieser Aktion etwa 150 bis 200 Sturmgeschütze gewonnen werden. Umbau Panzerkampfwagen III in StuG. (1944):

	April	Mai	Juni	Juli	Summe
grPzBefWg	0	0	2	0	2
PzKpfWg III 5 cm L/42	15	13	17	13	58
PzKpfWg III 5 cm L/60	28	28	33	11	100
PzKpfWg III 7,5 cm L/24	0	4	4	1	9
PzKpfWg III Flamm	1	1	0	2	4
Summe	44	46	56	27	173

Die Umbauten wurden durchgeführt:
Sd. Ausschuß Pz III, Arbeitsgruppe Instandsetzung (Dr. Brender) MIAG
Sd. Ausschuß Pz III, Arbeitsgruppe Instandsetzung (Niemoeller) Alkett

Im Juni 1944 arbeitete die Organisations-Abteilung des Oberkommandos des Heeres eine Bedarfsberechnung über die Anzahl von Sturmgeschützen, die notwendig wären, um alle Kampfeinheiten vollständig auszurüsten. Der Sturmartillerie war es nur erlaubt, sich bis zu einer maximalen Stärke von 45

Heeres-Sturmgeschütz-Brigaden auszuweiten. Jedoch konnte die Stärke jeder Brigade von normal 31 auf bis zu 45 Sturmgeschütze und Sturmhaubitzen bis zur erlaubten Totalstärke von 2025 Kampffahrzeugen erhöht werden.

Unter Berücksichtigung der damals vorhandenen Stärke der Sturmgeschütz-Brigaden von etwa 1200 Sturmgeschützen und einer bekannten Verlustrate von monatlich 13%, wurde eine monatliche Zuteilung von 250 Sturmgeschützen und 125 Sturmhaubitzen gefordert.

Das erste Ausstattungsziel für andere Einheiten war:

– 693 Jagdpanzer IV für 33 Panzer-Divisionen (einschl. Waffen-SS); je 21 Stück in Panzerjäger-Abteilungen
– 630 Sturmgeschütze III oder Sturmgeschütze IV für 15 Panzergrenadier-Divisionen (einschl. Waffen-SS); je 42 in Panzer-Abteilungen
– 465 Jagdpanzer IV für 15 Panzergrenadier-Divisionen (einschl. Waffen-SS); je 31 in Panzerjäger-Abteilungen
– 2200 Sturmgeschütz III, Sturmgeschütz IV oder Jagdpanzer 38 für 220 Infanterie-, Gebirgs- und Jäger-Divisionen; je 10 in Panzerjäger-Abteilungen.

Mit der vorhandenen Stärke von etwa 1400 Kampffahrzeugen dieser Art im Juni 1944, unter Berücksichtigung der Erfahrungswerte der Verluste monatlich von 13% und einschließlich der geplanten Fertigung von Sturmgeschütz IV, Jagdpanzer IV und Jagdpanzer 38 sowie die des Sturmgeschützes III (abzüglich der 375 Einheiten monatlich für die Zuteilung zur Sturmartillerie) wurde festgehalten, daß eine ausreichende Zahl dieser Fahrzeuge vorhanden war, um die Kampfstärken der Einheiten ab Dezember 1944 zu gewährleisten.

Obwohl die Montagewerke die größten Anstrengungen machten, die Folgen der Bombenangriffe zu minimieren und Alkett neue Fertigungsrekorde mit der Montage von 401 Sturmgeschütz III und Sturmhaubitze im Dezember 1944 aufstellte; die Auswirkungen der Bombenangriffe auf MIAG und Alkett reduzierten 1944 den möglichen Ausstoß von 6000 Einheiten auf eine tatsächliche Fertigung von 4743 (davon 903 Sturmhaubitzen) Fahrzeuge. Diese Ausstoßzahlen wurden ergänzt durch die Fertigung bei Krupp-Gruson, welche 1006 von geplanten 1145 Sturmgeschütz IV montierte. Dies trotz 2 Bombenangriffen auf Magdeburg und 3 weiteren Angriffen, die direkt auf das Werk gerichtet waren. Die Angriffe im September 1944 richteten empfindliche Schäden an der Fahrgestell-Fertigung an, sie wurden einigermaßen durch die Zulieferung von Hauptteilen durch die Firmen Vomag und Nibelungenwerk ausgeglichen.

1945 wurde die Fertigung durch Probleme, verursacht durch Bombenangriffe, drastisch reduziert. Diese Angriffe erfolgten nicht nur auf die Montagewerke, sondern auch auf die Unterlieferanten, die Städte, das Straßen- und Eisenbahnsystem sowie die Versorgungsanlagen. MIAG stellte den Bau von Sturmgeschützen im Mai 1945 ein, nachdem der Auftrag des Heereswaffenamtes erfüllt war. Krupp-Gruson war in den Monaten Januar, Februar und März schweren Bombenangriffen ausgesetzt, welche die Fertigung in Magdeburg beträchtlich beeinflußten, bis im April 1945 die Stadt besetzt wurde. Das Ende kam für Alkett erst als die russischen Truppen Berlin eroberten. Die letzten Lieferungen an die Truppe durch Alkett sind wie folgt dokumentiert:

20. April 1945 – bei Alkett fallen ab 20. April 1945 an:
50 unbewegliche 10,5-cm-Sturmhaubitzen und zwar
a) 19 auf Wannen
b) 31 Stück lafettiert, Tagesleistung 10 Stück
zu a) Infolge Transportschwierigkeiten für Einsatz im Raum Berlin bestimmt
zu b) Für Festungs-Pak-Riegel bei Heeresgruppe Weichsel bestimmt.

20. April 1945 Fertigstellung von Panzern im Berliner Raum. Bei Firma Alkett fallen an:

Bis 21. 4. 2.00 Uhr 7 Sturmgeschütze, 1 Sturmhaubitze

bis 21.4. 20.00 Uhr 6 Sturmgeschütze

Diese Fahrzeuge werden von der Sturmartillerie-Brigade 249 übernommen. Die Prognose ab 22. 4. kann zur Zeit nicht gestellt werden, da Alkett einen Stromausfall von 90% meldet.

22. 4. 1945 H.St.Art.Brigade 249 1. Batterie mit 10 Sturmgeschützen:

Bis 23. 4. 29 Panzer bei 4 eigenen Verlusten abgeschossen

Brig. Stab und 2. Batterie mit 10 Sturmgeschützen am 21. 4. 20.00 Uhr abmarschiert.

3. Batterie mit 10 Sturmgeschützen am 22. 4. von Firma Alkett in Spandau abmarschiert.

II./Pz. Regt. 2–8. Kompanie mit 10 Sturmgeschützen am 22. 4. 22.00 Uhr bei Firma Alkett verwendungsbereit.

Die folgenden Produktionszahlen wurden von den verschiedenen Montagefirmen erreicht:

Daimler-Benz fertigte die 1. Serie von 30 Sturmgeschützen mit den Fahrgestell-Nrn.- 90001–90030 und 30 Sturmgeschütz IV im Fahrgestell-Nr.-Band 89234–89383 (Fahrgestelle vom Nibelungenwerk)
Alkett fertigte 7779 Sturmgeschütze und Sturmhaubitzen im Fahrgestell-Nr.-Band 90101–94250 sowie Fahrgestell-Nr.-Band ab 105001
MIAG fertigte 2578 Sturmgeschütze im Fahrgestell-Nr.-Band 95001–100000
MAN lieferte 142 Panzerkampfwagen III, Ausführung M-Fahrgestelle im Fahrgestell-Nr.-Band 76101–76200 und 77351–77450 zur Endmontage als Sturmgeschütze durch Alkett und MIAG zwischen Februar und Oktober 1943.
Krupp-Gruson fertigte 1111 Sturmgeschütz IV im Fahrgestell-Nr.-Band 100001–100650 und Fahrgestell-Nr.-Serie ab 110001
Die monatliche Sturmgeschütz- und Sturmhaubitzen-Fertigung ist im Ablauf in den folgenden Übersichten festgehalten. Die monatlichen Fertigungsunterlagen von MIAG, Krupp-Gruson und Heereswaffenamt sind erhalten geblieben. Lediglich die Alkett Unterlagen gingen verloren. Um die Alkett Sturmgeschütz-Produktion vom Februar 1943 bis Kriegsende nachzuvollziehen, ist es nur nötig, die monatliche Fertigung von MIAG bei der Gesamt-Waffenamt-Abnahme für jeden Monat abzuziehen.

Fertigung Sturmgeschütz (Sd. Kfz. 142 mit 7,5-cm-Kanone L/24)

Datum	Soll	Waffenamt Abnahme	Daimler-Benz Fertigung	Alkett Fertigung	Bemerkungen
1939					
Dezember	1	0	0		
1940					
Januar	3	1	1		Anfang Ausf. A, 1. Serie
Februar	6	3	3		
März	10	6	6		
April	10	10	10		Im Mai Auslauf der 1. Serie
Mai	10	10	10	0	Im Juni Anlauf der 2. Serie
Juni	8	12	0	12	Anfang Ausf. B, 2. Serie
Juli	22	12		12	Wegen vordringlicher Aufträge
August	32	10		20	Wegen vordringlicher Aufträge
September	36	29		24	
Oktober	30	35		30	
November	36	35		35	
Dezember	34	21		29	Mehrlieferung im Vormonat
Summe 1940		184	30	162	
1941					
Januar	36	44		36	8 Stk. nachgemeldet für Dez. 1940
Februar	34	30		30	Mehrlieferung im Vormonat
März	38	30		30	Anlaufschw. bei Ausf. C, 3. Serie
April	40	47		47	
Mai	40	48		48	Anfang Ausf. D
Juni	47	56		56	
Juli	47	34		34	Mehrlieferung im Juni
August	50	50		50	
September	17	38		38	Anfang Ausf. E
Oktober	50	71		71	
November	50	46		46	Vorlieferung im Oktober
Dezember	40	46		46	
Summe 1941		540		532	
1942					
Januar	45	45		45	
Februar	45	45		45	
Summe 1942		90		90	
Gesamt-Summe:		814	30	784	

Fertigung Sturmgeschütze (Sd. Kfz. 142/1 mit 7,5-cm-StuK 40)

Datum	Soll	Waffenamt-Abnahme	Alkett-Fertigung	Miag-Fertigung	Bemerkungen
1942					
März	40	3	3		Anfang Ausf. F
April	45	36	36		Minderlieferung durch Umbewaffnung
Mai	50	79	79		
Juni	50	70	70		Anlauf StuK 40 L/48 und Zusatzbleche
Juli	55	60	60		
August	70	80	80		
September	80	70	70		Anfang Ausf. F/8
Oktober	80	84	84		
November	100	100	100		
Dezember	100	120	120		Anfang Ausf. G
Summe 1942		702	702		
1943					
Januar	130	130	130	0	
Februar	140	140	130	10	
März	185	197	147	50	
April	218	228	123	105	
Mai	230	260	145	115	
Juni	235	275	155	120	
Juli	235	281	161	120	
August	240	291	171	120	
September	260	345	205	140	
Oktober	280	395	255	140	
November	380	163	23	140	Bombenangriff auf Alkett
Dezember	215	306	166	140	
Summe 1943		3011	1811	1200	

Fertigung Sturmgeschütze (Sd. Kfz. 142/1 mit 7,5-cm-StuK 40)

Datum	Soll	Waffenamt-Abnahme	Alkett-Fertigung	Miag-Fertigung	Bemerkungen
1944					
Januar	320	227	77	150	Bombenangriff auf Alkett
Februar	320	196	59	137	Bombenangriff auf Miag
März	310	264	144	120	Bombenangriff auf Miag
April	365	294	194	100	Bombenangriff auf Miag
Mai	380	335	255	80	
Juni	385	341	196	145	
Juli	395	377	242	135	Dafür mehr StuH bei Alkett
August	355	312	232	80	Bombenangriff auf Miag
September	370	356	256	100	
Oktober	375	325	253	72	Bombenangriff auf Miag
November	375	361	251	110	Bombenangriff auf Alkett
Dezember	355	452	361	91	
Summe 1944		3840	2520	1320	
1945					
Januar	370	391	320	71	
Februar	220	189	152	37	
März	170	235	220	15	Bombenangriff auf Miag
April	220	48	48	0	
Summe 1945		836	740	123	
Gesamt-Summe:		8416	5773	2643	

Fertigung Sturmhaubitzen (Sd. Kfz. 142/1 mit 10,5-cm-StuH 42)

Datum	Soll	Waffenamt-Abnahme	Alkett-Fertigung	Bemerkungen
1942				
Oktober			9	Umbau instandgesetzte StuG
November			0	
Dezember			0	
Summe 1942			9	
1943				
Januar	0	0	3	Umbau instandgesetzte StuG
Februar	0	0	0	
März	20	10	10	Einmalige Serie von 200 StuH bestellt
April	24	34	34	
Mai	30	45	45	
Juni	30	30	30	
Juli	30	25	25	Zugunsten 7,5-cm-Pak 40 auf 38 (t)
August	30	5	5	Lieferschwierigkeiten Geschütze
September	20	10	10	Lieferschwierigkeiten Geschütze
Oktober	20	11	11	Lieferschwierigkeiten Geschütze
November	20	4	4	Bombenangriff auf Alkett
Dezember	25	30	30	
Summe 1943		204	204	
1944				
Januar	30	26	26	Bombenangriff auf Alkett
Februar	60	54	54	Verspätete Anlieferung von Fgst. u. Wannen
März	60	56	56	Verspätete Anlieferung von Fgst. u. Wannen
April	65	58	58	
Mai	70	46	46	Feindeinwirkung in der Getriebefertigung
Juni	75	100	100	
Juli	75	92	92	
August	125	110	110	
September	125	119	119	Zugunsten 7,5-cm-StuG
Oktober	125	100	100	Bombenangriff auf Alkett
November	125	102	102	
Dezember	125	40	40	
Summe 1944		903	903	
1945				
Januar	60	71	71	
Februar	80	24	24	
März	80	49	49	
April	80	48	48	Zusätzlich 19 StuH, ohne Motor, die sich am 20. April 1945 noch bei Alkett befanden
Summe 1945		192	192	
Gesamt-Summe:		1299	1299	

Fertigung Sturmgeschütze IV (Sd. Kfz. 167 mit 7,5-cm-StuK 40)

Datum	Soll	Waffenamt-Abnahme	Krupp-Fertigung	Bemerkungen
1943				
Dezember	10	30	0	Montage bei Daimler-Benz, Fahrgestell-Lieferung Nibelungenwerke
Summe 1943		30	0	
1944				
Januar	100	78	108	Bombenangriff auf Magdeburg
Februar	110	136	106	
März	90	87	87	
April	90	91	91	
Mai	90	95	95	
Juni	95	90	90	Bombenangriff auf Magdeburg
Juli	90	90	90	
August	90	70	70	Bombenangriff auf Grusonwerke
September	90	56	56	Bombenangriff auf Grusonwerke
Oktober	90	84	84	Bombenangriff auf Grusonwerke
November	100	80	80	
Dezember	110	49	49	
Summe 1944		1006	1006	
1945				
Januar	100	46	46	Bombenangriff auf Grusonwerke
Februar	70	18	18	Bombenangriff auf Magdeburg
März	50	38	38	Bombenangriff auf Grusonwerke
April	60	3	3	
Summe 1945		105	105	
Gesamt-Summe:		1141	1111	

15-cm-STURM-INFANTERIEGESCHÜTZ 33

Von Rheinmetall entwickelt, wurde das schwere Infanteriegeschütz 33 1927 bei der Truppe eingeführt. Es war die stärkste Unterstützungswaffe der Infanterie. Mit einer Rohrlänge von 1748 mm (L/11,4) wurde bei einer V_0 von 240 m/s (mit 6. Ladung) eine Höchstschußweite von 4,7 km erreicht. Das Rohr hatte 44 Züge, gleichbleibend, 1/21.

Der erste Versuch, das sIG 33 auf eine Selbstfahrlafette zu setzen, war im Januar 1940 beendet, als 38 Stück dieser Waffe auf das Fahrgestell des Panzerkampfwagens I, Ausführung B, aufgesetzt wurden. Sechs sIG-Kompanien (Nr.701 bis 706) wurden in Eile aufgestellt, jede Kompanie erhielt sechs dieser Selbstfahrlafetten. 6 Panzerdivisionen unterstellt, wurden sie erstmals im Westfeldzug im Mai und Juni 1940 eingesetzt. Diese 6 Kompanien blieben im Einsatz bis 1943 als die Panzer I-Fahrgestelle durch solche des Panzerkampfwagens 38 (t) ersetzt wurden. Obwohl die Panzer I-Fahrgestelle hoffnungslos überlastet waren, bevorzugte die Truppe die Selbstfahrlafetten-Lösung gegenüber der im mot-Zug bewegten Waffe.

Man hatte das gesamte Geschütz mit Rädern und Sporn (Gewicht 1,7 t) unter teilweisem Panzerschutz auf das Fahrgestell des Panzerkampfwagens I, Ausführung B aufgelastet.

Bereits 1940 wurde eine zweite Serie Selbstfahrlafetten für das sIG 33 entwickelt. Der Prototyp zeigte sich als unverändertes Fahrgestell des Panzerkampfwagens II, Ausführung c-C mit einem tief im Kampfraum untergebrachten sIG 33. Dieser Prototyp wurde im Oktober 1940 vorgestellt.

Die Erprobungen zeigten, daß das unveränderte Panzer II-Fahrgestell zu eng und zu kurz war und die Motorleistung zu gering. Grundsätzliche Änderungen wurden für die Versuchsserie verlangt. Alkett wurde wieder, wie schon beim Panzer I-Fahrgestell, als Entwicklungsfirma für Fahrgestell und Aufbau sowie als Montagefirma für die 0-Serie bestimmt.

Ein Auftrag über 12 dieser neuentwickelten Selbstfahrlafetten für das sIG 33 auf verlängertem und verbreitertem Panzer II-Fahrgestell mit Fertigstellung im August/September 1941 wurde erteilt. Infolge von Fertigungs-Verzögerungen wurden die 12 Fahrzeuge nicht vor Dezember 1941/Januar 1942 fertig. Sechs Stück wurden je einer neuaufgestellten sIG-Kompanie (Nr. 707 und 708) zugeteilt. Die 708. sIG-Kompanie verlegte nach Nordafrika und erreichte Tripolis am 28. Februar 1942. Die 707. Kompanie traf am 4. April 1942 in Tripolis ein. Unmittelbar vor der Offensive bei Gazala am 20. Mai 1942

15-cm-sIG 33, verlastet auf Fahrgestell Panzerkampfwagen I, Ausführung B. Panzerung entfernt.

Das Bild zeigt den dazugehörigen Panzeraufbau.

15-cm-sIG 33 auf geändertem Panzer II-Fahrgestell.
Eingesetzt in Nordafrika im Frühjahr 1942.

Seitenansicht desselben Fahrzeuges.

sandte Pz. AOK Afrika folgendes Fernschreiben an das OKH:
An gepanzerter Selbstfahrlafette für sIG 33, verändertes Fahrgestell Panzer II, mehrfache Schäden äußeres hinteres Lager am Zwischenrand vor Zwischengetriebe. Motorentemperatur sehr hoch. Entsendung eines Spezialisten von Alkett dringend zu QQu/V erbeten.

In einem Erfahrungsbericht über Waffen und gepanzerte Fahrzeuge in Nordafrika, Pz. AOK Afrika vom 30. August 1942 wurde berichtet:

Das sIG 33 wurde von ballistischem und wirkungsmäßigem Standpunkt aus hervorragend beurteilt. Jedoch war eine erhöhte Schußleistung gefordert. Infolge der geringen Schußweite und der schlechten Fahreigenschaften des gezogenen Gerätes kam es beim Angriff kaum zum Einsatz.

Der erste Versuch einer Selbstfahrlafetten-Lösung führte 1940 zu unzufriedenstellenden Ergebnissen.

Diese zu Selbstfahrlafetten umgebauten Panzer II hatten sich nicht bewährt. Das stark überlastete Fahrzeug wurde sofort heiß und war unbeweglich. Für den Angriff kam das Gerät nur als Selbstfahrlafette in Betracht. Den Vorschlag der Truppe, eine hierfür besser geeignete, gepanzerte Selbstfahrlafette zu schaffen, wurde aus folgenden Gründen nicht stattgegeben:

- Bei diesem Gerät konnte die Schußweite kaum gesteigert werden. Dadurch lohnte sich der Aufwand nicht. Zumindest wurde vorgeschlagen, die Erfahrungen mit der sFH 13-Selbstfahrlafette (Lorraine-Schlepper) abzuwarten, die bei gleichem Kaliber eine bedeutend höhere Schußweite hatte.
- In der Verteidigung, wo sie dem konzentrierten Artilleriefeuer ausgesetzt war, sobald sie zu schießen begann, war der Einsatz einer solch wertvollen Selbstfahrlafette zu riskant.

In Beantwortung der Anfrage von OKH Gen. StdH Org. Abt (IIIb) vom 16. Oktober 1942 antwortete Pz. AOK Afrika Ia durch Fernschreiben vom 17. Oktober 1942:

Btr.: Schweres Infanteriegeschütz auf Selbstfahrlafette

1. Die Waffe hat sich bewährt: Gute Wirkung, besonders bei Schießen mit Abprallern
2. Das verwendete Fahrgestell des Panzer II war ungenügend und hatte sich nicht bewährt.
   Aufgetretene Schwierigkeiten:
   a) Motor (Büssing-NAG, Typ L 8 V, Motornummern 95648–95659), Getriebe und Laufwerk für das Gesamtgewicht des Fahrzeuges zu schwach.
   b) Im einzelnen: starkes Überhitzen von Kühlwasser und Öl, da Motor überbeansprucht. Ventilatorleistung ungenügend, Kühlfläche zu klein.
   c) Häufige Schäden bei den Winkelgetrieben (der Antriebsstrang lief an einer Wannenseite vom Motor zum Getriebe über zwei Winkeltriebe), häufige Brüche der Verzahnung.
   d) Risse an Kettengliedern, Bolzen und Antriebsrädern
3. Bei weiteren Fertigungen wird das Fahrgestell des Panzers III für notwendig erachtet.

Die acht sIG 33-Selbstfahrlafetten auf verändertem Panzer II-Fahrgestell, welche die Frühjahr- und Sommerschlachten in Nordafrika überlebten, gingen alle während der britischen Offensive von Alamein zwischen 23. Oktober und 2. Dezember 1942 verloren.

Die Entscheidung, die nächste Serie Selbstfahrlafette für das sIG 33 auf Panzer III-Fahrgestell aufzubringen, war schon vor der Empfehlung des Pz. AOK Afrika gefallen. In der Führer-Konferenz vom 10. bis 22. September 1942 wurde u. a. festgehalten:

Bei den Kämpfen in Stalingrad hat sich die klare Notwendigkeit ergeben, in einem möglichst schweren gepanzerten Fahrzeug ein schweres Geschütz zu haben, zum Verschießen von Geschossen mit Minenwirkung, um ganze Häuser durch wenige Schuß zerstören zu können. Es kommt dabei nicht darauf an, auf große Entfernungen zu schießen bzw. rasch zu fahren.

Entscheidend ist dagegen eine gute Panzerung. Es war sofort alles in die Wege zu leiten, um in spätestens 14 Tagen möglichst 12 Stück, mindestens aber im Anlauf 6 solcher Fahrzeuge zu erstellen. Sollte der Einbau eines sIG im Turm eines Panzer III oder IV nicht möglich sein, so mußte versucht werden, diese Waffe im Sturmgeschütz unterzubringen.

Hitler war außerordentlich befriedigt über die Meldung, nach der am 7. Oktober 1942 6 weitere sIG in Sturmgeschütze eingebaut sein sollen. Es sollten weitere 12 Sturmgeschütze im Monat mit dem sIG ausgestattet werden. Hitler wurde am 13. Oktober 1942 benachrichtigt, daß von den nunmehr ausgelieferten 12 Stück sIG als Sturmgeschütz auf Panzer III mit 80 mm Frontpanzerung weitere 12 Stück sofort in Fertigung gegeben wurden.

Waffenamt Fertigungsunterlagen für das sIG 33 auf Fgst. Panzer III (Sfl):

	Zugang WaA	Zugang Fz.In.	Bemerkungen
Oktober 1942	24	12	einmalige
November 1942	0	12	Versuchsserie aus Umbau

In der Führerkonferenz vom 7./8. November 1942 wurde festgehalten, daß bei den in Stalingrad eingesetzten ersten 12 Sturmgeschützen mit sIG die Scherenfernrohre fehlten. Am 9. Dezember 1942 wurde mitgeteilt, daß für den Umbau zu sIG-Selbstfahrlafetten bisher Fahrgestelle aus der Instandsetzung bereitgestellt wurden. In Anbetracht der wertvollen Waffen wurde die Verwendung von Fahrgestellen aus der Neufertigung gefordert.

Das 15-cm-Sturm-Infanteriegeschütz 33 hatte mit 5 Mann Besatzung ein Gefechtsgewicht von 21 t. Der allseitig geschlossene Aufbau war vorne mit 80 mm-, seitlich mit 50 mm-, rückwärts mit 15 mm- und das Dach mit 10 mm dicken Panzerblechen geschützt.

Die Hauptbewaffnung, es war beim Funker ein MG 34 in Kugelblende vorhanden, wurde von den Firmen

- AEG-Fabriken, Berlin-Henningsdorf und
- Böhmische Waffenfabrik, Strakonitz, hergestellt.

Der Preis der Waffe lag bei 20 450,– RM.

Im Fahrzeug wurden 30 Schuß getrennt zu ladender Munition mit Hülsenkartusche mitgeführt.

Die ersten 12 Sturm-sIG wurden an die Sturmgeschütz-Abteilung 177 ausgegeben, sie erreichte das Gebiet um Stalingrad am 8. November 1942. Alle 12 Fahrzeuge gingen in und um Stalingrad verloren.

Die zweiten 12 Stück wurden der Sturm-IG Batterie, Lehr Btl. XVII zugeteilt, manchmal der 22. Panzerdivision unterstellt. Am 11. April 1943 wurde diese Einheit (mit 7 Stu-sIG) dem Panzer-Regiment 201/23. Panzerdivision als StuIG Battr./ Pz.Regt. 201 zugeführt. Die 23. Panzerdivision meldete das letzte Sturm-IG als Totalausfall im Oktober 1943.

15-cm-Sturm-Infanteriegeschütz 33.

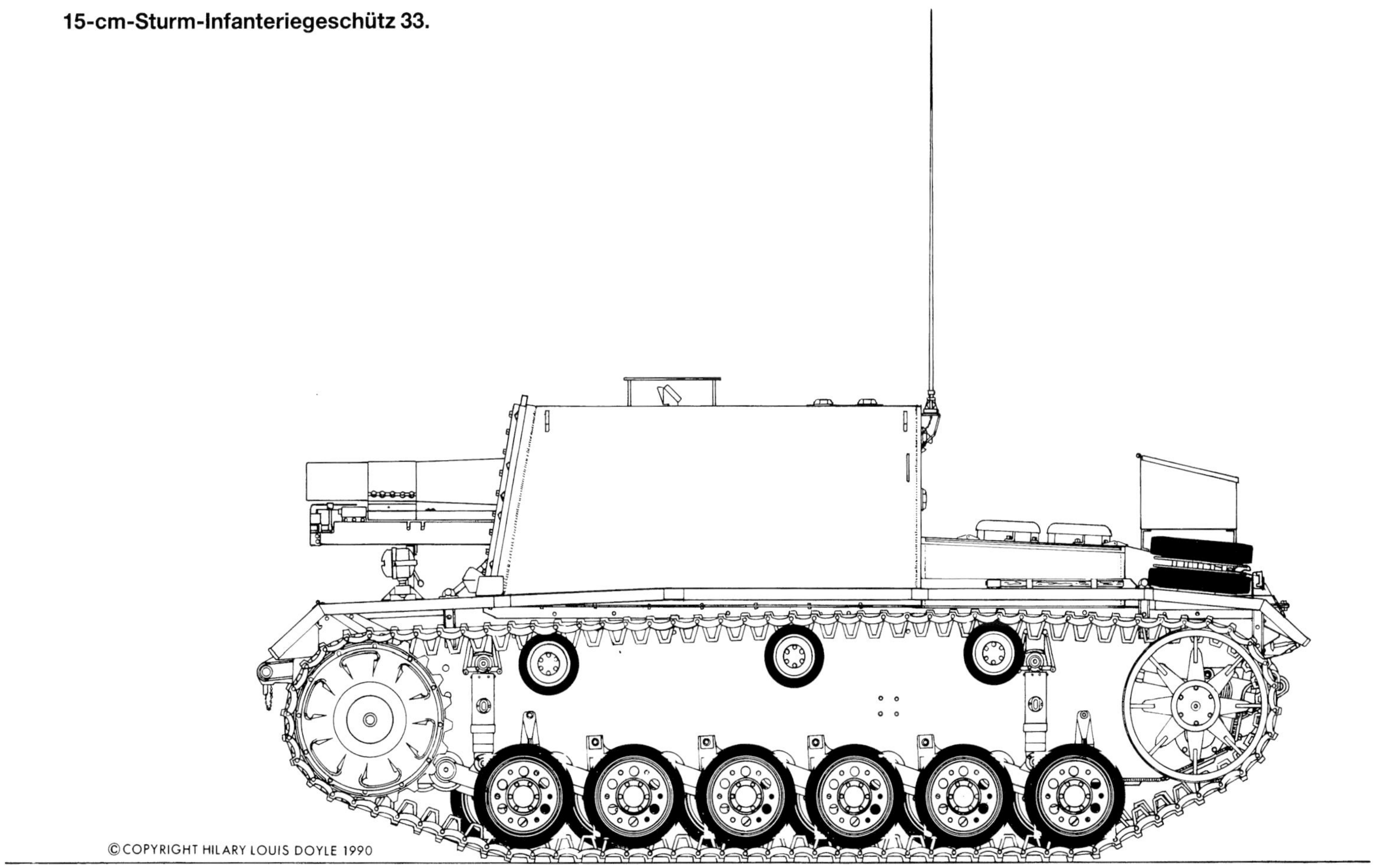

Sturm-Infanteriegeschütz auf instandgesetztem Sturmgeschütz-Fahrgestell.

Seitenansicht desselben Fahrzeuges.

Rückansicht des 15-cm-Sturm-Infanteriegeschützes.

Technische Daten für 15-cm-sIG 33 auf verändertem Panzer II-Fahrgestell

Gewicht	12 t
Länge	5480 mm
Breite	2600 mm
Höhe	1830 mm
Besatzung	4 Mann
Panzerung	
Bug	30 mm
Seite	14,5 mm
Decke	10 mm

Motor Büssing-NAG »L 8 V«
150 PS
45 km/h
100 km
Munition 10 Schuß 15 cm
Höhenrichtbereich –3° bis +75°
Seitenrichtbereich 7° links und rechts

STURMGESCHÜTZ (FLAMMENWERFER)

In der Führerkonferenz vom 1. bis 3. Dezember 1942 wurde beschlossen, aus der laufenden Serie Sturmgeschütze zur Verwendung als Flammenwerfer-Fahrzeuge abzuzweigen. Es wurde eine einmalige Serie von 10 Stück vorgesehen.

Versuche mit Flammenwerfer-Panzern hatten bereits in der Vergangenheit mit Panzer II und Panzer B 2(f) stattgefunden. Am 18. Januar 1943 hatte bei der Firma Wegmann in Kassel eine Besprechung stattgefunden, bei der auch ein Vertreter der Firma Koebe in Luckenwalde teilnahm. Beide Firmen verfügten über eine große Erfahrung auf diesem Gebiet.

Am 23. Januar 1943 fanden in Wünsdorf Kälteversuche mit im Fahrzeug eingebautem Flammengerät statt. Wegmann hatte die Garantie übernommen, daß die Zündung des Flammöles bis –22° einwandfrei arbeiten würde. In Entwicklung durch WaPrüf 5 war ein Mehrlade-Pulvergerät. Es wurde eine zusätzliche Benzinpumpe eingebaut. Der das Pumpenaggregat antreibende DKW 1,1 l Zweitaktmotor sprang erst nach Warmwasserübertragung an. Nach einer Laufzeit des Maybach HL 120-Fahrzeugmotors von nur 5 Minuten wurde der erste Flammöl-Zündungsversuch durchgeführt. Das Gerät arbeitete völlig einwandfrei und erreichte eine Wurfweite von 53 bis 55 m.

Das Flammöl wurde durch eine anstelle der 7,5-cm-Sturmkanone 40 eingebautes Flammstrahlrohr mit 14-mm-Düse ausgestoßen. Bei der Drucküberprüfung mußte das Aggregat mindestens 15 Atü anzeigen. Eine Mindestreichweite von 50 m war festgelegt und zwar beim Spritzen in Windrichtung oder bei Windstille.

Sturmgeschütz (Flammenwerfer).

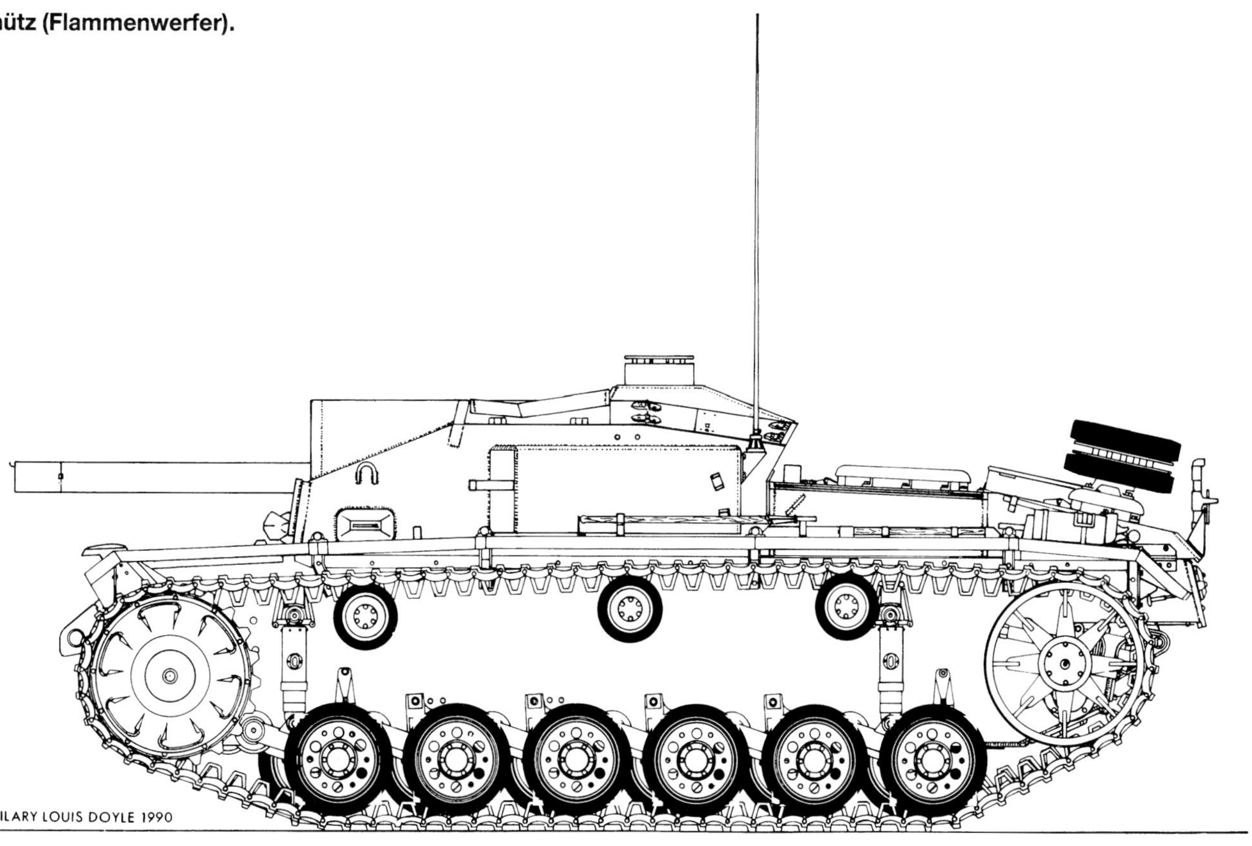

Flammenwerfer-Einbau auf instandgesetztem Sturmgeschütz F/8.

Tatsächlich wurden bei den ersten Versuchen Spritzweiten von 53 bis 59 m gemessen. Verschiedentlich wurde das Flammöl nicht sofort gezündet, auch kam es zur Abgabe von kalten Strahlen. Wegmann übernahm erneut die Garantie, daß diese Fehler behoben würden.
Die 10 vorgesehenen Sturmgeschütz-Flammenwerfer wurden schließlich nicht der Neufertigung entnommen, sondern waren Umbaufahrzeuge älterer Sturmgeschütze, die zur Heimat-Instandsetzung in ein Heereszeugamt verlegt wurden.
Die Unterlagen belegen, daß 9 StuG (Fl) aus der Instandsetzung im Mai 1943 und ein StuG (Fl) im Juni 1943 an das Heereszeugamt geliefert wurden.
Die fertiggestellten 10 Stück StuG (Fl) wurden an die Panzertruppenschule I überwiesen und per Bahn am 29. Juni 1943 dorthin verfrachtet. Eine Mitteilung besagt, daß eines dieser Fahrzeuge ausbrannte. Dieses StuG (Fl) wurde an das HZA zurückgeschickt, dort instandgesetzt und im September 1943 wieder der Einheit zugewiesen.
Das einzige Bild, welches von dem StuG (Fl) bis heute auftauchte, zeigt ein Fahrzeug der Ausführung F/8.
Keines der 10 Flammenwerfer-Fahrzeuge wurde je eingesetzt. Alle 10 Stück wurden im Januar 1944 an das Heereszeugamt zurückgeschickt und 7 im Februar, 1 im März und 2 im April 1944 auf den Stand Sturmgeschütz mit 7,5-cm-StuK 40 zurückgerüstet.

FLAKPANZER FÜR STURMGESCHÜTZ-EINHEITEN

Beim Führervortrag vom 22. Dezember 1943 forderte der General-Inspekteur der Panzertruppen eine Koppelung von gepanzerter 2-cm-Flak mit Sturmgeschütz-Abteilungen. Am besten geeignet erschien ein Fahrzeug auf Basis Panzer II, welches der Besatzung einen gewissen Schutz bot und in seiner Form von einem StuG. nicht so wesentlich abwich wie z. B. eine gepanzerte Fla-Selbstfahrlafette.
Der General der Artillerie indes forderte zum Schutz der Sturmgeschütz-Einheiten gegen Tiefflieger-Angriffe eine Ausstattung mit Flugabwehrpanzern. Da die Masse der Sturmgeschütze das Panzer III-Fahrgestell besaßen, die bisherigen Flakpanzer-Aufbauten aber für das Panzer IV-Fahrgestell entwickelt waren, sollte nun auf Weisung der Inspektion der Artillerie (In 4) untersucht werden, ob die neuen Flaktürme auch auf das Panzer III-Fahrgestell paßten. Der Turmkranz-Durchmesser betrug beim Panzer III 1520 mm, beim Panzer IV dagegen 1680 mm.
Im Oktober 1944 besuchten Offiziere der Sturmgeschütz-Schule Burg bei Magdeburg die Deutschen Eisenwerke in Duisburg, um die dort hergestellten Flakpanzer-Typen zu besichtigen und den geeignetsten für die Sturmartillerie auszusuchen. Zur Auswahl standen 2 Konzepte, die für das

Flakpanzer »Wirbelwind« auf Panzer IV-Fahrgestell.

Panzer IV-Fahrgestell bereits realisiert waren:

- WIRBELWIND mit 2-cm-Flakvierling 38. Die 1509 kg wiegende Waffe hatte vier Rohre mit je einer Länge von 1300 mm (L/65). Sie wurden durch Magazine für je 20 Patronen versorgt. Die größte Schußhöhe betrug 3700 m. Theoretisch verschoß die Waffe 4x450 Schuß in der Minute. Der Gerätepreis lag bei 20000,– RM. Gefertigt wurden die Waffen durch die Firmen Ostmark-Werke, Wien, Auto-Union AG, Chemnitz und Benteler-Werke, Bielefeld.
- OSTWIND mit der 3,7-cm-Flak 43. Das etwa 1392 kg wiegende Geschütz hatte eine Rohrlänge von 2112 mm (L/57): Sie wurde durch Patronenrahmen mit je 8 Schuß versorgt. Die größte Schußhöhe betrug 4800 m. Die Feuergeschwindigkeit lag theoretisch bei 230 bis 250 Schuß in der Minute. Die Waffe wurde von den Firmen Dürkopp, Bielefeld und Weserhütte, Bad Oeynhausen, hergestellt.

Gemäß Schreiben des Heereswaffenamtes, Wa I (WuG 6) vom 3. Januar 1945 sollten die Deutschen Röhrenwerke, Werk Thyssen, Mülheim/Ruhr einen OSTWIND-Flakdrehturm

Flakpanzer »Ostwind« auf Panzer IV-Fahrgestell.

mit geschlossenem Bodenblech an das Heereswaffenamt, Wa I Rü (WuG 2) eine 3,7-cm-Flak 43 an die Sturmgeschütz-Schule Burg liefern. Eine Panzer III-Wanne und 2 -cm-Flakvierlinge 38 wurden an die Firma OSTBAU in Sagan, Schlesien, überstellt.
Zweck: Konstruktionsversuch Flakpanzer III.
Regierungs-Baurat Becker erhielt den Auftrag, sich bei der Firma Ostbau einzufinden und sich in die Arbeit einzuschalten. Ostbau entpuppte sich als eine Halle, in der eine Anzahl Panzer IV-Wannen unter Leitung eines Leutnants der Panzerwaffe*) mit verhältnismäßig einfachen Mitteln zu Flakpanzern umgebaut wurden.
Es ergaben sich Meinungsverschiedenheiten zwischen Reg. Baurat Becker und dem Leiter von Ostbau. Dieser hielt es für unmöglich, den Panzer III für diesen Zweck umzubauen. Becker war sicher, daß es ginge. Es wurde keine Einigung erzielt, Becker kehrte unverrichteter Dinge zurück.
Der General der Artillerie forderte die schnellste Zuführung von 90 Flakpanzer-Drehtürmen. Nachdem für diese Aufbauten verhältnismäßig geringe Kontingentsgewichte (etwa 2 t je Aufbau) notwendig waren und angenommen wurde, daß die erforderlichen 16 mm Panzerbleche verfügbar waren, sollten die geforderten Aufbauten baldigst in Auftrag gegeben werden. Die Fahrgestelle wurden aus dem der Artillerie zustehenden Sturmgeschütz-Kontingent abgezweigt, teilweise aber auch der Instandsetzung entnommen. Die erforderliche Bugpanzerung einschließlich der Turm-Kugellager stammten aus der Lagerhaltung der Instandsetzungs-Einheiten.
Mitte März 1945 waren die Versuche abgeschlossen. Sie bestätigen einen möglichen Aufbau der KEKSDOSE (Deckname für OSTWIND-Drehturm) auf Panzer III-Fahrgestell.
Hierzu wurden nach Burg überführt:
- Panzerwanne III von Sagan nach Burg
- eine zweite Versuchswanne
- zwei Vierlingsflak
- zwei 3,7-cm-Geschütze
- ein kompletter Aufbau für 3,7-cm-Flak
- ein kompletter Aufbau für 2-cm-Vierling

Die technisch-logistischen Vorbereitungen waren bei der Sturmartillerie-Schule schon soweit abgeschlossen, daß nach Lieferung der Aufbauten kurzfristig der Zusammenbau der Flakpanzer hätte erfolgen können. Auf Beschluß der Panzer-Kommission wurden jedoch die Kontingente für die Flakpanzer-Aufbauten im Zuge des »Notprogramms für die Rüstungsendfertigung« des Reichsministers für Rüstung und Kriegsproduktion vom 23. Januar 1945 gestrichen.
Der General der Artillerie stellte für die Sturmgeschütz-Schule Burg den folgenden Antrag:
Es wird eine eigene Werkstatt wie die Ostbau, Sagan in Burg aufgezogen. Die Mittel sind vorhanden. Der Konstruktionsversuch Flakpanzer III wird selbst durchgeführt. Nur dadurch ließe sich die Gewähr für schnellste Erledigung geben und nur so käme die Sturmartillerie schnell in den Besitz der notwendigen Flakpanzer.
Der General der Artillerie bat am 17. März 1945 nochmals um die Möglichkeit der Fertigstellung der bereits in Fertigung befindlichen Aufbauten sowie um Freigabe des Materials für weitere 72 Aufbauten, die in Monatsraten von 12 Stück ausgeliefert werden sollten.
Der Generalinspekteur der Panzertruppen vermerkte dazu am 11. April 1945 lakonisch:
»...durch Entwicklung der Lage erledigt«.
Trotzdem meldeten einige Sturmgeschütz-Einheiten Flakpanzer in ihrem Bestand:
- 15. März 1945 StuG Brig. 244 H. Gr. B 2 Flakpanzer
- 15. März 1945 StuG Brig. 341 H. Gr. B 3 Flakpanzer
- 5. April 1945 StuG Brig. 667 Ob West 4 Flakpanzer

Leider gibt es keine weiteren Hinweise auf Typ der Fahrzeuge und Art der Bewaffnung. Über den Flakpanzer IV liegen erwiesene Zuteilungen vor, es kann angenommen werden, daß es Burg gelungen ist, noch einige Flakpanzer III fertigzustellen und auszuliefern.

STURMGESCHÜTZE ALS LEITPANZER FÜR FUNKLENK-EINHEITEN

Bei der Deutschen Wehrmacht wurden in den Jahren 1939/40 für die Spezialpioniere ferngelenkte »Beton-Wagen mit Räumwalzen«* zum Beseitigen von Minen gefordert, was die Entwicklung einer ganzen Reihe ferngelenkter Räumfahrzeuge einläutete. Aus dem Borgward-Typ B I ergab sich eine zweite Baureihe B II und schließlich der »schwere Ladungsträger«, Typ B IV (Sd. Kfz. 301).
Bei Marschfahrt wurde das Vollkettenfahrzeug von dem Fahrer durch normale Bedienungshebel gelenkt. Bei Einsatzfahr-

*) Hans C. Graf von Seherr-Thoss

* Die gesamte Entwicklung der Ladungsleger der Deutschen Wehrmacht ist in dem Kapitel Spezial-Panzer-Fahrzeuge, Band 8 der Reihe Militärfahrzeuge zusammengefaßt.

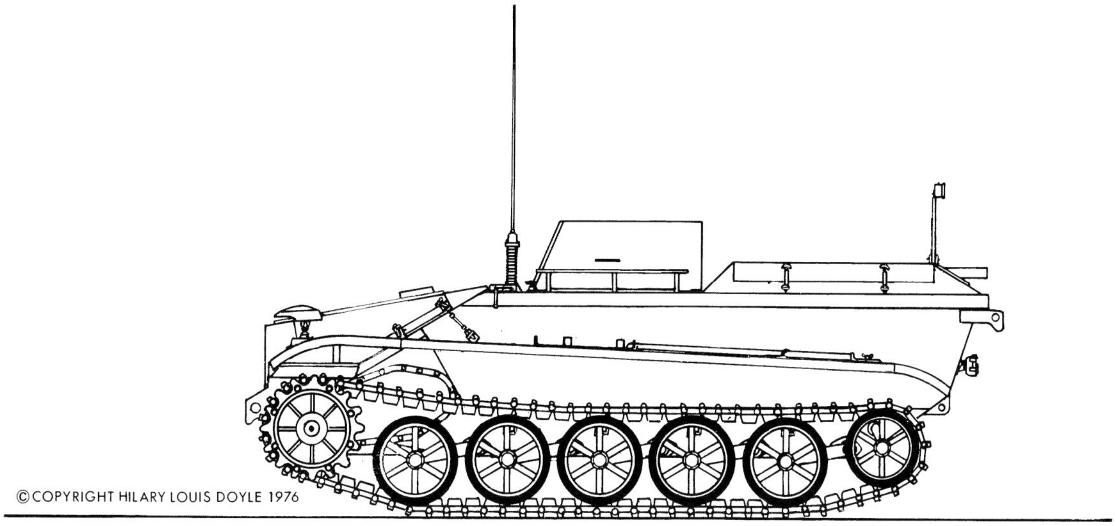

Schwerer Ladungsträger, Ausführung B (Sd. Kfz. 301).

ten, ohne Fahrer, wurde das Fahrzeug auf Fernlenkung umgestellt, welche von einem Leitpanzer aus durch Funk betätigt wurde.
Vorne am Fahrzeug wurde eine Sprengladung mitgeführt. Die 500 kg schwere Ladung wurde durch zwei Schwingarme am Fahrzeug festgehalten. Die Auslösung erfolgte durch Sprengnieten, entweder mechanisch oder durch Funksignal. Die Ladung rutschte dann von der 47° geneigten Rampe durch eigenes Gewicht ab. Eine Spätzündung erlaubte ein Entfernen des Ladungslegers. Es war jedoch auch möglich, das gesamte Fahrzeug ins Ziel zu bringen. Ein Sicherheits-Abstands-Schalter ermöglichte eine Zerstörung des Fahrzeuges nach einer bestimmten Entfernung.
Die Fertigung der B IV-Fahrzeuge war im September 1944 ausgelaufen. Es erfolgte der mittlere Ladungsleger (Sd. Kfz. 304) Springer. Bei bedeutend geringeren Ausmaßen gegenüber dem Fahrzeug B IV ergab sich neben der Möglichkeit, einen Fahrer einzusetzen, die Mitführung einer Sprengladung von 330 kg. Die Ladung war nicht absetzbar. Bei Kriegsende 1945 waren 50 dieser Fahrzeuge gefertigt.

Schwerer Ladungsträger B IV, Ausf. C (Sd. Kfz. 301).

Vorführung B IV (1942) (Pz. Abt. 300 (F. L.)).

Ein Ladungsträger B IV, ferngesteuert von einem Sturmgeschütz (BA).

Sturmgeschütz, Ausführung G als Leitpanzer für Funklenk-Einheiten. Hier 1/Zug Pz. Kp. (FKL) 314 auf dem Truppenübungsplatz Genzrode bei Neuruppin.

Bei der Erstaufstellung am 1. Juni 1940 wurden an die Minenräum-Kompanie 1 kleine Panzerbefehlswagen auf Panzer I-Fahrgestell (Sd. Kfz. 265) als Leitpanzer für die Minenräumwagen (Sd. Kfz. 300) ausgegeben. Erweitert zu einer Abteilung Ende 1940, war die Minenräum-Abteilung 1 kurz im Juni/Juli 1941 im Einsatz, bevor sie herausgezogen, neu bezeichnet und reorganisiert wurde. Ende Mai 1942 wurde die Einheit zum Wiedereinsatz an die Ostfront verlegt. Ihre neue Bezeichnung lautete Panzer-Abteilung 300 (F.L.). Sie hatte zwei Kompanien, die mit Panzerkampfwagen III als Leitpanzer für die Sprengstoffträger (Sd. Kfz. 301) ausgerüstet waren. Die Einheit wurde im September 1942 an die Heeres-Gruppe Nord abgegeben und in Panzer-Abteilung (FKL) 301 umbenannt. Sie verblieb dort bis Ende 1942 und verlegte dann zurück nach Neuruppin zur Auffrischung.

Im Frühjahr 1943 wurden die Funklenk-Einheiten zu drei leichten Panzer-Kompanien erweitert, die der Panzer-Abteilung (FKL) 301 und vier selbständigen Panzer-Kompanien (FKL) (311 bis 314) zugeteilt wurden. Die Stärkenachweise gemäß K.St.N. 1171f vom 1. 1. 1943 bestätigen, daß diese Einheiten nach wie vor Panzer III als Leitpanzer behielten. Da jedoch die Industrie Ende 1942, Anfang 1943 mit der Umstellung des Panzer III-Fertigung auf Sturmgeschütze und Panzerkampfwagen Panther begonnen hatte, war es nur noch eine Frage der Zeit, wann Panzer III zur Ausrüstung dieser Einheiten nicht mehr zur Verfügung standen. Vorbeugend wurde der K.St.N. 1171f zur Ausführung B geändert, welche die Zuteilung von 10 Sturmgeschützen für jede Kompanie ermöglichte. Von April bis Juni 1943 wurden insgesamt 61 Sturmgeschütze den Funklenk-Einheiten zugewiesen. Die Panzer-Kompanie (FKL) 313 behielt als einzige den Panzer III als Leitpanzer.

Funklenk-Einheiten mit dem Sturmgeschütz als Leitpanzer wurden am 5. Juli 1943 von der Panzer-Kompanie (FKL) 312 (10 Sturmgeschütze und 36 B IV) zur Unterstützung der Tiger der s. Pz. Abt. 505 eingesetzt. Die Panzer-Kompanie (FKL) 314 (10 Sturmgeschütze und 36 B IV) unterstützte die Elefanten der s. Pz. Jg. Abt. 653.

Panzer-Kompanie (FKL) 311, der Pz. Gren. Div Großdeutschland unterstellt, wurde im August 1943 an die Ostfront verlegt, sie blieb dort im Einsatz bis zum Mai 1944.

Am 31. Dezember 1943 waren alle Funklenk-Einheiten – mit Ausnahme der Panzer-Kompanie (FKL) 311 – zurück in ihren Heimatstützpunkten. Sie verfügten über folgende Sturmgeschütz-Bestände:

Pz.Abt. (FKL) 301	31 Sturmgeschütze
Pz.Kp. (FKL) 312	2 Sturmgeschütze
Pz.Kp. (FKL) 314	4 Sturmgeschütze
Pz.Kp. (FKL) 315	10 Sturmgeschütze
Pz.Kp. (FKL) 316	10 Sturmgeschütze

In Italien bei Anzio, Februar bis März 1944:
Pz.Abt. (FKL) mit der 2., 3. und 4. Kp./Pz. Abt. 301 mit 31 StuG und 108 B IV

Im Westen nach dem 6. Juni 1944:
Pz.Kp. (FKL) 315 bei 21. Pz.Div. mit 10 StuG und 35 B IV (Juni bis Juli 1944)
Pz.Kp. (FKL) 316 bei Pz.Lehr Div. mit 9 StuG, 3 Tiger T und 36 B IV (Juni – Juli 1944)
4. Kp.Pz.Abt. 301 bei 2. Pz.Div. mit 10 StuG und 36 B IV (Juni – September 1944)
Pz.Kp. (FKL) 319 mit 10 StuG und 36 B IV (September 1944 bis Januar 1945)

Im Osten 1944 bis 1945:
Pz.Abt. (FKL) 301 bei Heer. Gr. Nordukraine mit 30 StuG und 108 B IV (Juni bis August 1944)
Pz.Abt. (FKL) 302 zuerst bei Heer. Gr. Mitte mit 40 StuG und 144 B IV (August 1944 bis zum Ende)
Pz.Zug (FKL) 303 bei Heer. Gr. Weichsel mit 4 StuG und 12 B IV (Februar 1945 bis zum Ende)

Gliederung der Funklenk-Kompanien

leichte Panzer-Kompanie f. K. St. N. 1171f (Ausf. B) v. 1. 1. 1943

Kompanie Trupp	2 gp.Sfl.f. Sturmgeschütz
1. Zug	4 gp.Sfl.f. Sturmgeschütz 12 Sprengstoffträger (Sd.Kfz. 301)
2. Zug	4 gp.Sfl.f. Sturmgeschütz 12 Sprengstoffträger (Sd.Kfz. 301)
Sondergerät Reserve	12 Sprengstoffträger (Sd.Kfz. 301)

leichte Panzer-Kompanie f. K. St. N. 1117f vom 1. 6. 1944

Kompanie Trupp	2 Sturmgeschütz III für 7,5-cm-StuK 40 (Sd.Kfz.142/1)
1. Zug	4 Sturmgeschütz III für 7,5-cm-StuK 40 (Sd.Kfz. 142/1) 12 Sprengstoffträger (Sd.Kfz.301) und 1 mittlerer Schützenpanzerwagen (Sd.Kfz. 251/1)

2. Zug	4 Sturmgeschütz III für 7,5-cm-StuK 40 (Sd.Kfz. 142/1) 12 Sprengstoffträger (Sd.Kfz. 301) und 1 mittlerer Schützenpanzerwagen (Sd.Kfz. 251/1)
Sondergerät Reserve	12 Sprengstoffträger (Sd.Kfz.301)

leichte Panzer-Kompanie f. K. St. N. 1171f vom 1. 10. 1944

Kompanie Trupp	2 Sturmgeschütz III für 7,5-cm-Stuk 40 (Sd.Kfz.142/1)
1. Zug	4 Sturmgeschütz III für 7,5-cm-StuK 40 (Sd.Kfz.142/1) 9 Sprengstoffträger (Sd.Kfz.301 oder 304) 1 mittlerer Schützenpanzerwagen (Sd.Kfz.251/1)
2. Zug	4 Sturmgeschütz III für 7,5-cm-StuK 40 (Sd.Kfz.142/1) 9 Sprengstoffträger (Sd.Kfz.301 oder 304) 1 mittlerer Schützenpanzerwagen (Sd.Kfz.251/1)

Leichte Panzerkompanie f K. St. N. 1171 f vom 1. 1. 1943 und 1. 6. 1944.

Kompanie Trupp

1.Zug

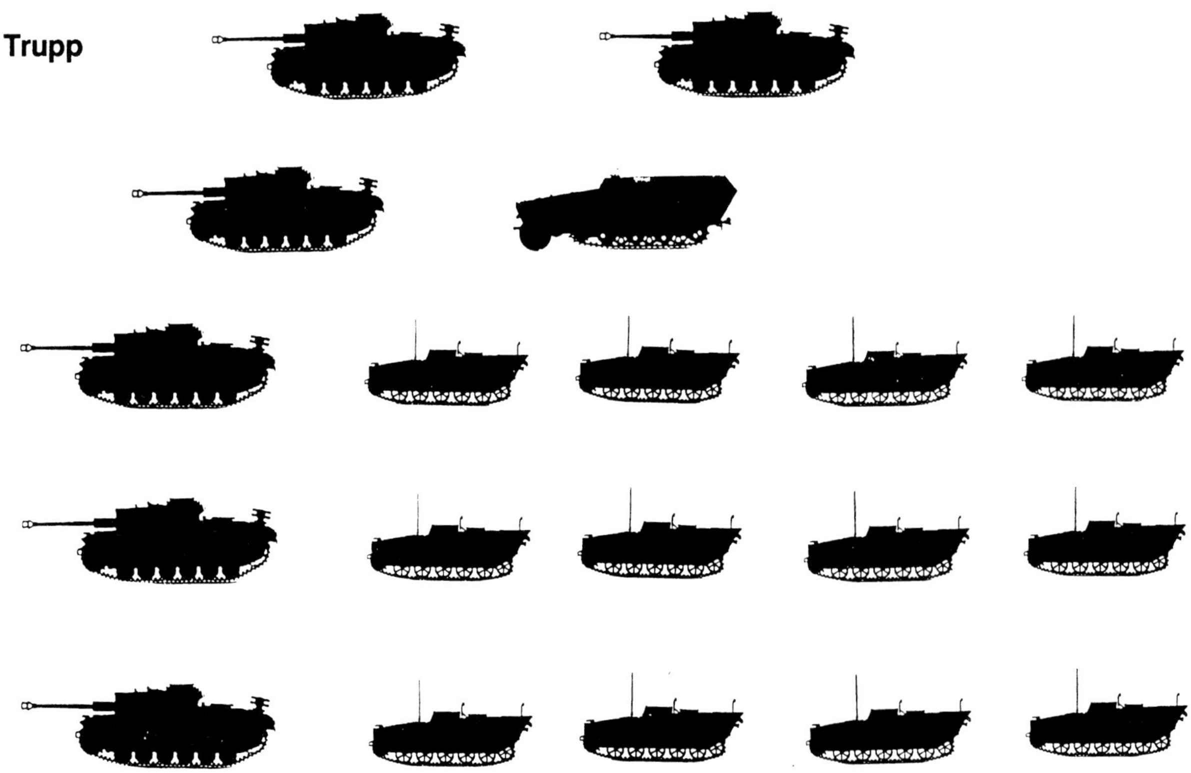

2.Zug wie 1.Zug

Sondergerät Reserve 12 Sprengstoffträger (Sd.Kfz.301)

Sturmgeschütze (zugewiesen und abtransportiert an Funklenk-Einheiten):

Monat	Einheit	Sturm-geschütze	Abtransport vom HZA
1943			
April	Pz.Abt.300	21	
Mai	Pz.Abt.300	20	12. 5. 1943
Juni	2 FKL Kp.	20	28. 6. – 1. 7. 1943
August	FKL. Kp. 315	10	18. 8. 1943
	FKL Kp. 316	10	8. 9. 1943
Dezember	FKL Kp. 312	1	4. 1. 1944
1944			
Mai	Pz.Abt.(FKL)301	8	17. 6. 1944 (aus Insts.)
Juni	Pz.Abt.(FKL)302	11	1. 7. 1944
Juli	Pz.Abt.(FKL)302	2	3. 8. 1944
August	Pz.Kp.(FKL)311	10	13. 8. 1944
Oktober	Pz.Kp.(FKL)319	4	1. 11. 1944

Die Fernsteuerung für diese Fahrzeuge lieferten die Firmen Hagenuk, Kiel und Dr. Hell, Berlin. Der Empfänger für die Fernsteuerung führte die Bezeichnung EP^3 mit UKE 6.
Es folgen einige Erfahrungsberichte von dem Einsatz der Funklenk-Einheiten an der Ostfront.

23. Juli 1943

Pz.Abt.(FKL) 301 Ia/Kdr. 280/43

Denkschrift über die weitere Verwendung der FKL-Waffe unter Auswertung der Erfahrungen des Einsatzes vom 5.–8. 7. 43 bei Unternehmen »Zitadelle«

Im Angriffsstreifen des A.O.K.9 waren bei den Angriffskämpfen ab 5. 7. südl. Orel 3 selbständige Pz.Kp. FKL eingesetzt. 2 Kp. waren dem Pz.Jäg.Rgt.656 und 1 Kp. der s.Pz.Abt. 505 unterstellt. Die Kpn. wurden geschlossen unter Führung der Kp.Chefs eingesetzt, die Züge auf Zusammenarbeit mit den vorne eingesetzten Kpn. des größeren Verbandes angewiesen. Der Gefechtsauftrag lautete für alle Kpn. gleich, nämlich Vortreiben von kampfkräftiger Gefechtsaufklärung, Spüren von Minenfeldern und Sprengung von Gassen, Vernichtung von schwer zu bekämpfenden Zielen, wie eingebauter panzerbrechender Waffen sowie überschwerer Feindpanzer.
Die bei der Truppe über den Einsatz angestellten Ermittlungen ergaben folgendes Bild:

1) **Einsatz der Pz.KP.FKl 314 bei I./Pz.Jäg.Rgt. 656.**
Ein sehr dichtes und tiefgegliedertes Minenfeld sperrte den Zugang zur russ. HKL, die gleichzeitig durch sehr heftiges Artl.Sperrfeuer abgeschirmt war. Gemäß Angriffsbefehl begann die Kp., 3 Minengassen zu sprengen. Infolge der großen Tiefe des Minenfeldes wurden hierdurch insgesamt 12 B IV verbraucht. Die so gesprengten Gassen wurden von den Leitpanzern ohne Beschädigung durch Minen durchschritten. Das im Angriffsbefehl vorgesehene Trassieren der Gassen durch Pioniere erfolgte nicht, da die Pioniere infolge des überaus heftigen Artillerie-Feuers nicht vorwärts kamen. Hierdurch entstand ein Stopp im Angriff. Bei der Vielzahl der Artillerie-Einschläge auf dem Gefechtsfelde gelang es den s.Pz.Jägern (Ferdinand) nicht mehr, die durch B IV gerissenen Gassen, die nicht gekennzeichnet waren, klar zu erkennen, zumal auf der festen Grasnarbe auch die Kettenspuren der B IV nicht zu sehen waren. Hierdurch traten trotz der gesprengten Gassen Ausfälle bei Ferdinand durch Minen ein. Im weiteren Verlauf des Angriffs wurden 7 B IV total gezündet. Von diesen fiel einer in einen von Inf. besetzten Graben und vernichtete die den B IV mit Handgranaten und Nahkampfmitteln angreifende Grabenbesatzung. 2 B IV wurden gegen ein

stark besetztes Waldstück gelenkt, vor dem die Inf. nicht vorwärts kam, und dort total gezündet. Danach wurde hier kein Widerstand mehr geleistet. Während des ganzen Angriffs fielen 4 B IV durch Art. Treffer aus, von denen einer im geschärften Zustand, d.h. bei eingeschraubten Zündern, detonierte und 3 ohne Zünder ruhig abbrannten.

2) **Der Einsatz der Pz.Kp.FKL 313** bei II./Pz.Jäg.Rgt.656 erfolgte unter gleichen Umständen. Durch ein nicht bekanntes eigenes Minenfeld, in das ein Zug der Kp. beim Anrollen zum Einsatz geriet, fielen 4 B IV aus. So wurde von dem anderen Zug nur eine Gasse in das russ. Minenfeld geschlagen, wozu 4 B IV verbraucht wurden.

Durch Art. Beschuß wurde 1 B IV im Bereitstellungsraum getroffen und detonierte, wobei 2 weitere B IV in Brand gerieten und gleichfalls detonierten. Der Unterzeichnete konnte die Ursache dieses Vorfalles nicht restlos klären, da die dazugehörigen B IV Fahrer und Pioniere hierbei fielen. Es wird vermutet, daß die Zünder schon in die Ladung eingesetzt waren, die durch die Hitze der brennenden Ladung detonierten. Ein weiterer B IV wurde während des Fernlenkens durch Artl. getroffen und detonierte ebenfalls.

Im weiteren Angriffsverlauf wurden durch 3 B IV eingebaute Paknester und ein Bunker vernichtet und hierdurch ein tatsächlicher und moralischer Erfolg erzielt.

3) **Einsatz der Pz.Kp.FKL 312** bei s.Pz.Abt.505.

Der Einsatz der Kp. vor den Tiger-Panzern als Gefechtsaufklärung entsprach den taktischen Forderungen und hatte folgende gute Erfolge:

Es wurde ein B IV auf 800 m Entfernung gegen ein Paknest von 2–3 Paks eingesetzt, das durch Totalzünden einschl. der sich hier zusammenballenden Inf. vernichtet wurde.

Ein B IV wurde auf 400 m gegen einen T 34 eingesetzt. Der T 34 wurde beim Rammversuch durch Totalzünden vernichtet.

3 B IV auf 400–600 m gegen 3 schwere Geschützbunker gelenkt, vernichteten sämtliche Bunker durch Totalzündung.

Ein B IV gegen einen Pak-Bunker gelenkt, erreichte diesen, obwohl er 10 m vor dem Bunker in Brand geworfen wurde, und vernichtete den Bunker.

2 B IV auf 800 m gegen Pak-Besatzung und 1 I.G.Stellung eingesetzt, vernichtet beide.

1 B IV erreichte eine russ. Stellung, wurde mit Brandflaschen beworfen und zur Entzündung gebracht. Die Totalzündung hatte verheerende Wirkung in der feindlichen Stellung.

In vier Fällen wurden B IV durch Abwehrwaffen während des Fernlenkens abgeschossen. Hierbei gelang er zweimal, die eingebauten FKL-Geräte zu bergen, während die beiden anderen ausbrannten. Insgesamt wurden an 4 Gefechtstagen 20 B IV eingesetzt.

gez. Reinel, Major
Kdr. Pz.Abt.(FKL) 301

O.U., den 25. Oktober 1943

Pz.Kp (Fkl.) 311

Bericht über den Einsatz eines B IV bei der gewaltsamen Aufklärung gegen Belsk am 14. 8. und über die Sprengung einer Brücke mittels eines B IV am 14. 8. 43

1.) **Auftrag:** Gewaltsame Aufklärung gegen Belsk mit einem Fkl.-Zug und einem Zug Grenadiere F.E.B.

Nach vorausgegangener Geländeerkundung entwickelten sich beide Züge in einer Mulde westlich der Ortschaft. Der Fkl.-Zug bezog Hinterhangstellung. Der Grenadier-Zug ging unter dem Feuerschutz der Sturmgeschütze bis 600 m an den Ortsrand vor. Gleichzeitig wurden zur Aufklärung 3 B IV angesetzt, von denen einer den Ortsrand erreichte. Das starke Gewehr- und M.G.-Feuer des Gegners ließ beim Herankommen des B IV merklich nach. Der Gegner schien verdutzt. Die Grenadiere erhielten beim weiteren Vorgehen starkes Granatwerfer-Feuer und Artl.-Feuer einer Batterie aus Richtung Nordrand Kotelwa. Der B IV wurde nach einem kurzen Absetzen vom Ort wieder an den Ortsrand herangelenkt und die Ladung abgeworfen. Der B IV selbst wurde zurückgeholt. Die beim Gegner infolge der Sprengung erfolgte Feuerpause nutzten die Grenadiere zum Absetzen aus. Diese Feuerpause währte etwa 5–7 Minuten.

Erfolge: Die Aufklärung wurde durchgeführt. Der Gegner verlor zahlreiche Tote, mehrere M.G. und 3 Granatwerfer wurden vernichtet.

Verluste: keine

Erfahrungen: Der Einsatz der B IV war möglich auf Grund der Tatsache, daß im Rastraum Leit-Panzer und B IV sorgfältig aufeinander abgestimmt werden konnten. Die hierzu zu jedem Einsatz erforderliche Zeit beträgt 5–6 Stunden. Wenn zwischen Überprüfung und Einsatz ein Marsch (10 km) oder eine Zeitspanne von mehr als 12 Stunden liegt, ist eine neue Überprüfung erforderlich.

Geländemäßig war der Einsatz der B IV ebenfalls günstig. In der Mulde westlich der Ortschaft konnte ungesehen vom Feinde vor dem Angriff nochmals eine notwendige Überprüfung stattfinden und die B IV fertig gemacht werden (Zeitdauer 10 Min.). Das stetig ansteigende Gelände ermöglichte ein Fernlenken bis zu 1200 m. Hindernde Trichter, Schluchten oder Waldstücke waren nicht vorhanden.
Der Ausfall von 2 B IV ist auf Mängel zurückzuführen, die sich während des Fernlenkens eingestellt haben. Bei einem B IV blieb ein Relais hängen.
2.) **Auftrag:** Sprengung einer Brücke bei Cholowdewtschia mittels Einsatz eines B IV.
Die zu sprengende Brücke lag unter Feindbeschuß. Eine Sprengung durch einen B IV war daher erforderlich.
Der B IV wurde aus einer Hinterhangstellung auf die Brücke gelenkt. Der Gegner verhielt sich vorsichtig und zurückhaltend, so daß der B IV die Brücke erreichte. Das Kommando zum Abwerfen der Ladung versagte, infolgedessen mußte der B IV total gesprengt weden.
Erfolge: Auftrag wurde durchgeführt.
Verluste: keine
Erfahrungen: Der B IV wurde aus einer Entfernung von 500 m aus einer Hinterhangstellung heraus ohne Schwierigkeiten auf die Brücke gelenkt. Der Gegner schien überrascht und verhielt sich ruhig. Die 18 to Holzbrücke wurde restlos vernichtet. Sämtliche Träger wurden bis unter die Wasseroberfläche zerstört. Länge der Brücke betrug 25 m.

gez. Bachmann
Oberleutnant u. Komp.-Chef

Gefechtsfeld-Unterstützungsfahrzeuge

Mit Schreiben vom 15. Dezember 1936 des Generalstabs des Heeres Nr. 355/36 gKdos 8. Abt. (III) an das AHA wurde mitgeteilt, daß der Oberbefehlshaber die ersten Versuche mit der sPak als äußerst vielversprechend betrachtete. Er ordnete deshalb an, daß die Einzelerprobung der Pak (Sfl.) so beschleunigt werden sollte, daß im Herbst 1937 die Entscheidung über die Einführung der Pak (Sfl.) getroffen werden konnte.
Für eine lückenlose Erprobung war es jedoch erforderlich, daß der Versuchszug außer der Pak (Sfl.) auch über die sonst noch notwendigen Hilfsfahrzeuge zu verfügen hatte.
Als Hilfsfahrzeuge in diesem Sinne wurden für erforderlich gehalten:

A) MUNITIONSWAGEN, SPÄTER LEICHTER, GEPANZERTER MUNITIONSTRANSPORTWAGEN (SD. KFZ. 252)

I. Das Munitionsfahrzeug war das Zubringerfahrzeug von Munition für die Pak (Sfl.) auf dem Gefechtsfeld, d. h. das Pendelfahrzeug zwischen der Pak (Sfl.) und dem Munitions-Lastkraftwagen.
In der Regel wurde die Pak zur Munitionsergänzung hinter die nächste Deckung zurückgefahren um dort die Munition zu übernehmen. Das Vorfahren des Munitions-Fahrzeuges bis in eine **offene** Feuerstellung der Pak würde eine Ausnahme sein.

II. Anforderungen:
1. Große Geländegängigkeit etwa in Art eines Halbkettenfahrzeuges
2. Geschwindigkeit von 4 bis 60 km/h
3. Rundumpanzerung, SmK-sicher
4. Zugfähigkeit für einen Anhänger bis zu 2 t Gewicht (beladen)
5. Tragfähigkeit je Zugwagen und Anhänger = 1000 kg Nutzlast = 200 Schuß 7,5-cm-Granaten mit Verpackung
6. Besatzung: 1 Fahrer, 1 Munitionsschütze
7. Bewaffnung: 1 MG, welches im Halten auf Auslegearm am Fahrzeug zum Flugzielbeschuß verwendet werden konnte.

III. Als Fahrzeug kam voraussichtlich der schnellaufende Typ eines Halbkettenfahrzeuges in Frage.

B) BEOBACHTUNGSWAGEN, SPÄTER LEICHTER, GEPANZERTER BEOBACHTUNGSWAGEN (SD. KFZ. 253)

I. Der Beobachtungswagen sollte Verwendung finden bei:
1. Erkundung von Zielen
2. Feuerleitung kleinerer Einheiten, z. B. eines Zuges oder der Kompanie beim Einsatz im direkten Richten (Zielzuweisung)
3. Feuerleitung, wenn die Kompanie geschlossen dicht hinter der vorderen Linie im indirekten Richten eingesetzt werden sollte. Er wäre dann eine Art vorgeschobene, gepanzerte Beobachtungsstelle. Der Beobachtungswagen der Pak (Sfl.) verdiente diese Bezeichnung wieder im früheren Sinne des Beobachtungswagens der Artillerie. Der Beobachtungswagen der Artillerie war in der Hauptsache nur noch ein Transportfahrzeug für allerlei technisches Gerät. Er war eigentlich kein Beobachtungswagen mehr. Früher, wo er z. B. mit Beobachtungsleiter auf der Beobachtungsstelle eingesetzt war, verdiente er seinen Namen.

II. Anforderungen aufgrund der Verwendungsarten:
1. Fahrzeug mit gleicher Geländegängigkeit wie die sPak (Sfl.), daher Vollkettenfahrzeug
2. Geschwindigkeit: Schneller und wendiger als die Pak (Sfl.), Schrittgeschwindigkeit, also etwa 4 bis 40 km/h
3. Rundumpanzerung, SmK-sicher, vorne sicher gegen 2 cm

4. Besatzung: 1 Führer (Beobachtungsoffizier), 1 Beobachtungs-Unteroffizier, 1 Fahrer
1. Beobachtungsmittel: Scherenfernrohr mit Rundumblickfeld. Das Scherenfernrohr mußte periskopartig nach oben und unten verstellbar sein. Die Höhe, bis zu der das Scherenfernrohr ausgefahren werden konnte mußte so sein, daß die Beobachtung in vielen Fällen möglich ist, ohne daß das Fahrzeug aus der Deckung kam.
   Das Scherenfernrohr mußte zur Verwendung auf dem Boden ausbaubar sein.
2. Fahreroptik
3. Sehschlitze

Verbindungsmittel:
1. Drahtlose Telefonie mit Reichweite bis etwa 3 bis 4 km zur Verbindung mit der Kompanie bei geschlossenem Einsatz der Kompanie in verdeckter Stellung. Das Gerät mußte ausbaufähig sein. Bedienung durch den Beobachtungs-Unteroffizier oder Fahrer. (Gegenstation als bewegliche Station auf der Erde).
2. Winkerflaggen oder Stäbe zur Verbindung mit den Geschützen in offenen Feuerstellungen.
3. Sonstige Ausrüstung: Eine MP zur Nahverteidigung, einen R.K., eine Leuchtpistole, 4 Nebelkerzen.

Als Fahrzeug käme in Frage: das Fahrgestell des Panzerkampfwagen I.

Der Generalstab des Heeres bat, daß für die ab Mai 1937 beginnenden Versuche mit der Pak (Sfl.) zwei Munitionsfahrzeuge und ein Beobachtungswagen in der oben beschriebenen Art rechtzeitig fertiggestellt und bereitgestellt werden könnten. Aufgrund der Versuche wäre dann im Herbst 1937 zu entscheiden:

- ob die Fahrzeuge in dieser Form notwendig und geeignet wären
- in welcher Richtung die endgültige Entwicklung und Einführung zu betreiben sei.

Für die Versuche war es nicht erforderlich, daß die Fahrzeuge bereits mit vollwertigen Panzerblechen bewehrt waren. Sie müßten nur hinsichtlich Abmessungen, Gewicht usw. entsprechen. Ebenso könnte anstelle eines schnellaufenden »II«-Zugkraftwagens ein langsam laufender Zgkw. für die Versuche verwendet werden.

Der Generalstab des Heeres bat um Bestätigung, daß die rechtzeitige Bereitstellung der Fahrzeuge für die Versuche sichergestellt war.

Versuchsweise wurden Prototypen der leichten Halbketten-Zugmaschine, Typ **D II* 3** mit einem gepanzerten, oben geschlossenen Aufbau versehen. Es zeigte sich rasch, daß das Gewicht des Fahrgestells mit der längeren und dadurch schwereren Panzerung die Nutzlast stark einschränkte. Als Folge dieser Erkenntnisse wurde für die gepanzerten Ausführungen des leichten Zugkraftwagens das Laufwerk um eine Laufrolle verkürzt.

*II = Liliput

Erste Versuchsausführung gepanzert, mit Laufwerk des Zugkraftwagens 1 t (Sd. Kfz. 10), Typ D II 3 der Firma Demag.

Entwicklung der gepanzerten Ausführung des leichten Zugkraftwagens

Mit Beginn der Schützenpanzer-Entwicklung verlangte man nicht nur ein Gruppen-, sondern auch ein Halbgruppenfahrzeug. Dafür stand das von der Firma Demag, Werk Wetter/Ruhr entwickelte Halbkettenfahrgestell des 1 t Zugkraftwagens zur Verfügung.Grundsätzlich ergaben sich gegenüber der ungepanzerten Ausführung, Typ **D 7** folgende Änderungen:

- Panzerwanne statt Stahlblechwanne
- ein um ein Laufrollenpaar verkürztes Kettenlaufwerk
- geänderter Kühler, Lenkrad, Kraftstoffbehälter und Auspuffanlage.

Die Typenbezeichnung für die gepanzerte Basisausführung lautete **D 7 p.**

Die für die Sturmgeschütz-Einheiten vorgesehenen Fahrzeuge waren mit dem Maybach 6-Zylinder-Reihenmotor vom Typ **HL 42** ausgerüstet. Das ab 1939 zur Verfügung stehende Triebwerk hatte 90 mm Bohrung und 110 mm Hub, was einen Hubraum von 4,2 l ergab. Die Höchstleistung betrug 140 PS bei 4000 min^{-1}. Ursprünglich war dieser Motor zum Einbau in den Maybach Personenkraftwagen SW 42 vorgesehen, die militärische Version mit 76 KW bei 3000 min^{-1} kam bei den Halbkettenzugkraftwagen D 7, HL kl 6, D 7 p, H Kl 6 p und dem schweren Wehrmachtsschlepper zum Einbau. Der Nachbau dieses Motors wurde, durch Lizenzabkommen gesichert, schon 1938 freigegeben, also noch vor Aufnahme der Serienproduktion. Maybach bot 1939 100 Stück HL 42 Motoren für D 7, Verdichtung für OZ 60, Leistung 93 PS bei 1800 min^{-1} zum Stückpreis von 3575,– RM an.

Als Schaltgetriebe war ein halbautomatisches Maybach Schaltreglergetriebe vom Typ **VG 102 128 H** eingebaut. Es hatte 7 Vorwärts- und 3 Rückwärtsgänge. Die Gänge wurden von Hand vorgewählt, die Schaltung selbst nach Durchtreten der Kupplung durch eine Unterdruckanlage ausgelöst. Auch dieses Getriebe wurde von verschiedenen Firmen (auch im Ausland) nachgebaut.

Vom Schaltgetriebe aus wurden die Lenkgetriebe durch je ein Kegelräderpaar angetrieben. Beim Lenken mit dem Lenkrad

Fahrgestell des Zugkraftwagen 1 t für gepanzerte Aufbauten mit verkürztem Laufwerk.

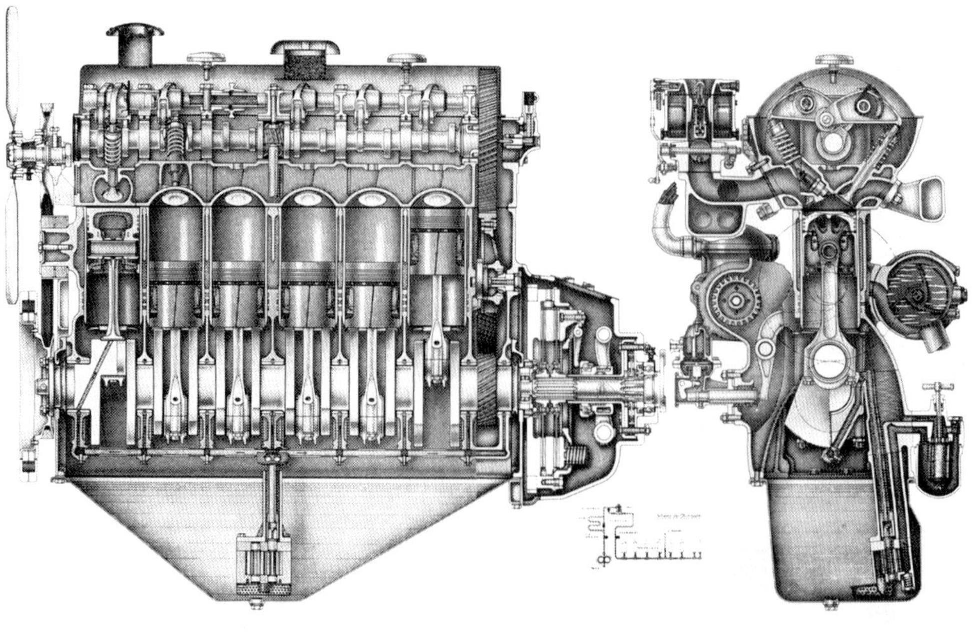

Längs- und Querschnitt des Maybach HL 42 TUKRM Hochleistungsmotors.

wurden zunächst nur die Vorderräder bewegt. Bei stärkerem Einschlag wurden die Lenkbremsen angesprochen. Vom Lenkgetriebe aus wurden die vorne im Kettenlaufwerk liegenden Triebräder angetrieben. Diese trugen die in die Gleiskette eingreifenden, drehbaren 12 Triebradrollen. In den Triebrädern waren die Bremstrommeln für die hydraulische Bremse untergebracht. Die Laufräder waren an Kurbeln aufgehängt und mit Drehstabfedern abgefedert. Sie überschnitten sich und waren abwechselnd innen und außen tragend angeordnet. Sie waren als auswechselbare Stahlblechscheibenräder ausgebildet. Triebräder, innere Laufräder und Leiträder führten die Triebzähne der Gleisketten seitlich. Jede der beiden Gleisketten, Typ **Zpw 51/240/160** bestand aus 38 Gliedern, die durch Bolzen miteinander verbunden waren. Die Triebzähne der Kettenglieder waren als Fettkammern ausgebildet. Jedes Kettenglied trug ein mit vier Schrauben befestigtes Gummipolster, die leicht ausgewechselt werden konnten. Die Vorderachse war als pendelnde Faustachse ausgebildet, die gegen die Wannenspitze durch eine querliegende Blattfeder abgestützt war. Die Rohrachse war durch eine Dreieckverstrebung in der Wannenmitte drehbar zur Aufnahme der Schubkräfte abgestützt.

LEICHTER GEPANZERTER MUNITIONS-TRANSPORT-KRAFTWAGEN (SD. KFZ. 252)

Die selbsttragende Wanne bestand aus Panzerblech mit eingenieteten Querträgern. Der Kraftstoffbehälter, im Heck der Wanne angeordnet, hatte ein Fassungsvermögen von 140 l. Bugpanzer mit Bugpanzerschild und Heckpanzer mit dem aufgeschweißten Dach bildeten den Panzeraufbau. Bug- und Heckpanzer waren miteinander verschraubt. Sie bestanden aus schußsicher miteinander verschweißten Panzerblechen, die zur Hauptschußrichtung schräg gestellt und gegen waagrechten Beschuß SmK-sicher waren. Der Aufbau war mit der Panzerwanne des Fahrgestells verschraubt. Der Bugpanzer mit abnehmbaren Bugpanzerschild deckte den Motorraum ab. Der Bugpanzerschild schützte Lenkgestänge und Stoßdämpfer. Der Heckpanzer bildete den Laderaum, der durch

Leichter gepanzerter Munitionstransportwagen (Sd. Kfz. 252) mit Sonderanhänger 32.

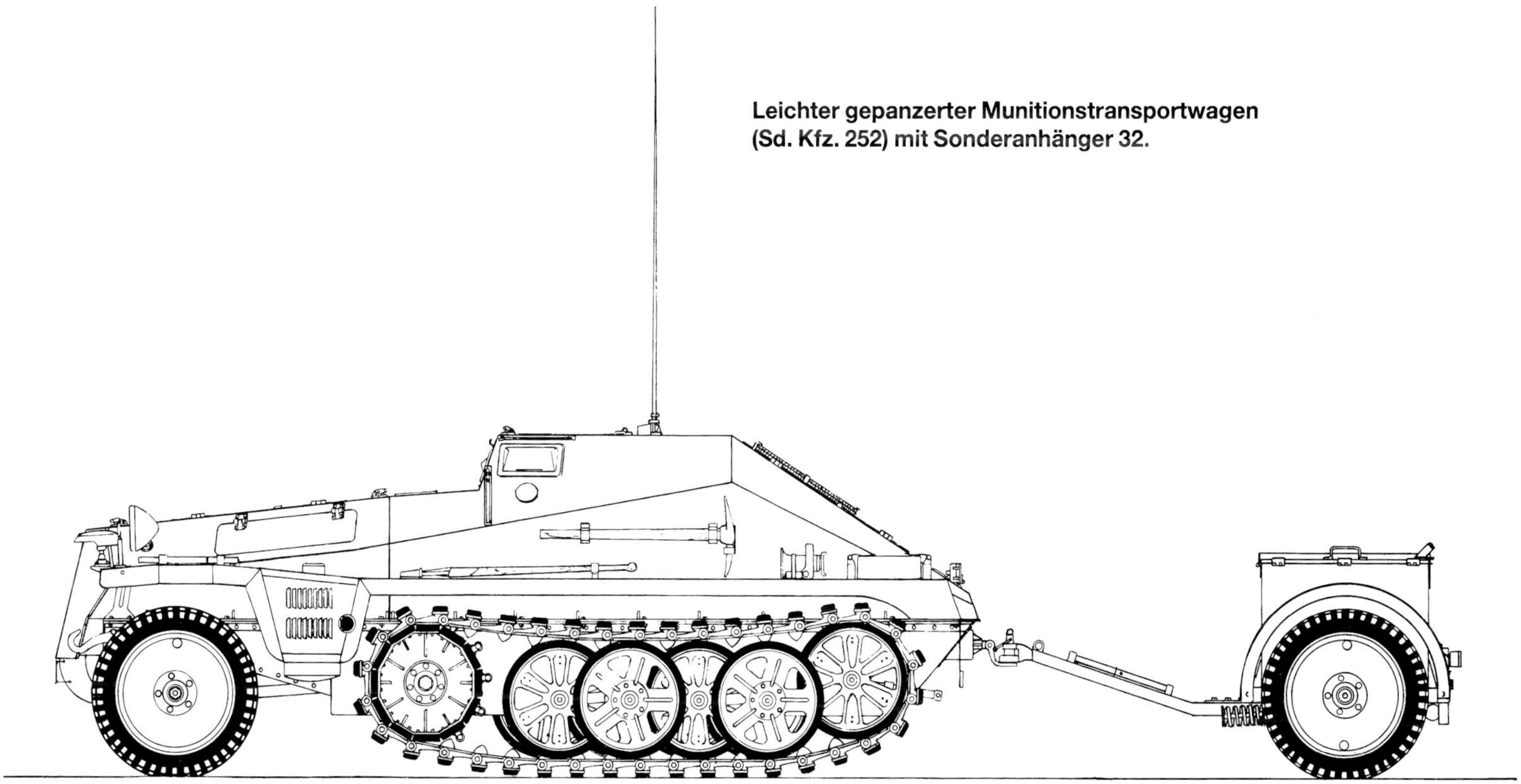

Leichter gepanzerter Munitionstransportwagen (Sd. Kfz. 252) Seitenansicht der ersten Ausführung.
Frühe Form der Laufräder.

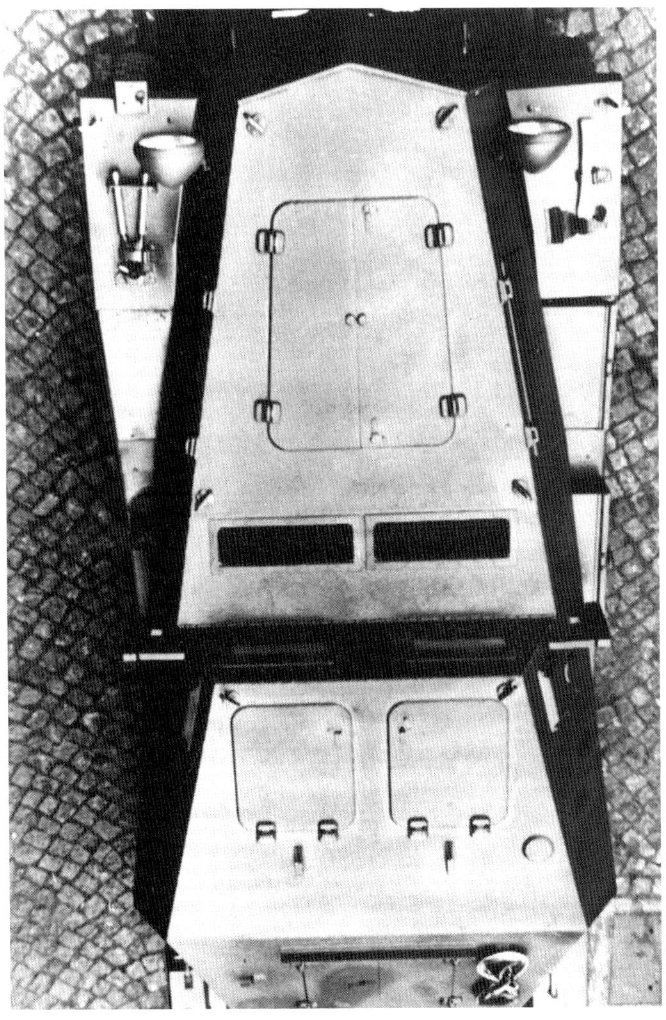

Sd. Kfz. 252 Draufsicht,
zeigt den oben geschlossenen Aufbau.

Sd. Kfz. 252 Innensicht mit geöffneten Klappen.
Fahrzeug der StuG.Brig. 184.

Sd. Kfz. 252 mit Sd. Anh. 32 bei der Erprobung durch die Firma Wegmann in Kassel.

eine Trennwand vom Motorraum abgeteilt war. Im Vorderteil des Aufbaudaches befanden sich zwei nebeneinander liegende, hinten angeschlagene Einstieglukendeckel für die Besatzung von 2 Mann. In der stark abgeschrägten Rückwand des Panzeraufbaus war eine von innen verriegelbare zweiteilige Ladetür vorgesehen. Hinten an der Wanne war eine gefederte Anhängerkupplung angebracht, deren Kupplungshaken nach jeder Seite beweglich und um 360° drehbar war.
Die Fahrgestelle kamen entweder aus der Produktion der Demag, Wetter/Ruhr (Fahrgestell Nrn. Band 96001–103000) oder Büssing-NAG, Berlin-Oberschöneweide (Fahrgestell Nrn. Band 310001–311000).
Die Firma Wegmann & Co., Kassel entwickelte den Aufbau, bekam aber die Panzergehäuse von Zulieferfirmen beigestellt. Bis Dezember 1939 waren insgesamt 55 Beobachtungs- und Munitions-Kraftwagen für sPak im Auftrag. 20 davon sollten bis 31. Dezember 1939 gefertigt sein, 8 weitere wurden im Januar 1940 erwartet. Es gab jedoch dauernde Verzögerungen bei der Anlieferung der gepanzerten Wannen.
Nach der Eingliederung Österreichs in das Deutsche Reich 1938 begann sofort die Einbindung österreichischer Firmen in die Rüstungsindustrie. Die Firma Gebr. Böhler & Co. AG in Kapfenberg-Deuchendorf errichtete bis Sommer 1939 ein neues Panzerblechwerk.

Das neue Panzeraufbauwerk der Firma Böhler war in Kapfenberg-Hafendorf im Dezember 1939 zu 40% fertiggestellt. 1940 verlegte Böhler nach Fertigstellung des Werkes Hafendorf die Fertigung von Panzeraufbauten dorthin. Die Firma stellte in den Anfangsjahren Panzeraufbauten mit dünnwandigen Blechen für Panzerspähwagen und Schützenpanzerwagen her. Bei Böhler wurde im Werk Deuchendorf eine eigene Heeresabnahmestelle für Panzeraufbauten eingerichtet.
Der verspätete Anlauf der 252-Serie bei Böhler erfolgte im September 1940 mit 20 Stück. Es folgten im Zeitraum:

Oktober bis Dezember 1940	58 Aufbauten
Januar bis März 1941	123 Aufbauten
April bis Juni 1941	113 Aufbauten
Juli bis September 1941	Der Auftrag wurde ausgeliefert. Es gelangten 99 Aufbauten zum Versand. Insgesamt fertigte Böhler 413 Stück 252-Aufbauten.

Ab Januar 1941 war neben Wegmann auch die Deutschen-Werke, Kiel, an der Montage dieser Fahrzeuge beteiligt. Der leichte, gepanzerte Munitions-Transportkraftwagen (Sd. Kfz. 252) hatte ein Gefechtsgewicht von 5,73 t.

Fertigung Sd. Kfz. 252

Monat	Fertigung	Bemerkungen
1940		
März	0	
April	0	
Mai	0	
Juni	10	
Juli	17	
August	3	
September	0	Verspätete Auslieferung durch Böhler
Oktober	3	Anlaufschwierigkeiten bei Wegmann wegen neuer Serie
November	16	
Dezember	5	
1941		
Januar	21	Anlaufschwierigkeiten bei Deutsche Werke, Kiel
Februar	54	
März	50	
April	44	
Mai	35	Ausfall durch Feindeinwirkung
Juni	30	Ausfall durch Feindeinwirkung
Juli	44	
August	52	
September	29	
Oktober	0	
Summe	413	

Fertigung Sd. Kfz. 253

Monat	Fertigung	Bemerkungen
1940		
März	1	
April	9	
Mai	10	
Juni	5	
Juli	0	Schwierigkeiten bei Unterlieferanten
August	10	
September	0	Verspätete Anlieferung durch Böhler
Oktober	31	
November	19	Fehlen von Teilen für Funkeinrichtung
Dezember	0	Fehlen von Teilen für Funkeinrichtung
1941		
Januar	50	
Februar	40	
März	40	
April	30	
Mai	39	
Juni	1	
Summe	285	

LEICHTER GEPANZERTER BEOBACHTUNGS-KRAFTWAGEN (SD. KFZ. 253)

Der von Wegmann konzipierte, endgültige Aufbau hatte einen oben geschlossenen Mannschaftsraum, der in Aufbaumitte, etwas nach links versetzt, eine kreisrunde, flache Kuppel aufwies. Die Kuppelöffnung war in Fahrtrichtung geteilt ausgelegt, ferner war in der Kuppelöffnung eine weitere, kleine Klappe für das Scherenfernrohr vorhanden. Unmittelbar hinter der runden Kuppel befand sich eine einseitig angeschlagene Einstiegklappe, die rechteckig ausgelegt war. Rechts auf dem Aufbaudach war die hölzerne Schutzrinne für die umklappbare 2-m-Antenne zu finden, welche die Aufbauvorderwand überragte. In der linken Seite der Aufbaurückwand war eine einteilige Einstiegtüre angebracht, die mit einer Sichtklappe versehen war.

Maßgeblich an der Fertigung der gepanzerten Aufbauten für das Sd. Kfz. 253 beteiligt war wiederum die Firma Gebr. Böhler & Co. AG, in Kapfenberg/Steiermark. Die Lieferung der Aufbauten hatte im August 1940 begonnen, bis 1. Oktober 1940 waren 40 Aufbauten abgenommen. Im Zeitraum Oktober bis Dezember 1940 folgten weitere 133 Aufbauten. In der Berichtszeit Januar bis März 1941 wurden 60 Aufbauten fertiggestellt, denen von April bis Juni 1941 weitere 17 folgten.

Der leichte, gepanzerte Beobachtungskraftwagen (Sd. Kfz. 253) wog 5,73 t. An Spezialausrüstung führte er einen 10-Watt-Sender h, zwei UKW-Empfänger h sowie ein absetzbares Tornister-Funkgerät h mit.

Die Firma Böhler hatte im August 1940 einen weiteren Auftrag für 150 Aufbauten Sd. Kfz. 253 erhalten, von denen noch 35 geliefert wurden.

Nachdem im Juni 1941 die Fertigung des Sd. Kfz. 253 ausgelaufen und der Serienanlauf des leichten Schützenpanzerwagens (Sd. Kfz. 250) gesichert war, erhielten auch Sturmgeschütz-Einheiten den leichten Beobachtungs-Panzerwagen (Sd. Kfz. 250/5). Ab 1943 folgte die stark vereinfachte Ausführung des selben Fahrzeuges.

Leichter gepanzerter Beobachtungskraftwagen (Sd. Kfz. 253).

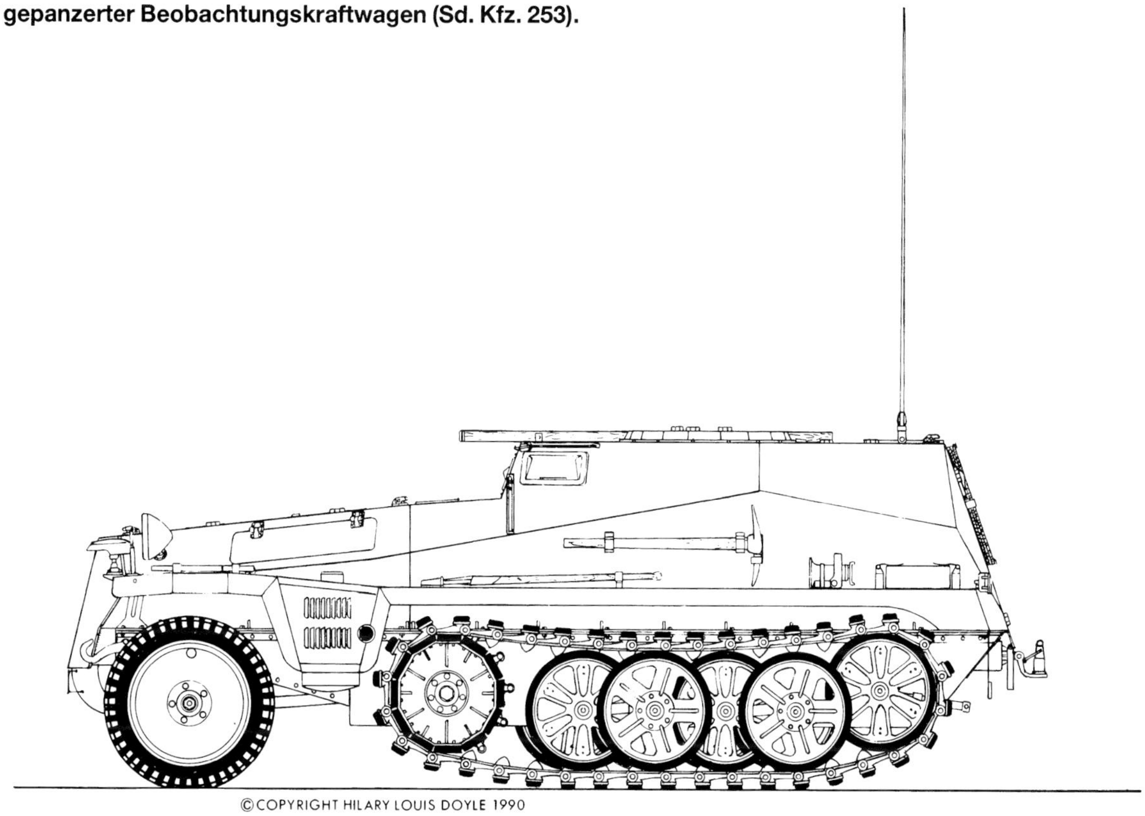

Leichter gepanzerter
Beobachtungskraftwagen
(Sd. Kfz. 253).

Sd. Kfz. 253 – Draufsicht,
zeigt den oben geschlossenen Aufbau.

Unten:
Sd. Kfz. 253 bei der Erprobung durch die Firma Wegmann, Kassel.

Sd. Kfz. 253 –
Zugführerwagen der StuG.Brig. 184.

Fahrer am Lenkrad.
Panzerung der Sichtklappe
nach unten geschwenkt (BA).

Sd. Kfz. 253 – Einbau der Funkgeräte (BA).

ERSATZ DER STURMARTILLERIE-SPEZIAL-FAHRZEUGE DURCH DEN LEICHTEN SCHÜTZENPANZERWAGEN (SD. KFZ. 250)

Die ersten 39 Stück des leichten Schützenpanzerwagens wurden im Juni 1941 gefertigt. Sie unterschieden sich grundsätzlich von den Vorgängertypen Sd. Kfz. 252/253 durch einen geänderten, oben offenen Aufbau. Als Munitions-Panzerwagen zur Versorgung von Sturmgeschütz-Einheiten dienten die Ausführungen Sd. Kfz. 250/6, Ausführung A mit Einrichtung für die Munition der 7,5-cm-StuK kurz. In 35 Patronenkästen wurden 70 Schuß 7,5-cm-Munition mitgeführt.

Der leichte Munitions-Panzerwagen Sd. Kfz. 250/6, Ausführung B, diente bei Einheiten, deren Sturmgeschütze mit der 7,5-cm-StuK 40 L/48 ausgerüstet waren. In Granatbehältern wurden im Fahrzeug 60 Schuß Munition für die lange 7,5-cm-StuK 40 mitgeführt.

Leichter Munitions-Panzerwagen (Sd. Kfz. 250/6).

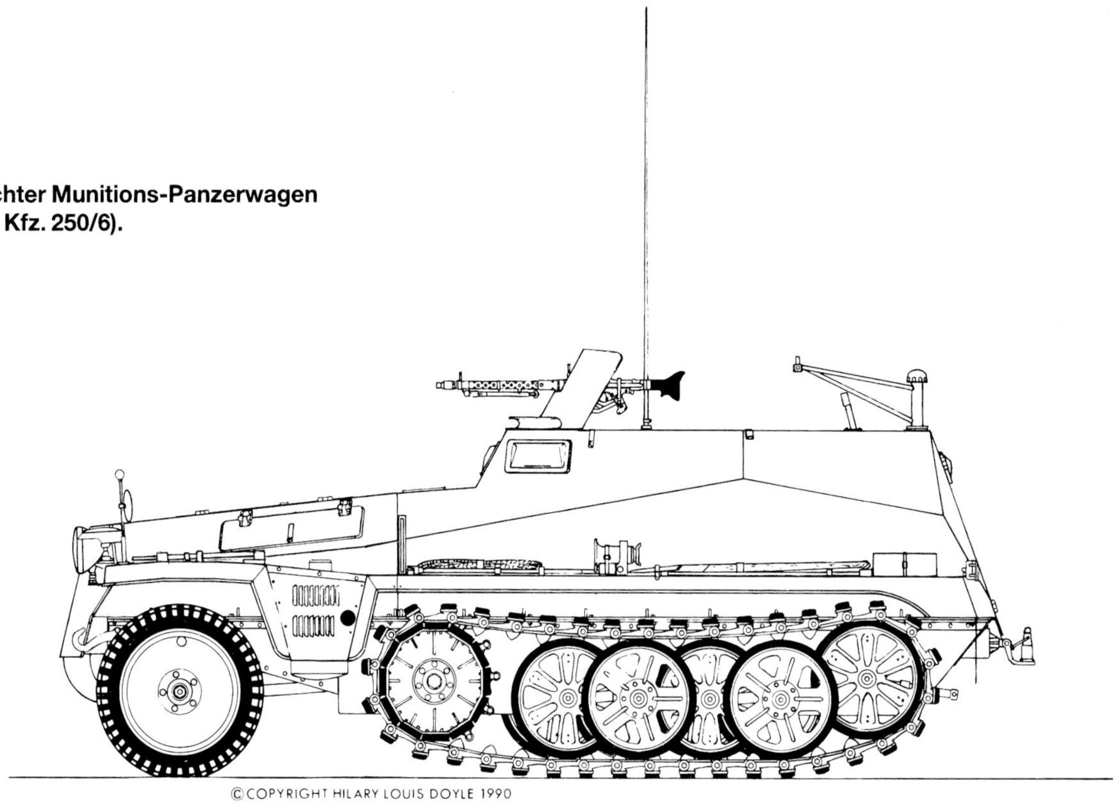

Leichter Munitions-Panzerwagen (Sd. Kfz. 250/6).

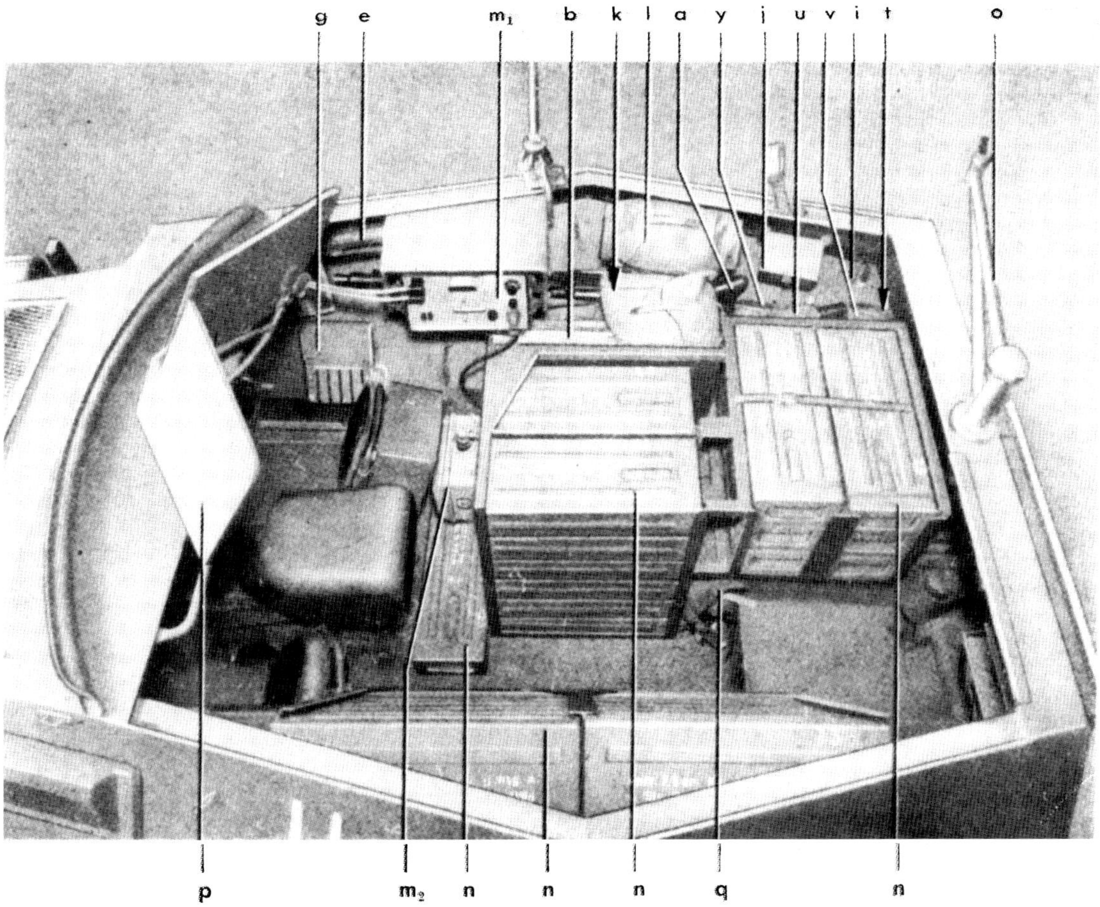

Sd. Kfz. 250/6 –
Rechte Innenseite der Ausf. A
für 70 Schuß L/24 Munition.

Linke Innenseite.

Sd. Kfz. 250/6 –
Rechte Innenseite der Ausf. B
für 60 Schuß
L/48 Munition.

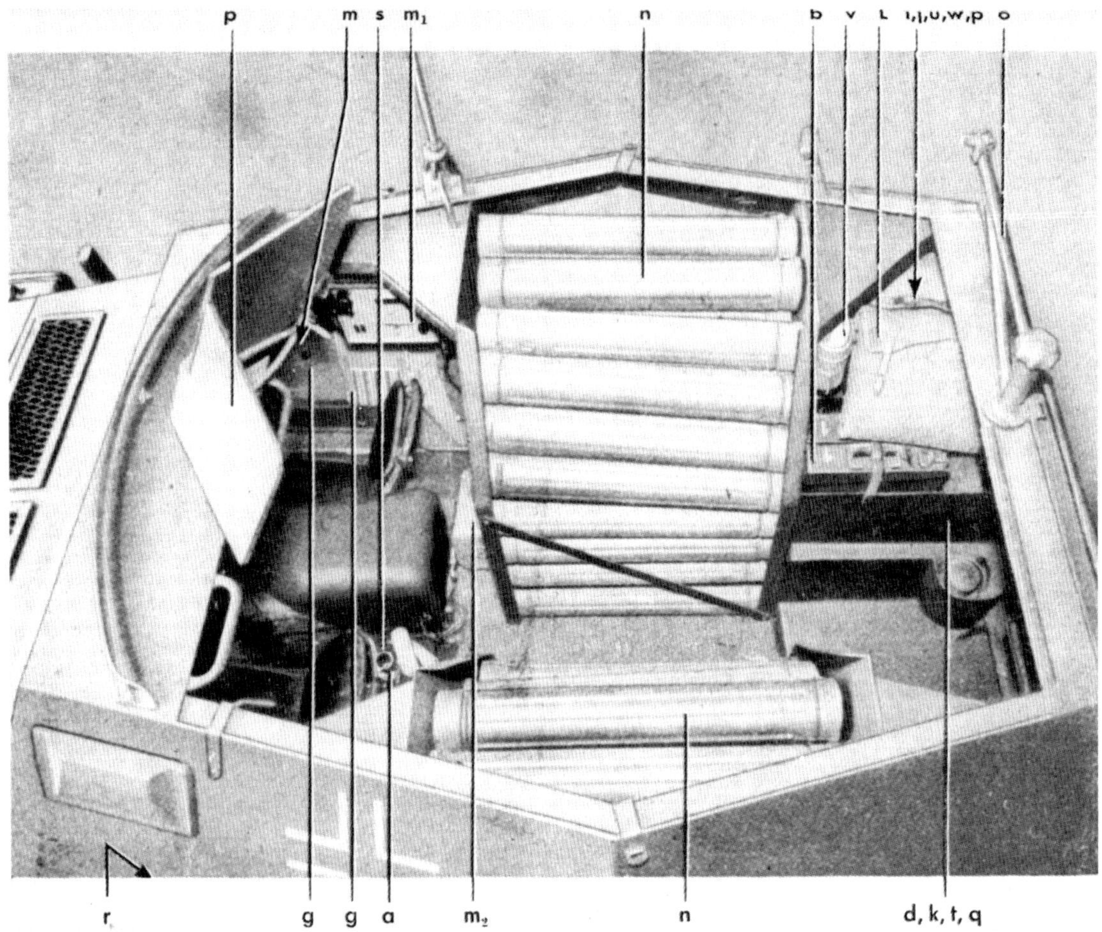

Linke Innenseite.

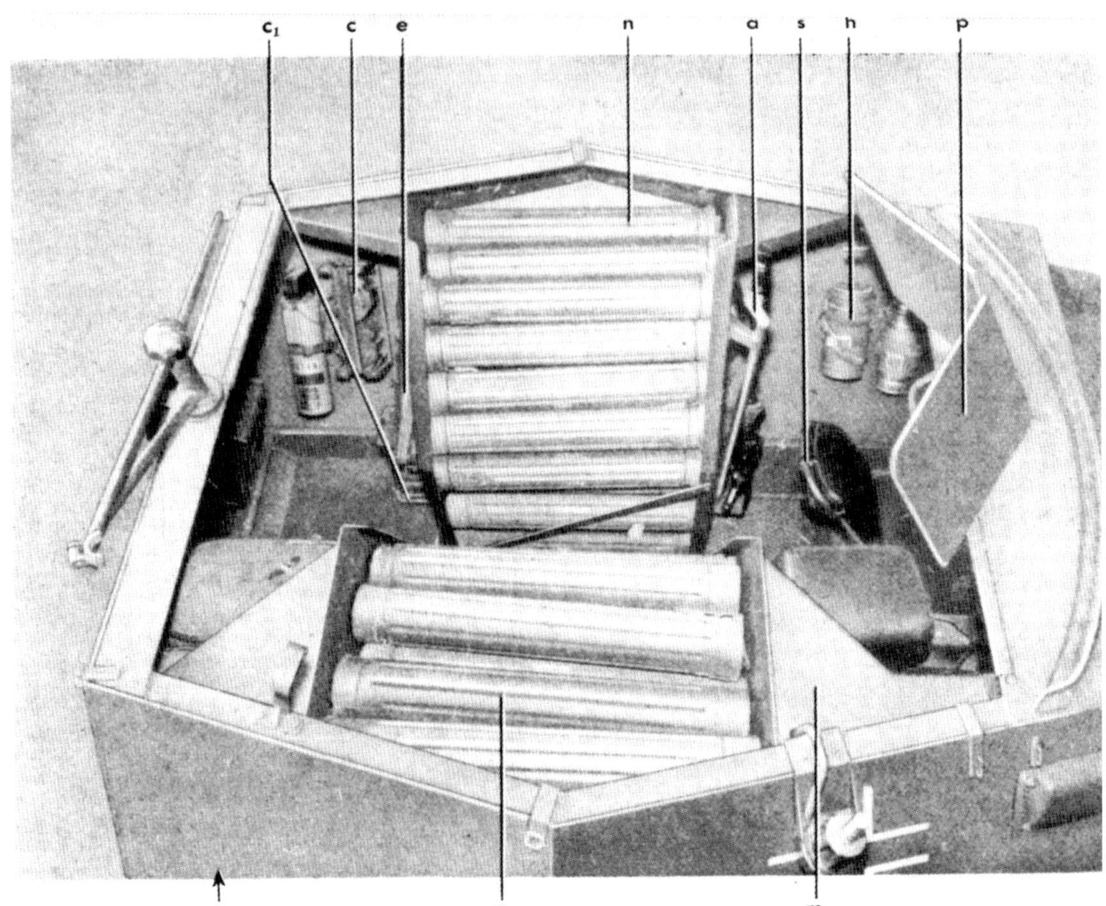

Munitionsanhänger (Sd. Anh. 32) – geschlossen.

Munitionsanhänger (Sd. Anh. 32) – geöffnet.
Die Einsätze waren je nach Munitionsart verschieden.

Für das Sd. Kfz. 252 wurde von Wegmann ein einachsiger, ungepanzerter Munitionsanhänger (Sd. Anh. 32/A) entwickelt, der auch bei anderen Einheiten zum Einsatz kam. Der Anhänger hatte ein Höchstgewicht von 780 kg, das Eigengewicht betrug 330 kg. Im Fahrzeug befanden sich vier Fächer mit Innenmaßen:
Länge 415 mm, Breite 400 mm, Höhe 410 mm. Der Gerätepreis lag bei 668,– RM. Die Anhänger wurden oft zweckentfremdet und fanden sich hinter den verschiedensten Zugmitteln.

SCHWERER ZUGKRAFTWAGEN 18 T (SD. KFZ. 9)*

Zu Beginn des Krieges waren Sturmgeschütz-Einheiten weitgehend auf die Instandsetzungsdienste der Panzertruppe angewiesen. Durch die Ausweitung der neuen Waffe wurde bald der Ruf nach einer eigenen Instandsetzungs-Organisation laut, was dazu führte, daß die Instandsetzung von Sturmgeschützen durch die Instandsetzungsdienste der Sturmgeschütz-Abteilungen erfolgte.
Bei größeren Schäden wurden, je nach Arbeitslage, die Panzer-Instandsetzungsdienste, die Division-Werkstatt-Kompanie oder die Panzer-Werkstatt-Kompanie eingeschaltet.
Sturmgeschütze, deren Instandsetzung wegen größerer Schäden bei der Truppe nicht durchgeführt werden konnten, waren an die Pz.-Inst.-Dienste der betreffenden Heeresgruppe oder unmittelbar an die Pz.-Inst.-K-Werke abzugeben.
Sturmgeschütze, deren Instandsetzung bei den vorgenannten Einrichtungen nicht möglich war, waren an die Heimatinstandsetzungsdienste weiterzuleiten.
Es waren zu versenden:
- Sturmgeschütze vom Kriegsschauplatz Osten und vom Südosten (Balkan) zum Heeres-Panzer-Nebenzeugamt Oppeln/Oberschlesien,
- von allen übrigen Kriegsschauplätzen an das Heeres-Panzer-Zeugamt Königsborn-Magdeburg.

*) **Schon 1941 beschäftigten sich die Firmen FAMO und Ritscher** mit einem Nachfolgemodell für den Zugkraftwagen 18 t. Das Projekt führte die Bezeichnung **VK 3601,** ein Vollkettenfahrzeug, dessen Entwicklung 1942 abgebrochen wurde. Es wurde durch den **Bergepanther** ersetzt. Das Fahrzeug sollte geschmierte Gleisketten erhalten. Ein weiterer Entwurf **– VK 3002 –** wurde als Vollkettenfahrzeug ausgelegt, auch als Halbkettenfahrzeug untersucht. Der Entwurf zeigte ein Schachtellaufwerk, Drehstabfederung, Motoreinbau vorne (Maybach HL 230), Getriebe wie Panther (ZF AK 7–200). Das Fahrzeug war als Artillerieschlepper mit Mannschaftsaufbau (16 Mann), für Bergezwecke mit 6-t- oder 10-t-Kran, Erdanker (Sporn) am Fahrzeugende und Seilwinde ausgerüstet. Laut K. St. N. lautete die offizielle Bezeichnung **Bergeschlepper (Sd. Kfz. 20).**

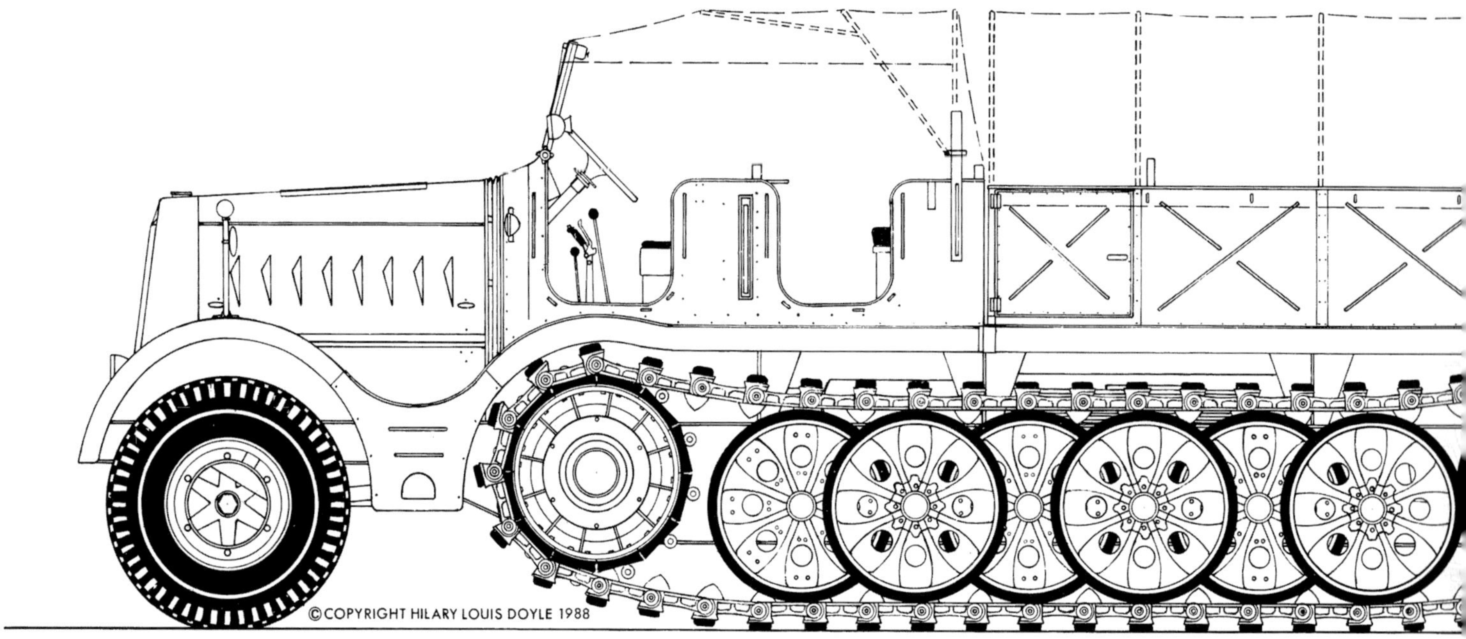

Wichtiges Gerät zum Bergen von liegengebliebenen Sturmgeschützen war der schwere Zugkraftwagen 18 t in Verbindung mit dem Tiefladeanhänger für Panzerkampfwagen (23 t).

Der Geräteentstehungsgang der 18-t-Zugmaschine wird durch einen Brief beleuchtet, der von Prof. Dr.-Ing. Rudolf Franke am 19. 2. 1980 an den Autor gerichtet war. Darin steht (auszugsweise):

»Als ich im Juni 1933 als erster Mitarbeiter von Herrn Kniepkamp in die Abteilung WaPrüf 6 des Heereswaffenamtes eintrat, war es meine erste Aufgabe, die Erprobung des ersten Prototyps KMZ 85 bei Krauss-Maffei, anfänglich noch in dem sonst stilliegenden Werk in der Hirschau mitzumachen. Bei der Überführung des Fahrzeuges nach Kummersdorf riß die eine Kette und ringelte sich hinter dem Fahrzeug wie eine hochkant stehende Schnecke auf der Fahrbahn zusammen. Die gehärteten Bolzen der von Ritscher gelieferten Nadellager-Kette hatten Härterisse, die man vorher nicht erkannt hatte.

Zur gleichen Zeit lief bei Daimler-Benz in Marienfelde der Prototyp einer schweren Halbketten-Zugmaschine, Vorläufer des Zgkw 12 t, mit einem damals konventionellen Laufwerk mit kleinen Laufrädern und Stützrollen. Das Laufwerk war dem Schachtellaufwerk der KM-Zugmaschine bei der hohen Fahrgeschwindigkeit wesentlich unterlegen, so daß Kniepkamp sich gegen erhebliche Widerstände mit seinem Schachtellaufwerk durchsetzen konnte.

Er fand den Namen »ZKW« = Zugkraftwagen analog zu Pkw und Lkw, der dann offiziell als Fahrzeugbegriff eingeführt wurde, leider mit der sprachlich schlechten Abkürzung Zgkw. Wenn ich mich recht entsinne, hatte Kniepkamp den Auftrag zur Entwicklung eines Prototyps von 50 km/h schnell fahrenden Zugkraftwagens an KM (?) nur als »Fahrender Gleiskettenprüfstand« deklariert genehmigt bekommen, da das Projekt als unrealisierbar vorher abgelehnt worden war.

Dann mußte eine ganze Familie von Zkw's entwickelt werden, darunter ein Zkw 18 t für ein ganz schweres Langrohrgeschütz von WaPrüf 4, das in drei Einzellasten zu je 18 t Gewicht hinter 3 Zkw's gefahren wurde.

Die Konstruktionsdaten für diese Familie hatte ich zusammen mit meinem Mitarbeiter Spieß zu entwickeln. Oft kannten wir, wie im Falle des Zkw's 18 t, die Lasten und Geräte noch gar nicht, sondern wir planten einfach sinnvoll abgestuft in die Zukunft; erst bei der Vorstellung der ersten Prototypen wurden dann unsere »Kunden« wach und wollten die Maschinen haben. Ich erinnere mich noch, daß wir zusammen mit FAMO mit vielleicht einem Auftrag von 10 Stück rechneten, meine Freude war dann groß, als gleich 60 Stück bestellt wurden und die Maschine plötzlich zum Bergen von Panzern interessant wurde. Ich gab die Zkw-Entwicklung an Herrn Student etwa 1937 ab und bekam als Gruppenleiter für Motoren und Getriebe für Kettenfahrzeuge genügend zu tun.«

Um die Aussage von Herrn Dr. Franke zu erhärten, wird

Schwerer Zugkraftwagen 18 t (Sd. Kfz. 9).

folgender Text eines Dokuments wiedergegeben, welches leider kein Datum aufweist. Es kann aber mit Sicherheit angenommen werden, daß es in den Jahren 1934/1935 entstand:

Sonderfall zum schweren geländegängigen Kettenschlepper: Für besonders schwere Lasten ist zur Zeit ein ganz schwerer geländegängiger Kettenschlepper in Konstruktion. Bevor nicht definitive Versuchsergebnisse vorliegen, werden keine Einzelheiten hierüber bekanntgegeben.

Für 16 t Anhängelast genügt der schwere geländegängige Kettenschlepper (Sd. Kfz. 8), auch bei schlechtem Gelände. Ein Versuch hat ergeben, daß der schwere geländegängige Kettenschlepper eine Last von 50 t auf einem Bohlenweg (derselbe bestand aus Bohlen, die lose nebeneinander in einem Kartoffelacker gelegt waren) bei 6° Steigung hinaufzog. Der Rollwiderstand (im schlechten Gelände, losem Sand) beträgt ca. 300 kg per einer Tonne Anhängerfahrzeuggewicht. Im vorliegenden Falle würden hiermit 16 (t)×4,8 t Zugkraft erforderlich sein.

Der schwere geländegängige Kettenschlepper hat aber 8,5 t Zugkraft und somit eine große Kraftreserve, die für Steigungen aufgebraucht werden kann. 10° Steigung erfordern ca. 175 kg Zugkraft pro t Anhängerfahrzeuggewicht. Unter Zugrundelegung dieses Wertes würde der schwere geländegängige Kettenschlepper bei ca. 16 t Anhängelast eine Steigung von ca. 14° überwinden können.

Für den Sonderfall sind die Werte für die Steigfähigkeit jedoch bedeutend vorsichtiger eingesetzt.

Entwickelt und gefertigt wurden diese überschweren Halbkettenfahrzeuge von der Firma FAMO Fahrzeug- und Motorenwerke GmbH, vorm. Maschinenbau Linke-Hofmann, Breslau. FAMO stellte u. a. auch handelsübliche Rad- und Vollketten-Schlepper her. In den letzte Kriegsmonaten wurden die FAMO-Werke nach Sachsen ausgelagert, nachdem ab 1941 auch in Warschau produziert wurde.

Die Produktion des Zugkraftwagens 18 t (Sd. Kfz. 9) begann 1935 im Werk Breslau und schuf bis 1936 den Typ **FMgr 1,** eine 18 t schwere Halbketten-Zugmaschine für ein Gesamtlastzuggewicht von 35,5 t. Das Fahrzeug war ursprünglich zum Ziehen der 24-cm-Kanone 3 bestimmt, welche von Krupp entwickelt, 1937 eingeführt werden sollte. Der Preis der Zugmaschine war mit 75 000,– RM festgelegt. 1938 folgte der Typ **F 2,** der wegen der erhöhten Stückzahl nur 60 000,– RM kostete. Die Panzertruppe hatte das Fahrzeug als Standard-Panzer-Bergemittel bestimmt und es gleichzeitig als Zugmittel für den Tiefladeanhänger für Panzerkampfwagen (23 t) ausgewiesen. Für diese Aufgabe erhielten die Fahrzeuge nicht den üblichen Artillerieaufbau mit querliegenden Sitzreihen für die Geschützbedienung, sondern einen geteilten, oben offenen Aufbau, der vorne in zwei Sitzreihen die Besatzung beförderte und hinten eine Ladepritsche für Gerät trug.

Der Abschlußtyp **F 3** erschien 1939 und wurde fast unverändert bis Kriegsende gefertigt.

Beschreibung des Fahrzeuges

Zum Zeitpunkt der Entwicklung von Halbketten-Zugkraftwagen für die Deutsche Reichswehr (Wehrmacht) hatte die Firma Maybach das absolute Monopol für die Entwicklung und Fertigung der Motoren für diese Fahrzeuge errungen. Ein kurzer Einblick in die Geschichte des Triebwerks für den Zugkraftwagen 18 t bestätigt diese Tatsache:

Für das Entwicklungsfahrzeug war ein 12-Zylinder-V-Vergasermotor mit über 200 PS Leistung vorgesehen. Dies führte 1935 zum Beginn des Baus von Prototyp-Motoren des Typs HL 95.

Ein kurzer Vergleich macht den Übergang zum Serientriebwerk HL 108 klar:

- HL 95 mit d/s 94/114 P/n 230/2600 12 V (2 Versuchsmotoren)

Schwerer Zugkraftwagen 18 t (Sd. Kfz. 9) (BA).

Drehkran (Hebekraft 6 t) der Firma Bilstein auf Fahrgestell s. Zgkw 18 t (Sd. Kfz. 9/1) (BA).

Drehkran (Hebekraft 10 t) der Firma Demag auf Fahrgestell s. Zgkw 18 t (Sd. Kfz. 9/2) (BA).

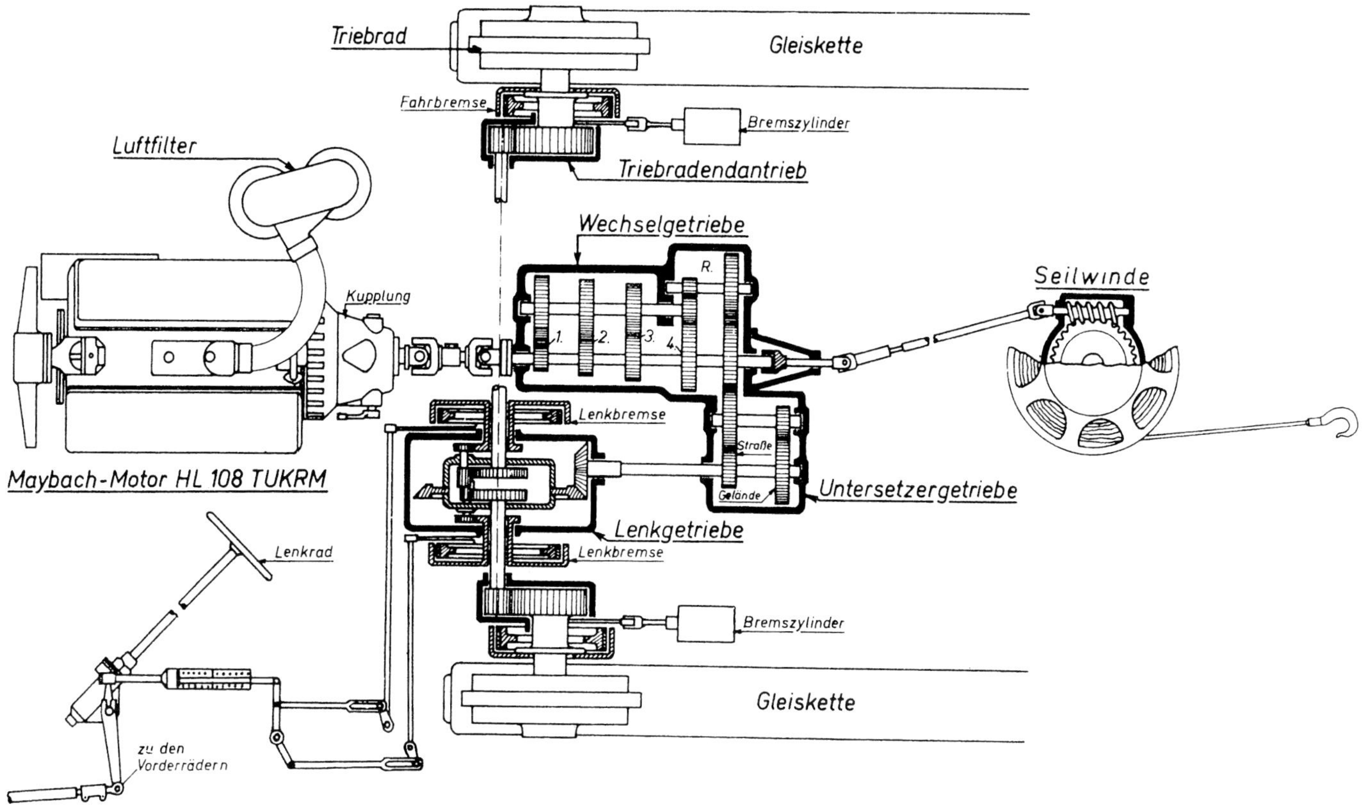

Zugkraftwagen 18 t – Wechselgetriebe und Antrieb (auch der Seilwinde).

- HL 98 mit d/s 95/115 P/n 230/2600 12 V (für militärische Verwendung)
- HL 108 mit d/s 100/115 P/n 230/2600 12 V (Serienfertigung)

Weiterentwicklung 1943 zum Baumuster HL 109 bei gleichbleibenden Daten. 1940 Versuchsdieselmotor HL 174 mit d/s 125/130, P/n 400/2600 12 V.

Der Maybach-Motor HL 108, der dem in Großserie gebauten Typ HL 120 voranging, war auch als Antriebsaggregat für die Sturmgeschütz-Prototypen wichtig.

Der Motor war vorne im Rahmen dreifach in Gummi gelagert. Mit Rücksicht auf die großen Schräglagen des Fahrzeuges war eine Ölpumpe an der tiefsten Stelle der Ölwanne angebracht. Der Umlauf des Kühlwassers wurde durch eine Kreiselpumpe bewirkt. Das Kraftstoff-Luftgemisch wurde in zwei Solex-Zweistufen-Fallstrom-Geländevergasern erzeugt.

Der Kraftstoff (230 l) befand sich in einem Behälter unter dem Fahrersitz und in einem Hilfsbehälter (60 l) an der Stirnwand. Zum Anlassen des Motors waren ein elektrischer und ein Schwungkraftanlasser vorhanden.

Die Hauptkupplung war im Schwungrad eingebaut und diente zur Unterbrechung des Kraftflusses zum Wechselgetriebe. Über eine Gelenkwelle wurde die Motorleistung zum Wechselgetriebe übertragen. Das Wechselgetriebe (Typ ZF G VL 65 VL 230) war ein Viergang-**Aphon**-Getriebe mit Rückwärtsgang. Ein gemeinsames mehrteiliges Gehäuse enthielt das Wechsel-, Untersetzungs- und Lenkgetriebe. Am Gehäuse war ferner ein Schaltkasten mit einer Kupplung für den Antrieb der Seilwinde angeflanscht. Das Lenkgetriebe hatte eine doppelte Aufgabe. Es wirkte als Ausgleichsgetriebe und diente zum Lenken. Die Lenkwirkung erfolgte durch Abbremsen einer Bremstrommel über ein Gestänge bei einem Lenkradausschlag von 15°. Dadurch wurde die Drehzahl der abgebremsten Triebwelle vermindert und die der gegenüberliegenden Seite entsprechend erhöht. Vom Lenkgetriebe wurden die Triebräder über ein Stirnwand-Seitenvorgelege angetrieben.

Das Laufwerk bestand aus den zwei Antriebsrädern, Laufrädern, zwei Leiträdern mit Kettenspannern und der Gleiskette. In den Triebrädern lagen die Bremstrommeln für die Fahrbremse. Das Laufwerk war als Schachtellaufwerk ausgelegt. Die Laufräder waren durch Drehstäbe abgefedert.

Die Gleisketten (Typ Zgw 50/440/260) bestanden aus 47 Gliedern, die durch Bolzen miteinander verbunden waren und Gummipolster trugen (Typ W 601). In den Kettengliedern

befanden sich Fettkammern, die regelmäßig mit Fett gefüllt werden mußten. Die Vorderachse war eine Rohrfaustachse. Die Vorderräder waren Trilexeinheitsräder, die Größe der Reifen betrug 12,75–20 extra.
Das zulässige Gesamtgewicht des Zugkraftwagens 18 t betrug 18000 kg, die Nutzlast (Straße und Gelände) 2200 kg. Die Höchstgeschwindigkeit lag bei 50 km/h.

Fertigung – Zugkraftwagen 18 t

Die Fertigung lief bei FAMO, Breslau, ab 1938 bis Kriegsende. Fahrgestell-Nrn.-Band 45001–47500. Es haben sich bis heute keine Unterlagen gefunden, die beweisen, daß Ursus, Warschau, eine Firma die unter der Aufsicht von FAMO stand, komplette Fahrzeuge herstellte, oder ob nur Komponenten für die Montage in Breslau geliefert wurden.
Eine Leistungssteigerung in der Fertigung dieser wichtigen Fahrzeuge ergab sich durch die Einschaltung der Firma Vomag in Plauen, die ab Dezember 1941 bis Anfang 1944 etwa 300 Einheiten des sZgkw 18 t herstellte. Fahrgestell-Nrn.-Band 40001–40300.
Am 1. Januar 1938 befanden sich noch keine dieser Fahrzeuge bei Heer und Luftwaffe. Am 1. April 1938 wurden 4 Fahrzeuge im Bestand des Heeres gemeldet. Im Zeitraum vom April bis zum 31. Dezember 1938 wurden 34 Stück Zugkraftwagen 18 t hergestellt. Die weitere Fertigung:

1939	Waffenamt-Abnahme
Januar	8
Februar	8
März	8
April	13
Mai	1
Juni	0
Juli	8
August	14
September	13
Oktober	9
November	12
Dezember	2

1940	Waffenamt-Abnahme
Januar	12
Februar	14
März	15
April	20
Mai	19
Juni	21
Juli	26
August	27
September	27
Oktober	25
November	25
Dezember	9

1941	Waffenamt-Abnahme
Januar	26 – 16 komplette Fahrzeuge 10 Fahrgestelle für 6-t-Kran (Bilstein)
Februar	19 – 20 komplette Fahrzeuge 7 Fahrgestelle für 6-t-Kran (Bilstein)
März	28 – 15 komplette Fahrzeuge 13 Fahrgestelle für 6-t-Kran (Bilstein)
April	28 – 16 komplette Fahrzeuge 12 Fahrgestelle für 6-t-Kran (Bilstein)
Mai	10
Juni	14
Juli	19
August	30
September	22
Oktober	28
November	31
Dezember	27 Gefertigt von FAMO 22, von Vomag 5 Stück

1942	Waffenamt-Abnahme	
	FAMO	**Vomag**
Januar	19	5
Februar	19	0
März	22	7
April	14	10
Mai	25	10
Juni	25	9
Juli	23	8
August	25	11
September	22	10
	zusätzlich 3 Fahrgestelle für Krankraftwagen	
Oktober	24	10
	zusätzlich 3 Fahrgestelle für Krankraftwagen	
November	38	11
Dezember	26	11

1943	Waffenamt-Abnahme	
	FAMO	**Vomag**
Januar	30	11
	zusätzlich 5 komplette Fahrzeuge an Japan	
Februar	30	13
März	32	16
April	33	16
	zusätzlich 8 Fahrgestelle für Krankraftwagen	
Mai	34	15
Juni	35	16
Juli	37	16

1943	Waffenamt-Abnahme	
	FAMO	**Vomag**
August	40	15
	zusätzlich 10 Fahrgestelle	
September	45	15
	zusätzlich 12 Fahrgestelle	
Oktober	50	15
	zusätzlich 20 Fahrgestelle	
November	60	10
	zusätzlich 12 Fahrgestelle	
Dezember	55	20
	zusätzlich 5 Fahrgestelle	
	zusätzlich ein Fahrzeug – ohne Motor – an Tatra, Nesseldorf, zum Einbau des luftgekühlten 12-Zylinder-Dieselmotors (Typ 103) Das Fahrzeug wurde zur Erprobung nach Kummersdorf überstellt. (Auftrag Nr. 65/44 vom 3. 11. 1944 – Tatra Diesel 12 Zyl. für Zgkw 12 und 18 t)	

Im Dezember 1943 lieferte FAMO einen Zugkraftwagen 18 t – ohne Motor – an die Firma Tatra zum Einbau eines luftgekühlten 12-Zylinder Dieselmotors des Typs 103. Die Bilder zeigen Vorder- und Rückansicht des umgebauten Fahrzeuges.

1944	Waffenamt-Abnahme	
	FAMO	**Vomag**
Januar	80	15
	Die von der Firma Vomag gemeldeten 15 Fahrzeuge sind von FAMO, Breslau, gefertigt worden.	
Februar	65 – 55 komplette Fahrzeuge 10 Fahrgestelle für 6-t-Kran (Bilstein)	
März	70 – 51 komplette Fahrzeuge 11 Fahrgestelle für 6-t-Kran (Bilstein) 8 Fahrgestelle für 12-t-Kran (Demag)	
April	80 – 56 komplette Fahrzeuge 24 Fahrgestelle für 6-t-Kran (Bilstein)	
Mai	80 – 65 komplette Fahrzeuge 15 Fahrgestelle für 6-t-Kran (Bilstein)	
Juni	85 – 81 komplette Fahrzeuge 4 Fahrgestelle für 6-t-Kran (Bilstein)	
Juli	85 – 77 komplette Fahrzeuge 8 Fahrgestelle für 6-t-Kran (Bilstein)	
August	50 – 45 komplette Fahrzeuge 6 Fahrgestelle für 6-t-Kran (Bilstein) Bei einem Soll von 120 Einheiten für August ergab sich ein Ausfall der Getriebelieferungen durch Rückverlagerung der Fertigungsstätten aus Warschau. Die Zulieferungen aus Frankreich waren durch die bekannten Ereignisse ausgefallen. Durch innerbetriebliche Maßnahmen wurden 32 Zgkw 18 t instandgesetzt.	
September	52	
Oktober	63 – Durch den Engpaß im Getriebebau konnte FAMO nur 25 komplette Getriebe selbst herstellen.	
November	83 – 63 komplette Fahrzeuge 20 Fahrgestelle für 6-t-Kran (Bilstein)	
Dezember	101 – 1 Stück Nachmeldung aus Monat August aus der Frankreich-Fertigung	

1945	Waffenamt-Abnahme
Januar	85 – Nicht rechtzeitige Beistellung der Zulieferungen infolge der augenblicklich bestehenden Verhältnisse im Raum Breslau.
Februar	24 – Aufgrund der Kriegsereignisse wurden bei einem Soll von 110 Einheiten nur noch 24 Zgkw 18 t gefertigt. Für die Monate März und April 1945 liegen keine verläßlichen Unterlagen mehr vor.

Die offiziellen Bezeichnungen:

- schwerer Zugkraftwagen 18 t (Sd. Kfz. 9)
- Drehkrankraftwagen 6 t (Sd. Kfz. 9/1) (Bilstein)
- Drehkrankraftwagen 10 t (Sd. Kfz. 9/2) (Bilstein)
- schwerer Zugkraftwagen 18 t mit 40-t-Seilwinde (Sd. Kfz. 9/6)

Unterstützungs-Fahrzeuge
Ausstattung der Sturmgeschütz-Einheiten

STURMGESCHÜTZBATTERIE (MOT.) (ZU 7 GESCHÜTZEN)

K.St.N. 446 v. 1. 11. 1941

Instandsetzungsgruppe	1 schwerer Zugkraftwagen 18 t (Sd. Kfz. 9)*
	1 Tiefladeanhänger f. Pz. Kpfw. 22 t (Sd. Ah. 116)*

* Nur zuständig für selbständige Batterie

Zugkraftwagen 18 t beim Schleppen eines Sturmgeschütz (BA).

STABSBATTERIE (MOT.) EINER STURMGESCHÜTZ-ABTEILUNG MIT BATTERIEN ZU 7 GESCHÜTZEN

K.St.N. 588 v. 1. 11. 1941

Abschleppstaffel	2 schwere Zugkraftwagen 18 t (Sd. Kfz. 9)
	1 Drehkrankraftwagen (Hebekraft 3 t) (Kfz. 100)
	2 Tiefladeanhänger f. Pz. Kpfw. 22 t (Sd. Ah. 116)

STURMGESCHÜTZBATTERIE (MOT.) (ZU 10 GESCHÜTZEN)

K.St.N. 446a v. 1. 11. 1942

Instandsetzungsgruppe	1 schwerer Zugkraftwagen 18 t (Sd. Kfz. 9)*
	1 Tiefladeanhänger f. Pz. Kpfw. 22 t (Sd. Ah. 116)*

* Nur zuständig für selbständige Batterie

STABSBATTERIE (MOT.) EINER STURMGESCHÜTZABTEILUNG MIT BATTERIEN ZU IO GESCHÜTZEN

K.St.Nr. 558a v. 1. 12. 1942

Abschleppstaffel	2 schwere Zugkraftwagen 18 t (Sd. Kfz. 9)
	1 Drehkrankraftwagen (Hebekraft 3 t) (Kfz. 100)
	2 Tiefladeanhänger f. Pz. Kpfw. 22 t (Sd. Ah. 116)

STABSBATTERIE (MOT.) EINER STURMGESCHÜTZABTEILUNG MIT BATTERIEN ZU 14 GESCHÜTZEN

K.St.Nr. 416b v. 1. 2. 1944

Abschleppstaffel	3 schwere Zugkraftwagen 18 t (Sd. Kfz. 9)
	1 Drehkrankraftwagen (Hebekraft 3 t) (Kfz. 100)
	3 Tiefladeanhänger f. Pz. Kpfw. 22 t (Sd. Ah. 116)

STURMGESCHÜTZ-ABTEILUNG (IN PZ. JÄG. ABT.) (IO ODER 14 GESCHÜTZE)

K.St.Nr. 1149 v. 1. 2. 1944

Bergetrupp	1 schwerer Zugkraftwagen 18 t (Sd. Kfz. 9) oder Fahrgestell Pz. Kpfw. III oder IV

STAB- UND STABSBATTERIE (MOT.) EINER STURMGESCHÜTZBRIGADE MIT BATTERIEN ZU IO ODER 14 GESCHÜTZEN

K.St.Nr. 416 v. 1. 6. 1944

Bergetrupp	3 schwere Zugkraftwagen 18 t (Sd. Kfz. 9)
	1 Tiefladeanhänger f. Pz. Kpfw. 22 t (Sd. Ah. 116)

TIEFLADEANHÄNGER FÜR PANZERKAMPFWAGEN (23 t)

Der Tiefladeanhänger für Panzerkampfwagen, Typ Ba 41 bis 44 (Sd. Ah. 116) war für eine Nutzlast von 23 t ausgelegt (ältere Anhänger mit mechanischer Räderwinde hatten nur 22 t Nutzlast); er diente zum Befördern von Panzerkampfwagen (Sturmgeschützen) und anderer Lasten im Rahmen seiner Nutzlast und seiner Abmessungen. Aus dem vorhandenen Fahrgestell konnte eine Verladerampe zusammengestellt werden (entfiel bei Anhängern neuerer Fertigung).

Die Anhänger für 22 und 23 t Nutzlast hatten folgende Werksnummern:

Busch ab 1130
Schenk ab 5992 bis 6061, 6132 bis 6171 und 6385 bis 6424, ab 6456
Ackermann ab 2445 bis 2544, ab 2760
Soga ab 2501 bis 2700

Der Tiefladeanhänger für Panzerkampfwagen bestand aus einem vorderen Fahrgestell, der Ladebrücke und dem hinteren Fahrgestell. Der Fahrgestellrahmen war aus Längs- und Querträgern zusammengeschweißt. In der Mitte des Rahmens waren zwei Lager zur Aufnahme der Ladebrücke angebracht. Die Befestigung erfolgte durch 2 lösbare Tragbolzen. Am Rahmen waren 8 Federböcke zur Aufnahme der 4 Tragfedern angebracht.

Die vordere Achse war gerade, die hintere gekröpft. An beiden Achsen befanden sich die schwenkbaren Achsschenkel mit den Rädern. Die Räder waren untereinander austauschbar, die Reifengröße betrug 13,50–20.

Die Lenkung war als Achsschenkellenkung ausgelegt. Die Anordnung der Räder ließ einen Einschlagwinkel von 35° zu. Die Lenkung konnte durch eine besondere Vorrichtung festge-

Der Tiefladeanhänger für Panzerkampfwagen (23 t) wurde auch von Sturmgeschütz-Einheiten verwendet. Zugmittel war der schwere Zugkraftwagen 18 t.

Ein defektes Sturmgeschütz, aufgelastet auf dem Sd. Anh. 116.

Zum Verladen von Schadfahrzeugen wurde das hintere Fahrgestell abgekoppelt. Die Ladefläche wurde als Rampe verwendet (BA).

legt werden. Dadurch war es möglich, die seitliche Drehbewegung des Zuggabelquerstückes zu verriegeln, um beim Rückwärtsziehen des Anhängers die Lenkung des vorderen Fahrgestells zu blockieren. Die Zuggabel konnte abgenommen und am Querstück des hinteren Fahrgestells befestigt werden.

Zwischen dem vorderen und dem hinteren Fahrgestell war die Ladefläche eingehängt. Bei älteren Modellen waren die vorderen Teile der seitlichen Standflächen hochklappbar, hierdurch entstanden die beiden Verladebrücken.

Zum Festlegen der aufgefahrenen Kraftfahrzeuge war eine vordere und eine hintere Zurrvorrichtung eingebaut.

Ein kompletter Bergezug mit Zugmaschine und Tiefladeanhänger (BA).

Der hintere Fahrgestellrahmen war in seinem Aufbau dem vorderen ähnlich.

Die Lenkung war eine vom vorderen Fahrgestell unabhängige Achsschenkellenkung. Im Gegensatz zum vorderen Fahrgestell wurde sie nicht selbsttätig, sondern durch einen Lenker mittels Lenkrad bedient. Zum Mindern der erforderlichen Kraft am Lenkrad war eine Druckluftlenkung eingebaut. An der Lenksäule war ein Radstellungsanzeiger angebracht, der den jeweiligen Ausschlag der Räder anzeigte. Auf dem hinteren Fahrgestell befand sich ein Aufbau mit abnehmbarem Klappverdeck, welches den Lenker vor Witterungseinflüssen schützte. Zum Heben und Senken der Ladebrücke waren bei früheren Ausführungen des Anhängers auf Querträgern 2 Hubwinden eingebaut.

Bei späteren Ausführungen wurden an deren Stelle 2 Öldruckheber verwendet.

Der Anhänger besaß eine Druckluftbremse, welche auf alle 8 Räder wirkte.

Eine elektrische Beleuchtungs- und Signalanlage wurde vom Zugkraftwagen aus mit dem Anhänger versorgt. Während der Fahrt verständigten sich der Fahrer des Zugkraftwagens mit dem Lenker des Anhängers durch Signale:

1 mal lang	= Achtung
1 mal kurz, 1 mal lang	= Fertig zum Anfahren (vom Anhänger gegeben)
2 mal kurz	= Anhalten
3 mal kurz	= Schnell Anhalten (Gefahrbremsung erforderlich)
1 mal lang, 1 mal kurz	= Rechts heran (kann vom Fahrer des Anhängers und Zgkw. gegeben werden)
2 mal lang	= Lenkung gesperrt (vom Lenker des Anhängers gegeben)
	Lenksperre lösen (vom Fahrer des Zgkw. gegeben)

Fahren im Gelände mit dem Anhänger war soweit als möglich zu vermeiden. Es war anzustreben, den zu verladenden Panzerkampfwagen auf die Straße zu ziehen.

Technische Daten des Anhängers

Länge über alles mit Zuggabel	14100 mm
Länge über alles ohne Zuggabel	12200 mm
Breite über alles	2990 mm
Höhe über alles	2650 mm
Spurweite, vorne und hinten	2480 mm
Achsstand	1350+7400+1350 mm
Bodenfreiheit, unbelastet	530 mm
Bodenfreiheit, belastet	480 mm
Wendekreis-∅ m. Zgkw. u. Lenkung d. hint. Fahrgestells	19 m
Länge der Ladefläche	5700 mm
Breite der Ladefläche	2990 mm
Höhe der Ladefläche über Fahrbahn, unbelastet	770 mm
Höhe der Ladefläche über Fahrbahn, belastet	720 mm
Reifen vorne und hinten	13,50–20
Luftdruck vorne und hinten	7,8 atü
Felgen	11″–20
Einpreßtiefe	105 mm

	m. Räderwinde	m. hydr. Heber	m. hydr. Heber ohne Verladebr.
Eigengewicht	14800 kg	13800 kg	13140 kg
Nutzlast	22000 kg	23000 kg	23000 kg
Höchstgewicht, beladen	36800 kg	36800 kg	36140 kg
Achsdruck, unbeladen	3700 kg	3450 kg	3285 kg
Achsdruck, beladen	9200 kg	9200 kg	9035 kg

Höchstgeschwindigkeit	40 km/h
Anhängevorrichtung, Zuggabel, Bohrung der Öse	40 mm
Art der Federn, vorn und hinten	Blattfedern
Stoßdämpfer, doppeltwirkend	»Stabilus Modell 70«
Bremse, gleichzeitig Fahrbremse und selbsttätige	Druckluftbremse Typ BBR 100/140 – wirkt auf alle 8 Räder
Bremsdruck	mindestens 4 atü
Handbremse	Spindelbremse, wirkt auf 4 Räder des hinteren Fahrgestells
Vorspur aller Achsen (unbeladen)	8–10 mm
Sturz aller Räder	2½°
Spreizung	2°
Lenkung, vorderes Fahrgestell	Achsschenkellenkung durch Zuggabel
Lenkung, hinteres Fahrgestell	Roß-Lenkung, verbunden mit Druckluftlenkung, wirkt auf Achsschenkel
Aufziehvorrichtung für Nutzlast	Seilführungen für Seil des Zugkraftwagens
Hebevorrichtung für Ladebrücke	mech. Hubwinde auf hinterem Fahrgestell
Schmierung	Zentraldruck- und Einzelschmierung

BERGEPANZER

Wenn auch größtenteils für andere Verbände bestimmt, bildete der Bergepanzer III eine logische Ergänzung der Fahrzeug-Parks der Sturmartillerie-Einheiten.

Es wurden grundsätzlich Fahrgestelle des Panzerkampfwagens III aus der Instandsetzung für den Umbau zu Bergepanzern verwendet. Beim Führervortrag vom 7. April 1944 wurde festgelegt, daß der Bergepanzer III, dessen Prototyp ab 1. März 1944 in Kummersdorf einer eingehenden Erprobung unterzogen wurde, nicht zugunsten eines Sturmgeschütz-Umbaus gestrichen werden dürfe.

Die zur Zeit in der Heimat-Instandsetzung befindlichen 240 Stück Panzerkampfwagen III mußten zu Bergepanzern umgebaut werden.

Am 15. April wurde festgelegt, daß der Umbau von Reparatur-Panzerkampfwagen III zu Bergepanzern deshalb festgelegt wurde um:

a) die Lücke bei der Fertigung der Zugkraftwagen 18 t*) zu schließen und
b) den Sturmgeschütz-Abteilungen bei den Infanterie-Divisionen, die über keine eigenen Abschleppmittel verfügten, zu helfen.

Hitler legte aber größten Wert auf einen erhöhten Ausstoß von Sturmgeschützen und Panzerjägern und hatte für die letzten 15 Reparatur-Panzerkampfwagen III eine Umrüstung auf Sturmgeschütz-Ausführung befohlen.

Für den Bergepanzer III wurde folgende Ausrüstung geplant:

- Heckkupplung zum Abschleppen von Schadfahrzeugen,
- Erdanker auf einachsigem Anhänger,
- Bergegerät, evtl. Behelfskran.

Die Kraftfahrversuchsstelle Kummersdorf hatte am 1. März 1944 einen Versuchsauftrag (Nr. Pz. III f 1/44) über die Durchführung von Bergeversuchen mit Bergepanzer III eröffnet, der im Dezember 1944 abgeschlossen war. Der Umfang der Erprobung erstreckte sich auf:

a) Fahren mit Bergepanzer komplett im schweren und tiefen Gelände
b) Brauchbarkeit der für Bergezwecke vorgesehenen Ausrüstung und Deckelkupplung sowie Pritschenaufbau
c) Bergeversuche in verschiedenartigem Gelände

Der von der Firma Daimler-Benz AG, Werk 40, gelieferte Bergepanzer III (Fahrgestell Nr. 74104) hatte in Verbindung mit dem Bergeanker bei verschiedenen Berge- und Abschleppversuchen in Berka und Kummersdorf seine grundsätzliche Eignung erwiesen. Die nutzbare Zugkraft am Haken betrug im 1. Gang bei griffigem Boden 10 bis 15 t. Dies war für Berge- und Abschleppzwecke ausreichend, da mit dem Bergeanker bei 6fachem Zug im Normalfall 40 t übertragen wurden, wozu etwa 7 t am Zugmittel benötigt wurden. Bei Versuchen im nassen Lehmboden wurde jedoch nur eine Zugkraft von 3 bis 4 t gemessen, auch im Schnee war die Zugkraft nicht ausreichend. Versuche mit Greifern an den Ketten scheiterten an der ungenügenden Ausführung.

Die Mittelkupplung lag zu tief und vor allem zu weit vor der Hinterkante des Fahrzeuges. Sie war in dieser Form nicht brauchbar. Neue Lösungen wurden gesucht.

Die Einteilung des Pritschenaufbaus in einzelne Fächer war störend, u. a. konnte der Rollenschlitten des Bergeankers nicht untergebracht werden. Der Aufbau war zu hoch, eine lichte Höhe von etwa 500 mm schien ausreichend und für die Beladung günstiger. Der Einstieg für die Besatzung war auszusparen. Aufbau und Einstieg waren mit Planen abzudecken.

Die Pilze für den 1-t-Behelfskran wurden dahingehend geändert, daß außer der Beladung des Pritschenaufbaus auch die eigenen Antriebsteile aus- und eingebaut werden konnten.

Im Laufe der Versuche brach zweimal die linke und einmal die rechte Seitenwelle. Dies war zurückzuführen auf ein kurzes, ruckweises Anfahren unter Last. Da dieser Schaden nur bei Fahrzeugen späterer Produktion auftrat, wurde eine Werkstoff- oder Fertigungsverschlechterung der Seitenwellen vermutet. Eine Materialuntersuchung wurde durchgeführt.

* Siehe Kapitel schwerer Zugkraftwagen 18 t.

Der Bergeanker im Einsatz.

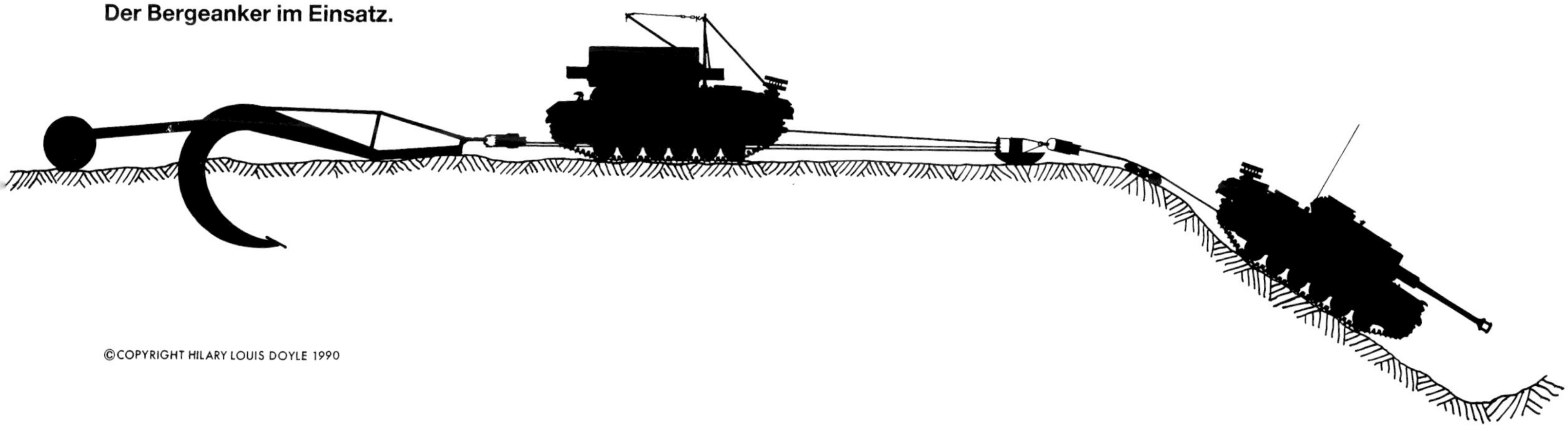

Bergepanzer III mit angehängtem Bergeanker.

Der Bergeanker im Einsatz.

Bergepanzer III von hinten rechts mit aufgezogenen Ostketten.

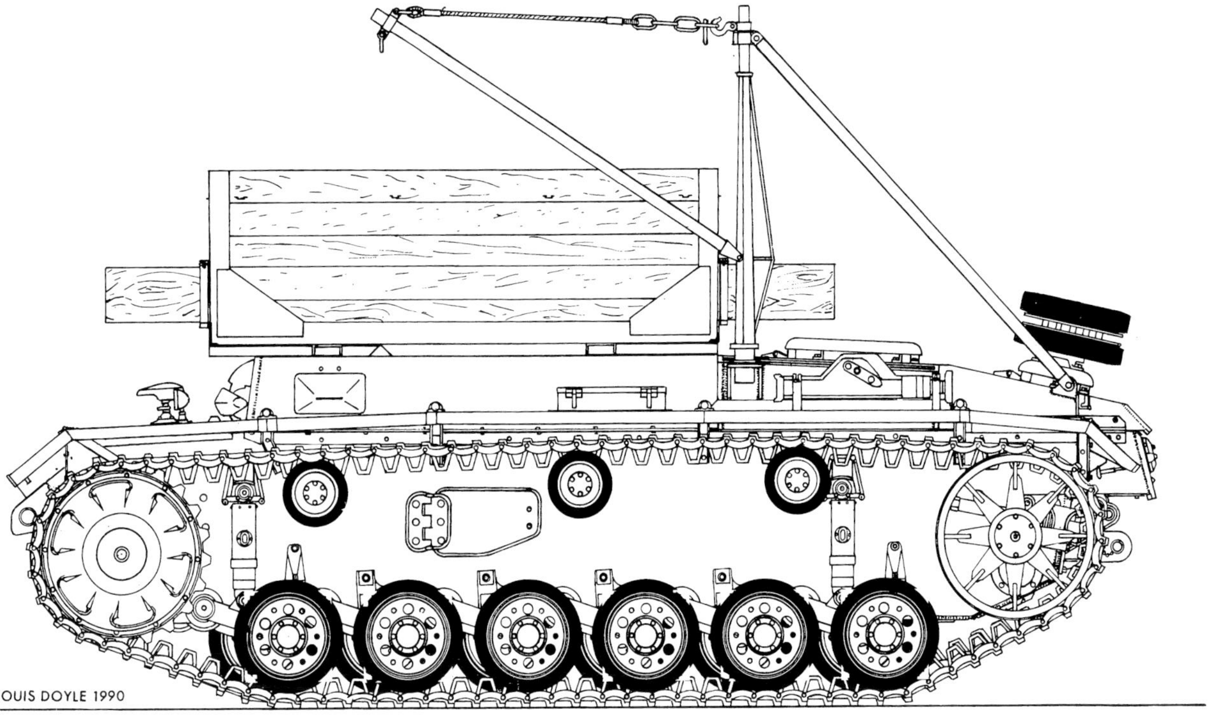

Bergepanzer III.

Zusammenfassung

Der Bergepanzer III war nach Durchführung verschiedener Änderungen, vor allem nach Ausrüstung mit einer brauchbaren Mittelkupplung und mit haltbaren Greifern, in Verbindung mit dem Bergeanker ein gutes Bergemittel, besonders für mittlere Panzerkampfwagen. Das Bergen von schweren Panzerkampfwagen war auf leichtere Fälle beschränkt.
Ein reibungsloser Umbau zu Bergepanzern wurde immer wieder durch den Eingriff höherer Stellen verhindert. Für eine Schnellaktion – Umbau von Panzerkampfwagen III zu Flammenwerferpanzern –, die sowieso nichts brachte, sollten bereits fertiggestellte Bergepanzer III wieder mit den vorher abgenommenen Drehtürmen mit Flammeinrichtung versehen werden. Ein Fernschreiben der Firma Wegmann in Kassel vom 30. November 1944 an das Ministerium Speer besagt u. a.: »Sofern zur 8/ZW verwendet werden können, stehen sechs Fahrzeuge zur Verfügung, die als Bergefahrzeuge fertiggestellt sind. Auf Anordnung OKH werden bereits fertiggestellte Bergefahrzeuge für diese Aktion verwendet und abgeändert«.

Bergepanzer III (auf Panzerkampfwagen III-Fahrgestell)*)
Zugang aus Instandsetzung

Januar 1944	0
Februar 1944	0
März 1944	15
April 1944	11
Mai 1944	43
Juni 1944	20
Juli 1944	20
August 1944	18
September 1944	11
Oktober 1944	17
November 1944	12
Dezember 1944	0
Januar 1945	5
Februar 1945	1
März 1945	3
April 1945	0
Gesamtzahl	176

Am 15. Januar 1945 waren insgesamt 114 Bergepanzer III bei den verschiedensten Einheiten.

*) Nur aus Umbau von instandgesetzten Panzerkampfwagen III.

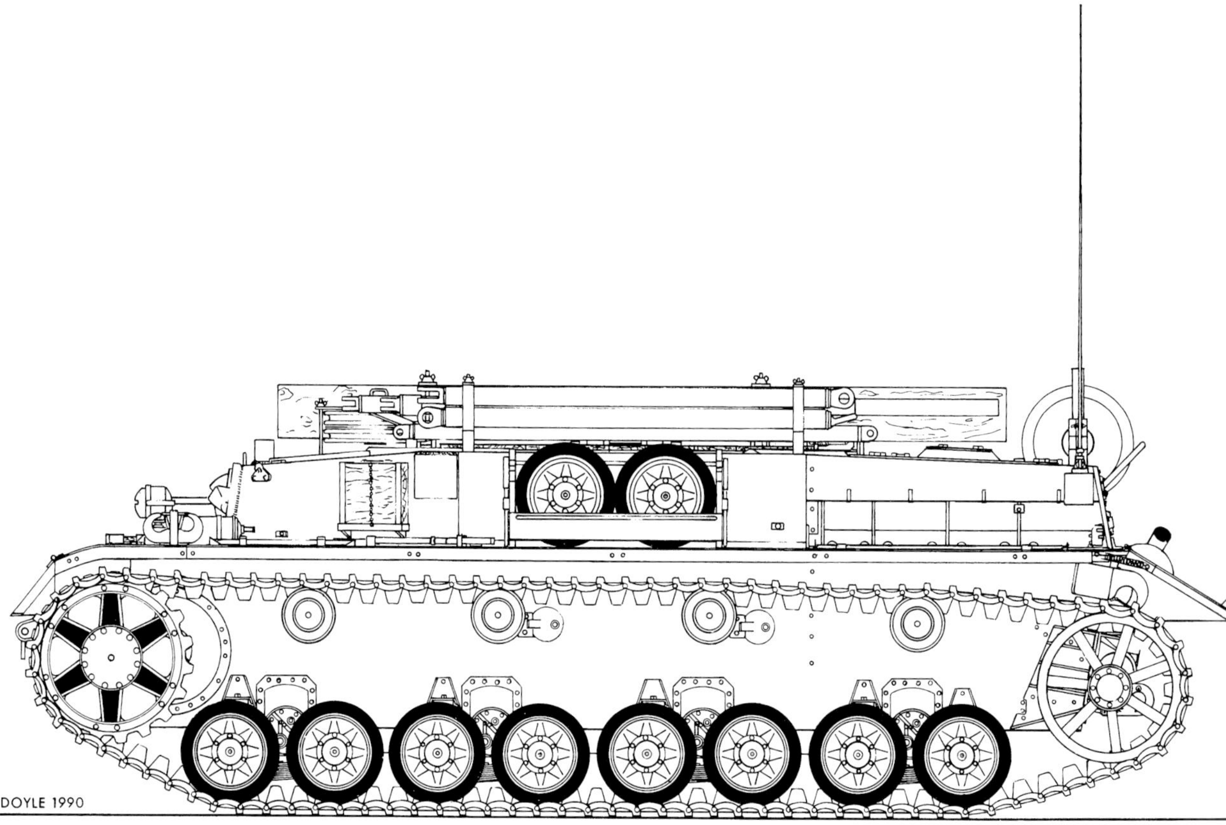

BERGEPANZER IV

Am 23. Mai 1944 besagte eine Mitteilung, daß ein Bergepanzer IV nach dem Vorbild des Bergepanzer III geschaffen werden sollte. Wiederum waren die Fahrzeuge der Instandsetzung zu entnehmen, neue Fahrgestelle durften dafür nicht verwendet werden. Am 24. Mai 1944 wurde erklärt, daß die Auslegung des Bergepanzer IV noch nicht endgültig geklärt sei. Daimler-Benz hatte ein Probefahrzeug III in der Zwischenzeit nach Kummersdorf überstellt.

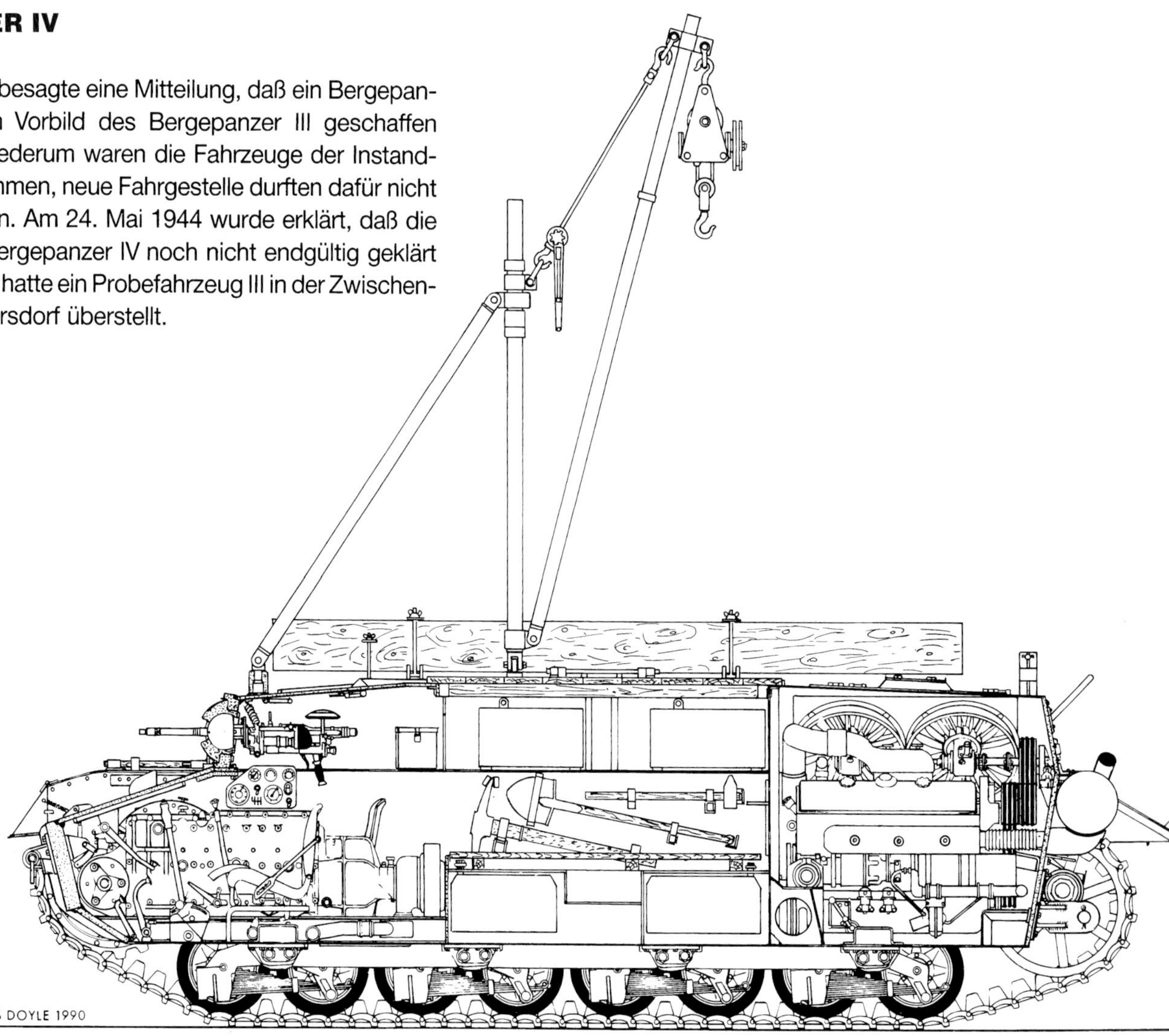

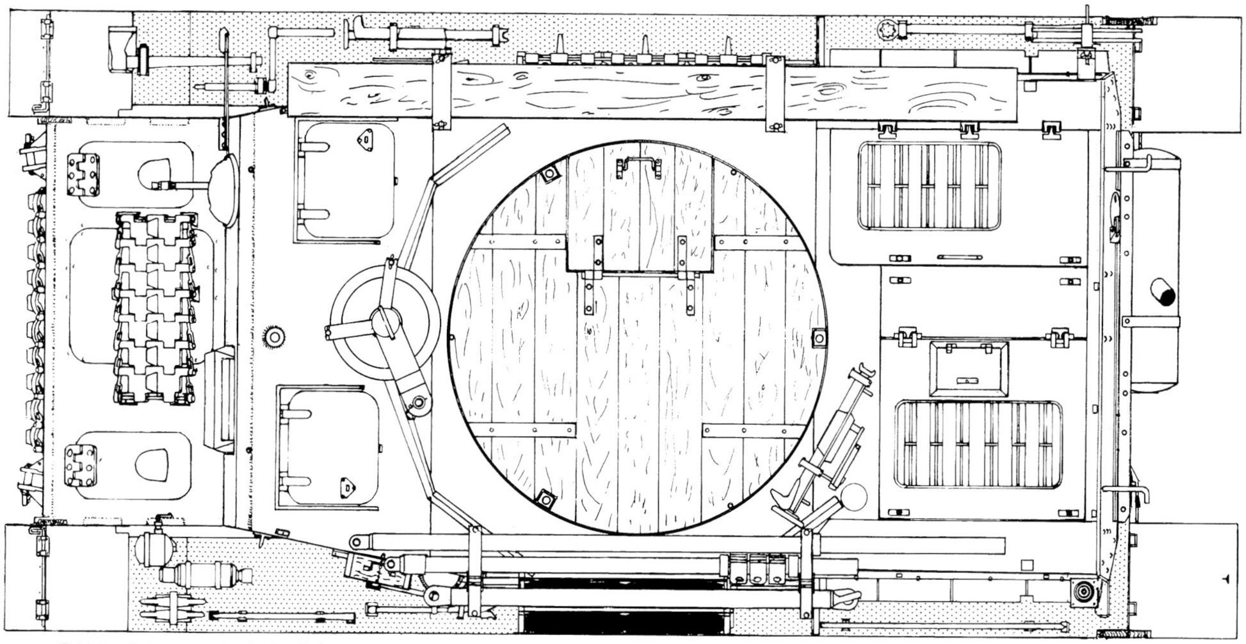

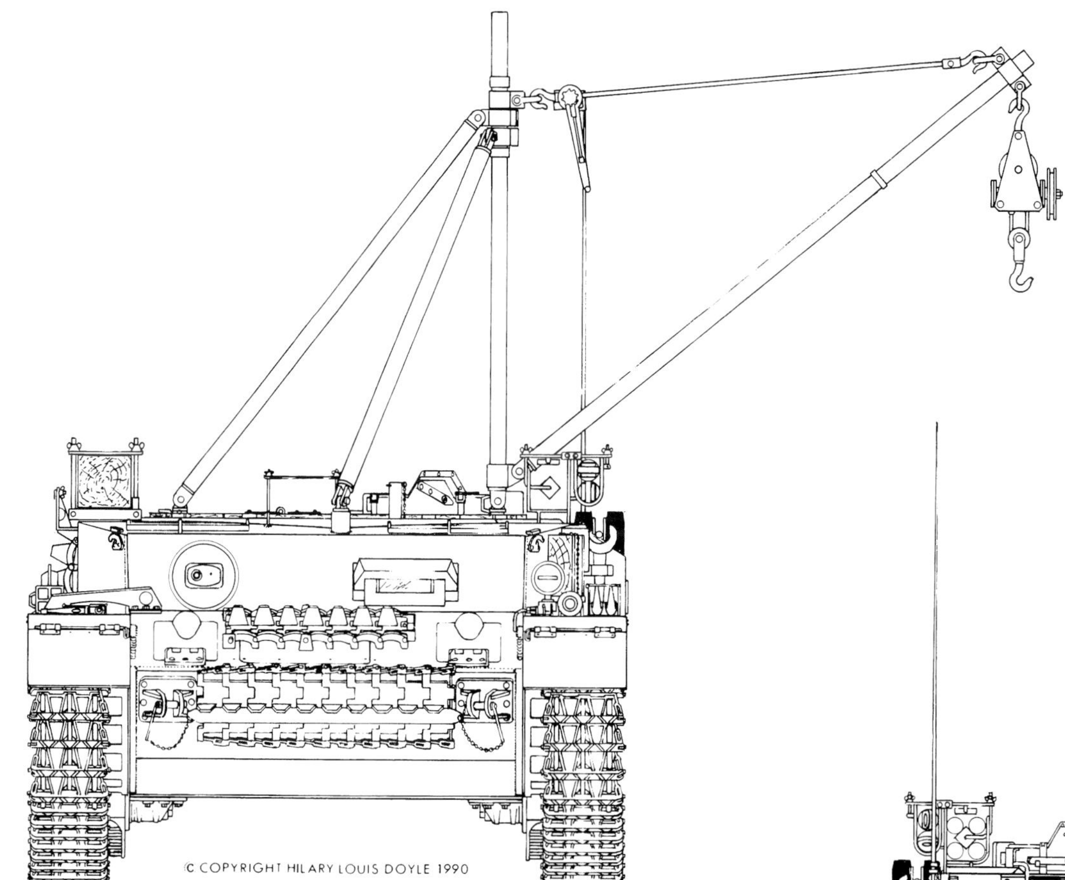

Bergepanzer IV.

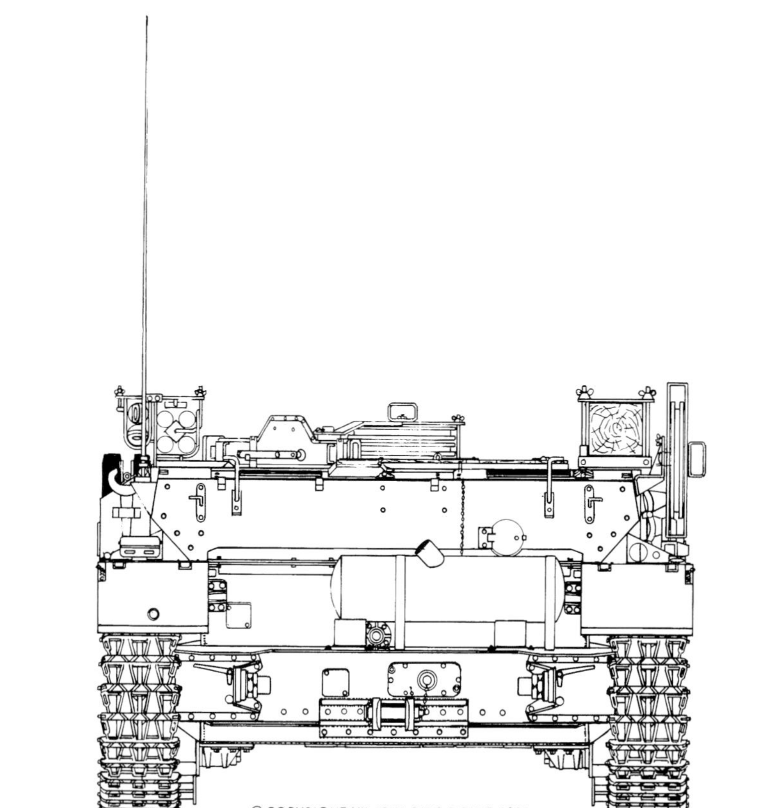

Glücklicherweise stehen noch Originalzeichnungen der Friedrich Krupp AG zur Verfügung, die eine Reproduktion des geplanten Fahrzeuges ermöglichen. Im Panzerkastenoberteil war die Drehkranzöffnung mit Holzbohlen verschlossen. Ein hölzerner Lukendeckel ermöglichte den Zugang in das Innere der Wanne. Die Krupp-Zeichnung SKA 6351 vom 20. August 1944 zeigt weiterhin, daß der Boden des Kampfraumes mit Brettern oberhalb der Kraftstoffbehälter abgedeckt war. Eine Änderung vom 8. Oktober 1944 läßt eine Abstandsänderung der vorderen Pilze für die Befestigung des Behelfskranes zu den hinteren Pilzen von 1524 auf 1510 mm erkennen.
Eine neue Krupp-Zeichnung SKB 6351 vom 14. Dezember 1944 zeigt zusätzliche Aufhängungen an der rechten Fahrzeugseite für Flaschenzugrollen und eine Doppelrolle auf dem Dach des unveränderten Panzer IV Panzerkastenoberteils.
Die Niederschrift einer Besprechung in Kummersdorf vom 13. und 14. Januar 1945 besagt u. a. daß Krupp-Gruson (Gwk) die Seilwinde für den Bergepanzer IV in Magdeburg nicht bauen konnte. Dagegen konnte das Versuchsfahrzeug hergerichtet und die Anbringung der Winde und die Fertigung des Sporns übernommen werden. Diese Teile wurden zunächst nur einmal für das Versuchsfahrzeug hergestellt. WaPrüf 6 würde versuchen, die Windenfertigung (Dringlichkeit ZI) bei der Firma **Baumgarten** in Neuruppin unterzubringen.
Die Windenanordnung der **Demag** wurde so geändert, daß das Seil nach hinten ablief. Der Entwurf über den Einbau der Winde SKB 6675 wurde von Krupp an WaPrüf 6 übergeben. Demag wird noch eine Windenbremse vorsehen.
Unterlagen über:

- Eine Einrichtung zur Anzeige des größten zulässigen Seilzugs, welche dabei die Zündung des Motors kurzschließt und diesen stillsetzt.
- Eine Einrichtung zum Reinigen des auf die Trommel auflaufenden Seiles.
- Die Ausbildung des Seilkopfes

werden Krupp von WaPrüf 6 übersandt.

Aus den von ZF nunmehr vorliegenden Unterlagen über das Schaltgetriebe AK 5–80 mit Spillantrieb war zu ersehen, daß das Getriebe in dieser Form im Panzerkampfwagen IV nicht unterzubringen war. Krupp schlug vor, den Spillantrieb nicht seitlich neben, sondern über die Vorgelegewelle des Getriebes hinauszuführen. In diesem Falle ließ sich das Getriebe unterbringen, der Anschluß an die Winde wurde günstiger. Eine Überprüfung des Bergepanzers 38 ergab, daß der Windenanschluß dort ebenfalls günstiger wurde. ZF wurde aufgefordert, auf schnellstem Wege einen Entwurf über das geänderte Getriebe bei WaPrüf 6 vorzulegen.
Die von Krupp anzufertigenden Konstruktionsarbeiten waren auf den bereits bestehenden Auftrag für Bergepanzer IV zu verrechnen.
Eine Besprechung am 6. April 1945 im Grusonwerk, Magdeburg, ergab folgende Aktennotiz über Versuchspanzer:
Bergepanzer IV, Fahrgestell Nr. 83945

> Die Arbeiten konnten wegen weiterer Personalabzüge für den Schanzeinsatz nicht im vorgesehenen Tempo fortgesetzt werden. Für den Zusammenbau fehlen keine Teile mehr, um den Fertigstellungstermin Mitte April einzuhalten. Krupp wird um Entscheidung gebeten, wohin das Fahrzeug zur Fertigstellung überführt werden soll. Es wurde vorgeschlagen, das Fahrzeug im Grusonwerk fertigzustellen, die noch erforderlichen Teile müßten schleunigst herbeigeschafft werden.

Der Bergepanzer 38 mit Seilwinde und Erdsporn als Vorbild für den Bergepanzer IV.

Bergepanzer IV, Fahrgestell Nr. 84557

Schwierigkeiten bestanden noch immer in der Versorgung mit Sauerstoff und Acetylen, so daß die Brennarbeiten am Fahrzeug noch nicht ausgeführt werden konnten. Der Betrieb 6 werde versuchen, die betreffenden Arbeiten nunmehr in der Kesselschmiede unterzubringen. Das Fahrzeug muß mit neuen Aufhängungen ausgerüstet werden. Die Ketten fehlen nach wie vor, ebenso ein Satz Stirnräder für das Seitenvorgelege.

Es klingt wie eine Ironie, wenn man den letzten Satz dieser Aktennotiz heute liest:

Voraussichtlicher Fertigstellungstermin des Fahrzeuges etwa Mitte Mai 1945, Unvorhergesehenes vorbehalten.

Am 8. Mai 1945 hatte das Deutsche Reich aufgehört zu existieren.

Der Grund, warum nur so wenige Panzer IV zu Bergepanzern umgebaut wurden (im Gegensatz zum Panzer III) ist darin zu finden, daß der Panzerkampfwagen IV bis Ende des Krieges im Bauprogramm verblieb und deshalb die Masse der angefallenen Reparaturfahrzeuge wieder als Kampfwagen die Werkstätten verließen. Umbauten jeglicher Art fanden in nur geringer Stückzahl statt.

Bergepanzer IV (auf Panzerkampfwagen IV-Fahrgestell)*)
Zugang aus Instandsetzung

Oktober 1944	5
November 1944	11
Dezember 1944	1
Januar 1945	1
Februar 1945	2
März 1945	1
April 1945	0
Gesamtzahl	21

*) Nur aus Umbau von instandgesetzten Panzerkampfwagen IV.

Am 15. Januar 1945 waren insgesamt 5 Bergepanzer IV bei verschiedenen Einheiten.

STURMGESCHÜTZE – EXPORT

Trotz der angespannten Lage auf dem Rohstoffsektor und der begrenzten Fertigungskapazität, war das Deutsche Reich Verpflichtungen eingegangen, die Streitkräfte verbündeter bzw. befreundeter Staaten mit Kriegsgerät zu beliefern.

Die für die Abwicklung solcher Transaktionen verantwortliche Dienststelle war die

Ausfuhrgemeinschaft für Kriegsgerät
bei der Reichsgruppe Industrie
in Berlin-Wannsee, Dreilindenstraße 47/49.

Am 4. Juli 1944 schrieb die A.G.K. an ihre Mitgliedsfirmen u.a.: Sämtliche Forderungen an ausländische Staaten, die durch die mittelbare oder unmittelbare Ausfuhr von Kriegsgerät entstehen, sind unabhängig von der vorläufigen Exportvaluterklärung beim Grenzübertritt im Monat der Rechnungsstellung, durch Einzel- bzw. monatliche Sammel-EVE der zuständigen Reichsbank zu melden.

Für die Ausfüllung der EVE-Formulare fügen wir eine Übersicht über die Kriegsgeräte, die zu unserem Betreuungsbereich gehören, geordnet nach Prüfungsstellen und mit Angabe der Prüfungsstellen-Nummer bei.

Geräte, die durch die Verordnung des Reichskommissars für Aus- und Einfuhrbewilligung vom 2. 9. 1940 zusätzlich in die Liste der Kriegsgeräte aufgenommen wurden:

Nr. der Pr. St.	
2	Prüfungsstelle Eisen schaffende Industrie: Panzerplatten

Geräte, die im Verfolg des Gesetzes über die Aus- und Einfuhr vom 6. 11. 1935 zum Kriegsgerät erklärt wurden:

Nr. der Pr. St.	
6	Prüfungsstelle Maschinenbau: Sämtliche Geschütze über 2 cm für Heer, Marine und Luftwaffe, sämtliche Geschosse hierzu
7	Prüfungsstelle Fahrzeug-Industrie: Panzerkraftwagen, Panzerspähwagen, Sturmgeschütze, Traktoren, Schlepper, Ketten- und Halbkettenfahrzeuge über 50 PS oder 12 km/h, militärische Spezialfahrzeuge, zwei- und mehrachsengetriebene Kraftfahrzeuge.

(Die Liste wurde vom Autor auf die für das Buch relevanten Fachbereiche gekürzt).

Die Ausfuhrgeschäfte in diesen Kriegsgeräten werden ausschließlich durch die entsprechenden Meldestellen der A.G.K. gesteuert. Ausfuhrbewilligungsanträge sind unmittelbar bei der A.G.K. einzureichen.

Am 14. Juli 1944 wurde von der A.G.K. mitgeteilt, daß die bisher mit der Meldestelle verbundene A. G. K.-Preisprüfstelle aus organisatorischen Gründen nunmehr als selbständiges Referat, mit Sitz in Berlin, geführt wird.

Dazu folgende ANLAGE
zum Rundschreiben Igb. Nr. 12006/G/44-I-602-Allg.
Betr.: Zusammenfassung der Preisaufschläge für KG-Geschäfte nach den einzelnen Ländern – Stand vom 1. 7. 1944

RUMÄNIEN	Aufschlag von 27% auf am 1. 1. 1944 geltende Exportpreise.
BULGARIEN	Aufschlag bis zu 50% auf am 15. 2. 1941 geltende Exportpreise; bei Programmabgaben Sonderregelung.
UNGARN	Aufschlag von 20% auf am 1. 7. 1943 geltende Exportpreise.
KROATIEN	Aufschlag von 900% auf Vorkriegsexportpreise nach dem ehemaligen Jugoslawien. Beim Fehlen derartiger Vergleichspreise ist vom Wehrmachtspreis zuzüglich 10 bis 60% auszugehen.
FINNLAND	Aufschlag von 50% auf Wehrmachtspreise.
SLOWAKEI	Aufschlag von 10 bis 30% auf Vorkriegsexportpreise.
SCHWEDEN	Aufschlag von 20 bis 30% auf Vorkriegsexportpreise.
SCHWEIZ	Aufschlag von 20 bis 30% auf Vorkriegsexportpreise.
ITALIEN	Aufschlag von 30 bis 50% auf Vorkriegsexportpreise.
PORTUGAL	Angemessen ist jeder erzielbare Preis; Mindestpreisniveau 1942.
SPANIEN	Soweit keine Vergleichsmöglichkeiten mit ähnlichen Geräten vorliegen, 100% auf Exportpreise 1939, anderenfalls angemessene Exportpreise, mindestens Wehrmachtspreise zuzüglich 60 bis 90%.
TÜRKEI	Aufschlag von 250% auf Exportpreise 1940.
JAPAN	Normale Exportpreise. Für Musterstücke oder Spezialgeräte Sonderpreisfestsetzungen.

Grundsätzlich ist der Exportpreis nach Maßgabe der Firmenselbstkosten zu bilden; nur beim Fehlen dieser Kalkulations-Grundlage ist vom Wehrmachtspreis auszugehen.

LIEFERUNG VON STURMGESCHÜTZEN AN FREMDE HEERE

Am 17. August 1943 wurden auf Befehl Hitlers in den Monaten Juni, Juli und August der finnischen Armee je 10 Sturmgeschütze mit je 4 Munitionsausstattungen und allen Schießbehelfen zugewiesen.
Insgesamt erhielt Finnland 59 Sturmgeschütze, die letzten davon wurden erst Ende 1966 ausgemustert.
Auf Grund von Besprechungen mit dem bulgarischen Generalstabschef am 1. Februar 1943 im Hauptquartier hatte der Generalstab des Heeres folgende Abgaben von Heeresmaterial an Bulgarien in die Planungen aufgenommen: Die Zuführung erfolgte durch den Chef H. Rüst u. BdE in unmittelbarem Einvernehmen mit dem Wehrwirtschaftsamt und Militärattache Sofia im Rahmen dieses Zuführungs- und Zeitplanes: Insgesamt 20 7,5-cm-Sturmgeschütze, monatlich 5, beginnend ab März 1943.
Laut Mitteilung vom 25. April 1943 sollten durch Gen.Qu. an Bulgarien 25 Sturmgeschütz 40 geliefert werden (statt 20 wie aus den Akten ersichtlich).

Stand bei Bulgarien 12. Juni 1943
Sturmgeschütz, Mod. 40 L/48

Bestand in Stoßarmee:	0
Bestand in Reserve:	0
In Lieferung aus Deutschland:	25

(Aus diesen Unterlagen ergibt sich, daß nachdem die Lieferungen das Heereszeugamt verlassen hatten, Verzögerungen eintraten, bevor die Sturmgeschütze durch den Militärattache Sofia an die bulgarische Armee freigegeben wurden.)
Im August 1943 wurde festgelegt, daß in den Monaten August, September und Oktober 1943 je 10 Sturmgeschütze an Bulgarien abgegeben werden sollten.

Stand bei Bulgarien 31. Dezember 1943
Sturmgeschütz 40

Bestellt	55
Geliefert	25

Stand bei Bulgarien 22. Februar 1944
Sturmgeschütz 40

auszuliefern insgesamt	55
Ausgeliefert	45
noch auszuliefern	10

Im August 1944:
25 Sturmgeschütze bei der bulgarischen 1. StuG. Abt. in Sofia,

Sturmgeschütze im Einsatz bei fremden Heeren. Finnland erhielt 59 dieser Fahrzeuge der Ausführung G.

Oben und unten:
Dem italienischem Heer wurde ab Mai 1943 Sturmgeschütze zugewiesen (Ausf. G, MIAG Fertigung, Fahrgestell Nr. 95102).

◄
Eine rumänische Besatzung macht sich mit dem Sturmgeschütz vertraut (BA).

25 Sturmgeschütze bei der bulgarischen 2. StuG. Abt. in Plovdiv.

Die bulgarischen Sturmgeschütze kamen gegen die Rote Armee nicht mehr zum Einsatz, wurden jedoch von den Bulgaren gegen die Deutsche Wehrmacht verwendet.

Sturmgeschütz-Zuweisungen und Lieferungen an das Ausland:

Monat	Land	Sturm-geschütze	Auslieferung ab HZA
1943			
Februar	Bulgarien	5	
März	Bulgarien	5	
April	Bulgarien	5	
Mai	Bulgarien	10	
August	Bulgarien	10	
September	Bulgarien	10	
Dezember	Bulgarien	10	16. 12. 1943
		55	
1943			
Juni	Finnland	10	
Juli	Finnland	10	
August	Finnland	10	
1944			
März	Finnland	7	5. 4. 1944 (nicht gel.)
Juni	Finnland	15	22. 6. 1944
Juli	Finnland	15	9. 7. 1944 (nicht gel.)
August	Finnland	15	Nicht geliefert*
		59	

* Waffenstillstand Finnland/UdSSR am 9. September 1944

Monat	Land	Sturm-geschütze	Auslieferung ab HZA
1943			
Mai	Italien	5	
1943			
Oktober	Spanien	10	
1943			
November	Rumänien	4	20. 11. 1943
Dezember	Rumänien	2	28. 1. 1944
1944			
Januar	Rumänien	2	6. 2. 1944
Februar	Rumänien	12	26. 2. 1944
März	Rumänien	10	6. 4. 1944
April	Rumänien	10	1. 5. 1944
Mai	Rumänien	20	28. 5. 1944
Juni	Rumänien	20	14. 7. 1944
Juli	Rumänien	20	24. 7. 1944
August	Rumänien	20	12. 8. 1944*
		120	

* Staatsstreich am 23. August 1944

Monat	Land	Sturm-geschütze	Auslieferung ab HZA
1944			
Juli	Ungarn	10	1. 8. 1944
Juli	Ungarn	10	26. 8. 1944
August	Ungarn	10	28. 8. 1944
September	Ungarn	10	7. 9. 1944
		40	
1942			
November	Land unbekannt	2	(Typ F/8)

Die Sturmartillerie im Einsatz

Feldzug im Westen ab 10. Mai 1940

Bei Beginn des Westfeldzuges standen nur zwei Sturmgeschütz-Batterien zur Verfügung: Sturmgeschütz-Batterie 640 (mit Inf. Reg. Großdeutschland) und Sturmgeschütz-Batterie 659. Diese wurden durch die Sturmgeschütz-Batterie 660 (ab 13. Mai 1940) und Sturmgeschütz-Batterie 665 (ab 10. Juni 1940) ergänzt. Jede Batterie sollte 6 Sturmgeschütze, 5 leichte gepanzerte Beobachtungskraftwagen (Sd. Kfz. 253) und 6 leichte gepanzerte Munitionstransportkraftwagen (Sd. Kfz. 252) haben; gemäß K. St. N. 445 vom 1. November 1939.

Batterie 7,5-cm-Sturmgeschütz (6 Geschütze) (mot. S) K. ST. N 445 vom 1. 11. 1939

Durch Verzögerungen in der Fertigung hatte die Sturmgeschütz-Batterie 640 nur 4 mittlere gepanzerte Mannschaftstransportkraftwagen (Sd. Kfz. 251) anstelle der Sd. Kfz. 253. Anstelle der Sd. Kfz. 252 wurde der Sturmgeschütz-Batterie 660 ein Zug der Munitions-Transport-Kolonne 601 zugeteilt, welche mit Munitionspanzern auf Fahrgestell Panzerkampfwagen I (Ausf. A) (Sd. Kfz. 111) ausgerüstet war.

K. St. N. 445 vom 1. 11. 1939.

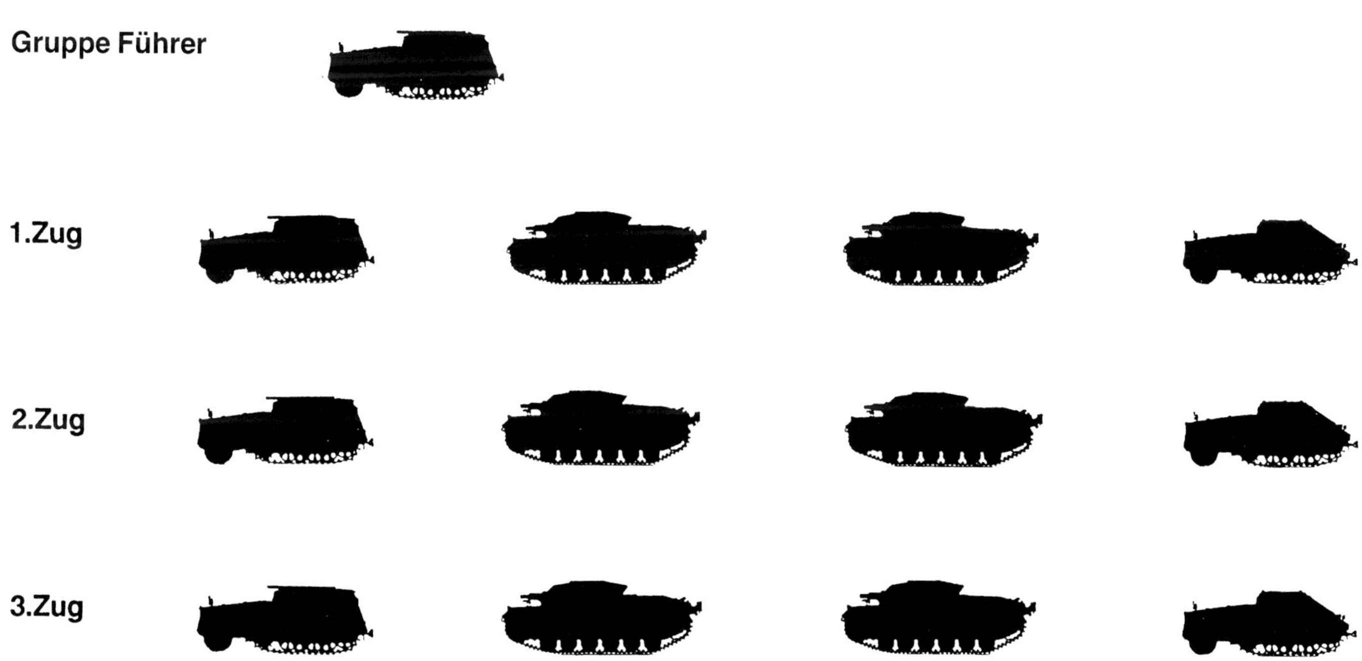

Balkan-Feldzug ab 6. April 1941

Nur drei Sturmgeschütz-Abteilungen (184, 190 und 191) und die 16. Sturmgeschütz-Kompanie (I.R. Großdeutschland) waren während dieses Feldzuges in Jugoslawien und Griechenland im Einsatz. Jede Sturmgeschütz-Abteilung bestand aus drei Sturmgeschütz-Batterien mit insgesamt 18 Sturmgeschützen.

Eine neue Ausgabe des KSt.N. 445 wurde am 1. Februar 1941 veröffentlicht, welche den Begriff Sturmgeschütz-Batterie wieder betonte. Jede Batterie hatte noch immer 6 Sturmgeschütze.

26. März 1941 –
Aufstellung der 3. Batterie, Sturmgeschütz-Abteilung 197.

Das Sturmgeschütz in der ihm ursprünglich zugewiesenen Rolle als Unterstützungsfahrzeug für die Infanterie.

Unternehmen Barbarossa ab 22. Juni 1941

Mit Beginn des Ost-Feldzuges brachte die Sturmartillerie 7 Sturmgeschütz-Batterien und 11 Sturmartillerie-Abteilungen zum Einsatz. Jede Sturmgeschütz-Abteilung bestand aus 3 Sturmgeschütz-Batterien. Obwohl noch einige der Batterien nach dem K.St.N. 445 vom 1. Februar 1941 mit 6 Sturmgeschützen organisiert waren, wurde die Mehrzahl bereits nach der geänderten Form, dem K.St.N. 446 (Behelfs) vom 18. April 1941 aufgestellt.

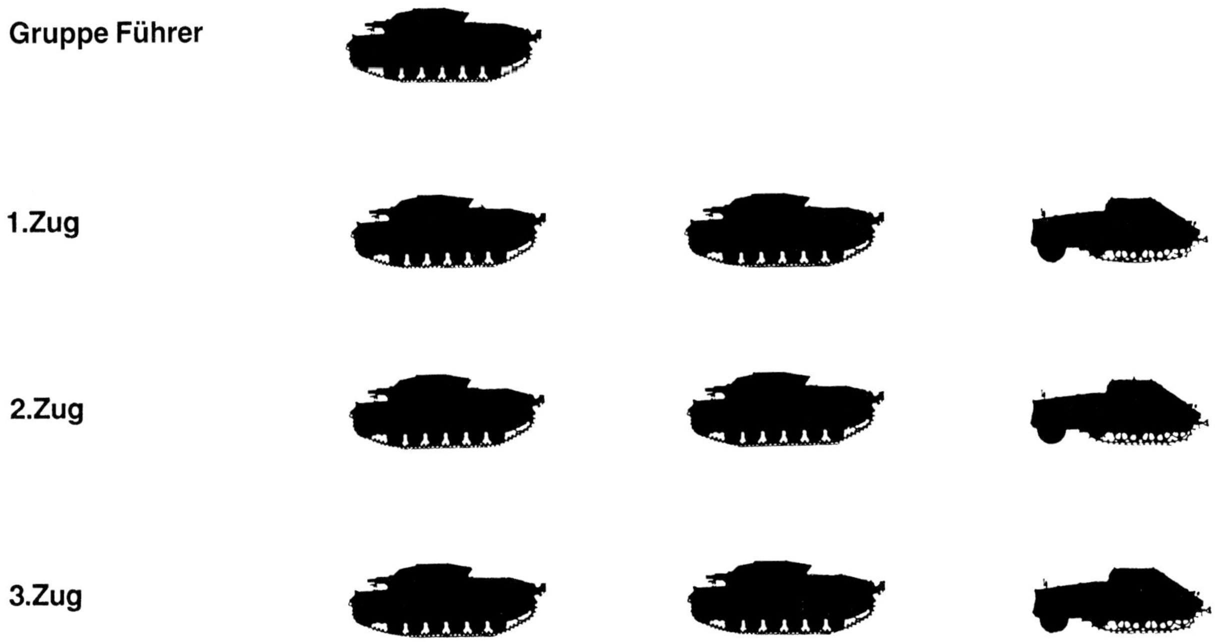

K. St. N. 446 vom 18. 4. 1941 (Behelfs) und 1. 11. 1941.

Sturmgeschütz Batterie (7 Gesch.) (mot.) K. St. N 446 vom 18. 4. 1941 (Behelfs) und 1. 11. 1941

Zu diesem Zeitpunkt war eine ausreichende Anzahl von Sturmgeschützen hergestellt worden, die es erlaubte, auch dem Batterie-Chef ein Sturmgeschütz zuzuweisen. Zusätzlich wurden auch die Zugführer, die bisher auf den schwach gepanzerten leichten Beobachtungswagen angewiesen waren, mit Sturmgeschützen ausgerüstet.

Die Organisations-Abteilung des Oberkommandos des Heeres befahl daher am 9. August 1941, daß alle Sturmgeschütz-Batterien mit 7 Sturmgeschützen auszurüsten waren.

Viele der Sturmgeschütz-Batterien, die noch unter dem früheren K. St. N. 445 aufgestellt worden waren, behielten ihre leichten gepanzerten Beobachtungswagen, obwohl ihnen ein siebtes Sturmgeschütz zugeteilt wurde.

Bei Beginn des Rußland-Feldzuges am 22. Juni 1941 befanden sich insgesamt 272 Sturmgeschütze bei Sturmartillerie-Einheiten (einschließlich Sturmgeschütz-Lehr-Abteilung und Großdeutschland) an der Front.

Sommeroffensive im Osten ab Juni 1942

Beginnend mit dem Start der Großoffensive im südlichen Rußland mit Stoßrichtung Stalingrad, standen insgesamt 19 Sturmgeschütz-Abteilungen (einschließlich Großdeutschland) und eine Batterie im Einsatz, davon 13 unter der Heeresgruppe Süd. Mit Fertigungsbeginn März 1942, wurden Sturmgeschütze mit der langen 7,5-cm-Sturmkanone L/43 (gefolgt im Juni 1942 von der Sturmkanone L/48) ab April 1942 an die Sturmgeschütz-Einheiten ausgegeben. Ab Dezember 1942 hatten die meisten Sturmgeschütz-Abteilungen an der Front – wegen erweiterter Fertigung und erhöhten Verlustzahlen – Sturmgeschütze mit der langen Sturmkanone 40 anstelle der kurzen L/24-Bewaffnung.

Sturmartillerie Lage an der Ost-Front				
Tag	Nr. v. Abt.	Einsatz-bereit	In Instand-setzung	Summe
18. Juni	18	166	44	210
25. Juli	19	258	42	300
23. August	19	277	75	352
25. September	20	294	115	409
16. Oktober	19	295	120	415
26. November	20	347	101	448
28. Dezember	27	315	127	442

Während des Krieges war die Mehrzahl der Sturmgeschütz-Einheiten an der Ostfront eingesetzt. Nur zwei Einheiten wurden 1942 nach Nordafrika verlegt. 3 Sturmgeschütze, Ausf. D, mit der 5. Pz. Jg. Komp./Sonderverband 288 im April 1942 und 4 Sturmgeschütze, Ausf. F/8, mit der Sturmgeschütz-Batterie 90, der 10. Panzerdivision zugeteilt, im November 1942.

Ende 1942 wurden erneut geänderte K. St. N. ausgegeben, die den angestiegenen Fertigungszahlen und der erhöhten Verfügbarkeit von Sturmgeschützen Rechnung trugen.

Sturmgeschütz Batterie (10 Gesch.) (mot.) K. St. N 446a vom 1. 11. 1942

Die Zuteilung von leichten, gepanzerten Munitionskraftwagen (Sd. Kfz. 252 und 250/6) war gestrichen, sie wurden bei jeder Batterie durch 2 Munitions-Lastkraftwagen ersetzt. Dennoch behielten die Einheiten, an die diese Fahrzeuge ursprünglich ausgegeben worden waren, diese zum Teil bis Kriegsende, wenn sie nicht vorher verloren gegangen waren.

Der K. St. N. 416 vom 1. 12. 1942 gestattete es erstmals, dem Abteilungskommandeur ein Sturmgeschütz zuzuteilen. Dadurch war es möglich, die Organisation des Stabs der Sturmgeschütz-Abteilung (mot.) durchzuführen. Obwohl diese Änderung nicht vor Dezember 1942 veröffentlicht wurde, waren viele Einheiten bereits im April 1942 authorisiert, 22 Sturmgeschütze zu behalten. (7 für jede der 3 Batterien, zusätzlich ein Sturmgeschütz für den Kommandeur).

Als der neue K. St. N. veröffentlicht wurde, trat er nicht automatisch für alle Einheiten in Kraft. Die meisten der Einheiten, die Ende 1942/Anfang 1943 mit Sturmgeschützen ausgerüstet wurden, waren noch unter dem älteren K. St. N. 446 aufgestellt worden, der nur 7 Sturmgeschütze per Batterie vorsah.

Am 2. März 1943 befahl die Organisationsabteilung des Oberkommandos des Heeres mit Befehl Nr. 2156g die Eingliederung der erstmals erwähnten Sturmhaubitze. Jede Batterie der Sturmgeschütz-Abteilungen konnte nun mit 7 7,5-cm-Sturmgeschützen 40 (Sd. Kfz. 142/1) und 3 10,5-cm-Sturmhaubitzen (Sd. Kfz. 142/2) oder 10 7,5-cm-Sturmgeschützen ausgerüstet werden.

K. St. N. 446a vom 1. 11. 1942.

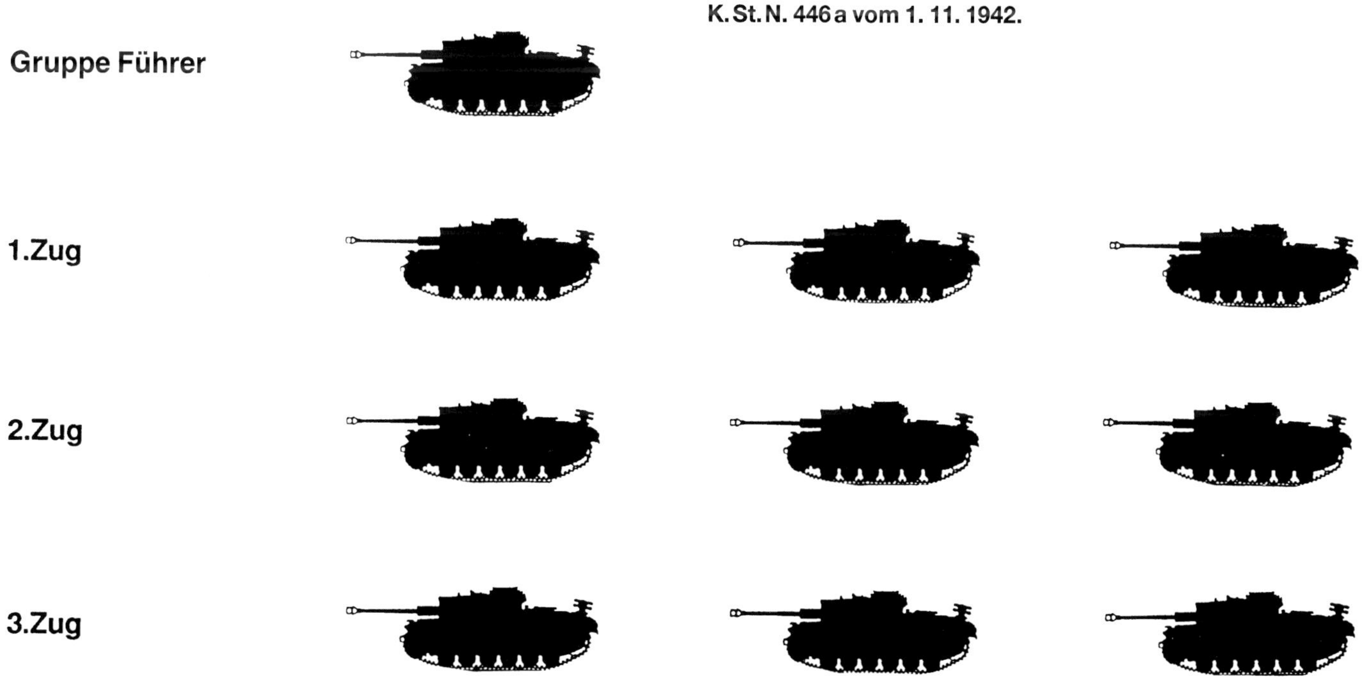

Im Osten ab Juli 1943 in der Zeit »Unternehmen Zitadelle«

Mit Beginn der Haupt-Sommeroffensive bei Kursk wurden 3 Sturmgeschütz-Abteilungen und 2 Batterien der Heeresgruppe Nord unterstellt. 12 Sturmgeschütz-Abteilungen waren der Heeresgruppe Mitte zugeteilt. 9 Sturmgeschütz-Abteilungen und eine Batterie unterstanden der Heeresgruppe Süd, 2 weitere Sturmgeschütz-Abteilungen der Heeresgruppe A. Nur 9 Sturmgeschütz-Abteilungen waren Sturmhaubitzen zugeteilt (einer bei Heeresgruppe Nord, sechs bei Heeresgruppe Mitte und zwei bei Heeresgruppe Süd).

Sturmartillerie Lage an Ostfront im Jahr 1943

Tag	Nr. v. Abt.	Eins.	StuG kz. Inst.	Eins.	StuG lg. Inst.	Eins.	StuH Inst.	Summe
31. 3. 43	20	39	16	297	86	5	0	443
30. 4. 43	21	34	16	426	91	13	1	581
31. 5. 43	22	33	15	548	84	13	1	694
30. 6. 43	26	29	6	657	70	57	2	821
31. 7. 43	29	23	5	543	202	46	21	840
31. 8. 43	30	16	12	487	235	49	14	813
30. 9. 43	31	14	11	354	375	27	37	818
31. 10. 43	34	8	12	423	331	37	29	840
30. 11. 43	37	5	18	388	452	33	27	923
31. 12. 43	39	10	6	539	393	37	21	1006

Im Februar 1944 wurde der neue K. St. N. 446b ausgegeben, der für die Sturmgeschütz-Batterie nunmehr 14 Sturmgeschütze authorisierte.

Sturmgeschütz Batterie (14 Gesch.) (mot.) K. St. N 446b vom 1. 2. 1944

Der neu organisierte K. St. N. 416b vom 1. Februar 1944 für den Stab und die Stabsbatterie (mot.) einer Sturmgeschütz-Abteilung mit Batterien zu je 14 Geschützen genehmigte für den Stab 3 Sturmgeschütze III für 7,5-cm-Sturmkanone 40 (L/48) (Sd. Kfz. 142/1).

Die älteren K. St. N. 446 und 446a blieben gültig, so daß es zu dieser Zeit einer Sturmgeschütz-Abteilung möglich war, 22, 31 oder 45 Sturmgeschütze zu besitzen, abhängig von dem für sie gültigen K. St. N. Es ist eine Tatsache, daß ab Anfang 1943 alle Sturmgeschütz-Abteilungen 31 Sturmgeschütze genehmigt hatten und jede neuaufgestellte Abteilung diese Zahl zugewiesen bekam, bevor sie in den Einsatz ging.

Das OKH plante eventuell alle Sturmgeschütz-Abteilungen mit 45 Sturmgeschützen auszurüsten. Dies aber erst, nachdem ausdrücklich Befehle erteilt wurden, die Abteilung nach dem neuen K. St. N. auszurüsten. Gegen Ende des Krieges hatten

K. St. N. 446b vom 1. 2. 1944.

Gruppe Führer

1.Zug

2.Zug

3.Zug

4.Zug

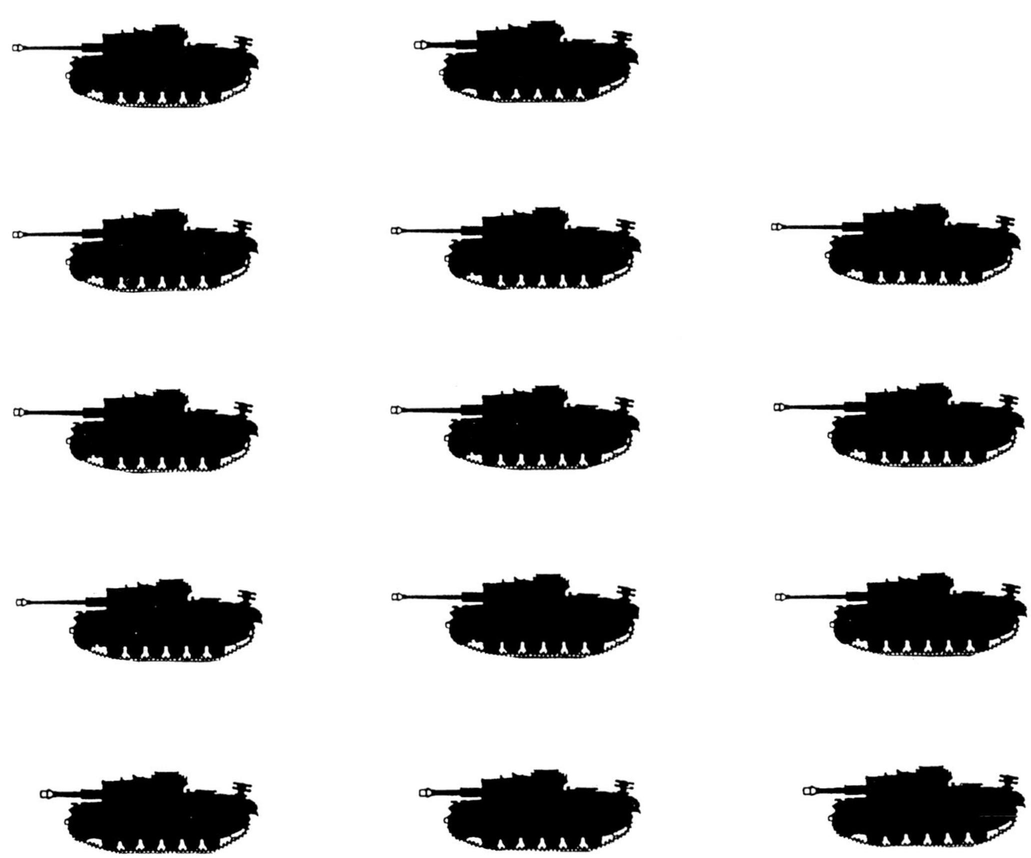

nur vier Einheiten derartige Befehle erhalten und waren mit 45 Sturmgeschützen ausgerüstet:

Sturmgeschütz-Brigade 259 im Osten im Mai 1944
Sturmgeschütz-Brigade 341 im Westen im Mai 1944
Sturmgeschütz-Brigade 278 im Osten im November 1944
Sturm-Artillerie-Brigade 303 im Osten im Dezember 1944

Ein Befehl des Oberkommandos des Heeres vom 25. Februar 1944, **Umbenennung von Sturmgeschütz-Einheiten,** änderte die Bezeichnung Heeres-Sturmgeschütz-Abteilung in Heeres-Sturmgeschütz-Brigade. Jede Brigade behielt die Nummer der früheren Abteilung, wie auch die Organisation gegenüber der Abteilung unverändert blieb.

Der Grund für diese Umstellung der Bezeichnung war, den Unterschied herauszustellen zwischen den Heeres-Sturmgeschütz-Einheiten und den Einheiten mit Sturmgeschützen bei den Infanterie-, Jäger- und Gebirgs-Divisionen, deren Bezeichnung im gleichen Befehl ebenfalls geändert wurden: Pz. Jg. Kp. (Sturmgeschütz) innerhalb der Pz. Jg. Abt. der Infanterie-, Jäger- und Gebirgsdivisionen wurden umbenannt in Sturmgeschütz-Abteilungen.

Im Februar 1944 wurden zwei neue Organisationen zur zusätzlichen Unterstützung der Sturmgeschütz-Abteilungen geschaffen. **Sturmgeschütz-Begleit-Batterie für Sturmgeschütz-Abteilung** K. St. N. 448 (Behelfs) vom 8. 2. 1944 sollte eine Infanterie-Einheit schaffen, die dem Abteilungs-Kommandeur direkt zur Begleitung der Sturmgeschütze beim Angriff, zum Wachdienst und als Vorposten bei der Verteidigung zur Verfügung standen. Diese Einheiten brachten eine beträchtliche Erleichterung für die Sturmgeschütz-Besatzungen in der Verteidigung und ermöglichten den Besatzungen notwendige Reparaturen und Wartung auszuführen, die sonst vernachlässigt wurden, wenn sich die Besatzung um ihre eigene Sicherheit kümmern mußte. Der Gen. Insp. der Artillerie hatte für die Begleit-Infanterie mittlere Schützenpanzerwagen (Sd. Kfz. 251) verlangt, die aber weder zugeteilt noch im K. St. N. ausgewiesen wurden, obwohl sie in der »Begleit-Grenadier-Batterie zur Sturmartillerie-Brigade K. St. N. 448 vom 1. 12. 1944 erwähnt worden waren.

Die zweite neue Einheit, **Begleit-Panzer-Batterie (Panzer II) für Sturmgeschütz-Abteilung** nach K. St. N. 447 (Behelfs) vom 8. 2. 1944, wurde aufgestellt, um Aufklärung, Erkundungs- und Luftabwehraufgaben zu übernehmen. Jede Begleit-Panzer-Batterie sollte aus 14 Panzerkampfwagen II bestehen, mit 2 Fahrzeugen im Batterietrupp und je vier Panzer II in den 3 Zügen. Nur vier dieser Begleit-Panzer-Batterien wurden im April und Juni 1944 aufgestellt. Alle vier – die 5. Pz. Begl. Batt./Sturmartillerie-Brigade 236, und die 5. und 6. Pz. Begl. Batt./Sturmartillerie-Brigade 667 wurden durch Befehl im November 1944 aufgelöst, obwohl die Sturmartillerie-Brigade 239 noch am 15. März 1945 4 Panzerkampfwagen II besaß.

Die Heeres-Sturmgeschütz-Einheiten ohne Begleit-Batterie wurden offiziell als **Sturmgeschütz-Brigade,** die Einheiten mit Begleit-Batterie als **Sturmartillerie-Brigade** bezeichnet. Mit Ausnahme der Begleit-Batterie blieb die Organisation von Stab, Stabsbatterie und Sturmgeschütz-Batterien die gleiche wie bei den Sturmgeschütz-Brigaden und den Sturmartillerie-Brigaden.

Ab 1. Juni 1944 wurden die bisher existierenden Batterieorganisationen im K. St. N. 446 zusammengefaßt mit Ausf. A für Batterien mit 10 und Ausf. B für Batterien mit 14 Sturmgeschützen.

Sturmgeschütz Batterie (10 Gesch.) (mot.) K. St. N 446 Ausf. A vom 1. 6. 1944

Sturmgeschütz Batterie (14 Gesch.) (mot.) K. St. N 446 Ausf. B vom 1. 6. 1944

Stab und Stabsbatterie (mot.) einer Sturmgeschütz-Brigade waren gemäß K. St. N. 416 vom 1. 6. 1944 berechtigt, 1 Sturmgeschütz III bei einer 10-Geschütz-Batterie und 3 Sturmgeschütze III bei einer 14-Geschütz-Batterie in der Inventur zu führen. Diese Organisation für Batterie- und Brigadestab blieb bis Kriegsende gültig.

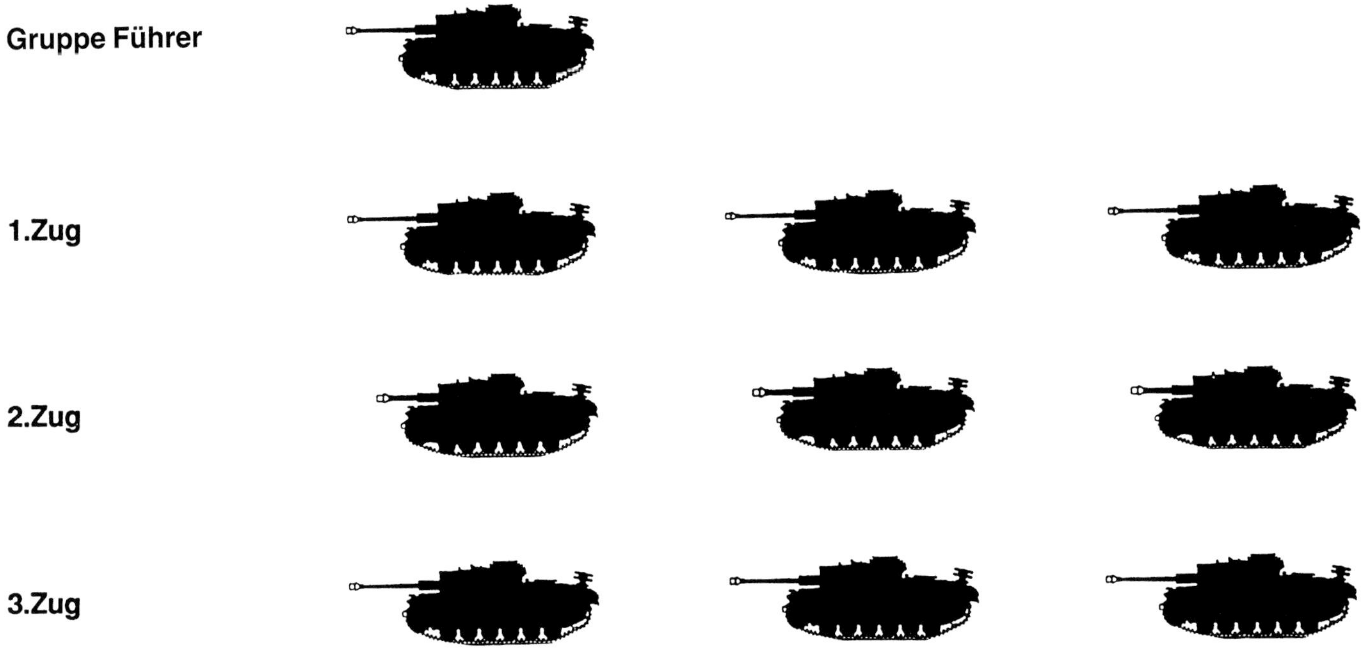

K. St. N. 446 A vom 1. 6. 1944.

K. St. N. 446 B vom 1. 6. 1944.

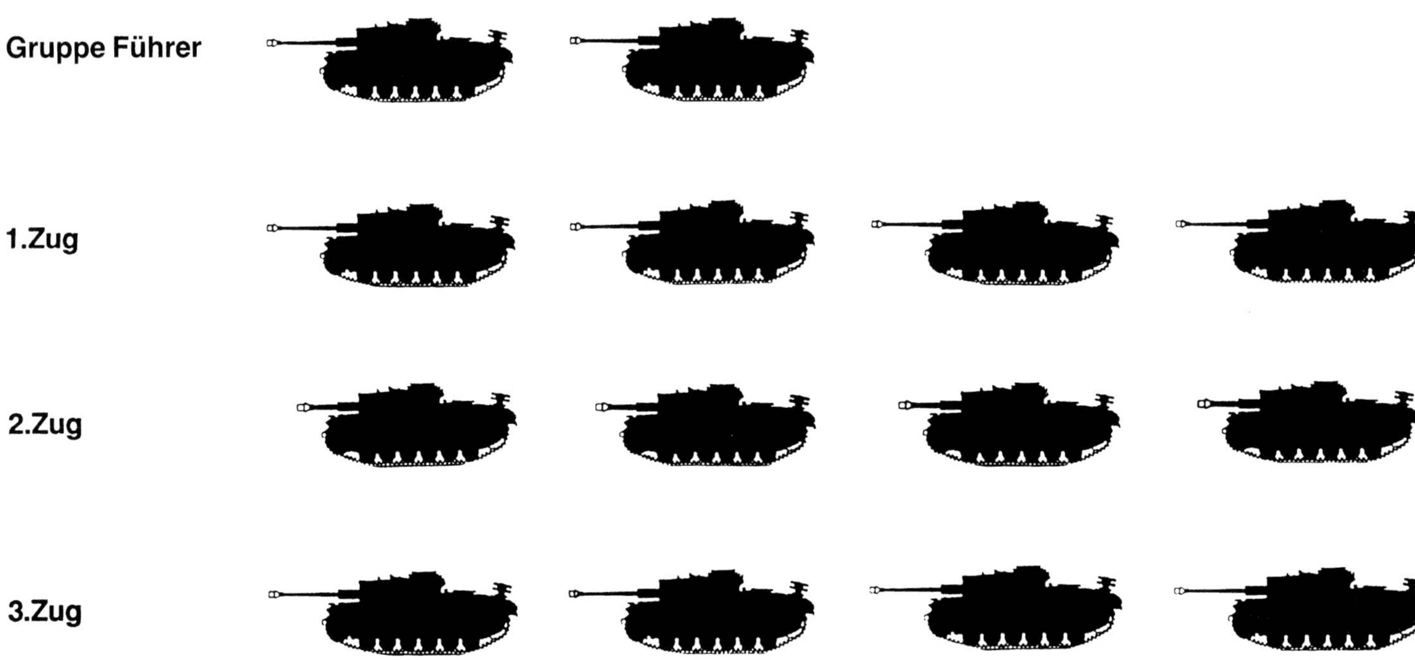

Große russische Offensive ab 22. Juni 1944 und Alliierte Landung im Westen

Im Juni 1944, kurz vor der Großoffensive an der Ostfront, stand folgender Bestand an Sturmgeschützen zur Verfügung:

- 5 Sturmgeschütz-Brigaden (184, 226, 303, 909 und 912) unter Heeresgruppe Nord;
- 9 Sturmgeschütz-Brigaden (177, 185, 189, 190, 244, 245, 281 und 904) und 1 Sturmartillerie-Brigade 667 unter Heeresgruppe Mitte;
- 9 Sturmgeschütz-Brigaden (210, 237, 259, 270, 300, 301, 311, 322 und 600) unter Heeresgruppe Nordukraine; und
- 9 Sturmgeschütz-Brigaden (228, 243, 259, 278, 286, 325, 905, 911 und »Großdeutschland« unter Heeresgruppe Südukraine.

Zur selben Zeit waren im Juni 1944 die restlichen Heeres-Sturmartillerie-Einheiten wie folgt verteilt:

- Im Westen: Sturmgeschütz-Brigade 341 und Sturmgeschütz-Lehr-Brigade 902
- In Südost: Sturmgeschütz-Brigade 201
- In Südwest: Sturmgeschütz-Brigade 242, 907 und 914
- In Heimat zur Auffrischung: Sturmgeschütz-Brigade 191, 202, 203, 209, 232, 261, 276, 277, 279 und 280) und Sturmartillerie-Brigaden 236 und 239.

Sturmartillerie Lage 1944 und 1945

Tag	Zahl der Brig.	StuG Eins.	Inst.	StuH Eins.	Inst.	Summe
Im Osten:						
1. 6. 1944	32	615	158	95	25	893
1. 7. 1944	32	718	108	123	16	965
1. 8. 1944	31	463	175	116	32	786
1. 9. 1944	28	383	173	135	57	748
1. 10. 1944	27	427	103	184	50	764
1. 11. 1944	29					826
1. 12. 1944	30					859
15. 1. 1945	34	558	100	272	66	996
15. 3. 1945	30	364	154	141	49	708
Im Westen:						
1. 6. 1944	2	44	6	9	0	59
1. 7. 1944	3	94	1	12	0	107
1. 8. 1944	3	65	7	15	0	87
1. 9. 1944	3	18	0	0	0	0
1. 10. 1944	4	43	25	19	18	105
1. 11. 1944	6					136
1. 12. 1944	6					126
15. 1. 1945	9	94	62	36	25	217
15. 3. 1945	7	83	43	18	12	156

Die folgenden Berichte beweisen die Wirksamkeit von Sturmgeschützen im Einsatz:

Bericht über Panzerabwehr in den Kämpfen vom 12. 1. bis 31. 3. 1943 in H. Gr. Nord beim Ladoga See

Einsatz der Sturmgeschütz-Abteilung 226 während des gesamten Zeitabschnittes:

a) Zahl der eingesetzten Sturmgeschütze einschl. Neuzuweisungen 41
b) Zahl der abgeschossenen Feindpanzer 210
c) Eigene Verluste
Personal (gef., vermißt, verw.) 87
Material (Totalausfall) 13 StuG

Einsatz der Sturmgeschütz-Batterie der 1., 10., 12. und 13. Lw. Feld-Div.

a) Zahl der eingesetzten Sturmgeschütze einschl. Neuzuweisungen 20
b) Zahl der abgeschossenen Feindpanzer 17
c) Eigene Verluste
Personal 32
Material (Totalausfall) 5 StuG

Der Einsatz der Sturmgeschütz-Batterien der Luftwaffe erfolgte während des gesamten Zeitabschnittes in Anlehnung und Zusammenarbeit mit den Einheiten der Sturmgeschütz-Abteilung, um diesen Einheiten die fehlende Kampferfahrung zu verschaffen und weil die mangelnde technische Ausbildung und Ausstattung dies erforderlich machte.

Infanterie-Division »Großdeutschland« Erfahrungen im Panzerkampf während der Winterschlacht um Charkow

In der Zeit vom 7. 3. bis 20. 3. 1943 sind abgeschossen worden:

230 T 34
16 T 60 oder T 70
3 KW I.

Die Abschüsse wurden durch folgende Waffen erzielt:

188 durch 71 Pz. Kpfw. IV lang
41 durch 35 Sturmgeschütz 7,5 cm lang
30 durch 9 Pz Kpfw. VI (Tiger)

Bericht über die Ostfrontreise des Kommandeurs der Sturmgeschütz-Ersatz- und Ausbildungs-Abteilung vom 30. 8. bis 22. 9. 1943

Während die Heeresgruppe Nord in festen Stellungen ohne nennenswerten Kampf angetroffen wurde, waren Mitte und Süd in Abwehr- und Rückzugskämpfe verwickelt und der Kuban-Brückenkopf in planmäßigen, feinddrucklosen Absetzbewegungen begriffen. Die Rückzugs- und Absetzbewegungen erfolgten völlig planmäßig und wurden überall von der Truppe mit Ruhe und guter Stimmung zur Kenntnis genommen. Ein panikartiges Zurückgehen oder Imstichlassen von Material wurde nirgends beobachtet. Die Truppen bedauerten es zwar, daß zum Teil fruchtbares Land aufgegeben werden mußte, waren aber überzeugt, daß der Russe eines Tages entscheidend geschlagen wird, da von seinem Kampfwert nicht allzuviel gehalten wird.
Die russische Infanterie ist überall sehr schlecht und tritt im allgemeinen nur mit Begleitpanzern zum Angriff an.
Die russischen Panzer sind schlechter geworden. Die Besatzungen sind gut ausgewählt und verpflegt, aber schlecht ausgebildet. Beim Auftauchen von panzerbrechenden Waffen werden sie oft kopflos. **Laut erbeuteten Befehlen ist ihnen der Kampf mit deutschen Sturmgeschützen verboten.**
Die russische Pak ist, erheblich verstärkt mit größeren Kaliber-Geschützen, sehr geschickt eingesetzt worden und wird von den Sturmgeschützen gefürchtet. Daneben sind Panzerbüchsen und Minen die unangenehmsten Abwehrmittel gegen Sturmgeschütze, wobei Panzerbüchsen sogar die Führerkuppel durchschlagen.
Dem deutschen Panzer ist bei den derzeitigen Kämpfen gegenüber den Sturmgeschützen die Daseinsberechtigung abzusprechen.

Folgende Gründe sprechen dafür:
1. Der Panzer operiert in großen Räumen, seine Stärke ist das Fahren, Ausweichen, Kesseln. Er sucht nicht den Kampf mit dem russischen Panzer; es liegt ihm nicht, zusammen mit der deutschen Infanterie zu kämpfen.
2. Panzerung und Optik sind den Sturmgeschützen unterlegen.
3. Der Panzer ist wesentlich höher als das Sturmgeschütz, daher leichter abzuschießen.

Ein höherer Kommandoführer tat den Ausspruch: »Eine Sturmgeschütz-Abteilung ist mir lieber als eine Panzerdivision.« Ein Regimentskommandeur sagte: »2 Sturmgeschütze ziehe ich 10 Panzern vor.«

Das Sturmgeschütz ist wohl das bewährteste Kampfmittel in diesem Sommer geworden. Jeder Infanterieführer spricht mit Begeisterung und voll Anerkennung von der Sturmartillerie. Neben der Abwehr feindlicher Infanterieangriffe hat die Sturmartillerie einen wesentlichen Anteil an der hohen Panzerabschußzahl. Die Panzerabschußzahlen im August 1943 bei 11 Sturmgeschütz-Abteilungen waren 423 feindliche Panzer gegen die eigenen Totalausfälle von 18 Sturmgeschützen.

Materialerfahrungen:
Sowohl die Sturmkanone wie auch die Sturmhaubitze haben sich voll bewährt. Letztere ist gegen Infanterieziele nicht zu entbehren. Das Verhältnis von 7 zu 3 wird als richtig angesehen.
Das Kaliber 7,5 ist gegen alle zur Zeit auftretenden Panzer ausreichend. Beim Auftreten eines des deutschen Tigers gleichwertigen russischen Panzertyps wird als Kaliber 8,8 vorgeschlagen.
Panzerschürzen haben sich bewährt, sind sicher gegen Panzerbüchsen und leichte Pak, ihre Aufhängungen sind schlecht.
Die Geschützführerkuppel ist zu schwach gepanzert.
Das MG beim Ladekanonier hat sich nicht bewährt. Es wird vorgeschlagen, dieses beim Panzerfahrer oder Richtunteroffizier anzubringen.
Das 30-Watt-Funkgerät ist gut. Es wurden Reichweiten bis zu 200 Kilometer erzielt.
Hohlladungs-Munition hat sich bewährt. Panzergranaten werden aber vorgezogen. Gegen Infanterieziele ist die Sprenggranate unentbehrlich.
Das Bordsprechgerät hat sich bewährt.
Motor und Fahrgestell sind zu schwach. Leistung und Geländegängigkeit sind nach wie vor dem T 34 unterlegen.

Übersicht über Panzerabschüsse aufgeschlüsselt auf die verschiedenen Waffen (Ostfront) von dem Chef des Generalstabes des Heeres v. 29. Mai 1944

	Januar		Februar		März	
Gemeldete Abschüsse:	4679		2189		2563	
Art der Vernichtung bekannt bei:	2652		1219		893	
Im Einzelnen:						
Pz. Nahkampfwaffen:	185	8%	62	5,1%	105	11,8%
s. Pak	769	29%	291	23,8%	305	34,2%
St. Gesch. u. Pz. Jäger	634	23%	355	29,2%	256	28,6%
Panzerkampfwagen	822	31%	397	32,5%	122	13,6%
Sonstige Waffen (Art., I.G. Minen, usw.)	242	9%	114	9,4%	105	11,8%

Panzerabschüsse (Ohne Ob. West),
General-Inspekteur der Artillerie v. September 1944

Erfolge der Sturmartillerie 1944

	Abgeschossene Feindpanzer	**Einsatzbereite Sturmgeschütze**	**Eigener Totalausfall**
Januar	860	671	61
Februar	429	718	71
März	578	511	177
April	542	533	121
Mai	147	732	15
Juni	245	757	34
Juli	1019	909	138
August	847	654	96

Panzerabschußzahl seit 22. 6. 1941 = 18261

STURMGESCHÜTZE BEI DER PANZERTRUPPE

Der **Mangel an Panzerkampfwagen,** der sich Anfangs 1943 abzeichnete, war darauf zurückzuführen, daß die Fertigung des Panzerkampfwagens III auslief, die Panzer IV-Produktion noch nicht in der Lage war, den Bedarf zu decken und die Panther-Fertigung von Kinderkrankheiten geplagt war. Als vorübergehende Maßnahme wurde daher beschlossen, Sturmgeschütze an die Panzertruppe abzugeben. Ab Mai 1943 bekam der Generalinspekteur der Panzertruppen monatlich 100 Sturmgeschütze zugewiesen. Diese wurden anfänglich verwendet, wiederaufgestellte Panzer-Abteilungen der Panzer- und Panzer-Grenadier-Divisionen auszustatten, die bei Stalingrad verloren gegangen waren. Dem folgend war es allgemeine Praxis, die Panzer-Abteilung der Panzer-Grenadier-Divisionen mit Sturmgeschützen anstelle der Panzerkampfwagen IV auszurüsten. Dafür wurden besondere Organisations-Formen entwickelt.
Die Einheiten, die 14 Sturmgeschütze je Kompanie zugewiesen bekamen, waren:

Einheit	Gehört zu	Abgang ab HZa
1.-3. Kp./Pz.Abt. 129	29. Pz.Gr.Div.	42 StuG III 5. 1943
1.-3. Kp./Pz.Abt. 103	3. Pz.Gr.Div.	42 StuG III 5. 1943
9.-11. Kp./Pz.Rgt. 2	16. Pz.Gr.Div.	42 StuG III 6. 1943
1.-3. Kp./Pz.Abt. FHH	Pz.Gr.Div.FHH	42 StuG III 7.-8. 1943
1. Kp./Pz.Jg.Abt. 228	16. Pz.Gr.Div.	14 StuG III 9. 1943
1.-3. Kp./Pz.Abt. 5	25. Pz.Gr.Div.	42 StuG III 9. 1943
1.-3. Kp./Pz.Abt. 7	10. Pz.Gr.Div.	42 StuG III 9.-10. 1943
1.-3. Kp./Pz.Abt. 8	20. Pz.Gr.Div.	42 StuG III 9.-10. 1943
1.-3. Kp./Pz.Abt. 118	18. Pz.Gr.Div.	42 StuG III 11.-12. 1943
1.-3. Kp./Pz.Abt. 190	90. Pz.Gr.Div.	42 StuG III 2. 1944

K.St.N. 1159 vom 20. 6. 1943 und 1. 11. 1943.

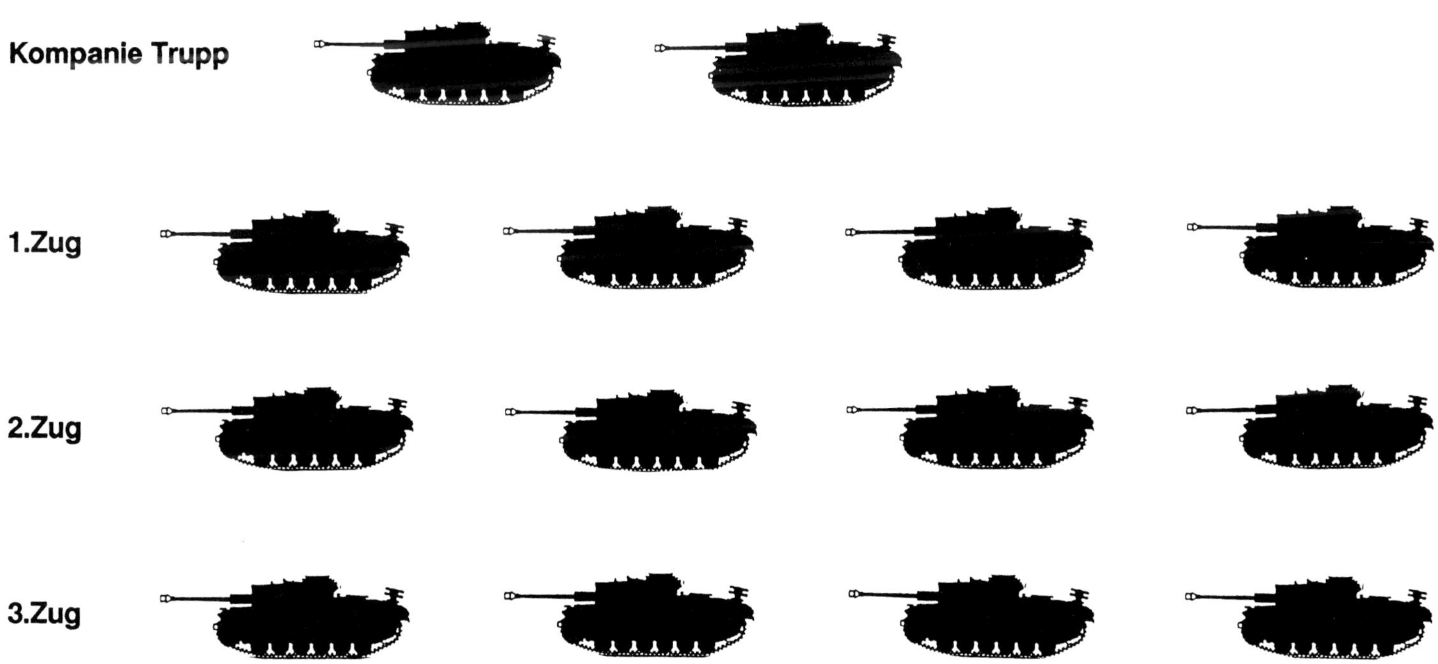

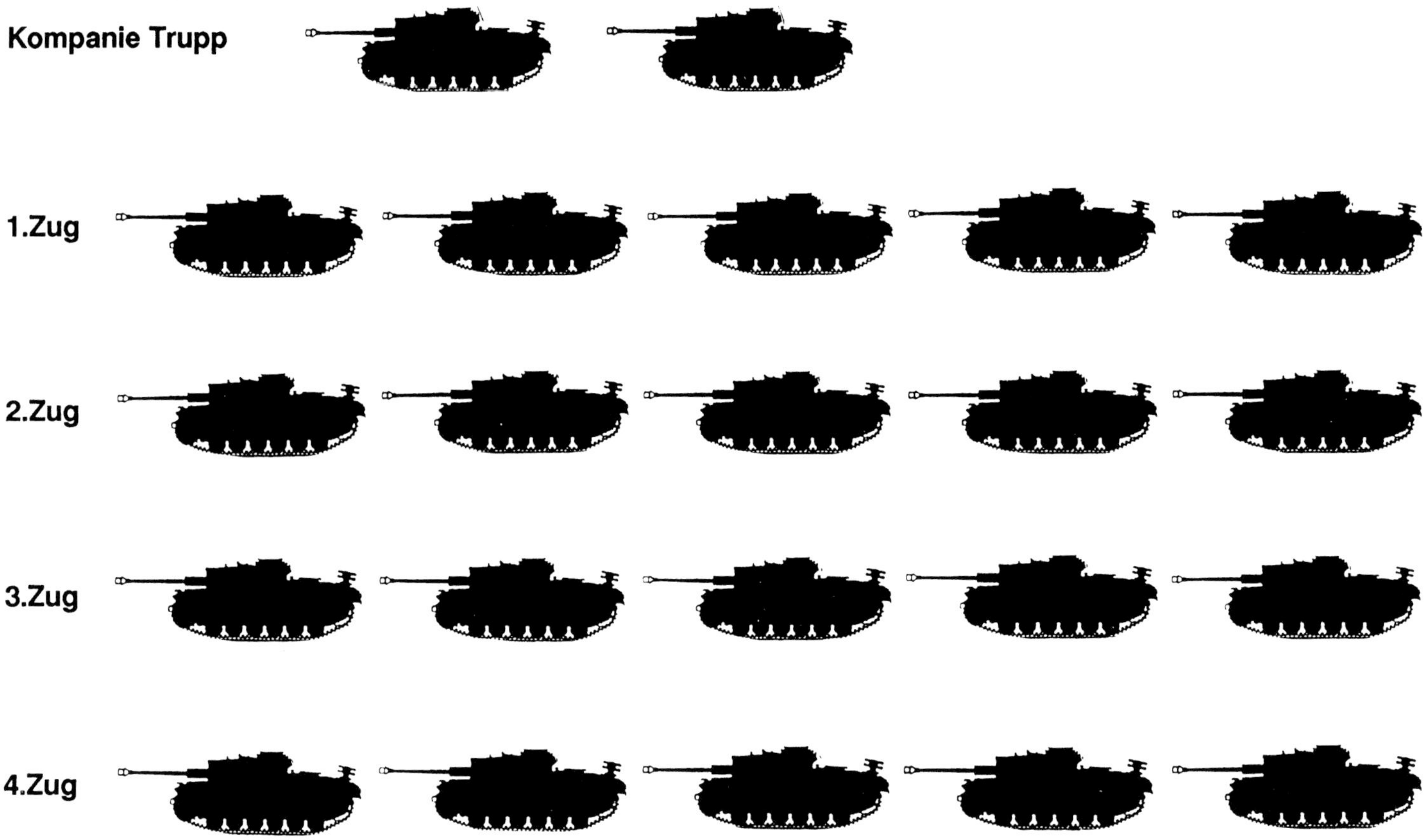

K. St. N. 1158 vom 20. 4. 1943 und 1. 11. 1943.

Die Einheiten, die 22 Sturmgeschütze per Kompanie zugewiesen bekamen, stellten gemischte Verbände auf, deren Abteilungen je 2 Kompanien mit Panzerkampfwagen IV und 2 Kompanien mit Sturmgeschützen erhielten:

Einheit	Gehört zu	Abgang ab HZa
9.-11. Kp./Pz.Rgt. 24	24. Pz.Div.	44 StuG III 5.-6. 1943
10.u.12 Kp./Pz.Rgt. 36	14. Pz.Div.	44 StuG III 6.-7. 1943

Später im Jahre 1944 wirkten sich die Fertigungsengpässe wieder voll aus und erneut wurden Sturmgeschütz III anstelle von Panzerkampfwagen IV an die Panzer-Regimenter ausgegeben. Anstelle der Jagdpanther und Panzer IV/70 (V) erhielten die Panzerjäger-Abteilungen ebenfalls Sturmgeschütz III.

Einheit	Gehört zu	Abgang ab HZa
2 Kpn./Pz.Jg.Abt. 559	Heerestruppen	28 StuG III 8. 1944
2 Kpn./Pz.Jg.Abt. 519	Heerestruppen	28 StuG III 9. 1944
4. Pz.Jg.Kp./Pz.Abt. 2111	Pz.Brig.111	10 StuG III 9. 1944
4. Pz.Jg.Kp./Pz.Abt. 2112	Pz.Brig.112	10 StuG III 9. 1944
4. Pz.Jg.Kp./Pz.Abt. 2113	Pz.Brig.113	10 StuG III 9. 1944
2 Kpn./Pz.Jg.Abt. 38	2.Pz.Div.	21 StuG III 10.-11. 1944
5. u. 6. Kp./Pz.Rgt. 3	2.Pz.Div.	28 StuG III 11. 1944
1 Kp./I./Pz.Rgt. 33	9.Pz.Div.	14 StuG III 12. 1944
5. Kp./Pz.Rgt. 33	116.Pz.Div.	14 StuG III 12. 1944
3 Kpn./Pz.Jg.Abt. 510	Heerestruppen	30 StuG III 2. 1945
II. Abt./Pz.Rgt. 2	Heerestruppen	31 StuG III 3. 1945

Diese Auflistung ist begrenzt auf neuaufgestellte oder wiederaufgestellte Verbände und schließt nicht die zahlreichen Fälle ein, bei denen Panzereinheiten Sturmgeschütze als Ersatz erhielten oder solche Fahrzeuge von anderen Einheiten »erbten«. Ab Mitte 1944 bis Kriegsende hatten außer vier Panzer- und Panzer-Grenadier-Divisionen bis zu 21 Sturmgeschütze bei ihren Panzer- bzw. Panzer-Jäger-Einheiten ohne offizielle Genehmigung in Inventur.

Erfahrungsbericht über den Einsatz von Sturmgeschützen im Rahmen einer leichten Panzer-Abteilung, Panzer-Regiment 36 vom 7. 12. 1943

Für den Einsatz im Osten wurde die III./36 folgendermaßen ausgerüstet:

2 Kompanien und Aufklärungs-Zug mit Pz.Kpfw.IV	=	49 Pz.Kpfw.IV
2 Kompanien mit Sturmgeschützen	=	44 StuG

Am 28. 10. 1943 trat die Abteilung erstmalig in den Kampf und hat bis zum 1. 12. 1943 an 16 Gefechten teilgenommen.
Der Einsatz der Sturmgeschütze innerhalb der leichten Panzer-Abteilung und zusammen mit Panzer-Grenadieren erfolgte in vier verschiedenen Kampfmöglichkeiten:

1. Die Sturmgeschütze im Angriff in 1. Welle.
2. Die Sturmgeschütze in 2. Welle als Flankenschutz
3. Die Sturmgeschütze in Zusammenarbeit mit den Panzer-Grenadieren.
4. Die Sturmgeschütze in der Verteidigung.

Alle vier Möglichkeiten wurden in einem 6wöchigen Einsatz praktisch erprobt und es konnten folgende Erfahrungen gesammelt werden:

Zu 1. Der Einsatz der Sturmgeschütze im Angriff in 1. Welle hat nur den Vorteil, daß sie ein etwas kleineres Ziel als die Pz.Kpf.IV bieten. Die Nachteile sind folgende: der Panzer kann durch den Drehturm seine Stoßrichtung einhalten, auch wenn er links oder rechts seitlich auftauchende Ziele bekämpfen muß. Das Sturmgeschütz muß sich immer mit Front gegen den Feind wenden, sodaß es beim Bekämpfen z. B. eines links vorwärts gelegenen Feindzieles erst halblinks um machen muß. Diese Wendungen verzögern das Bekämpfen der Feindziele und verlangsamen den Stoß der Panzergruppe. Ganz besonders schwierig und hemmend ist das Bekämpfen von seitlichen Feindzielen bei schwerem Boden während der Schlammperiode.
Beim Durchbruch durch feindliche Infanterie-Stellungen, die meist sehr stark mit Panzerbüchsen durchsetzt sind, macht sich das Fehlen eines MG unter Panzerung beim Sturmgeschütz sehr nachteilig bemerkbar, da der Schutzschild beim Sturmgeschütz gegen Panzerbüchsenbeschuß von vorn und gegen seitliches Infanterie-Feuer nicht zu schützen vermag.

Zu 2. In 2. Welle und zum Abdecken der Flanken ist das Sturmgeschütz schon etwas besser zu verwenden, weil es in gedeckter Stellung einen evtl. feindlichen Panzer-Angriff auflaufen lassen kann.
Bei einer angriffsweisen Ausschaltung einer Flankenbedrohung machen sich aber die gleichen Schwächen wie beim Angriff in 1. Welle bemerkbar. Das Sturmgeschütz braucht zwar nur rechts oder links um zu machen, hat aber dann beim Richten auf die von verschiedenen Seiten anfahrenden Feindpanzer wieder größere Schwierigkeiten als ein Pz.Kpfw.IV.

Zu 3. Am besten hat sich der Einsatz der Sturmgeschütze in Zusammenarbeit mit den Panzer-Grenadieren bewährt. Die Sturmgeschütze geben den Panzer-Grenadieren einen starken moralischen Halt, besonders gegen feindliche Panzerangriffe. Mit den Panzer-Grenadieren angreifend, kann das Sturmgeschütz die schweren Waffen des Feindes, nämlich Pak, Panzer, Geschütze, s. I. G., usw. bekämpfen, während die feindliche Infanterie und Panzerbüchsen durch die eigenen Panzer-Grenadiere dem Sturmgeschütz vom Leibe gehalten werden.

Zu 4. In der Verteidigung hat sich das Sturmgeschütz gut bewährt. Es kann als bewegliche Panzerabwehr aus vorher erkundeten Stellungen hinter der eigenen HKL den Feind wirksam bekämpfen. Sehr günstig hat es sich gezeigt, wenn Feuerstellungen vorher zu Fuß erkundet wurden.

Erfolge und Verluste:

		Abgeschossen	
	Panzer	**Pak**	**Geschütze**
Erfolge der Pz.Kpfw.IV:	136	117	20
Erfolge Sturmgeschütze	75	59	36

Totalverluste: 20 Pz.Kpfw.IV durch Beschuß und 13 durch techn. Schäden
19 StuG durch Beschuß und 6 durch techn. Schäden

Durch einen Werkstattzug wurden in 35 Arbeitstagen instandgesetzt:
52 Pz.Kpfw.IV und 74 Sturmgeschütze.
Abschließend kann gesagt werden, daß in einer gemischten Panzer-Abteilung sich der Pz.Kpfw.IV dem Sturmgeschütz gegenüber, besonders im Angriff, überlegen gezeigt hat.

Sturmgeschütz der Waffen-SS

Sturmgeschütze einer SS-Einheit, auf der Bahn verladen (BA).

STURMGESCHÜTZE BEI DER WAFFEN-SS

Die 5. Batterie, welche aus den ersten 30 Sturmgeschützen, Ausf. A geformt wurde, ging nicht an die Heeres-Sturmartillerie, sondern an die Leibstandarte **Adolf Hitler (LSSAH).** Zu spät aufgestellt, um noch für den Einsatz im Westen eingesetzt werden zu können, kämpfte diese Batterie zusammen mit der Batterie **Das Reich** im April 1941 auf dem Balkan. 1941 wurden zwei zusätzliche SS-Sturmgeschütz-Batterien aufgestellt und alle vier wurden 1941/1942 an der Ostfront eingesetzt. Die Sturmgeschütz-Batterien der Waffen-SS wurden nach dem gleichen K.St.N. des Heeres aufgestellt, der Aufstellungsbefehl wurde aber automatisch immer dem letzten K.St.N. angeglichen. Ende 1941 wurde ein besonderer K.St.N. für Sturmgeschütz-Batterien veröffentlicht, welche Infanterie-Einheiten zugeteilt waren, der K.St.N. 190 vom 1. 11. 1941 für die **Infanterie-Sturmgeschütz-Kompanie (Sfl).**

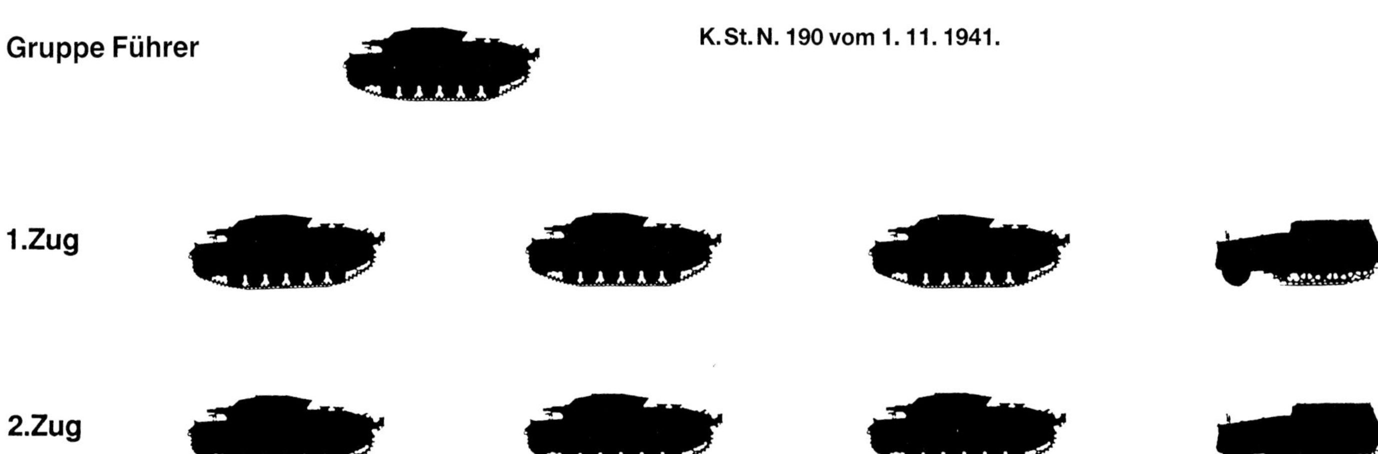

K.St.N. 190 vom 1. 11. 1941.

Als die Sturmgeschütz-Abteilung für die LSSAH im Februar 1942 aufgestellt wurde, war der Aufstellungsbefehl in Übereinstimmung mit dem K. St. N. 190. Später im Jahr 1942, als die Sturmgeschütz-Abteilungen für **Das Reich** und **Totenkopf** neu gebildet wurden, erfolgten sie nach dem üblichen K. St. N. 446. Im Frühjahr 1943 wurden alle drei Sturmgeschütz-Abteilungen nach dem K. St. N. 446a ausgerüstet.
Während der Verbesserung und Erweiterung der Einheiten der Waffen-SS, wurden zusätzliche Sturmgeschütz-Batterien und Abteilungen aufgestellt, vor allem in den Jahren 1942 und 1943. Beginnend 1943 mit der SS-Pz.Abt. 11 und fortfahrend während der Jahre 1944 und 1945, wurden wie bei den Heeres-Panzertruppen üblich, den SS-Panzer- und Panzer-Jäger-Abteilungen Sturmgeschütze III und IV anstelle von Panzerkampfwagen IV, Jagdpanzer IV und Panzer IV/70 (V) zugewiesen.

SS-Einheiten, ausgerüstet mit Sturmgeschützen

Aufgest.	Einheit	Unterstellt	Organisation
Mai 1940	StuG Battr.	LSSAH	6 StuG
Februar 1941	StuG Battr.	Das Reich	6 StuG
Juni 1941	StuG Battr.	Totenkopf	6 StuG
September 1941	StuG Battr.	Wiking	7 StuG
Februar 1942	1.-3. Battr./StuG Abt. 1	1. SS Div.	7 StuG/Battr.
März 1942	StuG Battr.	7. SS Div.	7 StuG/Battr.
September 1942	StuG Battr.	5. SS Div.	7 StuG/Battr.
bis Oktober 1942	StuG Battr.	8. SS Div.	7 StuG
Oktober 1942	1.-3. Battr./StuG Abt. 2	2. SS Div.	7 StuG/Battr.
Oktober 1942	1.-3. Battr./StuG Abt. 3	3. SS Div.	7 StuG/Battr.
bis April 1943	StuG Battr.	16. SS Brig.	10 StuG
bis Juli 1943	1.-3. Battr./StuG Abt. 16	16. SS Brig.	10 StuG/Battr.
Juli 1943	StuG Battr	Prinz Eugen	10 StuG
bis August 1943	StuG Battr	1. SS Brig.	10 StuG
bis August 1943	1.-3. Kp./Pz.Abt. 11	11. SS Div.	14 StuG/Battr.
Oktober 1943	StuG Battr./Pz.Jg.Abt. 54	4. SS Brig.	10 StuG
bis November 1943	1./StuG Abt. 4	5. SS Brig.	10 StuG
bis Dezember 1943	StuG Battr. 6	6. SS Brig.	10 StuG
bis Januar 1944	1.-3. Kp./Pz.Abt. 17	17. SS Div.	14 StuG/Kp.
Januar 1944	2 Kpn./I./Pz.Rgt. 5	5. SS Div.	22 StuG/Kp.
Januar 1944	2 Kpn./II./Pz.Rgt. 9	9. SS Div.	22 StuG/Kp.
Januar 1944	2 Kpn./II./Pz.Rgt. 10	10. SS Div.	22 StuG/Kp.
Februar 1944	1.-3. Kp./Pz.Abt. 4	4. SS Div.	14 StuG/Kp.
Februar 1944	1.-3. Kp./Pz.Abt. 18	18. SS Div.	14 StuG/Kp.
bis März 1944	2 Kpn./Pz.Jg.Abt. 16	16. SS Div.	10 StuG/Kp.
bis April 1944	1.-3. Kp./Pz.Abt. 16	16. SS Div.	14 StuG/Kp.
November 1944	2 Kpn./II/Pz.Rgt. 2	2. SS Div.	14 StuG/Kp.
bis Dezember 1944	1.-3. Kp./Pz.Jg.Abt. 17	17. SS Div.	10 StuG/Kp.
bis Februar 1945	1.-3. Kp./Pz.Jg.Abt. 18	18. SS Div.	10 StuG/Kp.
bis Februar 1945	1.-3. Kp./Pz.Jg.Abt. 54	4. SS Div.	10 StuG/Kp.

STURMGESCHÜTZE BEI LUFTWAFFE-FELD-EINHEITEN

Am 1. Juni 1942 befahl die Luftwaffe die Aufstellung eines Sturmgeschütz-Zuges mit vier Sturmgeschützen mit kurzer Bewaffnung. Diese Einheit sollte den Grundstock legen für alle noch zu erwartenden Luftwaffen-Einheiten. Sie waren zur Ausbildung der Besatzung bestimmt.
Im Oktober 1942 wurde die III./Sturmgeschütz-Artillerie-Regiment **Hermann Göring** aufgestellt und erhielt 21 Sturmgeschütze, Ausf. F/8 anfangs November 1942 vom Heereszeugamt in Magdeburg. Umbenannt in III. (Sturmgeschütz) Abteilung des Fallschirm-Panzer-Regiments Hermann Göring, kämpfte die Einheit im Juli 1943 in Sizilien, verlegte dann nach Italien und wurde schließlich im April 1944 in eine Panzer-Jäger-Abteilung umorganisiert. Als Ausrüstung erhielt sie Jagdpanzer IV.
Ende 1942/Anfang 1943 wurde für jede Luftwaffen-Felddivision je eine Batterie mit je 4 Sturmgeschützen aufgestellt. 1944 wurde den Sturmgeschütz-Batterien der Panzer-Jäger-Abteilungen 1104, 1106, 1112, 1116, 1117, 1118, 1119 und 1121 bis zu 10 Sturmgeschütze pro Batterie genehmigt.
Die Luftwaffe stellte außerdem zwei Sturmgeschütz-Brigaden, Fallschirm-Sturmgeschütz-Brigade XI und XII auf, welche die normale Ausrüstung von 31 Sturmgeschützen und Sturmhaubitzen aufwiesen. Beide Einheiten kämpften 1944 an der Westfront und wurden für die geplanten Großoffensiven **Wacht am Rhein** und **Nordwind** im Dezember 1944 und Januar 1945 aufgefrischt.
Im Rahmen der Ausweitung der Luftwaffe-Feldtruppen, die für 1944 ein Panzer-Korps vorsah, wurde eine Panzer-Abteilung für die Fallschirm-Panzergrenadier-Division 2 Hermann Göring geschaffen, welche im Oktober 1944 45 Stück Sturmgeschütz III zugewiesen bekam. Diese Einheit kämpfte zusammen mit der aufgefrischten Fallschirm-Panzerdivision Hermann Göring an der Ostfront.

STURMGESCHÜTZE BEI INFANTERIE-EINHEITEN

Die Heeres-Sturmgeschütz-Abteilungen und Batterien waren normalerweise während des Einsatzes den Infanterie-Regimentern und Bataillonen unterstellt. Als die Bedeutung des

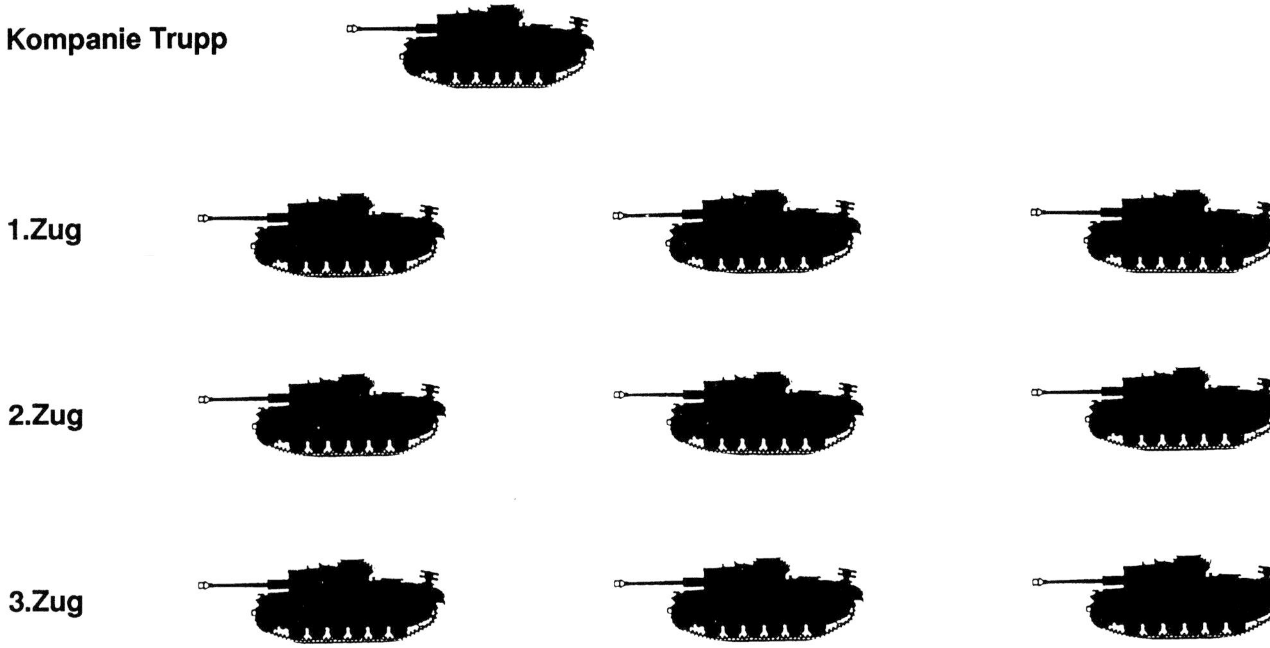

K. St. N. 1149 Ausf. A vom 1. 2. 1944.

Sturmgeschützes als hervorragender Panzerjäger wuchs und gleichzeitig die Bedrohung durch russische Panzer immer größer wurde, suchte die Infanterie nach einer eigenen, mobilen Panzerabwehr, ohne immer von fremden Panzerabwehr-Einheiten abhängig zu sein. Beginnend im Jahr 1943 wurde die Entscheidung getroffen, eine Kompanie der Panzer-Jäger-Abteilungen der Infanterie-Einheiten mit Sturmgeschützen auszustatten. 1943 hatte jede Sturmgeschütz-Panzer-Jäger-Kompanie die Genehmigung, ihre Einheit mit 14 Sturmgeschützen auszurüsten. 1944 wurde die Zahl der Sturmgeschütze auf 10 reduziert. Ein Befehl des OKH vom 25. Februar 1944 legte fest, daß die »Panzer-Jäger-Kompanie (Sturmgeschütz) innerhalb der Panzer-Jäger-Abteilung der Infanterie-, Jäger- und Gebirgs-Divisionen in Sturmgeschütz-Abteilungen umzubenennen wären«. Die betreffende K. St. N. für diese Einheiten lauteten:

- **Sturmgeschütz-Abteilung (10 Geschütze) (in Pz.Jg.Abt.) K. St. N. 1149 Ausf. A vom 1. 2. 1944**
- **Sturmgeschütz-Abteilung (14 Geschütze) (in Pz.Jg.Abt.) K. St. N. 1149 Ausf. B vom 1. 2. 1944**

K. St. N. 1149 Ausf. B vom 1. 2. 1944.

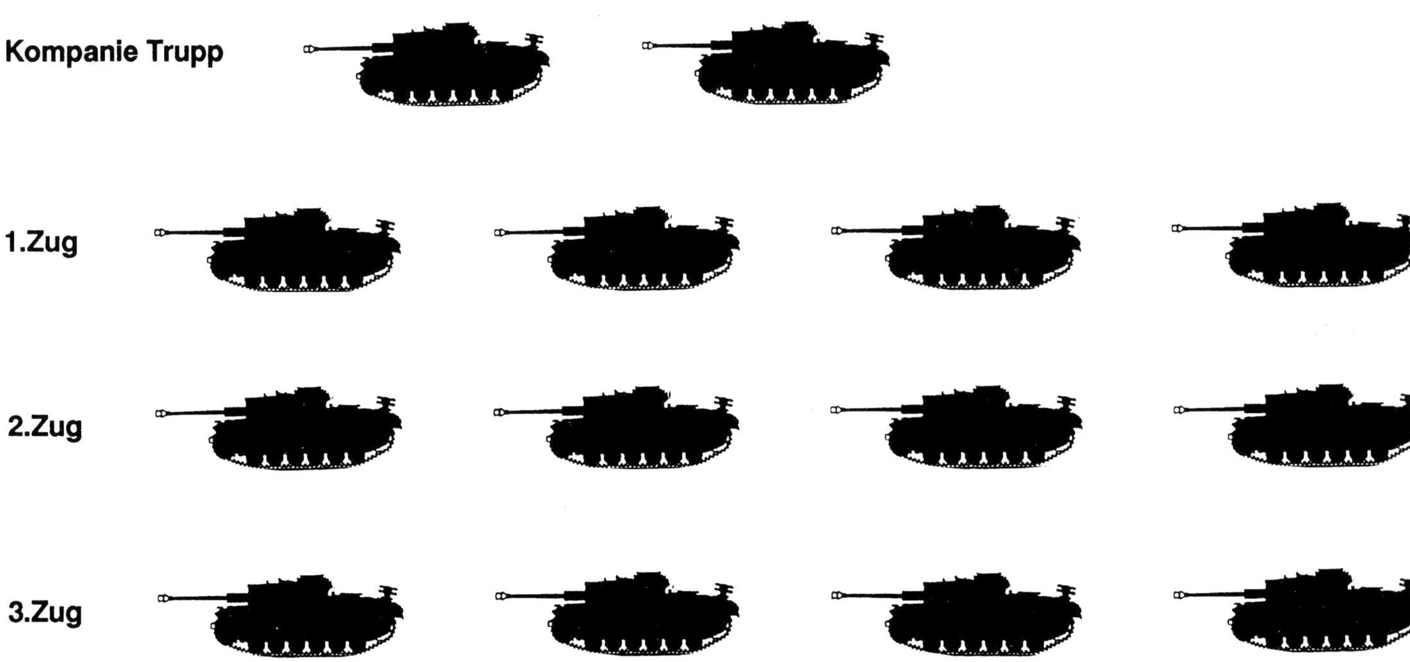

Ohne Rücksicht auf Sturmgeschütze, welche als Ersatz an Front-Einheiten geschickt wurden, gingen die folgenden Sturmgeschütze III und IV offiziell an Panzer-Jäger-Kompanien und Sturmgeschütz-Abteilungen von Infanterie-, Gebirgs-, Jäger- und Volks-Grenadier-Divisionen:

Monat	Zugewiesen	Einheiten
Juli 1943	42 StuG III	3 Pz.Jg.Kp.
September 1943	28 StuG III	2 Pz.Jg.Kp.
Oktober 1943	28 StuG III	2 Pz.Jg.Kp.
Januar 1944	40 StuG III	4 Pz.Jg.Kp.
Februar 1944	80 StuG III und 50 StuG IV	13 StuG Abt.
März 1944	60 StuG IV	6 StuG Abt.
April 1944	30 StuG III und 80 StuG IV	14 StuG Abt.
Mai 1944	90 StuG IV	9 StuG Abt.
Juni 1944	10 StuG III und 70 StuG IV	8 StuG Abt.
Juli 1944	114 StuG III und 94 StuG IV	20 StuG Abt. (davon 2 mit 14)
August 1944	110 StuG III und 50 StuG IV	16 StuG Abt.
September 1944	110 StuG III und 70 StuG IV	18 StuG Abt.
Oktober 1944	80 StuG IV	8 StuG Abt.
November 1944	80 StuG III und 30 StuG IV	8 StuG Abt.
Dezember 1944	40 StuG III und 40 StuG IV	8 StuG Abt.
Januar 1945	30 StuG III und 30 StuG IV	6 StuG Abt.

Die folgenden Erfahrungsberichte über die Wirksamkeit von Sturmgeschütz-Einheiten der Infanterie-Divisionen wurden im **Nachrichtenblatt der Panzertruppen** vom Dezember 1944 veröffentlicht:

Erfahrungsbericht der Panzerjäger-Kompanie 1045 mit Sturmgeschütz III

Die Kompanie wurde als Divisionsreserve bereitgestellt. Der Feind trat an einem Vormittag nach etwa halbstündiger trommelfeuerartigen Artillerievorbereitung mit starker Schlachtfliegerunterstützung und Einsatz von etwa 30 Panzern, T 34 (neu) und KW I, auf breiter Front zum Angriff an. Mit Teilen von 5 bis 6 Divisionen versuchte er einen Durchbruch zu erzwingen. Das Gelände war außerordentlich günstig für den Feind. Vor allem die Waldstücke boten ihm geeignete Räume für Feuerstellungen, Bereitstellungen.
Die Kompanie ging mit 9 Sturmgeschützen in den Einsatz und konnte am ersten Einsatztag innerhalb drei Stunden abschießen bzw. vernichten:

16 T 34 (neu)
1 KW I
2 T 34 (bewegungsunfähig geschossen)
17 MG

2 Gr.Werfer
2 V.B. mit Funkgerät
1 Pak
1 Inf.Geschütz

Am zweiten Einsatztag:

2 T 34
1 Selbstfahrlafette
21 MG

3 Pz.Büchsen
2 Gr.Werfer
2 Pak

Die Panzer wurden auf Entfernungen von 600 bis 800 Meter abgeschossen. Ein Sturmgeschütz schoß in 15 Minuten aus einer Kolonne fünf Panzer ab.
Die Feindpanzer kamen nicht zum gezielten Schuß. Die restlichen T 34 wurden einzeln gejagt. Ein T 34 wurde auf 1000 Meter mit 3 Schuß abgeschossen.
Sprenggranaten hatten auf alle ungepanzerten Ziele einen durchschlagenden Erfolg.
Die Ausrüstung des Stu.Gesch. mit MG und MPi erwies sich als sehr vorteilhaft, da mit diesen Waffen feindliche Panzer-Nahkampftrupps sowie Infanterie nieder- bzw. ferngehalten wurden.
Abschließend ist noch zu sagen, daß der Gegner nach den hohen Panzerverlusten seine Panzer zu den Angriffen seiner Infanterie nicht mehr einsetzte, sondern sie in Auffanglinien fest eingrub.

Erfahrungsbericht der Panzerjäger-Kompanie 1253 mit Sturmgeschütz IV

Die Kompanie wurde durch die Lage bedingt, fast ausnahmslos in Zugstärke eingesetzt. Dies wird auch bei einer Panzer-Jäger-Kompanie (Sturmgeschütz) einer Infanterie-Division immer wieder erforderlich sein. Schwerpunkt der Ausbildung muß daher noch mehr als bisher auf die Kleinarbeit und die Zugausbildung gelegt werden.
Der Kompanie blieb durch den überstürzten Einsatz und die daran anschließende Absetzbewegung keine Zeit, die Zusammenarbeit mit der Infanterie zu üben. Die einzelnen Lagen ließen auch eine eingehende Aussprache der Führer, vor allem die nötige Fühlungnahme der Unterführer nicht zu.
Die eigenen Angriffe waren von vornherein beeinträchtigt durch die abgesunkenen Kampfstärken der Infanterie und die ungeübte Zusammenarbeit während des Gefechtes.
Der Feind, auch Panzer und Pak, wich bei schwungvollen Gegenangriffen immer aus und zeigte nur dann festen Widerstand, wenn die Infanterie nicht folgte.
Die Kompanie wurde mit Sturmgeschützen ausgestattet, bei denen das alte MG-Schild nicht mehr und die neue geplante Rundumfeuerung noch nicht angebracht war. Da der Feind in manchen Fällen nur durch MG-Feuer niedergehalten werden kann, ist das Fehlen dieser Waffe oft auch durch erhöhten Verschuß von Sprenggranaten nicht zu ersetzen.

HEERES-STURMARTILLERIE-EINHEITEN

Abteilung	Aufgestellt	Front-Einsatz	Bemerkungen
Lehr 111	Januar 1945	Ost ab Januar 1945	Sturmartillerie Brigade ab Januar 1945
177	Juni 1941	Ost ab September 1941	Unbenannt Pz.Jg.Abt. 69 (August 1944)
184	August 1940	Ost ab Juni 1941	Sturmartillerie-Brigade ab April 1945
185	August 1940	Ost ab Juni 1941	
189	Juli 1941	Ost ab August 1941	Unbenannt Pz.Jg.Abt. 70 (August 1944)
190	Oktober 1940	Ost ab Juni 1941	
191	Oktober 1940	Ost ab Juni 1941, Südost ab Juli 1944	
192	November 1940	Ost ab Juni 1941	Unbenannt StuG Abt. G.D.
197	November 1940	Ost ab Juni 1941	Unbenannt sPz.Jg.Abt. 653
200	Juli 1943	West ab Dezember 1944, Ost ab Februar 1945	Zuerst mit Beute Sfl.
201	März 1941	Ost ab Juni 1941	
202	September 1941	Ost ab September 1941	
203	Februar 1941	Ost ab Juni 1941	
209	Dezember 1941	Ost ab Januar 1942	
210	März 1941	Ost ab Juni 1941	Sturmartillerie-Brigade ab April 1945
226	April 1941	Ost ab Juni 1941	
228	November 1942	Ost ab Dezember 1942	
232	November 1942	Ost ab Dezember 1942	
236	Juni 1943	Ost ab Juli 1943	Sturmartillerie-Brigade ab April 1944
237	Juli 1943	Ost ab September 1943	Unbenannt Sturm Pz.Abt. 219
239	Juli 1943	Ost ab August 1943	Sturmartillerie-Brigade ab April 1944
242	November 1942	Ost Januar bis Februar 1943, Südwest ab Juni 1943	
243	Mai 1941	Ost ab Juni 1941, West ab Dezember 1944	Sturmartillerie-Brigade ab Februar 1945
244	Juni 1941	Ost ab Juli 1941, West ab Dezember 1944	
245	Juni 1941	Ost ab Juli 1941	
249	Januar 1942	Ost ab Februar 1942	Sturmartillerie-Brigade ab Februar 1945
259	Juli 1943	Ost ab September 1943	
261	August 1943	Ost ab August 1943	Sturmartillerie-Brigade ab November 1944
270	Dezember 1942	Ost ab Dezember 1942	Unbenannt Pz.Jg.Abt. 152 (August 1944)
276	August 1943	Ost ab Oktober 1943	
277	August 1943	Ost ab September 1943	
278	September 1943	Ost ab Oktober 1943	
279	September 1943	Ost ab Oktober 1943	
280	September 1943	Ost ab November 1943, West ab September 1944	
281	Oktober 1943	Ost ab Januar 1944	Unbenannt H.Art.Pak Abt. 1052 (August 1944)
286	Oktober 1943	Ost ab Dezember 1943	Sturmartillerie-Brigade ab April 1945
300	Oktober 1943	Ost ab Januar 1944	Sturmartillerie-Brigade ab März 1945
301	November 1943	Ost ab Februar 1944	Sturmartillerie-Brigade ab April 1945
303	November 1943	Ost ab Januar 1944	Sturmartillerie-Brigade ab November 1945
311	November 1943	Ost ab März 1944	Sturmartillerie-Brigade ab April 1945
322	Dezember 1943	Ost ab März 1944	
325	Dezember 1943	Ost ab April 1944	Sturmartillerie-Brigade ab April 1945
341	Dezember 1943	West ab Juni 1944	
393	März 1944	Ost ab Juli 1944	
394	März 1944	West ab Juli 1944	
600	März 1942	Ost von Battr. 660, 665, 666	
667	Juni 1942	Ost ab Juli 1942, West ab Dezember 1944	Sturmartillerie-Brigade ab Juni 1944
902	Dezember 1943	West ab Juni 1944	
904	Dezember 1942	Ost ab März 1943	
905	Dezember 1942	Ost ab April 1943	Sturmartillerie-Brigade ab November 1945
907	Dezember 1943	Südwest ab Januar 1944	
909	Januar 1943	Ost ab März 1943	
911	Januar 1943	Ost ab März 1943, West ab Dezember 1944	Sturmartillerie-Brigade ab November 1945
912	März 1943	Ost ab April 1943	
914	Januar 1944	Südwest ab September 1944	Zuerst mit Ital. StuG
920	Juli 1944	Ost ab Juli 1944	
1170	April 1945	Heimat ab April 1945	Sturmartillerie-Brigade ab April 1945
G.D. Batterien	April 1942	Ost ab Juni 1943	Von StuG Abt. 192
90	November 1942	Tunesien ab November 1942 bis Mai 1943	Umbenannt v. 1./242

Abteilung	Aufgestellt	Front-Einsatz	Bemerkungen
247	März 1943	Südwest ab Juli 1943	Aufgelöst (Oktober 1943)
287	August 1942	Ost ab Oktober 1942 bis April 1943	Umbenannt 1. Kp./Pz.Abt. Rhodos
288		Nord-Afrika März bis Oktober 1942	
393	November 1942	Ost ab Januar bis September 1943	Aufgelöst (Oktober 1943)
395	November 1942	Ost ab Januar bis März 1943	Aufgelöst (März 1943)
640/G.D.	November 1939	West 1940, Balkan und Ost 1941	Umbenannt in StuG Battr. G.D. (März 1940)
659	April 1940	West 1940, Ost ab Juni 1941	Umgenannt StuG Batt. 287 (August 1942)
660	April 1940	West 1940, Ost ab Juni 1941	Umbenannt 1./StuG Abt. 600 (März 1942)

Abteilung	Aufgestellt	Front-Einsatz	Bemerkungen
665	Mai 1940	West 1940, Ost ab Juni 1941	Umbenannt 2./StuG Abt. 600 (März 1942)
666	Mai 1940	Ost ab Juni 1941	Umbenannt 1./StuG Abt. 184 (März 1942)
667	Juli 1940	Ost ab Juni 1941	Umbenannt 1./StuG Abt. 667 (Juni 1942)
741	Februar 1943	Ost ab Juli 1943 bis Frühjahr 1944	Aufgelöst in StuG Brig. 394 (Mai 1944)
742	Februar 1943	Ost ab Juli bis Oktober 1943	Aufgelöst in 2./StuG Abt. 201 (Oktober 1943)
Lehr 900	Mai 1941	Ost ab Juni 1941 bis April 1942	Aufgelöst (Mai 1942)
Lehr 901	Dezember 1942	Ost ab Dezember 1942 bis April 1943	Verwendet f. neue 8.ALR (Mai 1943)

Sturmgeschütz III nach 1945

Mit über 10.000 produzierten Exemplaren war das Sturmgeschütz (StuG) III das meistgebaute Vollkettenkampffahrzeug der Wehrmacht. Obwohl am 8. Mai 1945 die große Mehrzahl der StuG zerstört oder unbrauchbar war, gab es dennoch Fahrzeuge, die auch nach Ende der Kämpfe noch genutzt wurden – zum Teil nur in der unmittelbaren Nachkriegszeit, einige jedoch bis in die 1960er Jahre hinein.

Dabei stammten die so verwendeten StuG aus zwei Quellen. Dies waren zum einen Modelle, die 1943/1944 an verbündete und befreundete Staaten geliefert worden waren, zum anderen handelte es sich dabei um bei Kriegsende erbeutete oder zurückgelassene Fahrzeuge.

Da es sich beim StuG III um einen ausgereiften, zuverlässigen Entwurf handelte, dessen Bewaffnung auch in den ersten Jahren nach 1945 noch konkurrenzfähig war und die Fahrzeuge zudem entweder bereits vorhanden waren oder sozusagen »kostenlos« zur Verfügung standen, machte ihre Weiterverwendung für Länder mit geringen finanziellen Ressourcen beim Wiederaufbau ihrer Streitkräfte durchaus Sinn.

Obwohl die Quellenlage oft keine 100% exakten Aussagen über die Anzahl der verwendeten Fahrzeuge zulässt, ist es doch möglich, eine Übersicht über die Verwendung von in Deutschland gebauten Sturmgeschützen nach Ende des Zweiten Weltkrieges zu geben.

Bei Kriegsende fielen den Alliierten zahlreiche deutsche Kampffahrzeuge, darunter auch mehr oder minder leicht oder sogar völlig unbeschädigte Sturmgeschütze in die Hände. Hier ein alliierter Sammelplatz für erbeutetes Material. Ganz vorn eine 2 cm FlaK38, rechts ein StuG III Ausf. F/8, daneben StuG III der Ausf. G. (NARA)

Bulgarien

Bulgarien erhielt 1943 und 1944 insgesamt 55 StuG III aus Deutschland, die jedoch im Kampf gegen die Rote Armee kaum zum Einsatz kamen. Nachdem Bulgarien im September 1944 die Seiten gewechselt hatte, wurden diese Fahrzeuge jedoch vor allem in Jugoslawien im Kampf gegen deutsche Truppen verwendet. Um bulgarische Verluste auszugleichen, lieferte die UdSSR eine unbekannte Anzahl erbeuteter deutscher Kampffahrzeuge, darunter PzKpfw IV, JgPz 38(t) und StuG III. Auch unmittelbar nach Ende des Krieges erhielt Bulgarien weitere von der Roten Armee erbeutete deutsche Kampffahrzeuge, darunter erneut StuG III, aber auch JgPz IV. Diese wurden ab Ende der 1940er Jahre durch sowjetisches Material wie T-34 und SU-100 ersetzt. Die meisten noch vorhandenen deutschen Panzer und Sturmgeschütze wurden in den 1950er Jahren entlang der bulgarisch-türkischen Grenze eingegraben, um als ortsfeste Geschützstellung zu dienen. 2008 wurden mindestens acht dieser Sturmgeschütze wieder ausgegraben.

Links: StuG III Ausf. G der bulgarischen Streitkräfte im Jahre 1944.

Unten: StuG III Ausf. G mit aufgesessenen bulgarischen Infanteristen während des Vormarsches nach Jugoslawien im Herbst 1944.

Rumänien

Als Verbündeter des Deutschen Reiches wurde Rumänien ebenfalls mit deutschen Kampffahrzeugen beliefert, dazu zählten u.a. 11 PzKpfw III, 142 PzKpfw IV sowie 10 StuG III. Wie im Falle Bulgariens kamen 1945 und 1946 weitere Panzer und Sturmgeschütze aus sowjetischen Beutebeständen in unbekannter Anzahl hinzu, darunter auch rund ein Dutzend PzKpfw V »Panther«. Die rumänischen Sturmgeschütze und Panzer wurden spätestens in den 1950er Jahren ausgemustert, als moderneres sowjetisches Material zulief. Zumindest ein StuG III aus Rumänien fand jedoch seinen Weg in die Tschechoslowakei (siehe dort), offenbar um dort überholt bzw. modernisiert zu werden.

Spanien

Spanien setzte ab Herbst 1943 zehn StuG III Ausf. G und 20 PzKpfw IV Ausf. H ein, die bis 1954 in Dienst blieben und dann eingelagert wurden. Sechs StuG III und 17 Panzer IV wurden Ende 1965 an Syrien veräußert (siehe dort).

Die noch in Spanien verbliebenen Sturmgeschütze dienten bis in die frühen 1970er Jahre für Versuche. So entstanden auf Basis von StuG III im Jahre 1970 in der Fabrica National de la Marañosa ein experimentelles Fahrzeug mit einem einrohrigen Werfer für eine G-1 Rakete sowie eine Selbstfahrlafette mit einer 105-mm-Haubitze L/26. Pläne für den Einbau von 88-mm- und 122-mm-Geschützen wurden nicht verwirklicht. Die noch verbliebenen StuG III befinden sich heute in spanischen Museen.

Spanisches Versuchsfahrzeug mit einem G-1 Raketenwerfer auf Basis eines StuG III Ausf. G.

StuG III Ausf. G bei einer Parade in Madrid.

Frankreich

Die französische Armee setzte nach 1945 eine Reihe von erbeuteten deutschen Kampffahrzeugen ein, darunter auch eine geringe Zahl von Sturmgeschützen. Mindestens drei oder vier StuG III kamen nachweislich bei der »Escadron Autonome de Chars Besnier« zum Einsatz, einem zusammengewürfelten Panzer-Verband des französischen Widerstandes, der an der Belagerung der Hafenstadt Saint-Nazaire in Nordfrankreich beteiligt war (Saint-Nazaire kapitulierte erst am 11. Mai 1945). Die Fahrzeuge dieser Einheit stammten von den Schlachtfeldern Nordfrankreichs und waren auf Initiative eines Hauptmann Besnier geborgen und instandgesetzt worden. Nach Ende des Krieges wurden die Sturmgeschütze (im Gegensatz zu eroberten PzKpfw V »Panther«, die bis in die frühen 1950er Jahre verwendet wurden) rasch eingelagert. Zumindest einige (wohl rund zehn) wurden jedoch 1950/51 an Syrien veräußert (siehe dort).

Norwegen

Als der Krieg im Mai 1945 endete, verfügte die Panzerbrigade Norwegen über 61 Pzkpfw III (25 Stück diverser Ausführungen mit der langen 5 cm KwK39 L/60 und 36 PzKpfw III unterschiedlicher Modelle mit der 7,5 cm KwK37 L/24) sowie 10 Sturmgeschütze III der Ausf. F/8 und G, welche allesamt kampflos den in Norwegen einmarschierten britischen Truppen übergeben wurden.

Die Norweger übernahmen 25 Panzer III und 10 StuG III unter der Bezeichnung »Stridsvogn KW-III« bzw. »Stormkanon KW-III«, die restlichen Fahrzeuge dienten als Ersatzteilspender.

Ab 1948 kamen KW-III zur Flugfeldsicherung zum Einsatz (z.B in Sola, Fornebu, Gardermoen, Eggemoen, Værnes und Bardufoss). Durch den Zulauf amerikanischer M-24 Chaffee wurden diese Fahrzeuge aber bereits ab 1951 in dieser Rolle abgelöst und dienten noch bis 1953 für die Ausbildung. Danach fanden einige als Hartziele Verwendung, während eine Reihe von Panzer III mit 7,5 cm KwK zur Flugfeldsicherung eingegraben wurden. 1958 schließlich wurden 20 PzKpfw. III, ein StuG III, zehn Maybach-HL120-Motoren sowie zahlrei-

che Ersatzteile als Schrott an Finnland verkauft, das damit seine alternde Flotte von StuG III einsatzfähig erhielt.
Zwei StuG III (bzw. Stormkanon KW-III) finden sich heute noch in norwegischen Museen.

Links: Ein Stug III F/8 der norwegischen Streitkräfte im Jahre 1951. (A.O. Vinje)

Rechts: Bergung eines ins Eis eingebrochenen StuG III F/8 des norwegischen Heeres. (A.O. Vinje)

Finnland

Finnland kaufte 1943 30 StuG III der Ausf. G, die dort in drei Losen zwischen dem 6. Juli und dem 12. September jenes Jahres eintrafen. Dies waren frühe Fahrzeuge der Ausf. G mit Kastenblende, gummibereiften Stützrollen, einem drehbaren Winkelspiegelring auf der Kommandantenkuppel sowie der nach vorn und hinten öffnenden Ladeschützenluke.
Den Forschungen des finnischen Historikers Andreas Lärkas zufolge waren von diesen Fahrzeugen zehn StuG III bei Alkett, 19 bei MIAG und eines bei M.A.N gebaut worden.
Ab dem 29. Juni 1944 erhielten die Finnen 29 weitere StuG III Ausf. G, von denen die letzten am 6. August jenes Jahres eintrafen. Diese Fahrzeuge gehörten zur späten mittleren, bzw. frühen späten Bauform. 24 davon waren bei Alkett gebaut worden und waren mit einer Topfblende ausgerüstet, während die fünf von MIAG stammenden Fahrzeuge nach wie vor eine Kastenblende aufwiesen. Die Mehrzahl der 29 StuG wurde mit Ganzstahl-Stützrollen und der Vorbereitung zur Installation eines fernbedienten MG sowie einer Nahkampfwaffe auf/im Wannendach ausgeliefert. Eingebaut waren diese jedoch in keines der finnischen Fahrzeuge. Allen gemein waren die seitlich öffnenden Ladeschützenluken, der vor der Kommandantenkuppel angebrachte Geschossabweiser, der nicht mehr drehbare Winkelspiegelring und der Belag mit Zimmerit.
Die Finnen nahmen 1943/44 eine Reihe von Veränderungen an ihren Sturmgeschützen vor. So entfernten sie die seitlichen Schürzen, weil sie diese offenbar für unpraktisch hielten, und ersetzten das deutsche MG34 durch erbeutete russische MG des Typs DT, für welche die Lafette und der Schutzschild vor der Luke des Ladeschützen verändert werden mussten. Zudem wurde die Anbringung der außen am Fahrzeug mitgeführten Ausrüstung verändert, u.a. wurden die Ersatzlaufrollen vom Wannenheck an die Seite des Aufbaus verlegt und stattdessen am Heck eine große Staukiste angebracht. Die dunkelgelben Fahrzeuge wurden zudem auf das finnische Tarnschema jener Tage (moosgrün, sandfarben und hellgrau) umlackiert.
Ihre ersten großen Einsätze erlebten die finnischen »Sturmi« während der sowjetischen Offensive in Karelien ab dem 9. Juni 1944. Basierend auf den Erfahrun-

gen dieser Gefechte, versuchten die Finnen, den Schutz der Fahrzeuge durch seitlich angebrachte Holzstämme und vor den Bug gehängte Ersatzkettenglieder zu verbessern. Zudem wurde die Aufbaufront mit einer Betonschicht versehen. Später kamen noch zusätzliche Panzerplatten an den unteren Wannenseiten hinzu.

Insgesamt gingen acht der 1943 gelieferten Sturmgeschütze während der Kämpfe gegen die Rote Armee im Sommer 1944 verloren (wobei einige von ihren Besatzungen selbst zerstört wurden). Zugleich gelang den wenigen »Sturmi« jedoch der Abschuss von 87 sowjetischen Panzern, darunter auch schweren Typen wie KW-I und JSU-152. Die 1944 gelieferten StuG kamen nach finnischen Angaben während der Kämpfe nicht zum Einsatz, da sie zu spät eintrafen. Im Gegensatz zu dem 1943 gelieferten Los wurden sie zudem nur dunkelgrün gespritzt.

Nach dem Waffenstillstand mit der UdSSR im September 1944 wurden die finnischen Sturmgeschütze nach Lappland verbracht, um dort gegen die zurückweichenden deutschen Truppen zum Einsatz zu kommen, nahmen tatsächlich jedoch an keinen Gefechten mehr teil. Als der Krieg vorüber war, wurden die noch verbliebenen »Sturmi« recht rasch eingelagert, da nun keine Ersatzteile mehr zur Verfügung standen – aufgrund von knappen Ersatzteilen hatten bereits zuvor einige StuG kannibalisiert werden müssen. Erst nachdem 1958 20 Panzer III, ein StuG III sowie zehn Maybach-Motoren aus Norwegen importiert worden waren, reaktivierten die Finnen 45 »Sturmi« und setzten diese bis 1966 zur Ausbildung ein. Im Anschluss wurden einige Fahrzeuge zur Flugfeldsicherung eingegraben und verblieben dort bis in die 1980er Jahre hinein, während andere als Hartziele oder in Museen in Finnland, Großbritannien und Deutschland endeten.

Ab dem Sommer 1944 führten die finnischen Sturmgeschütze seitlich jeweils drei Holzstämme und vor dem Bug Ersatzkettenglieder mit, um den Schutz zu erhöhen. Zudem wurde die Aufbaufront mit einer Betonschicht versehen. Man beachte auch die zusätzlichen Panzerplatten an den unteren Wannenseiten. PS 531-34 wurde laut Andreas Värka im Mai 1944 bei Alkett gebaut (Fahrgestellnummer 105361), Ende Juni 1944 nach Finnland geliefert und befindet sich heute eingelagert im Panzermuseum Parola. (SA-Kuva)

Das bei Alkett gebaute Sturmgeschütz PS 531-45 gehörte zum zweiten Los, das ab Ende Juni 1944 in Finnland eintraf. Es befindet sich heute im Panzermuseum Parola. (SA-Kuva)

Ein finnisches »Sturmi« mit der Kennung PS 531-12 während einer Übung am 10.04.1960. Man beachte, dass die Modifikationen der Kriegszeit wieder entfernt wurden sowie das nach 1945 eingeführte Hoheitszeichen am seitlichen Panzeraufbau. Laut Andreas Värka wurde PS 531-12 im Mai 1943 bei Alkett gebaut (Fahrgestellnummer 92509) und schoss zwischen dem 25. Juni und dem 12. Juli 1944 neun Panzer der Roten Armee ab. Es war damit das zweiterfolgreichste »Sturmi«. PS 531-12 befindet sich heute in Tampere, Finnland. (SA-Kuva)

Polen

Gegen Ende und nach Ende des Zweiten Weltkriegs erhielten die neu geschaffenen polnischen Streitkräfte aus den Händen der UdSSR rund 50 ehemals deutsche Kampffahrzeuge, darunter JgPz 38(t), StuG III und PzKpfw IV. Diese blieben bis in die frühen 1950er Jahre in Dienst, als sie durch sowjetische Modelle wie T-34/85 und SU-100 ersetzt wurden.

Jugoslawien

Bereits während der Endphase des Zweiten Weltkriegs formierte sich aus den Partisaneneinheiten Josip Titos die jugoslawische Armee, die von Beginn an über zwei Panzer-Verbände verfügte, die mit einer Mischung aus eroberten deutschen sowie überlassenen britischen, amerikanischen und sowjetischen Kampffahrzeugen ausgerüstet waren. Unter den ehemals von der Wehrmacht verwendeten Panzern befanden sich StuG III, JgPz 38(t), PzKpfw II, III, IV und 38(t) sowie französische Hotchkiss, deutsche Bezeichnung PzKpfw 38H 735(f), die als Beutefahrzeuge von den Deutschen im Kampf gegen die Partisanen eingesetzt worden waren. Da jedoch bereits ab 1946 eine größere Zahl von T-34 und SU-76 aus der UdSSR geliefert wurden, zogen die Jugoslawen die ehemals deutschen Fahrzeuge in der Panzertruppenschule in Bela Crkva nahe der Grenze zu Rumänien zusammen. Dort dienten diese zur Ausbildung und Feinddarstellung in Manövern. Als nach dem Bruch Titos mit der UdSSR Anfang der 1950er Jahre die USA Waffen und Fahrzeuge nach Jugoslawien lieferten, wurden die deutschen Beutefahrzeuge und damit auch die StuG III rasch ausgemustert, da ohnehin kaum Ersatzteile zur Verfügung standen.

StuG III Ausf. G der jugoslawischen Streitkräfte bei der Ausbildung. (Arhiva Foto Centra)

Tschechoslowakei

Da das »Protektorat Böhmen und Mähren« von März 1939 bis Mai 1945 faktisch Teil des Deutschen Reiches war, befanden sich bei Kriegsende nicht nur zahlreiche deutsche Kampffahrzeuge, sondern auch Wehrmachtsdepots, Reparatureinrichtungen und sogar Fertigungsstätten für Panzer auf tschechoslowakischem Gebiet.

Nach dem 8. Mai 1945 wurden daher noch Hunderte von Sturmgeschützen in sehr unterschiedlichen Zuständen auf tschechoslowakischem Gebiet vorgefunden – von Wracks bis hin zu frisch überholten Fahrzeugen.

Die Rote Armee hatte im Mai 1945 bei Děčín im Sudetenland eine Wehrmacht-Instandsetzungseinrichtung für Sturmgeschütze mit zahlreichen Ersatzteilen erobert und richtete nach Kriegsende in Milovice nördlich von Prag eine Sammelstelle für deutsche Panzerfahrzeuge ein. In den unmittelbaren Nachkriegsmonaten war das Interesse an diesen Relikten zunächst noch gering, erst Ende 1945 begannen die tschechoslowakischen Streitkräfte mit der Sichtung noch verwendungsfähiger Fahrzeuge, die dann in Přelouč, Děčín und Vrchotovy Janovice in Depots und Werkstätten, die zuvor schon die deutschen Streitkräfte genutzt hatten, überholt wurden.

Das erste vollständig überholte StuG III Ausf. G verließ Přelouč im September 1946. Dabei wurden einige Detailänderungen vorgenommen, z.B. ein verbesserter Lüfter auf das Kampfraumdach gesetzt, sowjetische DT-MG verbaut, die Halterungen für die seitlichen Schützen sowie die mitunter vorhandene Beton-Verstärkung der Aufbaufront entfernt und (falls nötig) die alte Kastenblende durch eine Topfblende ersetzt. Die neue Bezeichnung lautete dann »ShPTK 40/75N« (Sturmgeschütz 40 mit 75-mm-Kanone, deutsch). 1947 folgte eine Handvoll weiterer Fahrzeuge (wohl maximal nur sechs Stück), die Überholung und Reparatur im großen Stil lief erst 1948 an. Bis 1950 wurden so insgesamt 124 StuG III in ShPTK 40/75N umgebaut (nach anderen Quellen 126), deren Bezeichnung sich ab 1949 in SD-75/40 (Selbstfahrlafette 75/40) änderte. Ende 1949 wurde erwogen, die SD-75/40 auf die von Skoda entwickelte 76,2-mm-Kanone A-19 umzurüsten, da diese Waffe aber nicht in Serie ging, wurde das Projekt nicht verwirklicht.

Als sich 1951 abzeichnete, dass die Tschechoslowakei den T-34/85 in Lizenz fertigen würde, entstand die Idee, dessen 85-mm-Geschütz ZiS-S-53 in die SD-75/40 zu integrieren, doch auch dieses Vorhaben wurde nicht umgesetzt. Allerdings zeigen diese Pläne, dass die SD-75/40 nicht primär zur Schulung, sondern bei regulären Infanterie- und Panzereinheiten als Kampffahrzeuge eingesetzt wurden. Als ab Ende 1953 der Zulauf von in der Tschechoslowakei in Lizenz gefertigten Selbstfahrlafetten des Typs SU-100 begann, wurden die SD-75/40 jedoch zunehmend in die zweite Reihe gedrängt und endeten als Ausbildungsfahrzeuge, wurden eingelagert oder dienten (wie viele andere Fahrzeuge deutscher Herkunft) als Requisiten in tschechoslowakischen Filmen über den Zweiten Weltkrieg. 1960 schließlich musterten die tschechoslowakischen Streitkräfte die SD-75/40 offiziell aus, einzelne Exemplare blieben jedoch noch als Ausbildungsfahrzeuge oder Schlepper bis in die frühen 1970 Jahre im Einsatz.

Eine besondere Rolle kommt jedoch jenen SD-75/40 zu, die ab Ende 1955 nach Syrien exportiert wurden. In jenem Jahr unterzeichnete die syrische Regierung einen Vertrag, der die Lieferung von 60 generalüberholten SD-75/40 sowie zunächst 45 T-40/75 (PzKpfw. IV) inklusive Ersatzteilen und Munition vorsah (später folgten 15 weitere T-40/75). Wie viele Sturmgeschütze bis 1956 tatsächlich über den rumänischen Hafen Konstanza nach Syrien verschifft wurden, ist nicht völlig klar, es scheinen jedoch nicht mehr als 32 Stück gewesen zu sein.

Sammelplatz der Roten Armee für erbeutete Panzerfahrzeuge in Milovice nördlich von Prag im Jahre 1945. In der ersten Reihe Jagdpanzer 38(t), dahinter StuG III. Bei den Fahrzeugen mit Kastenblende in der zweiten Reihe scheint es sich um StuH 42 mit 10,5 cm Haubitze L/28 zu handeln.

Syrien

Syrien war bis zum Ende des Ersten Weltkriegs Teil des Osmanischen Reiches und anschließend französisches Mandatsgebiet, erst 1946 wurde es unabhängig. Die syrischen Streitkräfte verfügten zunächst nur über einige von den Franzosen zurückgelassene Renault R-35 Panzer. In den Jahren 1950 und 1951 wandte sich Syrien auf der Suche nach Ausrüstung für seine neue Armee an Frankreich und kaufte dort eine unbekannte Zahl (je nach Quelle zwischen fünf und 40 Stück) von PzKpfw IV, sechs Jagdpanzer IV/48, fünf Hummel 15-cm-Panzerhaubitzen sowie acht bis zehn StuG III. Im Frühjahr 1955 bereiste eine syrische Delegation die Tschechoslowakei und schloss einen Vertrag über den Ankauf von 45 PzKpfw. IV sowie 60 StuG III inklusive Munition und Ersatzteilen ab. Der Preis für einen PzKpfw. IV lag bei 4500 britischen Pfund (etwa 119.000 Pfund nach heutigem Wert), für ein StuG III waren es 3250 britische Pfund (rund 86.000 Pfund nach heutigem Wert).

Die ersten der generalüberholten Fahrzeuge erreichten Syrien im November 1955. Während alle bestellten 45 Panzer IV auch ausgeliefert wurden, ist unklar, wie viele Sturmgeschütze die Syrer tatsächlich erhielten - wahrscheinlich nicht mehr als 32. 1958 folgten weitere 15 nicht überholte PzKpfw. IV, die als Ersatzteilquelle dienen sollten, sowie eine Reihe von Motoren.

Ende 1965 kamen 17 PzKpfw. IV sowie sechs StuG III aus Spanien hinzu. Während die Lieferungen aus Frankreich und der Tschechoslowakei instandgesetzte Fahrzeuge waren, die von den Schlachtfeldern Europas stammten, hatten die spanischen StuG III keinen Kriegseinsatz erlebt und waren zwar schon betagt, aber bestens gewartet und gepflegt.

Fast alle syrischen StuG III erhielten ab Mitte der 1950er Jahre auf der Kommandantenkuppel einen großen Schild mit einer Fla-Lafette für ein Breda-SAFAT MG im Kaliber 12,7 mm. Diese Waffen stammten aus italienischen Kampfflugzeugen der Typen Fiat G.55 und Macchi MC.205, welche die Syrer 1948 erworben hatten und die Mitte der 1950er Jahre ausgemustert wurden. Das luftgekühlte Breda-SAFAT MG verschoss eine

Syrische StuG III während einer Parade in Damaskus im Jahre 1956.

12,7 x 81-mm-Patrone mit einer Mündungsgeschwindigkeit von 765 m/s und besaß eine Kadenz von 700 Schuss/min. Eine weitere Modifikation betraf die Installation eines Regen- bzw. Staubschutzes aus dünnen Blechen über dem rückwärtigen Teil der Kanonenblende.

Obwohl sowohl die PzKpfw. IV als auch die Jagdpanzer IV/48 und die StuG III der Syrer nach internationalen Maßstäben veraltet waren, darf nicht vergessen werden, dass Israel zu jener Zeit mit M4 Sherman ebenfalls noch Veteranen des Zweiten Weltkriegs einsetzte und auch leichte französische AMX-13 als Kampfpanzer verwendete. Die 7,5-cm-Kanonen L/48 der ehemaligen Wehrmachtfahrzeuge waren diesen Typen mehr als gewachsen, sodass ein Einsatz durchaus vertretbar erschien.

Die Sturmgeschütze III waren mit den PzKpfw. IV in drei unabhängigen Bataillonen zusammengefasst, welche die Panzerkräfte der drei syrischen Infanteriebrigaden unterstützen sollten. Diese Brigaden waren sämtlich an

Dieses StuG III wurde während des Sechs-Tage-Krieges von Israelis erbeutet und befindet sich heute im Yad la-Shiryon Museum, Latrun. Man beachte die Lafette/Schutzschild für das 12,7 mm MG auf der Kommandantenkuppel sowie den Regen – bzw. Staubschutz über der Kanonenblende. Es ist eines der aus der Tschechoslowakei importierten Sturmgeschütze und ist eine späte Ausf. G mit Ganzstahl-Stützrollen sowie ohne Zimmerit, d.h es wurde nach September 1944 gebaut. Obwohl recht gut erhalten, stimmt die Farbgebung dieses Museumsfahrzeugs nicht mehr mit dem originalen Zustand überein. Die syrischen StuG III waren sandfarben oder dunkelgrün gespritzt. Latrun, 23. Mai 2017. (Massimo Foti)

der Grenze zu Israel, den Golanhöhen, stationiert. Syrien war aufgrund eines Streits um die Nutzung des Wassers aus dem Fluss Jordan ab 1964 in eine Reihe von Scharmützeln mit Israel verwickelt, in denen zwar die Panzer IV, jedoch offenbar nicht die StuG III zum Einsatz gekommen sind.

Ägypten hatte am 30. Mai 1967 die Tiran-Straße und damit den Zugang zum Roten Meer für israelische Schiffe gesperrt und zudem erhebliche Truppen an der ägyptisch-israelischen Grenze zusammengezogen. Daraufhin holten die Israelis am 5. Juni 1967 zum Präventivschlag aus, bei dem sie die ägyptische Luftwaffe am Boden zerstörten und bis zum 8. Juni die Sinai-Halbinsel einnahmen und bis zum Suez-Kanal vordrangen. Da fast die gesamte israelische Armee im Kampf gegen die Ägypter gebunden war, wollte das mit Ägypten verbündete Syrien diese Situation ausnutzen und am 6. Juni in Israel einmarschieren. Allerdings waren die syrischen Streitkräfte seit den späten 1940er Jahren durch eine Reihe von Militärputschen und daran anschließende Säuberungsaktionen, denen stets Offiziere der rivalisierenden Gruppen zum Opfer fielen, stark geschwächt. Ihre Organisation, Befehlsstruktur und der Ausbildungsstand der Mannschaften waren alles andere als optimal.

Die Mobilmachung und der geplante Überfall auf Israel verliefen daher unkoordiniert, ja sogar chaotisch. In 24

Eine syrische Besatzung vor ihrem StuG III Ausf. G.

Frontansicht eines syrischen StuG III. Man beachte das 12,7 mm Breda-SAFAT MG auf der Kommandantenkuppel sowie dessen massiven Schutzschild.

Stunden gelang es den Syrern nur 3 km tief nach Israel einzudringen. Die Israelis hatten so Zeit, am 9. Juni mit aus dem Sinai nach Norden verlegten Truppen zum Gegenangriff anzutreten und die Syrer bis zum Abend des 10. Juni 1967 von den Golanhöhen zu vertreiben. Während dieser Kämpfe verfügten die Syrer über wahrscheinlich 24 StuG III, die zur Unterstützung der Infanteriebrigaden auf den Golanhöhen dienten. Dabei kämpften diese Fahrzeuge jedoch zumeist aus teilgedeckten Stellungen heraus und wurden nicht mobil eingesetzt. Nach israelischen Angaben wurden bis zum Abend des 10. Juni 1967 mindestens drei syrische Sturmgeschütze zerstört, eines wurde intakt erbeutet und befindet sich heute im Museum Yad la-Shiryon, Latrun.

Die desaströsen Erfahrungen dieses Krieges führten dazu, dass die Streitkräfte Syriens von der UdSSR vom Grunde neu aufgebaut und mit sowjetischem Material

Die Überreste dieses syrischen StuG III aus dem Krieg von 1967 sind noch heute nahe dem Berg Hermon auf den Golanhöhen zu finden. (via DimaVa Photo)

ausgerüstet wurden. Die noch vorhandenen deutschen Panzer und Sturmgeschütze wurden sämtlich außer Dienst gestellt. Der Sechs-Tage-Krieg von 1967 war daher der letzte Konflikt, in dem StuG III zum Einsatz kamen. Den Kampfpanzern des Kalten Krieges hatten sie nichts mehr entgegenzusetzen.
Die syrischen Jagdpanzer IV/48 wurden jedoch noch 1990 von syrischer Seite offiziell als eingelagert und zur Kriegsreserve gehörend bezeichnet. Jüngste Fernsehaufnahmen eines russischen Senders und Fotos zeigen zudem, dass zumindest zwei StuG III auch heute noch in Syrien als Ausstellungsstücke vorhanden sind.

Dieses Bild von 2016 zeigt einen jungen syrischen Soldaten auf dem Rohr eines StuG III und soll in einer Flugabwehrschule in der Region Homs aufgenommen worden sein. (via LuftwaffeAS)

Übersicht über erhaltene Sturmgeschütze III, IV und Sturmhaubitzen 42 (Stand Anfang 2021)

STURMGESCHÜTZ III

Australien:
Sturmgeschütz III Ausf. G (wurde 2021 noch restauriert) – Australian Armour and Artillery Museum, Cairns

Belarus:
StuG III Ausf. G – »Stalin Linie« Museum, Zaslavl, Region Minsk

Belgien:
Sturmgeschütz III Ausf. F/8 – Heintz Kaserne, Bastogne (fahrbereit)
Sturmgeschütz III Ausf. G (private Sammlung)

Bulgarien:
Neun Sturmgeschütze III Ausf. G – Museum in Yambol (Großteil einlagert in schlechtem, nicht restauriertem Zustand)
Zwei Sturmgeschütze III Ausf. G – Nationales Museum für Militärgeschichte, Sofia

Deutschland:
Sturmgeschütz III Ausf. G – Wehrtechnische Dienststelle Trier (fahrbereit)
Sturmgeschütz III Ausf. E – Motor Technica Museum, Bad Oeynhausen
Sturmgeschütz III Ausf. G – Artillerie Schule, Idar Oberstein bzw. Militärhistorisches Museum der Bundeswehr in Dresden
Sturmgeschütz III Ausf. G – Auto + Technik Museum, Sinsheim
Sturmgeschütz III Ausf. G – Wehrtechnische Dienststelle Meppen
Zwei Sturmgeschütze III Ausf. G – Panzermuseum Munster (eines davon fahrbereit)

Estland:
Sturmgeschütz III Ausf. G – Estnisches Militärmuseum

Finnland:
Drei Sturmgeschütze III Ausf. G – Kaserne in Parola
Mindestens drei weitere Sturmgeschütz III Ausf. G in Kasernen eingelagert
StuG III Ausf. G – Karjalan Prikaati Kaserne, Vekaranjärvi
StuG III Ausf. G – Militärhistorische Gesellschaft Lappland, Sovintovaara
Sturmgeschütz III Ausf. G – Artilleriemuseum, Hämeenlinna (fahrbereit)
Sturmgeschütz III Ausf. G – Hamina
Sturmgeschütz III Ausf. G – Kaserne in Hiukkavaara, Oulu
Sturmgeschütz III Ausf. G – Kuljetusvarikko, Tampere
Sturmgeschütz III Ausf. G – Maasotakoulu, Lappeenranta
Sturmgeschütz III Ausf. G – Militärmuseum (Sotamuseo) Helsinki (eingelagert)
Sturmgeschütz III Ausf. G – Panssarivarikko, Ilveskallio
Sturmgeschütz III Ausf. G – Savon Prikaati Kaserne, Mikkeli
Sturmgeschütz III Ausf. G (Ps. 531-52) – Panssarivarikko, Ilveskallio
Vier StuG III Ausf. G – Finnisches Panzermuseum, Parola (eines fahrbereit) in der Ausstellung, fünf eingelagert (eines davon fahrbereit)

Frankreich:
Sturmgeschütz III Ausf. G – Musée des Blindés, Saumur

Großbritannien:
Sturmgeschütz III Ausf. G – Steve Lamonby Collection
Sturmgeschütz III Ausf. G (MIAG) – The Weald Foundation (fahrbereit)
Vier Sturmgeschütze III Ausf. G – Kevin Wheatcroft Collection (Restaurationsprojekte)

Zwei Sturmgeschütze III Ausf. G, Bovington Tank Museum

Israel:
Sturmgeschütz III Ausf. G – Yad la-Shiryon Museum, Latrun
Wrack eines Sturmgeschütz III Ausf. G – nahe dem Berg Hermon, Golanhöhen

Italien:
StuG III Ausf. G – Museo di guerra per la pace Diego de Henriquez, Trieste
Sturmgeschütz III Ausf. G – Castiglion Fiorentino

Jordanien:
Sturmgeschütz III Ausf. G – Königlich Jordanisches Panzermuseum

Kanada:
Sturmgeschütz III Ausf. G – Canadian War Museum, Ottawa

Norwegen:
Sturmgeschütz III Ausf. G – Forsvarsmuseet Oslo, Trandum (eingelagert)
Sturmgeschütz III Ausf. G (Wrack) – Rogaland Krigshistoriske Museum

Polen:
Sturmgeschütz III Ausf. G – SdKfz Team Poland/ Panzer Farm Museum, Chrcynno

Russland:
Sturmgeschütz III Ausf. D als Teil eines Monuments an der Straße nach Wolokolamsk, Region Moskau
Sturmgeschütz III Ausf. F/8 – Patriot Park, Kubinka
Sturmgeschütz III Ausf. G – ausgestellt in Saratow
Zwei Sturmgeschütze III Ausf. G – Vadim Zadorozhny Museum, Archangelskoje, Region Moskau
Zwei Sturmgeschütze III Ausf. G, davon ein Wrack – Patriot Park, Kubinka

Schweden:
Sturmgeschütz III Ausf. D – Arsenalen Tank Museum, Strängnäs

Schweiz:
Sturmgeschütz III Ausf. G – Panzermuseum, Thun
Sturmgeschütz III Ausf. G – Schweizerisches Militärmuseum, Full

Serbien:
Sturmgeschütz III Ausf. F/8 (früh), Militärmuseum Belgrad

Slowakei:
Sturmgeschütz III Ausf. G – Museum Banska Bystrica

Spanien:
Sturmgeschütz III Ausf. G – Academia General Militar (AGM), Saragossa
Sturmgeschütz III Ausf. G – El Goloso Museum, Madrid
Sturmgeschütz III Ausf. G – Museo de Artillería, Cartagena (fahrbereit)
Sturmgeschütz III Ausf. G, Centro de Mantenimiento de Sistemas Acorazados Nr.2, Segovia

Syrien:
Sturmgeschütz III Ausf. G – Ausstellungstück auf dem Fliegerhorst Khmeimim nahe Latakia
Sturmgeschütz III Ausf. G auf einem Militärgelände nahe Homs

USA:
Sturmgeschütz III Ausf. G – U.S. Army Armor & Cavalry Collection, Fort Benning, Georgia (eingelagert)
Sturmgeschütz III Ausf. D, Uvalde (Texas) in Privatbesitz und fahrbereit
Sturmgeschütz III Ausf. G – American Heritage Museum, Hudson, Massachusetts
Sturmgeschütz III Ausf. G – Patton Museum of Cavalry and Armor, Fort Knox, Kentucky
Sturmgeschütz III Ausf. G – U.S. Army Center for Military History Storage Facility, Anniston, Alabama

Das StuG III Ausf. G des Schweizerischen Militärmuseums in Full. Dieses Fahrzeug mit der Fahrgestellnummer 166769 wurde Ende 1944 bei Alkett gebaut, kam zur Sturmgeschütz Brigade 210 und ging am 18. Januar 1945 verloren. Es wurde in Polen durch die Brüder Keszycki (Panzer Farm) fahrfähig restauriert und befindet sich seit 2018 in der Schweiz. Zurzach, 1. September 2018. (Massimo Foti)

Zwei Sturmgeschütze III Ausf. G im Nationalen Museum für Militärgeschichte, Sofia, Bulgarien, 29. September 2013. (Massimo Foti)

Sturmgeschütz III Ausf. D (Fahrgestellnummer 90678) während der Veranstaltung »Tankfest« des Panzermuseums Bovington (England) am 29. Juni 2019. Dieses Fahrzeug wurde 1942 von den Briten bei El Alamein in Nordafrika erbeutet und nach Großbritannien gebracht. Es endete schließlich als Hartziel auf einem Schießplatz, bevor es für die private Kevin Wheatcroft Collection restauriert wurde. Heute gehört es der Firma DriveTanks.com in Uvalde, Texas (USA). (Paul Appleyard)

Sturmgeschütze – Technische Daten

<table>
<tr><td>1 Hersteller</td><td>Daimler Benz</td><td>Daimler Benz</td><td>Alkett</td><td>Alkett</td><td>Alkett</td></tr>
<tr><td>2 Ausführung</td><td>0-Serie</td><td>Ausf. A</td><td>Ausf. B</td><td>Ausf. C</td><td>Ausf. D</td></tr>
<tr><td>3 Typ</td><td>2/ZW</td><td>5/ZW</td><td>/ZW</td><td>/ZW</td><td>/ZW</td></tr>
<tr><td>4 Stückzahl</td><td>5</td><td>30</td><td>120</td><td>100</td><td>150</td></tr>
<tr><td>5 Motor: Hersteller, Typ</td><td>Maybach HL 108 TR</td><td>Maybach HL 120 TR</td><td colspan="3">Maybach HL120TRM</td></tr>
<tr><td>6 Zylinder: Anzahl, Anordnung</td><td colspan="5">12, V-Form 60°</td></tr>
<tr><td>7 Bohrung/Hub (mm)</td><td colspan="5">100 x 115</td></tr>
<tr><td>8 Hubraum (cm³)</td><td>10838</td><td colspan="4">11867</td></tr>
<tr><td>9 Verdichtungsverhältnis</td><td colspan="5">1 : 6,5</td></tr>
<tr><td>10 Höchstleistung (PS)</td><td>250</td><td colspan="4">300</td></tr>
<tr><td>11 Drehzahl -1</td><td colspan="5">3000</td></tr>
<tr><td>12 Leistungsgewicht (PS/t)</td><td></td><td>15,3</td><td colspan="3">13,6</td></tr>
<tr><td>13 Ventilanordnung</td><td colspan="5">hängend</td></tr>
<tr><td>14 Kurbelwellenlager</td><td colspan="5">7 Rollen-</td></tr>
<tr><td>15 Vergaser, Anzahl</td><td colspan="5">2 Solex 40 JFF II</td></tr>
<tr><td>16 Zündfolge</td><td>1-8-5-10-3-7-6-11-2-9-4-12</td><td colspan="4">1-12-5-8-3-10-6-7-2-11-4-9</td></tr>
<tr><td>17 Anlasser</td><td>Bosch BNG 4/24 CRS 178</td><td colspan="4">Bosch BNG 4/24 ARS 129</td></tr>
<tr><td>18 Lichtmaschine</td><td>Bosch GQL 600/12-900</td><td colspan="4">Bosch GTLN 700/12-1500</td></tr>
<tr><td>19 Batterie, Anzahl</td><td colspan="5">2,12 V, 105 Ah</td></tr>
<tr><td>20 Kraftstofförderung</td><td>2 Solex-Pumpen EP 100</td><td colspan="4">2 Solex und 1 elt. Pumpe</td></tr>
<tr><td>21 Kühlung</td><td colspan="5">Flüssigkeit</td></tr>
<tr><td>22 Kupplung</td><td>Dreischeiben, tr.</td><td>hydr. mit Beschleuniger</td><td colspan="3">Dreischeiben, tr.</td></tr>
<tr><td>23 Schaltgetriebe</td><td>ZF SFG 75 Schub-</td><td>Maybach SRG 328145-Variorex</td><td colspan="3">ZF SSG 77 Aphon</td></tr>
<tr><td>24 Anzahl der Gänge: V/R</td><td>5/1</td><td>10/1</td><td colspan="3">6/1</td></tr>
<tr><td>25 Antrieb</td><td colspan="5">vorne</td></tr>
<tr><td>26 Triebradübersetzung</td><td>4,4</td><td colspan="4">4</td></tr>
<tr><td>27 Höchstgeschwindigkeit (km/h)</td><td>35</td><td>30</td><td colspan="3">40</td></tr>
<tr><td>28 Fahrbereich: Straße/Gelände (km)</td><td>165/95</td><td>160/100</td><td colspan="3">165/95</td></tr>
<tr><td>29 Art der Lenkung</td><td colspan="5">DB/Wilson Kupplungs-</td></tr>
<tr><td>30 Wendekreis ø (m)</td><td colspan="5">5,85</td></tr>
<tr><td>31 Federung</td><td>Blattfedern</td><td colspan="4">Drehstäbe, quer</td></tr>
<tr><td>32 Bremsanlage</td><td>mechanisch</td><td colspan="4">hydr, mit Servo-</td></tr>
<tr><td>33 Art des Laufwerks</td><td colspan="5">Lauf- und Stützrollen</td></tr>
<tr><td>34 Spurweite (mm)</td><td>2376</td><td>2490</td><td colspan="3">2510</td></tr>
<tr><td>35 Kettenauflagelänge (mm)</td><td>3224</td><td colspan="4">2860</td></tr>
<tr><td>36 Kettentyp, Glieder pro Kette</td><td></td><td>Kgs 6100/380/120</td><td colspan="3">Kgs 61/400/120-93</td></tr>
<tr><td>37 Kettenbreite (mm)</td><td colspan="2">360</td><td colspan="3">400</td></tr>
<tr><td>38 Bodenfreiheit (mm)</td><td>375</td><td>385</td><td colspan="3">375</td></tr>
<tr><td>39 Länge x Breite x Höhe (mm)</td><td>5665 x 2810 x</td><td>5380 x 2920 x 1950</td><td colspan="3">5400 x 2950 x 1960</td></tr>
<tr><td>40 Feuerhöhe (mm)</td><td></td><td colspan="4">1500</td></tr>
<tr><td>41 Bodendruck (kg/cm²)</td><td></td><td colspan="4">0,93</td></tr>
<tr><td>42 Gefechtsgewicht (kg)</td><td>16000</td><td>19600</td><td colspan="3">22000</td></tr>
<tr><td>43 Besatzung</td><td colspan="5">4</td></tr>
<tr><td>44 Kraftstoffvorrat (l)</td><td>300</td><td colspan="4">310</td></tr>
<tr><td>45 Kraftstoffverbrauch (1/100 km)</td><td>280</td><td>187</td><td colspan="3">195</td></tr>
<tr><td>46 Steigt/Klettert/Watet (mm)</td><td>30°/600/800</td><td>30°/600/1000</td><td colspan="3">30°/600/800</td></tr>
<tr><td>47 Panzerung: Wanne (mm)</td><td>14,5</td><td colspan="4">50</td></tr>
<tr><td>48 Aufbau (mm)</td><td>14,5 (Weichstahl)</td><td colspan="4">50</td></tr>
<tr><td>49 Bestückung: Kanone</td><td colspan="5">7,5-cm-StuK L/24</td></tr>
<tr><td>50 MG</td><td>1 (lose)</td><td>–</td><td colspan="3">1 (lose)</td></tr>
<tr><td>51 MP</td><td>1</td><td>2 (lose)</td><td colspan="3">1</td></tr>
<tr><td>52 Richtbereich, Höhe (°)</td><td></td><td colspan="4">-10° bis +20°</td></tr>
<tr><td>53 Seite (°)</td><td></td><td>+12° bis -12°</td><td colspan="3">insgesamt 21°</td></tr>
<tr><td>54 Zieleinrichtung</td><td>Rundblickfernrohr</td><td>Rundblickfernrohr 32 4x10°</td><td>Rundblickfernrohr</td><td colspan="2">Sfl-Zielfernrohr</td></tr>
<tr><td>55 Munitionsvorrat</td><td></td><td colspan="4">44</td></tr>
<tr><td>56 Funkgerät</td><td></td><td colspan="4">1 Empfänger UKW</td></tr>
<tr><td>57 Bemerkungen</td><td>Aufbau aus Weichstahl</td><td></td><td></td><td></td><td>Bordsprechanlage</td></tr>
</table>

Sturmgeschütze – Technische Daten

1 Hersteller	Alkett	Alkett	Alkett	Alkett/MIAG	Alkett	Krupp-Gruson
2 Ausführung	Ausf. E	Ausf. F	Ausf. F/8	Ausf. G	10,5-cm-StuH 42	Sturmgeschütz IV
3 Typ	/ZW					Typ 9 und 10/BW
4 Stückzahl	284	364	250			
5 Motor: Hersteller, Typ	Maybach HL 120TRM					
6 Zylinder: Anzahl, Anordnung	12, V-Form 60°					12, V
7 Bohrung/Hub (mm)	105 x 115					
8 Hubraum (cm³)	11867					
9 Verdichtungsverhältnis	1 : 6,5					
10 Höchstleistung (PS)	300					
11 Drehzahl ⁻¹	3000					
12 Leistungsgewicht (PS/t)	13,6	12,3		11,1		10,6
13 Ventilanordnung	hängend					
14 Kurbelwellenlager	7 Rollen-					
15 Vergaser, Anzahl	2 Solex 40 JFF II					
16 Zündfolge	1-12-5-8-3-10-6-7-2-11-4-9					
17 Anlasser	Bosch BNG 4/24 ARS 129					
18 Lichtmaschine	Bosch GTLN 700/12-1500					
19 Batterie, Anzahl	2,12 V, 105 Ah					
20 Kraftstofförderung	2 Solex und 1 elt. Pumpe					
21 Kühlung	Flüssigkeit					
22 Kupplung	Dreischeiben, tr.					
23 Schaltgetriebe	ZF SSG 77 Aphon					
24 Anzahl der Gänge: V/R	6/1					
25 Antrieb	vorne					
26 Triebradübersetzung	4			3,88	4	3,23
27 Höchstgeschwindigkeit (km/h)	40					38
28 Fahrbereich: Straße/Gelände (km)	165/95			155/95		210/130
29 Art der Lenkung	DB/Wilson Kupplungs-					
30 Wendekreis ø (m)	5,85					5,92
31 Federung	Drehstäbe, quer					Blattfedern
32 Bremsanlage	hydr. mit Servo-					mechanisch
33 Art des Laufwerks	Lauf- und Stützrollen					
34 Spurweite (mm)	2510					2450
35 Kettenauflagelänge (mm)	2860					3520
36 Kettentyp, Glieder pro Kette	Kgs 61/400/120-93					Kgs 61/400/120-99
37 Kettenbreite (mm)	400					
38 Bodenfreiheit (mm)	375	390				400
39 Länge x Breite x Höhe (mm)	5400 x 2950 x 1960	6310 x 2920 x 2150	6770 x 2950 x 1850	6770 x 2950 x 2160	6000 x 2950 x 1850	6700 x 2950 x 2200
40 Feuerhöhe (mm)	1500	1550		1570	1550	
41 Bodendruck (kg/cm²)	0,93					0,8
42 Gefechtsgewicht (kg)	22000	23200	23400	23900		23000
43 Besatzung	4					
44 Kraftstoffvorrat (l)	300	310				430
45 Kraftstoffverbrauch (1/100 km)	195					
46 Steigt/Klettert/Watet (mm)	30°/600/800					30°/600/1200
47 Panzerung: Wanne(mm)	50	50+30		50+30 (später 80)		80
48 Aufbau (mm)	50	50+30	50+38	50+30		80
49 Bestückung: Kanone	7,5-cm-Stuk L/24	7,5-cm-StuK 40 L/43(L/48)	7,5-cm-StuK 40 L/48		10,5-cm-StuH 42 L/28	7,5-cm-StuK 40 L/48
50 MG	1 (lose)	IMG 34		I (2) MG	IMG 34	
51 MP	1	IMP				2MP
52 Richtbereich, Höhe (°)	-10° bis +20°	-6° bis +20°				
53 Seite (°)	insgesamt 24°	insgesamt 20°				
54 Zieleinrichtung	RbF 32/SFI ZF1/SF 14Z	SFI ZF1a/RbF 36				SFR SFI ZF 1a
55 Munitionsvorrat	50	44	54		36	63
56 Funkgerät	10 WS h/UKW-Empfh	Fu 15 oder Fu 16				Fu 15 oder Fu 16
57 Bemerkungen	Bordsprechanlage					Bordsprechanlage, *

* Die ersten 30. Stück Stu. G.IV wurden von Daimler-Benz montiert.

Literaturnachweis

Adonyi-Naredy, F. v.
Ungarns Armee im Zweiten Weltkrieg

Boelcke, W.A.
Deutschlands Rüstung im Zweiten Weltkrieg

Doyle, H.L.
Privatarchiv

Doyle/Chamberlain/Jentz
Encyclopedia of German Tanks

Guderian, Heinz
Erinnerungen eines Soldaten

Haak, E.
Die Geschichte der deutschen Instandsetzungstruppe

Jentz, T.
Privatarchiv

Kantakoski, P.
Suomalaiset panssarivaunujoukot

Kurowski F./Tornau G.
Sturmartillerie

Oswald, W.
Kraftfahrzeuge und Panzer der Reichswehr, Wehrmacht und Bundeswehr

Spielberger, W.J.
Der Panzerkampfwagen III und seine Abarten

Spielberger, W.J.
Der Panzerkampfwagen IV und seine Abarten

Spielberger, W.J.
Die Motorisierung der deutschen Reichswehr

Thomas F./Wegmann G.
Die Ritterkreuzträger der Deutschen Wehrmacht Teil I: Sturmartillerie

Tornau G./Kurowski F.
Sturmartillerie – Fels in der Brandung

StuH 42 Ausf G mit gegossener Topfblende (oft fälschlich auch Saukopfblende), Zimmerit-Belag und einem Geschossabweiser vor der Kuppel. Finnland, 02.07. 1944. (SA-Kuva via Alexander Lüdeke)